普通高等教育“十一五”国家级规划教材

高等职业教育制冷与空调技术专业系列教材

泵与风机

第2版

王寒栋
李　敏　编著
王　立　主审

机 械 工 业 出 版 社

本书是普通高等教育“十一五”国家级规划教材，也是高职高专制冷与空调专业系列教材。全书以制冷空调工程中常用泵与风机的构造、原理与应用为主线，重点对设备的构造、选型、安装与运行维护、常见问题与故障分析等进行了论述，并提供了较多的应用实例及其分析；同时，还对消防用泵与风机、泵与风机的消声减振等方面的内容作了介绍。

本书在每章之后都有本章要点，并配有思考题与习题。大部分章节之后安排有相应的实训项目，使理论教学与实践教学相辅相成、相得益彰。

本书可作为高职高专制冷与空调专业、供热通风与空调工程技术专业及相关专业的教材，也可供业余大学、函授大学的学生以及专业人员培训使用，供本科学生和专业技术人员、管理人员等参考。

本书配有电子课件，**凡使用本书作为教材的教师**可登录机械工业出版社教材服务网 www.cmpedu.com 下载。咨询邮箱：cmpgaozhi@sina.com。咨询电话：010-88379375。

图书在版编目（CIP）数据

泵与风机/王寒栋，李敏编著.—2版.—北京：机械工业出版社，2009.1（2025.4重印）

普通高等教育“十一五”国家级规划教材.高等职业教育制冷与空调技术专业系列教材

ISBN 978-7-111-12120-6

Ⅰ.泵…　Ⅱ.①王…②李…　Ⅲ.①泵-高等学校：技术学校-教材②鼓风机-高等学校：技术学校-教材　Ⅳ.TH3 TH44

中国版本图书馆CIP数据核字（2009）第001952号

机械工业出版社（北京市百万庄大街22号　邮政编码100037）
责任编辑：张双国　责任校对：李秋荣
封面设计：马精明　责任印制：邓　博
北京盛通数码印刷有限公司印刷
2025年4月第2版第11次印刷
184mm×260mm·17.25印张·397千字
标准书号：ISBN 978-7-111-12120-6
定价：54.80元

电话服务	网络服务
客服电话：010-88361066	机　工　官　网：www.cmpbook.com
010-88379833	机　工　官　博：weibo.com/cmp1952
010-68326294	金　　书　　网：www.golden-book.com
封底无防伪标均为盗版	机工教育服务网：www.cmpedu.com

第 2 版前言

本书是普通高等教育“十一五”国家级规划教材，也是高职高专制冷与空调专业系列教材，是为了满足高职教育“泵与风机”课程的教学需要而编写的。

本书基本保留和沿袭了第 1 版的主要内容、结构和特色，同时根据工程应用要求对某些内容进行了必要的调整和增补。

目前，出于节能降耗的要求，一些节能技术开始在泵与风机的工程应用中得到推广与普及，如变频水泵与变频风机逐渐在空调工程中得到大量使用，而工程界对其应用中的节能原理和运行要求还存在着误区与争执。在本书第 1 版中，尽管也涉及到了离心泵与离心式风机的调速运行工况分析，但并不十分详细与具体，还难以解决变频水泵与风机工程应用中的一些问题。为了满足工程应用需要，本书主要增加了这方面的内容。在编著者及其他人员最新研究成果的基础上，以简明扼要的形式，重点对变频调速节能原理、变频器工作原理、空调工程中水泵变频调速运行特性、空调水泵变频改造原则与方法等进行了介绍与分析，并提供了部分实例，从理论和实践上澄清了工程上的一些误解，可以使相关工程人员更清楚地了解和分析变频水泵与变频风机的适用场所与节能情况。

另外，考虑到目前空调制冷技术的多样化，一些较为特殊的泵（如屏蔽泵、磁力泵等）也在一定范围内得到应用，因而在本书中适当增加了关于屏蔽泵的内容，以供有这方面需要的读者参考。

考虑到“工学结合”的贯彻实施，本书在第 1 版的基础上加强了相关实训项目的配套，实训项目由原来的 8 个扩充到了 11 个，主要增加了泵的变频调速特性测试、泵与风机运行管理等方面的实践环节，使主要理论教学内容基本有相应的实践环节配套与支撑。同时，附录增加了离心泵拆装的内容，主要介绍了离心泵拆装的工艺与要求、常用工具与器具的特点与使用等，可供相关维修人员参考。

本书由王寒栋和李敏合作编著，全书共 9 章和 10 个附录。本书的编写分工为：第 1、2、3、4、7、8 章和附录由王寒栋编写，第 5、6、9 章由李敏编写，全书由王寒栋负责统稿。

在本书的编写中，新增部分也采用了一些研究人员的研究成果，由于多方面的原因，未能一一与原作者联系，只能在参考文献中列出，在此向他们表示诚挚的谢意！另外，在新增的水泵变频部分，采用了编著者之一王寒栋最近的研究成果，由于水平所限，难免有不妥和错漏之处，请读者不吝赐教！

编著者

第1版前言

本书是高职高专制冷与空调专业系列教材之一，是为满足该专业“泵与风机”课程的教学需要而编写的。

在数年高职教学实践与总结的基础上，我们力图使本书体现以下几点：

1. 内容紧密结合现代制冷空调运行管理、维护保养和维修等职业岗位的需要，突出职业性和实用性。

2. 强调理论与实践相结合，注重实践能力的培养。理论知识以职业岗位对能力的要求为中心，以“必需、适用、够用”为原则；实训内容以培养学生熟练的操作技能、敏锐的观察能力、独立思考、分析和解决问题的能力为主旨，兼顾应变能力、创新能力和职业素质的培养。本书的实训内容与理论知识相辅相成，形成有机的联系，可根据需要灵活地进行先理论后实践，或先实践后理论，或理论与实践相互穿插的方式组织教学。

3. 针对岗位的实际需要，省略了一些不必要的理论公式与推导，增加了对实际工程问题的分析等内容，使教材的实用性和针对性更强。同时，考虑到比转速等内容对从事运行管理、维护保养和维修等工作的人来说，已不是很有必要，故本书未编入相关内容。

4. 根据现代制冷空调系统采用变频技术的发展趋势，教材增加了泵与风机的变频调速等知识内容，使之与新技术应用更为贴近。

5. 针对目前制冷空调职业岗位与其他职业岗位相互交叉、相互包容的新形势，教材中对消防用的泵与风机作了必要介绍，体现了新形势对职业能力的新要求。

6. 注意到了与本系列其他教材之间的关系，在内容编排上不再重复其他教材已编写的内容（如在流体力学部分已讲授过的理论，原则上不再重复），做到精炼、适用。

7. 教材的内容和安排更适合“教、学、做”相结合的“三明治”式教学，更能提高学生学习的兴趣，也便于学生理解和掌握。

本书共分9章和9个附录，由王寒栋和李敏合作编著。具体分工为：第1、2、3、4、7、8章由王寒栋编写，第5、6、9章由李敏编写。在教学过程中，授课教师可根据本校实际情况对其内容进行选择，如只需介绍离心泵与离心风机，则采用前6章的内容即可。本书中的实训项目主要是针对相应的知识与技能要求提出的，教学中亦可进行取舍或改做类似的项目。

北京科技大学的王立教授为审稿工作付出了辛勤的劳动，提出了宝贵的意见和建议，编著者在此表示衷心感谢！此外，还需要说明的是，在本书的编写过程中，我们采用了国内部分研究者的成果，由于时间关系，未能一一与原作者联系，只能在文中相应处或书后的参考文献中列出，望能得到这些原作者的谅解，同时也在此向他们表示感谢！

本书可供高职高专的大专学生、业余大学和函授大学的学生以及专业人员培训使用，也可供本科学生和专业技术人员、管理人员等参考。

由于编者水平有限，书中难免有不妥之处，恳请读者批评、指正。

目　录

第 2 版前言
第 1 版前言

第 1 章

绪　　论 …… 1

1.1　泵与风机在制冷空调工程中的地位和作用 …… 2
1.2　泵与风机的分类 …… 3
　1.2.1　水泵的分类 …… 3
　1.2.2　风机的分类 …… 5
本章要点 …… 6
思考题 …… 6
实训 1　中央空调系统中的泵与风机调研 …… 6

第 2 章

离心泵的基本构造与性能 …… 9

2.1　离心泵的基本构造与工作原理 …… 10
　2.1.1　离心泵的基本构造 …… 10
　2.1.2　离心泵的工作原理 …… 14
2.2　离心泵的性能 …… 15
　2.2.1　离心泵的性能参数 …… 15
　2.2.2　离心泵的特性曲线 …… 18
2.3　叶轮叶型对离心泵性能的影响 …… 22
　2.3.1　叶轮的叶型 …… 23
　2.3.2　叶型对离心泵性能的影响 …… 23
本章要点 …… 24
思考题与习题 …… 24
实训 2　离心泵的拆装 …… 25

第 3 章

离心泵的运行工况及其分析 …… 27

3.1　离心泵管道系统特性曲线 …… 28
3.2　离心泵定速运行工况与调节 …… 29
　3.2.1　离心泵的定速运行工况 …… 29
　3.2.2　离心泵定速工况点的调节 …… 30
3.3　离心泵并联及串联运行工况 …… 31
　3.3.1　离心泵并联运行 …… 31
　3.3.2　离心泵串联运行 …… 34
3.4　离心泵的调速运行工况 …… 35
　3.4.1　相似定律 …… 35
　3.4.2　离心泵调速性能分析 …… 36
　3.4.3　离心泵的调速途径及调速范围 …… 38
　3.4.4　离心泵调速的注意事项 …… 40
　3.4.5　离心泵变频节能原理与系统组成 … 40
　3.4.6　空调用离心泵变频运行的控制及其应注意的问题 …… 53
　3.4.7　空调用离心泵变频运行性能测试与实例 …… 58
　3.4.8　空调用离心泵变频改造及实例 …… 65
3.5　离心泵吸水性能及其影响因素 …… 69
　3.5.1　离心泵吸水管中的压力变化过程 …… 69
　3.5.2　离心泵中的气穴和气蚀 …… 69
　3.5.3　离心泵的最大安装高度 …… 70
　3.5.4　气蚀余量 …… 71
本章要点 …… 72
思考题与习题 …… 72
实训 3　离心泵定速运行工况调节与测试 …… 74
实训 4　离心泵性能测试 …… 75
实训 5　离心泵变频运行特性与节能量测试 …… 77

第 4 章

离心泵的选用、布置与运行维护 …… 81

4.1　离心泵的选用 …… 82
　4.1.1　离心泵的选型条件 …… 82
　4.1.2　离心泵型号的确定 …… 83
　4.1.3　选用中应注意的事项 …… 84
　4.1.4　离心泵选用举例 …… 84
4.2　离心泵的布置 …… 88
　4.2.1　离心泵的排列 …… 88
　4.2.2　离心泵对安装基础的要求 …… 89

4.2.3 离心泵吸水管路和压水管路的布置 …… 90
4.3 离心泵的运行与维护 …… 94
4.3.1 离心泵的运行特性 …… 94
4.3.2 离心泵的运行管理 …… 95
4.3.3 离心泵的水锤及其防护 …… 96
4.3.4 离心泵的故障分析与处理 …… 99
4.4 离心泵在现代制冷空调工程中的应用实例分析 …… 101
4.4.1 运行故障实例 …… 101
4.4.2 选泵不当实例 …… 103
4.4.3 空调水泵变频调速实例 …… 105
本章要点 …… 106
思考题与习题 …… 107
实训6 离心泵运行管理 …… 107

第5章

离心风机的基本构造与性能 …… 109

5.1 离心风机的基本构造与工作原理 …… 110
5.1.1 离心风机的基本构造 …… 110
5.1.2 离心风机的传动方式与出风口位置 …… 111
5.1.3 离心风机的工作原理 …… 113
5.2 离心风机的性能 …… 113
5.2.1 离心风机的性能参数 …… 113
5.2.2 离心风机的型号与铭牌参数 …… 114
5.2.3 离心风机的特性曲线与运行调节 …… 115
5.2.4 叶轮叶型对离心风机性能的影响 …… 119
5.3 离心风机的并联与串联运行 …… 121
5.3.1 离心风机的并联 …… 121
5.3.2 离心风机的串联 …… 122
5.3.3 离心风机并联与串联的比较 …… 123
本章要点 …… 123
思考题与习题 …… 124
实训7 离心风机的拆装 …… 125

第6章

离心风机的选用、安装、运行与维护 …… 127

6.1 离心风机的选型 …… 128
6.1.1 离心风机的选型原则 …… 128
6.1.2 离心风机的选型方法 …… 128
6.1.3 离心风机选型的注意事项 …… 130
6.2 离心风机的安装、运行与维护保养 …… 133
6.2.1 离心风机的安装 …… 133
6.2.2 离心风机的运行 …… 135
6.2.3 离心风机的维护保养 …… 137
6.3 离心风机的常见故障及其排除 …… 138
6.3.1 离心风机故障分析的方法 …… 138
6.3.2 离心风机的常见故障及排除方法 …… 139
6.4 离心风机在空调工程中的应用实例分析 …… 142
6.4.1 离心风机在空调工程中的应用示例 …… 142
6.4.2 离心风机在空调工程中的故障实例分析 …… 143
6.4.3 离心风机在空调工程中的变频应用实例 …… 145
本章要点 …… 146
思考题与习题 …… 146
附：离心风机的性能测试实训预备知识 …… 147
实训8 离心风机性能测试与运行调节 …… 152

第7章

其他常用泵与风机及其应用 …… 157

7.1 轴流式风机、轴流泵及其应用 …… 158
7.1.1 轴流式风机及其应用 …… 158
7.1.2 轴流泵及其应用 …… 164
7.2 贯流式风机及其应用 …… 167
7.3 管道泵及其应用 …… 168
7.3.1 管道泵的构造及特性 …… 168
7.3.2 管道泵的装配与拆卸 …… 171
7.3.3 管道泵的安装与运行 …… 171
7.4 屏蔽泵 …… 173
7.4.1 屏蔽泵的结构与工作原理 …… 173
7.4.2 屏蔽泵保护系统 …… 174
7.4.3 屏蔽泵的特点 …… 176
7.4.4 屏蔽泵选型和使用中的注意事项 …… 177
7.4.5 屏蔽泵的维护 …… 177
本章要点 …… 180

思考题 …… 180
实训 9 轴流泵、轴流式风机与管道泵的拆装 …… 180
实训 10 轴流泵、轴流式风机与管道泵的运行调节 …… 181
第 8 章
消防用泵与风机 …… 183
8.1 消防泵 …… 184
8.1.1 消防泵的要求与特点 …… 184
8.1.2 常用消防泵及其特点 …… 186
8.1.3 消防泵的选型 …… 189
8.1.4 消防泵的运行与管理 …… 194
8.2 消防用风机 …… 199
8.2.1 消防用风机的要求与特点 …… 199
8.2.2 消防用风机的选型 …… 207
8.2.3 消防用风机的使用与管理 …… 207
本章要点 …… 209
思考题 …… 209
第 9 章
泵与风机的消声与防振 …… 211
9.1 噪声的基础知识 …… 212
9.1.1 噪声的产生 …… 212
9.1.2 噪声的测量 …… 213
9.1.3 噪声的传播与控制 …… 226
9.2 泵与风机的消声 …… 226
9.2.1 泵与风机的噪声来源 …… 226
9.2.2 泵与风机的消声途径 …… 229
9.2.3 消声器的原理与应用 …… 230
9.3 泵与风机的防振 …… 238
9.3.1 振动产生的原因 …… 238
9.3.2 防振原理 …… 238
9.3.3 常用的隔振材料及弹性材料隔振器设计 …… 240
9.3.4 泵与风机的防振措施 …… 242
本章要点 …… 243
思考题与习题 …… 244
实训 11 泵与风机运行噪声的测量 …… 244
附录 …… 246
附录 A S 型离心泵结构图 …… 246
附录 B SA 型离心泵结构图 …… 247
附录 C Sh 型离心泵结构图 …… 248
附录 D D 型多级离心泵结构图 …… 249
附录 E S 型单级双吸离心泵型谱图 …… 250
附录 F IS 系列离心泵型谱图 …… 251
附录 G SA 型单级双吸中开式离心泵型谱图 …… 252
附录 H ZLB（Q）型轴流泵型谱图 …… 253
附录 I XD 型卧式多级节段式离心消防泵性能 …… 254
附录 J 离心泵的拆装 …… 258
参考文献 …… 265

第 1 章 绪　　论

1

1.1 泵与风机在制冷空调工程中的地位和作用

1.2 泵与风机的分类

1.1 泵与风机在制冷空调工程中的地位和作用

泵与风机是一种将原动机的机械能转变为被输送流体的动能和压力能，即给予被输送流体能量的流体机械。它在国民经济中得到了广泛地应用，是许多部门必不可少的机械设备，如：

在农业生产中，农田灌溉与排涝需要泵作为输送液体的动力设备。

在石油化工部门，大量的、多种类型的泵被用来输送油类或化工原料及成品。长距离的输油管路需要许多泵夜以继日地运转。

冶金工业的钢铁厂用泵输送冷却水；矿山的坑道要用泵排除矿内的积水。

还有，造纸厂输送纸浆，城市里排除积水、输送污水等亦都离不开泵。

输送各种气体的风机在矿山坑道的通风，冶炼厂的输送空气，工厂车间、居民住房、影剧院、会议室等的通风……都得到了十分广泛的应用。

在人们的日常生活中，需要用水泵向人们供应生活用水。冬季采暖系统的热水循环、卫生设备的热水供应，夏季制冷空调系统的冷却水、冷冻水、冷风循环等，也都需要水泵或风机连续工作来输送流体介质，以维持人们所需要的环境条件。

在中央空调系统中，必须有多台泵与风机同时配合主机工作，才能使整个系统正常运转。这些泵与风机形式多样，其中应用最多的泵主要是离心式泵。这些泵输送的流体有冷却水、冷冻水（或其他载冷剂）、润滑油等液体；风机则离心式㊀、轴流式、贯流式、混流式兼而有之，这些风机输送的主要是空气。

作为空调冷源设备的冷水机组，其冷冻水（或其他载冷剂）的循环离不开冷冻水泵（或载冷剂循环泵）。如果冷水机组采用的是水冷式冷凝器，则冷却水泵必不可少，同时，其附属设备冷却塔中还要用到轴流风机；如果采用的是风冷式冷水机组，其冷凝器的强制冷却则离不开风机。空调系统中的风机除了提供送风或抽风的动力外，还用于提供新风、排放污浊空气、提供空气幕实现冷、热空气的隔离等。图 1-1 所示为某中央空调系统示意图。图中，3 台冷水机组生产的冷冻水，由一次冷冻水泵与二次冷冻水泵㊁输送给空调机等空气处理设备，供处理空气使用（如对空气降温、除湿等）。而用以冷却冷凝器的冷却水则由 3 台冷却水泵提供动力，在冷水机组与冷却塔之间的管路里循环流动。在空调机内，安装有输送空气（或称送风）的离心风机，负责将处理后的空气送给空调用户。在冷却塔顶部，安装有轴流风机，负责将从冷却水中吸收了热量并含有较多水分的空气排出，同时抽吸新鲜空气进入冷却塔与冷却水进行热湿交换。在这个系统里，无论是风机，还是水泵，都缺一不可，否则，作为空调系统中重要冷（热）介质的水或空气就无法流动，空调系统就会在效率上大打折扣，甚至无法发挥其作用。

可见，在制冷空调工程中，泵与风机是广为应用的动力机械，其地位也是极其重要

㊀ 在本书中，“离心式风机”均简称为“离心风机”。——编者注

㊁ 以冷冻水供、回水干管间的旁通管为界，如果冷冻水泵在旁通管靠近机房的这一侧，则称之为一次冷冻水泵；如果在靠近空调末端如空调机、风机盘管等这一侧，则称之为二次冷冻水泵。

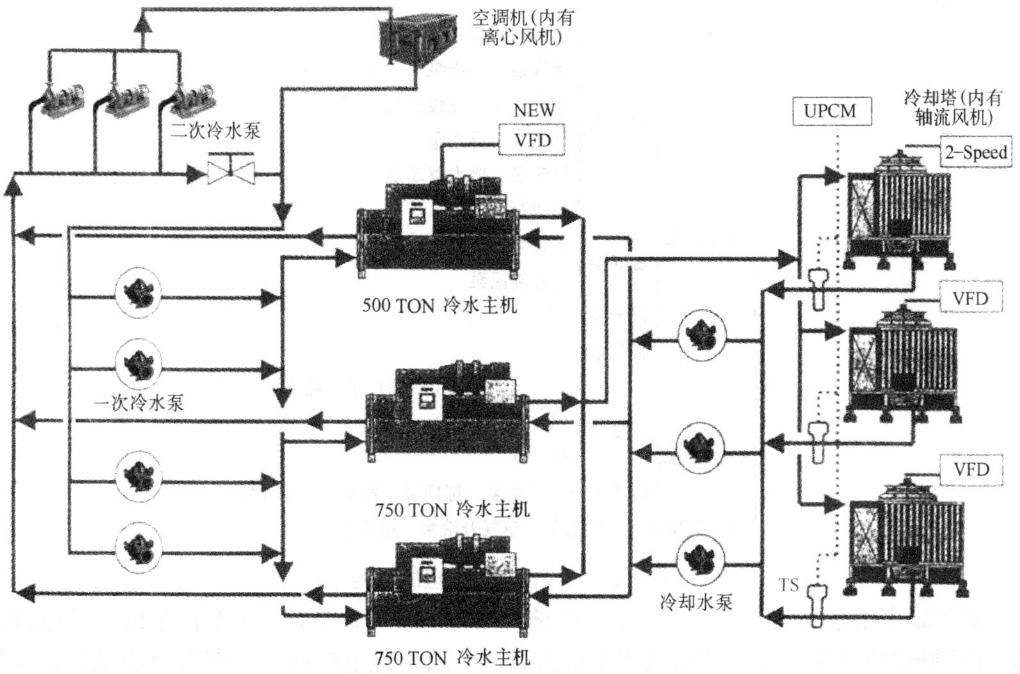

图 1-1 某中央空调系统示意图

的。泵与风机作为制冷空调系统中的重要辅助设备，不但应用范围广、使用频率高，而且也是一个耗能大户。据统计，在制冷空调系统总的耗电量中，泵与风机的耗电量约占 30% ~40%；泵与风机的耗电量约占全国电力消耗量的 40%。在实际工作中，如果对泵与风机使用不当，不但会严重影响空调的质量，还会带来过多的电力消耗，在经济上造成损失。

因此，有必要对泵与风机作全面的了解，掌握其性能，熟悉其运行特性，了解降低能耗的方法，以便更好地利用泵与风机为制冷空调工程服务。

1.2 泵与风机的分类

1.2.1 水泵的分类

用来输送和提升水的动力机械称为水泵。水泵在国民经济各部门中的应用很广，品种、系列繁多。按照不同的分类方法，水泵可以分成众多形式。按工作原理可将水泵如图 1-2 所示进行分类。

其中，容积式水泵是靠泵体工作室容积改变来完成对水的输送和提升的，其特点是高扬程、小流量。速度式水泵又称为叶片式水泵，是由叶轮高速旋转完成压送液体的过程的；按水在泵内的运动轨迹可将其分为离心泵、轴流泵和混流泵等；离心泵的工作区较宽，轴流泵的特点是低扬程、大流量。混流式泵则介于两者之间。这可以从图 1-3 所示的常用泵的总谱图中看出。

除速度式和容积式水泵之外的其他类型水泵主要是一些在特定场合应用的特殊泵，如螺旋泵、射流泵、水锤泵、水轮泵及气升泵（空气扬水机）等。

- 泵
  - 叶片式泵
    - 离心泵
      - 单吸泵、双吸泵
      - 单级泵、多级泵
      - 蜗壳式泵、分段式泵
      - 立式泵、卧式泵
      - 屏蔽泵、磁力驱动泵
      - 高速泵
    - 旋涡泵
      - 单级泵、多级泵
      - 离心旋涡泵
    - 混流泵
    - 轴流泵
  - 容积式泵
    - 往复泵
      - 电动泵
        - 柱塞（活塞）泵、隔膜泵
        - 计量泵
      - 蒸汽泵
    - 转子泵——齿轮泵、螺杆泵、罗茨泵、滑片泵
  - 其他类型泵——喷射泵、空气升液泵、电磁泵

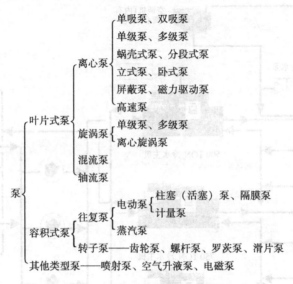

图1-2 水泵按工作原理的分类

对于城市给水工程来说，一般水厂的扬程在20～100m之间，单泵流量的使用范围在50～10000m^3/h之间，使用离心式水泵最为合适。超出此范围则可用多台离心泵并联或串联的方式满足要求。在排水工程中，一般是大流量、低扬程，采用轴流泵较为合适。在制冷空调工程中，冷冻水泵、冷却水泵基本上是采用离心式水泵，使用其他水泵的情形很少见，因此下面主要侧重于介绍离心式水泵的有关知识与应用。

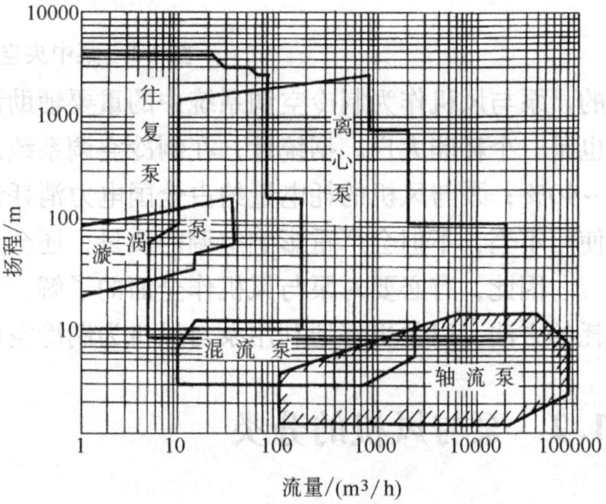

图1-3 常用泵的总谱图

随着技术进步与用途的不断变化，在不同时期水泵的发展也呈现出不同的情形。目前，水泵发展的趋势表现为以下几个方面：

1）大型化、大容量化。近几年来，国际上大型水泵发展很快，巨型轴流泵的叶轮直径已达7m，潜水泵直径已达1m。用于城市及工业企业给水工程中的双吸离心泵的功率已达5500kW。

2）高扬程化、高速化。如锅炉给水泵的单级扬程已达1000m。要实现高扬程，势必要提高泵的转速。目前，水泵高速化的发展趋势具有世界性。

3）系列化、通用化、标准化。这三化是现代工业生产工艺的必然要求。

4）自动化与节能。从水泵机组的启停、运行与调节，到整个水泵站的全过程自动化已广为接受和采用。

今后，随着科学技术的发展，将进一步要求水泵业发展高速、高温、高压、高效率以及大容量等方面的各种特殊产品，同时也要求不断提高现有常规产品的质量和水平。

1.2.2 风机的分类

风机是输送气体的流体机械，它在国民经济各部门中的应用十分广泛。随着我国工农业生产不断发展，对风机的要求越来越高。目前，国内的通风机基本上都有系列产品供使用部门选用。

从能量转换的观点来看，风机是把原动机的机械能变成气体的动能和压力能的一种机械。风机的分类方法多种多样，按作用原理一般可分为离心式、轴流式、往复式、回转式等。目前，我国用得最多的离心风机具有效率高、流量大、输出流量均匀、结构简单、操作方便、噪声小等优点。

通常，对风机在习惯上有如下几种分类方法。

1. 按介质在风机内部的流动方向分类

按介质在风机内部的流动方向可将风机分为离心式、轴流式和混流式3类。离心式风机的特点是介质沿轴向进入风机，而在叶轮内沿径向流动。轴流式风机的特征是介质沿轴向进入，在叶轮内沿轴向流动。混流式风机的特征是介质在风机内沿斜向流动。3种风机的示意图如图1-4所示。

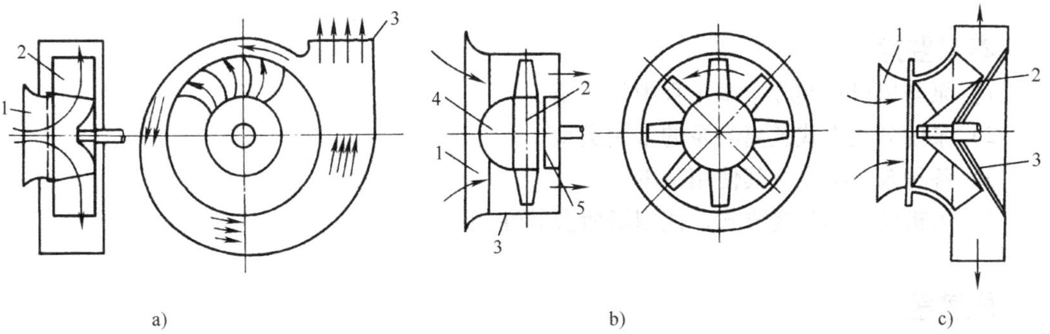

图1-4 按介质流动分类的风机

a）离心式风机 b）轴流式风机 c）混流式风机

1—集流器 2—叶轮 3—机壳 4—整流罩 5—后整流罩

2. 按风机产生的压力大小分类

可分为低压、中压和高压风机。

低压风机：风机全压值小于或等于981Pa（即≤100mmH_2O）。

中压风机：风机全压值为981～2943Pa（即100～300mmH_2O）。

高压风机：风机全压值大于2943Pa（即>300mmH_2O）。

3. 按叶片出口角分类

可分为后向式、径向式和前向式3种。后向式的叶片出口角$\beta_2<90°$；径向式的$\beta_2=90°$；前向式的$\beta_2>90°$，如图1-5所示。

4. 按输送气体性质分类

可分为一般通风机、排尘用通风机、锅炉引风机、特殊用途的风机（如耐腐蚀、防爆和各种专用风机）等。

5. 按材质分类

可分为普通钢风机、不锈钢风机、塑料风机和玻璃钢风机等。

制冷空调用风机是风机产品中的一个大类。除个别通风系统用的风机外，一般都用于输送空气，作为系统的动力源。与一般工业用风机不同的是，除了压力、流量和功率等主要参数应满足用户需要外，还对其噪声和外形尺寸有比较严格的限制，以减少整个设备的占地面积或空间、减少对环境的噪声污染。制冷空调用风机按结构形式可分为离心式、轴流式、混流式和横流式（贯流式）等；按用途可分为风机盘管用通风机、新风机组用通风机、组合式空调机组用通风机、屋顶通风机和冷却塔用通风机等。

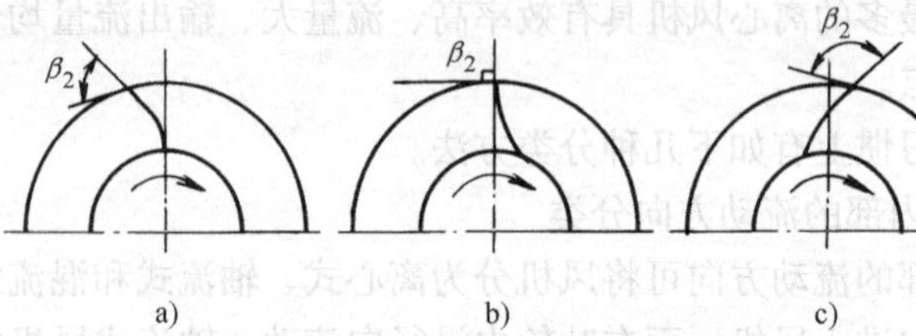

图1-5 按叶片出口角分类的风机

a）后向式 b）径向式 c）前向式

本章要点

1）泵与风机在制冷空调工程中的作用。

2）泵的分类方式及离心泵的常用类型。

3）各种泵的特点及其使用范围。

4）风机的不同分类方式、使用场所及其性能。

思考题

1. 什么是水泵？什么是风机？泵与风机有何不同之处？有何相同之处？

2. 泵在制冷空调工程中有何作用？在制冷空调工程中，泵除了输送水之外，还有哪些具体应用？试举例说明。

3. 风机在制冷空调工程中有哪些具体应用？

4. 简述泵与风机的分类。

5. 为什么说离心泵是叶片式泵、速度式泵？

6. 试分析泵与风机的节能对制冷空调系统能耗的影响。

7. 你认为制冷空调工程中所使用的泵与风机与其他工业中所用的有何相同与不同之处？试举例说明。

实训1 中央空调系统中的泵与风机调研

1. 实训目的

1）熟悉中央空调系统中泵与风机的类型与应用场所。

2）了解中央空调系统中泵与风机的使用要求。

3）了解中央空调系统中泵与风机的年能耗、节能运行措施与节能效果。

4）了解中央空调系统中泵与建筑中污水泵、消防泵等的要求有何异同。

2. 实训与实训报告要求

选定2~3栋具有中央空调系统的高层建筑作为调研对象，对其中采用的各种泵与风机的类型、型号规格、数量、安装位置、控制方式、运行管理要求、能耗情况、节能运行措施、节能效果或节能潜力等进行调研。比较各种泵或风机的异同，加深对各种泵与风机的认识。

在实训报告中，根据调研结果，对所调研建筑物中的各种泵与风机列表进行分析比较（重点对各种泵的类型、型号、数量、特点、用途与异同等方面进行分析比较），并对调研情况进行简要总结。

第2章

离心泵的基本构造与性能

2

2.1 离心泵的基本构造与工作原理
2.2 离心泵的性能
2.3 叶轮叶型对离心泵性能的影响

各种各样的水泵中，离心式水泵是制冷空调工程中用得最多的一种，其特点是依靠叶轮的高速旋转来使流体获得较大的动能，并依靠流道出口的蜗壳断面变化使流体的动能转化为压力能，水流在叶轮中的流动主要是受到离心力的作用。本章将对离心泵进行详细的讨论。

2.1 离心泵的基本构造与工作原理

2.1.1 离心泵的基本构造

图 2-1 所示为单级单吸式离心泵的工作状态示意图。单级单吸式离心泵主要包括泵体（蜗壳、叶轮等）、吸水管路、压水管路及其附件等。使用时，泵的吸水口与吸水管相连接，出水口与压水管相连接，共同组成吸水—增压—排水通道。

图 2-2 所示为单级单吸卧式离心泵的结构示意图。下面以该泵为例来讨论其各组成部件的作用（其他常用泵的结构参见附录 A ~ 附录 D）。

1. 叶轮

叶轮是离心泵的主要零部件，如图 2-2 中件 1 所示，是对液体做功的主要元件。叶轮的形状和尺寸是通过水力计算来确定的，它一般由两个圆形盖板以及盖板之间若干片弯曲的叶片和轮毂所组成，叶片固定在轮毂上，轮毂中间有穿轴孔与泵轴相联接，如图 2-3 所示。

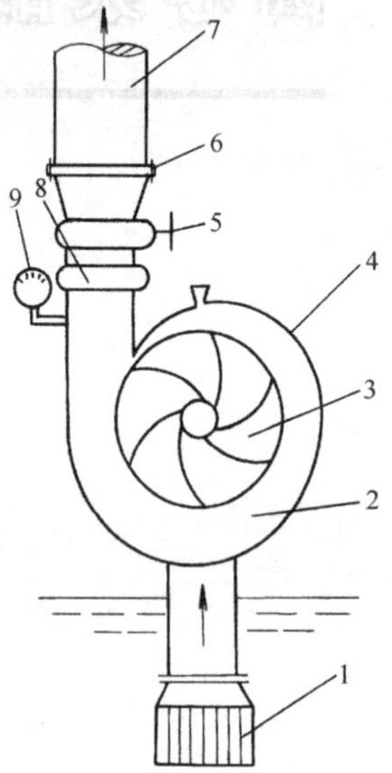

图 2-1 单级单吸式离心泵的工作状态示意图
1—底阀 2—压水室 3—叶轮 4—蜗壳 5—闸阀 6—接头 7—压水管 8—止回阀 9—压力表

叶轮按吸入口数量的不同可分为单吸式与双吸式两种。单吸式叶轮如图 2-3 所示，只能单边吸水，叶轮的前、后盖板呈不对称状。双吸式叶轮如图 2-4 所示，有两个吸水口（从两边吸水），前、后盖板呈对称状。一般大流量离心泵多采用双吸式叶轮。叶轮按其盖板情况的不同又可分为开式、半开式和闭式叶轮 3 种形式，如图 2-5 所示。开式叶轮没有前、后盖板而只有叶片；半开式叶轮只有后盖板而没有前盖板；闭式叶轮既有前盖板，又有后盖板。一般闭式叶轮多用于离心式清水泵中；而在抽升含有悬浮物的污水泵中则采用开式或半开式叶轮，以免污物堵塞流道。

2. 泵轴

泵轴的作用是用来传递转矩，使叶轮旋转，如图 2-2 中件 2 所示。泵轴的常用材料是碳素钢和不锈钢。泵轴应有足够的抗扭强度和足够的刚度。叶轮和轴靠键相联接，由于这种联接方式只能传递转矩而不能固定叶轮的轴向位置，故在水泵中还要用轴套和锁紧螺母来固定叶轮的轴向位置。叶轮采用锁紧螺母与轴套轴向定位后，为防止锁紧螺母退扣而产生松动，要防止水泵反转，尤其是对于初装水泵或解体检修后的水泵要按规定进行转向检查，确保与规定转向一致。

3. 泵壳

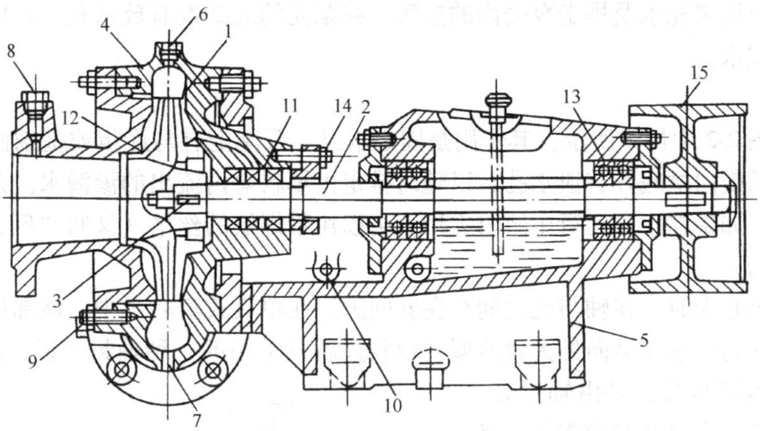

图 2-2 单级单吸卧式离心泵的结构示意图

1—叶轮 2—泵轴 3—键 4—泵壳 5—泵座 6—灌水孔 7—放水孔
8—真空表接孔 9—压力表接孔 10—泄水孔 11—填料盒 12—减漏环
13—轴承座 14—填料压盖调节螺栓 15—传动轮

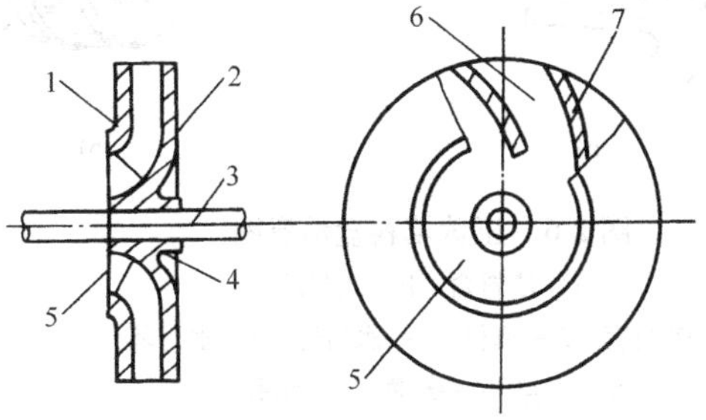

图 2-3 单吸式叶轮示意图

1—前盖板 2—后盖板 3—泵轴 4—轮毂
5—吸水口 6—叶槽 7—叶片

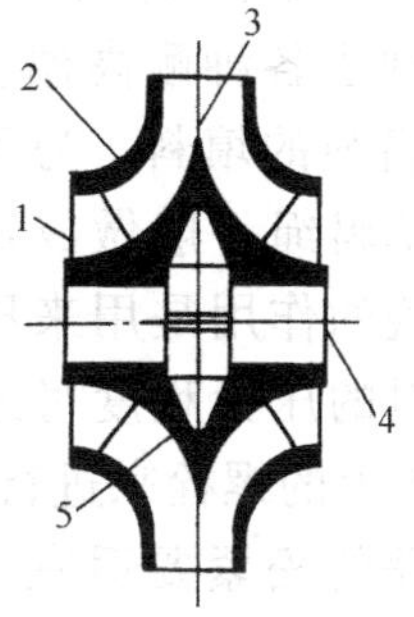

图 2-4 双吸式叶轮示意图

1—吸水口 2—轮盖 3—叶片
4—轴孔 5—轮毂

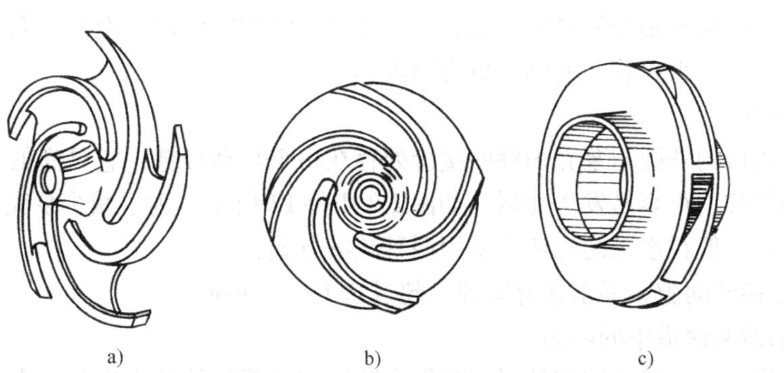

图 2-5 开式、半开式、闭式叶轮示意图

a）开式叶轮 b）半开式叶轮 c）闭式叶轮

泵壳通常铸成蜗壳形，是主要固定部件。它收集来自叶轮的液体，并使液体的部分动能转换为压力能，最后将液体均匀地导向排出口。泵壳顶上设有充水和放气的螺孔，以便

在水泵起动前用来充水及排走泵壳内的空气。在泵壳的底部设有放水孔，以便在水泵停车检修时放掉积水。

4. 泵座

泵座如图2-2中件5所示，其作用是固定水泵。泵座上有与底板或基础固定用的螺栓孔，在泵座的横向槽底开有泄水孔，以随时排走由填料盒内流出的渗漏水。泵壳和泵座上的这些螺孔，如果在水泵运行中暂时无用，可以用带螺纹的丝堵（又叫“闷头”）堵住。

5. 填料盒

泵轴穿出泵壳时，在轴与壳之间存在着间隙。在单吸式离心泵中，该部位如不用轴封装置，泵壳内高压水就会向外大量泄漏。填料盒就是常用的一种轴封装置。图2-6所示为较常见的压盖填料盒，是由轴封套、填料、水封管、水封环和填料压盖5个部件组成。

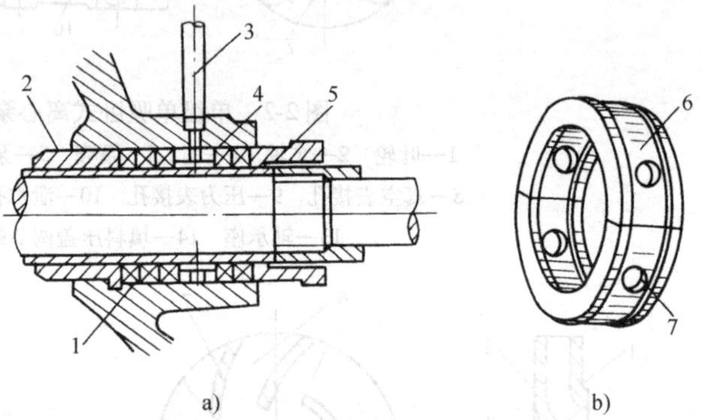

图2-6 压盖填料盒示意图

a）填料盒 b）水封环

1—轴封套 2—填料 3—水封管 4—水封环

5—压盖 6—环圈 7—水孔

填料又称“盘根”，在轴封装置中起阻水隔气的密封作用。常用的填料是浸油、浸石墨的石棉绳填料。近年来又出现了各种耐高温、耐磨损以及耐强腐蚀的填料。为了提高密封效果，填料绳一般做成矩形断面。填料压盖的作用是用来压紧填料，它对填料的压紧程度可通过拧松或拧紧压盖上的螺栓来进行调节。使用时，压盖的松紧要适宜，压得太松，则达不到密封效果；压得太紧，则泵轴与填料的机械磨损大，消耗功率大；如果压得过紧，则有可能造成抱轴现象，产生严重的发热和磨损。一般情况下，压盖的松紧以水能通过填料缝隙呈滴状渗出为宜（约泄漏60滴/min）。水封管与水封环的作用是将泵内的压力水引入填料与泵轴间的缝隙，起到引水冷却与润滑的作用（有的水泵是利用在泵壳上制做的沟槽来取代水封管，使结构更为紧凑）。

6. 减漏环

叶轮吸入口的外圆与泵壳内壁的接缝处存在一个转动接缝，它是高低压交界面且具有相对运动的部位，很容易发生泄漏，如图2-2中件12所示。为了减少泵壳内高压水向吸水口的回流量，一般在水泵的构造上采用两种减漏方式：

1）减小接缝间隙，要求接缝间隙不超过0.1~0.5mm。

2）增加泄漏通道中的阻力。

实际应用中，该接缝间隙处很容易发生叶轮与泵壳间的磨损现象，影响叶轮和泵壳的使用寿命。为此，要在泵壳上镶嵌一个金属环，该环的接缝面可做成多齿形以增加水流回流时的阻力，提高减漏效果，这种金属环就称为减漏环，其外形与安装示意图如图2-7所示。图2-8所示为3种不同形式的减漏环。其中，图2-8c所示为双环迷宫型的减漏环，其水流回流时的阻力很大，减漏效果好，但构造复杂。减漏环的另一作用是承磨，因为在实

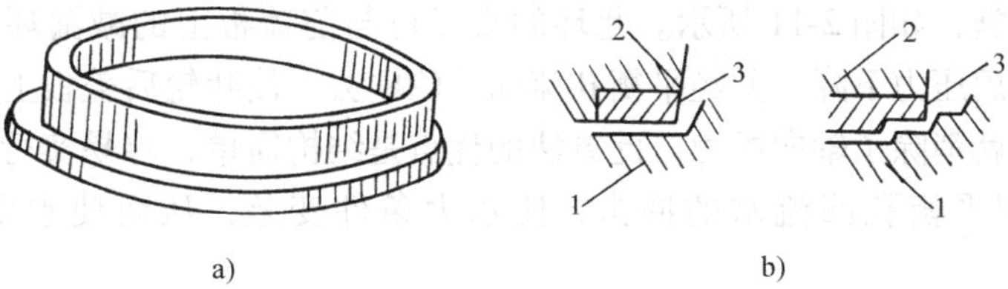

图 2-7 减漏环外形与安装示意图

a）减漏环外形 b）减漏环的安装

1—叶轮 2—泵壳 3—减漏环

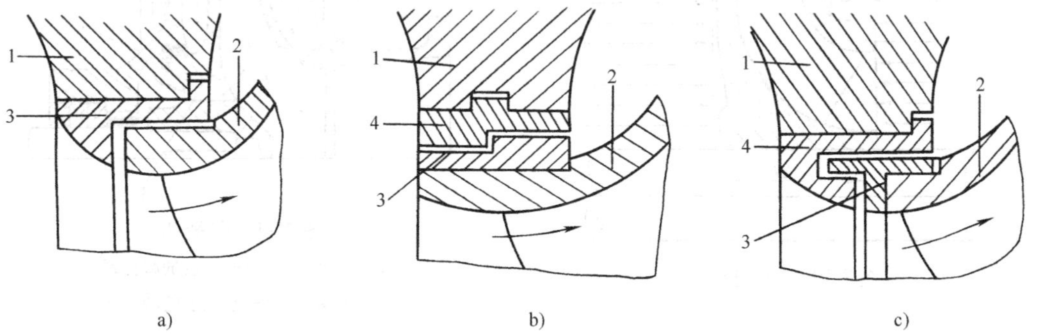

图 2-8 减漏环类型示意图

a）单环型 b）双环型 c）双环迷宫型

1—泵壳 2—叶轮 3—镶在泵壳上的减漏环 4—镶在叶轮上的减漏环

际的运行中，该部位的摩擦是难免的，水泵中有了减漏环，当摩擦使间隙变大后，只需更换减漏环，从而避免使叶轮和泵壳报废。因此，减漏环又称承磨环，是一个易损件。

7. 轴承座

轴承座是用来支承轴的。轴承装于轴承座内作为转动体的支持部分。轴承座的构造如图 2-9 所示。轴承与轴是紧配合，装配前应先将轴承在机油中加热到 120℃左右，使轴承受热膨胀后再套在轴上，轴承的拆卸一般要用专用工具。无论是安装还是拆卸轴承，都要注意按规定操作，切忌野蛮作业，以防损坏轴和轴承。

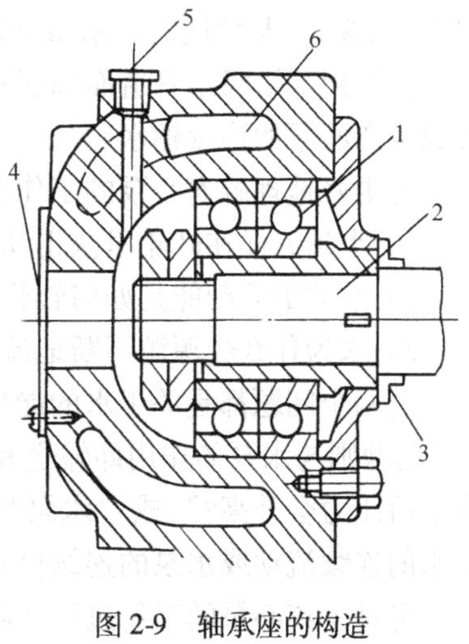

图 2-9 轴承座的构造

1—双列滚珠轴承 2—泵轴

3—阻漏油橡胶圈 4—封板

5—油杯孔 6—冷却水套

8. 轴向力平衡措施

单吸式离心泵由于其叶轮缺乏对称性，导致工作时叶轮两侧的作用压力不相等，如图 2-10 所示。因此，在水泵叶轮上作用有一个推向吸入口的轴向力 ΔF，这种轴向力（特别是对于多级单吸式离心泵）数值相当大，必须采用专门的轴向力平衡装置来解决。对于单级单吸离心泵而言，一般采取在叶轮的后盖板上钻平衡孔，并在后盖板上加装减漏环的措施，如图2-11所示。此环的直径可与前盖板上的减漏环的直径相等。压力水经此减漏环后压力下降，并经平衡孔流回叶轮中去，使叶轮后盖板上的压力与前盖板的相接近，因而就消除了轴向推力。此方法的优点是结构简单，容易实行；缺点是叶轮流道中的水流受到平衡孔回流水的冲击，使水力条件变差，从而使水泵的效率有所降低。

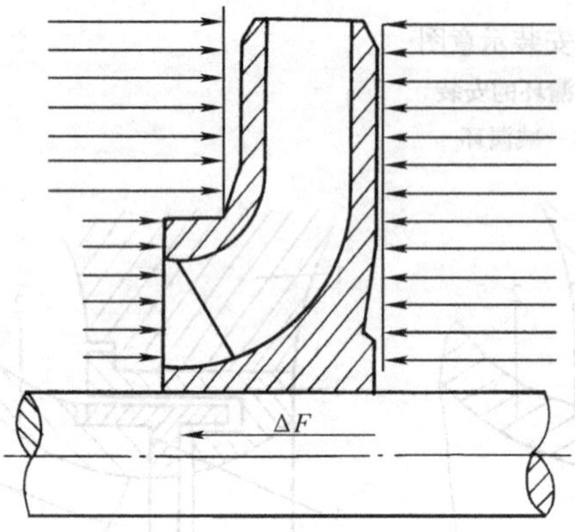

图2-10 轴向推力

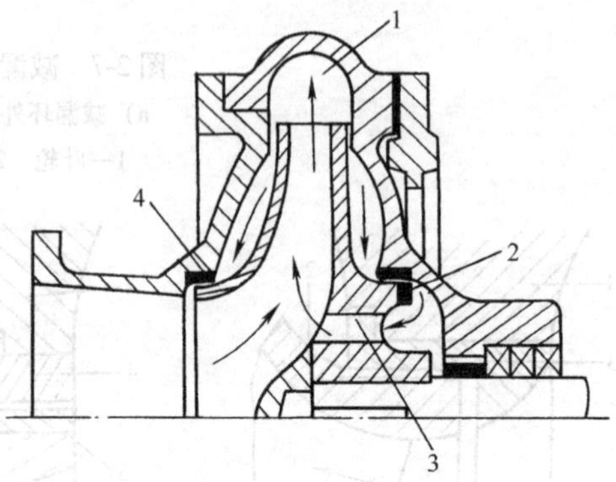

图2-11 平衡孔

1—排出压力 2—加装的减漏环 3—平衡孔 4—泵壳上的减漏环

2.1.2 离心泵的工作原理

离心泵在起动之前，应先用水灌满泵壳和吸水管道。当驱动电动机使泵轴转动时，带动叶轮和水作高速旋转运动。此时，水受到离心力作用被加速后甩出叶轮，经涡形泵壳中的流道而流入水泵的压出管道。在这一过程中，水的部分动能（速度水头）转换成压力能(压力水头)。与此同时，水泵叶轮中心处由于水被甩出而形成真空，吸水池中的水便在大气压力作用下沿吸水管道而源源不断地流入叶轮吸入口，又受到叶轮的作用，这样一来就形成了离心泵的连续输水。

为更好地理解离心泵的工作原理，可以将其工作过程转换为以下3个问题：

1）水是怎样在叶轮里获得动能的?

2）水的部分动能是如何转化为出水口的压力能的?

3）水为什么会源源不断地流进叶轮，进而使水泵能连续出水?

前两个问题都是关于水的能量的，第1个问题与水从哪里获得最初始的能量有关；第2个问题则与水泵的作用即输送和提升水有关，回答了这一问题即回答了“为什么水流经水泵后压力会升高?”或“水泵为什么能输送和提升水流?”这样的问题；第3个问题是关于水的连续流动或水泵的连续供水工作的。

可见，离心泵的工作过程实际上是一个能量的传递和转换的过程。它把电动机高速旋转的机械能转化为被提升水的动能和势能。在这个转化过程中，必然伴随着许多能量损失，从而影响离心泵的效率。这种能量损失越大，离心泵的性能就越差，工作效率就越低。在泵起动时，如果泵内存在空气，则由于空气密度远比液体的小，叶轮旋转后空气产生的离心力也小，使叶轮吸入口中心处只能造成很小的真空，液体不能进到叶轮中心，泵就不能出水。

2.2 离心泵的性能

2.2.1 离心泵的性能参数

离心泵的基本性能通常用流量、扬程、功率、效率、转速、允许吸上真空高度和气蚀余量等参数来表示。

1. 流量

离心泵的流量是指单位时间内由泵所输送的流体体积，即指的是体积流量，以符号 Q 表示，单位为 m^3/s 或 m^3/h。

2. 扬程

离心泵的扬程即压头，指的是单位质量的流体通过泵之后所获得的有效能量，也就是泵所输送的单位质量流体从泵进口到出口的能量增值除以重力加速度。泵的扬程用符号 H 表示，单位为 m。

离心泵基本方程式（见本节）揭示了决定水泵本身扬程的一些内在因素。这对于水泵的设计、选型以及深入分析各个因素对泵性能的影响是很有用处的。然而在工程中，从使用水泵的角度看，水泵的工作必然要与管路系统以及许多外界条件（如供水高度、管网压力等）联系在一起。在下面的讨论中，把水泵配上管路以及一切附件后的系统统称为“装置”，如图 2-12 所示。

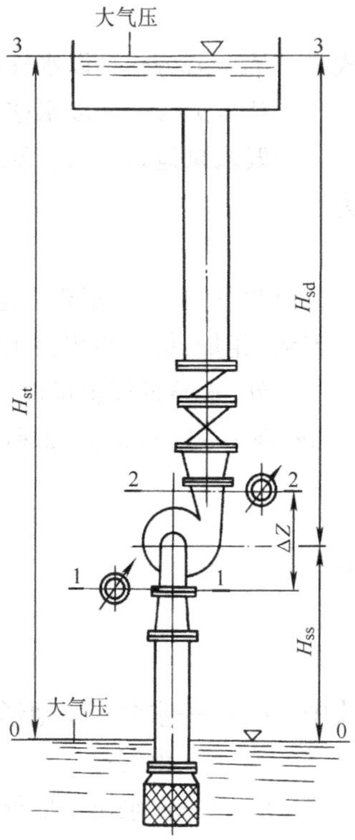

图 2-12 离心泵装置

那么，如何来确定正在运转中的离心泵装置的总扬程？或者，在进行泵站的工艺设计时，如何根据原始资料来计算所需的扬程进行选泵？这是以下讨论中所要解决的问题。

知道了水泵扬程的定义，如果设水流进水泵时所具有的比能（单位质量的水所具有的能量）为 E_1，流出水泵时所具有的比能为 E_2，则水泵的扬程为 $H=\frac{1}{g}(E_2-E_1)$。如图 2-12 所示，以吸水面 0—0 为基准面，列出进水断面 1—1 及出水断面 2—2 的能量方程式，则扬程为

$$H=\frac{1}{g}(E_2-E_1)=Z_2+\frac{p_2}{\gamma}+\frac{v_2^2}{2g}-\left(Z_1+\frac{p_1}{\gamma}+\frac{v_1^2}{2g}\right)$$

故

$$H=(Z_2-Z_1)+\left(\frac{p_2-p_1}{\gamma}\right)+\frac{v_2^2-v_1^2}{2g} \tag{2-1}$$

式中 Z_1、$\frac{p_1}{\gamma}$、$\frac{v_1^2}{2g}$——对应于断面 1—1 处的位置头、压力头和速度头；

Z_2、$\frac{p_2}{\gamma}$、$\frac{v_2^2}{2g}$——对应于断面 2—2 处的位置头、压力头和速度头。

而
$$p_1 = p_a - p_v \tag{2-2a}$$
$$p_2 = p_a + p_d \tag{2-2b}$$

式中 p_a——大气压力(Pa)；

p_v——真空表读数(Pa)，即水泵承接点的真空值，真空表读数越大，表示该点真空值越大；

p_d——压力表读数(Pa)，即承接点的测管高度乘以液体重度。

综合式(2-1)、式(2-2a)、式(2-2b)可得
$$H = H_d + H_v + \frac{v_2^2 - v_1^2}{2g} + \Delta Z \tag{2-3}$$

式中 $H_d = p_d/\gamma$——以水柱高度表示的压力表读数(m)；

$H_v = p_v/\gamma$——以水柱高度表示的真空表读数(m)。

一般水泵运行时，式(2-3)中后两项的值很小，可以忽略，则实际应用时水泵的扬程可写为
$$H = H_d + H_v \tag{2-4}$$

由此可知，只要把正在运行中的水泵装置的真空表和压力表所示的压头(即按水柱高度 m 表示)相加，就可得出该水泵的工作扬程。

另外，水泵扬程也可以用管道中水头损失及扬升液体高度来计算。分别列出基准面 0—0 和断面 1—1、断面 2—2 和 3—3 的能量方程式，可得
$$H_v = H_{ss} + \sum h_s + \frac{v_1^2}{2g} - \frac{\Delta Z}{2} \tag{2-5}$$
及
$$H_d = H_{sd} + \sum h_d - \frac{v_2^2}{2g} - \frac{\Delta Z}{2} \tag{2-6}$$

式中 H_{ss}——水泵吸水地形高度(m)，即自水泵吸水池水面的测管水面至泵轴之间的垂直距离；

H_{sd}——水泵压水地形高度(m)，即从泵轴至水塔的最高水位或密闭水箱液面的测管水面之间的垂直距离；

$\sum h_s$——水泵装置吸水管路中的水头损失之和(m)；

$\sum h_d$——水泵装置压水管路中的水头损失之和(m)。

联立式(2-3)～式(2-6)并忽略速度头项和位置头项后可得
$$H = H_{ss} + H_{sd} + \sum h_s + \sum h_d \tag{2-7}$$
即
$$\left.\begin{aligned} H &= H_{st} + \sum h \\ H_{st} &= H_{ss} + H_{sd} \\ \sum h &= \sum h_s + \sum h_d \end{aligned}\right\} \tag{2-8}$$

式中 H_{st}——水泵的静扬程(m)，即水泵吸水池的设计水面与水塔(或密闭水箱)最高水位之间的测管高差；

$\sum h$——水泵装置管路中水头损失之和(m)。

由式（2-8）可知，水泵的扬程用于两个方面：一是将水由吸水池提升至水塔（即静扬程 H_{st}）；二是克服管路中的水头损失（$\sum h$）。该方程式说明了如何根据外界条件来计算水泵应该具有的扬程。

这里所介绍的求水泵扬程的公式，对于其他各种布置形式的水泵装置也都适用。

3. 功率

功率有输入功率与输出功率之分。泵的功率通常指的是输入功率。所谓输入功率即由原动机（如电动机等）传到泵轴上的功率，也称为轴功率，用符号 P 表示，单位为 W 或 kW。

泵的输出功率又称为有效功率，表示单位时间内流体从泵中所得到的实际能量。它等于体积流量、扬程与重度的乘积，用 P_e 表示：

$$P_e = \gamma QH = Qp \tag{2-9}$$

式中 γ——被输送流体的重度（$\gamma = \rho g$）（N/m^3）；

P_e——有效功率（W）；

p——泵的出口压力（Pa）。

4. 效率

离心泵的效率用来表示输入的轴功率 P 被流体利用的程度，即用有效功率 P_e 与轴功率 P 之比来表示效率。效率用 η 表示：

$$\eta = \frac{P_e}{P} \tag{2-10}$$

η 是评价泵的性能好坏的一项重要指标。η 越大，说明泵的能量利用率越高，效率越高。η 的值通常由实验确定。

5. 转速

转速是指泵的叶轮每分钟的转数，用 n 表示，常用的单位是 r/min。

6. 允许吸上真空高度 H_s 及气蚀余量 H_{sv}

允许吸上真空高度 H_s 是指水泵在标准状况下（即水温为 20℃、表面压力为 1.01325×10^5Pa）运转时，水泵所允许的最大的吸上真空高度（即水泵吸入口的最大真空度），单位为 m。一般常用 H_s 来反映离心泵的吸水性能。

气蚀余量 H_{sv} 是指水泵进口处，单位质量液体所具有超过饱和蒸汽压力的富裕能量除以重力加速度。一般常用 H_{sv} 来反映泵的吸水性能。H_{sv} 的单位为 m，气蚀余量在水泵样本中也有用 Δh 或 NPSH（Net Positive Suction Head）来表示的。

H_s 值与 H_{sv} 值是从不同的角度来反映水泵吸水性能好坏的参数，其内容将在第 3 章 3.5 节中介绍。

上述 6 个性能参数之间的关系通常用特性曲线来表示。在水泵样本中，除了对该型号水泵的构造、尺寸作出说明外，更主要的是提供了一套表示各性能参数之间相互关系的特性曲线，使用户能全面地了解该水泵的性能。

另外，为方便用户使用，每台水泵的泵壳上都钉有一块铭牌，上面简明列出了该水泵在设计转速下运转、效率最高时的流量、扬程、轴功率及允许吸上真空高度或气蚀余量值。这些数值是该水泵设计工况下的参数值，只反映在特性曲线上效率最高那个点的参数值。

2.2.2 离心泵的特性曲线

在离心泵的6个基本性能参数中，通常选定转速 n 作为常量，然后列出扬程 H、轴功率 P、效率 η 以及允许吸上真空高度 H_s 等随流量 Q 而变化的函数关系式，如：

当 $n=c$（常数）时，

$$H=f(Q) \qquad P=F(Q)$$

$$H_s=\psi(Q) \qquad \eta=\varphi(Q)$$

如把这些关系式用曲线的方式来表示，就称这些曲线为离心泵的特性曲线。

设计离心泵时，首先是根据给定的一组（Q，H）与 n 值、按水力效率最高的要求来进行计算的。符合这一组参数的工作情况称为水泵的设计工况。在实际运行中，水泵的工作流量和扬程往往是在某一个区间内变化着而不同于设计值的，这时，泵内的水流运动就变得很复杂。目前，还没有足够准确的水力计算法来描述这种运动情况。因此，对于离心泵特性曲线的求得，通常是采用"性能实验"来进行实测的。下面首先对离心泵的理论特性曲线进行分析，然后结合实测的曲线进行讨论。

1. 离心泵的理论特性曲线

为了便于分析离心泵的理论特性，下面先简单地分析一下流体在离心泵的叶轮中的运动以及泵的基本方程式。

（1）流体在叶轮中的运动　图2-13所示为流体在叶轮流道中流动的示意图。

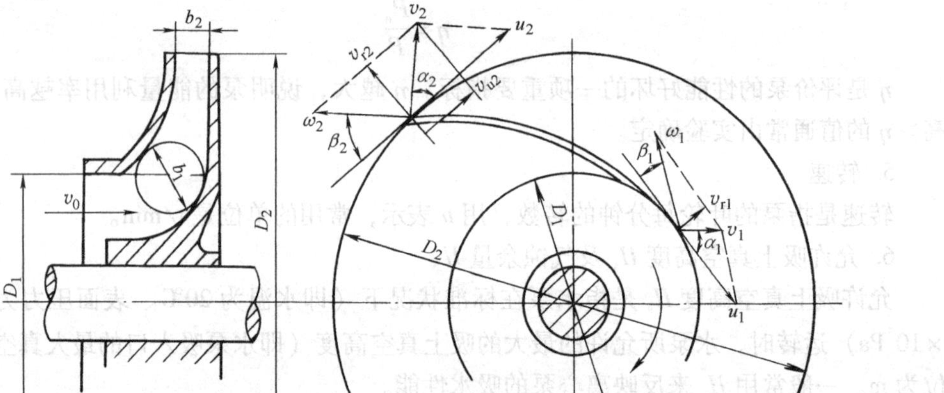

图2-13　流体在叶轮流道中流动的示意图

由于流体在叶轮流道中的流动非常复杂，为便于应用一元流动理论来分析其流动规律，首先对叶轮的构造、流动性质作以下3个理想化假设：

1）叶轮中的流体是恒定流。

2）叶轮具有无限多且无限薄的叶片，可以认为流体在流道间作相对运动时，其流线与叶片形状一致，叶轮同半径圆周上各质点流速相等。

3）流体是理想的不可压缩流体，流动过程中不计能量损失。

当叶轮旋转时，流体沿轴向以绝对速度 $\boldsymbol{v}_0$ 自叶轮进口处流入。在叶片进口1处，流体质点一方面随叶轮旋转作圆周牵连运动，其圆周速度为 $\boldsymbol{u}_1$；另一方面又沿叶片方向作相对运动，相对速度为 $\boldsymbol{w}_1$。根据速度合成定理，流体质点在进口处的绝对速度$\boldsymbol{v}_1$ 应为牵连速度 $\boldsymbol{u}_1$ 与相对速度 $\boldsymbol{w}_1$ 的矢量和。同理，在叶片出口 2 处，流体质点的绝对速度$\boldsymbol{v}_2$ 应为牵连速度 $\boldsymbol{u}_2$ 与相对速度 $\boldsymbol{w}_2$ 的矢量和。

流体在叶轮中的复合运动可用速度三角形来表示，如图 2-14 所示。图中，相对速度 $\boldsymbol{w}$ 与牵连速度 $\boldsymbol{u}$ 反方向之间的夹角 β 即叶片安装角，它表明了叶片的弯曲方向。绝对速度$\boldsymbol{v}$ 与牵连速度 $\boldsymbol{u}$ 之间的夹角 α 称为叶片的工作角，α_1 是叶片进口工作角，α_2 是叶片出口工作角。

为便于分析，常常将绝对速度$\boldsymbol{v}$ 分解为与流量有关的径向分速度$\boldsymbol{v}_r$ 和与扬程有关的切向分速度$\boldsymbol{v}_u$（见图 2-14）。前者的方向与叶轮半径方向相同，后者的方向与叶轮的圆周运动方向相同。显然，从图中可知：

$$\begin{aligned} v_{u2} &= v_2\cos\alpha_2 = u_2 - v_{r2}\cot\beta_2 \\ v_{r2} &= v_2\sin\alpha_2 \end{aligned} \tag{2-11}$$

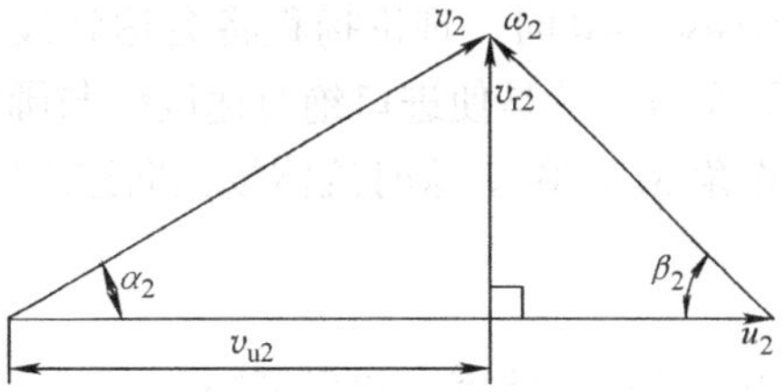

图 2-14 叶轮出口速度三角形

式（2-11）表明，当 u_2、v_{r2}一定时，β_2 增大，v_{u2}也增大；β_2 减小，v_{u2}亦减小。

（2）基本方程式——欧拉方程　分析了叶轮中流体的运动之后，可以进一步利用动量矩定理来推导泵的基本方程式（推导过程从略），所得方程称为欧拉方程：

$$H_{T\infty} = \frac{1}{g}(u_2 v_{u2} - u_1 v_{u1})_{T\infty} \tag{2-12}$$

式中，下标“T∞”表示理想流体与无穷多叶片。

欧拉方程是离心泵与离心风机的基本方程。

如将图 2-14 中的叶片进出口速度三角形按余弦定理展开，可推出欧拉方程的另一形式：

$$H_{T\infty} = \frac{u_2^2 - u_1^2}{2g} + \frac{w_1^2 - w_2^2}{2g} + \frac{v_2^2 - v_1^2}{2g} \tag{2-13}$$

式中　等号右边第一项——表示流体流经叶轮时由于离心力作用所增加的静压，该静压值的提高与圆周速度的平方差成正比；

第二项——表示因叶轮流道面积变化使流体相对速度降低所转化的静压增值；

第三项——表示流体流经叶轮时所增加的动能，该动能值应尽可能在导流器及蜗壳等元件中将其中的一部分转变为静压。

从欧拉方程可以看出：

1）流体所获得的理想扬程 $H_{T\infty}$ 仅与流体在叶片进出口处的运动速度有关，而与流动过程无关。

2）基本方程表明理想扬程 $H_{T\infty}$ 与 u_2 有关，而 $u_2 = n\pi D_2/60$，因此，增加转速 n 和叶轮直径 D_2 便可以提高泵的理想扬程。

3）流体所获得的理想扬程与被输送流体的种类无关。对于不同重度的流体，只要叶片进出口处的速度三角形相同，都可以得到相同的 $H_{T\infty}$。

值得注意的是，欧拉方程是在假定条件下得到的，而实际条件并非如此，如实际上泵的叶片数目是有限的。有限多叶片流道中的相对涡流运动（如图2-15所示），使流体流经实际叶轮时所获得的理论扬程 H_T，小于理想的、无限多叶片的叶轮中所获得的理想扬程 $H_{T\infty}$。但在以下推导理论扬程 H_T 的过程中，仍按理想的、无限多叶片叶轮的理想扬程 $H_{T\infty}$ 进行计算，以获得其最大可能的扬程值。

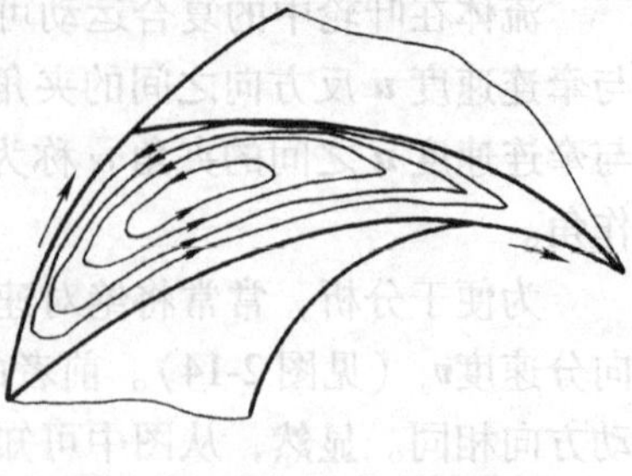

图2-15 流道内的相对涡流运动

(3) 离心泵的理论特性曲线　如果将理论扬程 H_T 按理想的、无限多叶片叶轮的理想扬程的 $H_{T\infty}$ 计算，则由式（2-12）可知，当叶片进口切向分速度 $v_{u1}=v_1\cos\alpha_1=0$ 时，理论扬程将会达到最大值。因此，在设计泵时，总是使进口绝对速度 $\boldsymbol{v}_1$ 与圆周速度 $\boldsymbol{u}$ 之间的工作角 $\alpha_1=90°$。这时流体按径向进入叶片间的流道，有限多叶片的基本方程就简化为

$$H_T=\frac{1}{g}u_2v_{u2} \tag{2-14}$$

由叶片出口速度三角形可知

$$v_{u2}=u_2-v_{r2}\cot\beta_2 \tag{2-15}$$

结合式（2-14）、式（2-15）可得

$$H_T=\frac{1}{g}(u_2^2-u_2v_{r2}\cot\beta_2) \tag{2-16}$$

若设叶轮的出口面积为 F_2，叶轮工作时所输出的理论流量为

$$Q_T=v_{r2}F_2 \tag{2-17}$$

将式（2-17）代入式（2-16）可得

$$H_T=\frac{1}{g}\left(u_2^2-\frac{u_2}{F_2}Q_T\cot\beta_2\right) \tag{2-18}$$

对于大小一定的泵来说，转速不变时，式（2-18）中的 u_2、g、β_2、F_2 均为常数。

令
$$A=\frac{u_2^2}{g}、B=\frac{u_2}{F_2g}$$

可得
$$H_T=A-B\cot\beta_2Q_T \tag{2-19}$$

显然，这是一个斜率为 $B\cot\beta_2$，截距为 A 的直线方程。直线如图2-16所示。

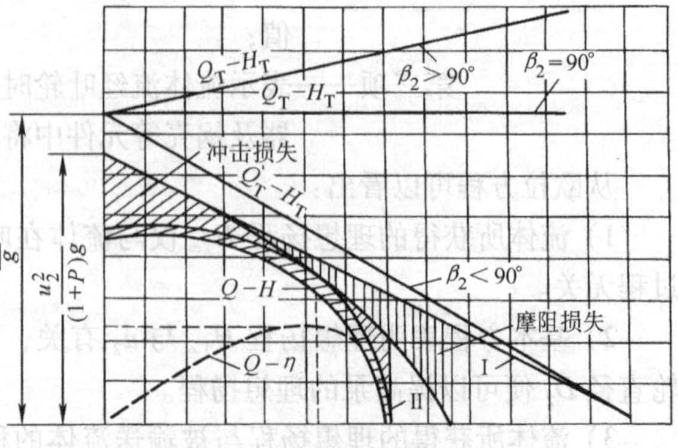

图2-16 离心泵的理论特性曲线

实际运行时，水泵的理论扬程是需要进行修正的。如对于后向式叶型的叶轮，首先考虑在叶槽中液流不均匀的影响，使得图2-16中相应直线的纵坐标值下降，成为直线I。

其次，考虑水泵内部的水头损

失，要从直线Ⅰ上减去相应流量 Q_T 下的水泵内部水头损失，可得实际扬程 H 和流量 Q 之间的关系曲线，即曲线Ⅱ。离心泵内部的水头损失可分为两类：

1）摩阻损失等 Δh_1：在吸水室、叶槽中和压水室中产生的摩阻损失。其中包括转弯处的弯道损失和由流速头转化为压头时的损失。

2）冲击损失 Δh_2：水泵在设计工况下运行时，可认为基本上没有冲击损失，当流量不同于设计流量时，在叶轮的进口导水器、蜗壳的压水室的进口等处就会发生冲击现象。流量与设计流量相差越远，冲击损失越大。

泵体内这两部分水头损失必然要消耗一部分功率，使水泵的总效率下降。另外，离心泵在工作过程中存在着泄漏和回流问题，即水泵的出水量总比通过叶轮的流量小，其差值就是渗漏量。它是能量损失的一种，称为容积损失。

除此以外，水泵在运行中还存在轴承内的摩擦损失、填料轴封装置内的摩擦损失以及叶轮盖板旋转时与水的摩擦损失（称为圆盘损失）等。这些机械性的摩擦损失同样消耗一部分功率，使水泵的总效率下降。

因此，要提高水泵的效率，必须尽量减小机械损失和容积损失，并力求改善泵壳内过水部分的设计、制造和装配，以减少水头损失。

2. 离心泵的实测特性曲线

由以上对 Q-H 特性曲线的理论分析中可以知道，如果用分析法来求特性曲线，必须计算泵内的各种损失。然而，这是很难精确计算的。因此，一般都是采用实验的方法来实测水泵的特性曲线。

图 2-17 所示为 14SA 型离心泵的特性曲线。该曲线是在转速一定的情况下，通过离心泵性能实验和气蚀实验来绘制的。

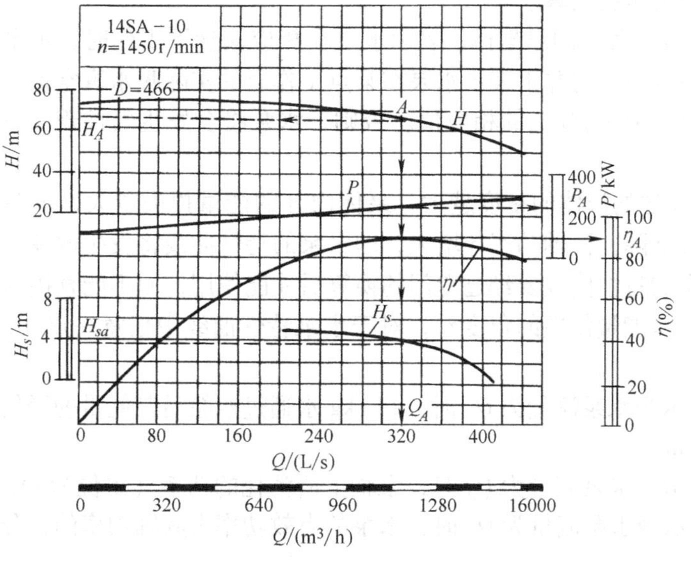

图 2-17　14SA 型离心泵的特性曲线

图中包含有 Q-H、Q-P、Q-η 及 Q-H_s 共 4 条曲线。它们的特点可归纳如下：

1）每一个流量 Q 都对应于一定的扬程 H、轴功率 P、效率 η 和允许吸上真空高度 H_s。

扬程随流量的增大而下降，这一点与理论分析结果相吻合。它将有利于水泵所用电动机的选择和与管网联合工作中工况的自动调节。

2）Q-H 曲线是一条不规则曲线。相应于效率最高值的点的各参数，即为水泵铭牌上所列出的各数据，它是水泵工作最经济的一个点。在该点左右的一定范围内（一般不低于最高效率点的10%左右）都是属于效率较高的区域，在水泵样本中用两条波形线标出，称为水泵的高效段。在选泵时，应使设计所要求的流量和扬程能落在高效段范围内。

3）由图可见，在流量 $Q=0$ 时，相应的轴功率并不等于零，此功率主要消耗在水泵的机械损失上。其结果将使泵壳内水的温度上升，泵壳、轴承会发热，严重时可能导致泵壳的热应力变形。因此，在实际运行中，水泵在零流量情况下只允许作短时间（2～3min）的运行。

水泵正常起动时，$Q=0$ 的情况，相当于阀门全闭，此时泵的轴功率仅为设计值的30%～40%左右，而扬程值又是最大，完全符合电动机轻载起动的要求。因此，使用离心泵时，通常采用“闭阀起动”的方式，即在水泵起动前，压水管上阀门全闭，待电动机运转正常后，压力表读数达到预定数值时，再逐步打开阀门，使水泵作正常运行。

4）在 Q-P 曲线上各点的纵坐标，表示水泵在各不同流量时的轴功率值。在选择与水泵配套的电动机的输出功率时，必须根据水泵的工作情况选择比水泵轴功率稍大的功率，以免在实际运行中，出现小机拖大泵而使电动机过载、甚至烧毁等事故。但也要避免选配过大功率的电动机，造成电动机容量得不到充分利用，从而降低了电动机的效率和功率因数。

另外，水泵样本中所给出的 Q-P 曲线，指的是水或者某种特定液体时的轴功率与流量之间的关系，如果所抽升的液体重度（γ）不同时，则样本中的 Q-P 曲线就不能适用。此时，泵的轴功率要进行换算。

5）Q-H_s 曲线上各点的纵坐标，表示水泵在相应流量下工作时，水泵所允许的最大限度的吸上真空高度值。它并不表示水泵在某点工作时的实际吸水真空值。水泵的实际吸水真空值必须小于 Q-H_s 曲线上的相应值。否则，水泵将会发生气蚀现象（详细内容见第3章3.5节）。

6）水泵所输送的液体的粘度越大，泵体内部的能量损失越大，水泵的扬程和流量都要减小，效率要下降，而轴功率却增大，即水泵的特性曲线将发生改变。故在输送粘度较大的液体时，泵的特性曲线要经过专门的换算后才能使用，而不能直接套用。

综上所述，从能量传递的角度看，对于水泵特性曲线中任意一点 A 的各相纵坐标值，可作如下归纳：

扬程 H_A 表示当水泵流量为 Q_A 时，每1kg 水通过水泵后其能量的增值除以重力加速度为 H_A（单位为 m）。

功率 P_A 表示当水泵流量为 Q_A 时，泵轴上所消耗的功率（单位为 kW）。

效率 η_A 表示当水泵流量为 Q_A 时，水泵的有效功率占其轴功率的百分数（%）。

2.3 叶轮叶型对离心泵性能的影响

离心泵是靠叶轮的旋转来抽送水的，那么叶轮的结构形式对水流在叶轮中获得的能量、外加轴功率等性能之间存在着什么样的关系呢？本节将对这些方面作一简要介绍。

2.3.1 叶轮的叶型

根据叶片出口安装角度 β_2 的不同，可将叶轮的形式分为以下 3 种。

1. 前向叶片的叶轮

叶片出口安装角 $\beta_2>90°$，如图 2-18a、b 所示，其中，图 2-18a 所示为薄板前向叶轮，图 2-18b 所示为多叶前向叶轮。这类叶轮流道短而出口宽度较宽。

2. 径向叶片的叶轮

$\beta_2=90°$，如图 2-18c、d 所示，其中，图 2-18c 所示为曲线型径向叶轮，图 2-18d 所示为直线型径向叶轮。前者制作复杂，但损失小，后者则相反。

3. 后向叶片的叶轮

$\beta_2<90°$，如图 2-18e、f 所示。其中，图 2-18e 所示为薄板后向叶轮，图 2-18f 所示为机翼形后向叶轮。这类叶型的叶轮能量损失小，整机效率高，运转时噪声小，但压力较低。

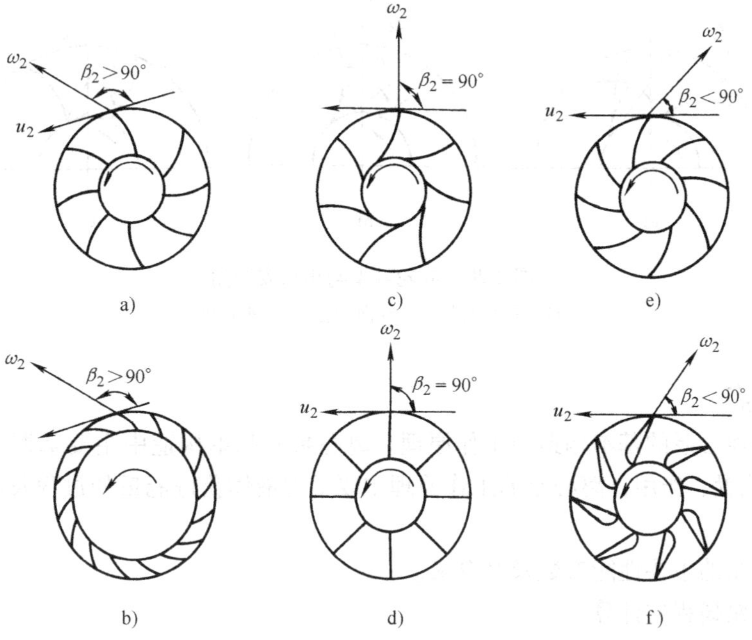

图 2-18 叶轮的形式

2.3.2 叶型对离心泵性能的影响

从欧拉方程可以看出，叶轮类型不同，离心泵理论特性曲线斜率值也不同。前向叶型的叶轮，$\beta_2>90°$，H_T 将随着 Q_T 的增加而增加；后向叶型的叶轮，$\beta_2<90°$，H_T 将随着 Q_T 的增加而减少；径向叶型的叶轮，$\beta_2=90°$，H_T 与 Q_T 的变化无关。

3 种叶型的理论流量与理论功率的 Q_T-P_T 特性曲线如图 2-19 所示。从图中可以看出，前向叶型的泵所需要的轴功率随流量的增加而增加得很快。因此，这类泵在运行中增加流量时，原动机超载的可能性比径向叶型的泵大得多，而后向叶型的叶轮一般不会发生原动机的超载现象。这也是后向式叶型被离心泵广泛采用的原因之一。

理论扬程 H_T 与出口安装角 β_2 之间的关系可由式（2-18）表示。如图2-20所示，在叶轮直径固定不变且转速相同的条件下，对于 $\beta_2<90°$ 的后向叶型的叶轮（见图2-20a），$\cot\beta_2>0$，则 $H_T<u_2^2/g$；对于 $\beta_2=90°$ 的径向叶型（见图2-20b），$\cot\beta_2=0$，则 $H_T=u_2^2/g$；对于 $\beta_2>90°$ 的前向叶型（见图2-20c），$\cot\beta_2<0$，则 $H_T>u_2^2/g$。

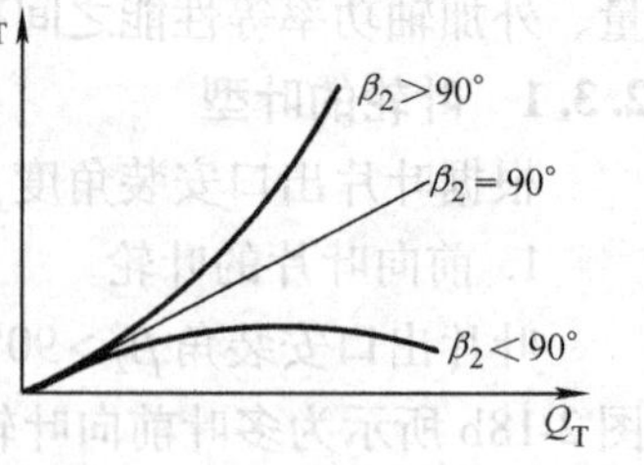

图2-19 叶型的 Q_T-P_T 特性曲线

可见，具有前向叶型的叶轮所获得的理论扬程最大，其次为径向叶型，而后向叶型的叶轮的理论扬程最小。前向叶型的泵虽然能提供较大的理论扬程，但由于流体在前向叶型的叶轮中流动时流速较大，在扩压器中流体进行动、静压转换时的损失也较大，因而总效率比较低。所以，离心式泵全部采用后向叶型的叶轮，这样一来还可以避免发生电动机的超载现象（将在以后内容中介绍）。

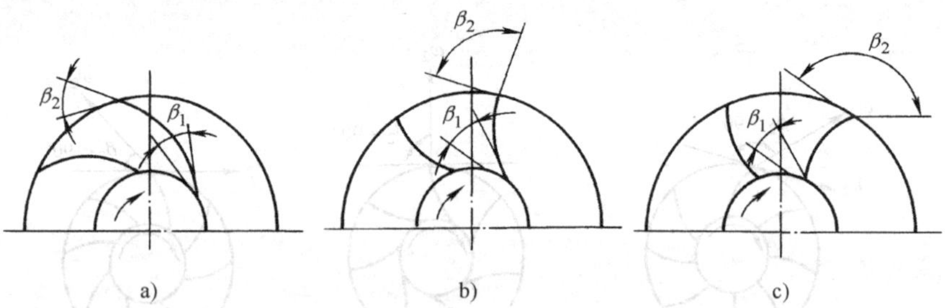

图2-20 叶轮叶型与出口安装角

a）后向叶型 b）径向叶型 c）前向叶型

本章要点

1）掌握离心泵的基本构造与工作原理。离心泵的基本构造中主要掌握各主要组成部件及其相互位置、作用，离心泵的工作原理主要掌握液体获得能量的过程及能量转换的过程。

2）离心泵的主要性能参数及其含义。

3）离心泵扬程的计算。

4）离心泵理论特性曲线与实际特性曲线的特点。

5）不同形式的叶轮叶型对泵的性能的影响。

思考题与习题

1. 单级离心泵的主要组成部件有哪些？分别有何作用？

2. 离心泵的叶轮为什么要做成开式、半开式及封闭式3种？它们之间有哪些差别？

3. 离心泵中设压盖填料盒的目的是什么？其主要组成有哪些、分别有什么作用？

4. 轴向力平衡措施为什么能消减泵进、出口两端的不平衡力？是不是所有的泵都需要采取这种措施？为什么？

5. 离心泵中设减漏环的目的是什么？在什么样的泵中应设减漏环？

6. 减漏环为什么做成不同的形式？各有何特点与适应性？

7. 简述离心泵的工作原理，并说明流体的能量是如何转换的。

8. 离心泵的性能参数有哪些？分别如何表示？

9. 为何现代离心泵多采用后向型叶轮？

10. 什么是离心泵的静扬程和总扬程？如何求得离心泵的总扬程？计算离心泵的扬程的公式有哪些，它们之间有什么区别？

11. 什么是离心泵的特性曲线？不同叶型的离心泵的特性曲线有何差别？了解这些差别对实际工作有何指导意义？

12. 了解离心泵的特性曲线有何作用？

13. 什么是离心泵的高效工作区？

14. 离心泵的实际特性曲线与理论特性曲线有何区别？为什么？

15. 离心泵起动时应注意什么？为什么？

16. 在图2-21所示的水泵装置上，在出水闸阀前后装A、B两只压力表，在进水口处装上一只真空表C，并均相应地接上测压管，现问：

1）闸阀全开时，A、B压力表的读数以及A、B两根测压管的水面高度是否一样？

2）闸阀逐渐关小时，A、B压力表的读数以及A、B两根测压管的水面高度有何变化？

3）在闸阀逐渐关小时，真空表C的读数以及它的比压管内水面高度如何变化？

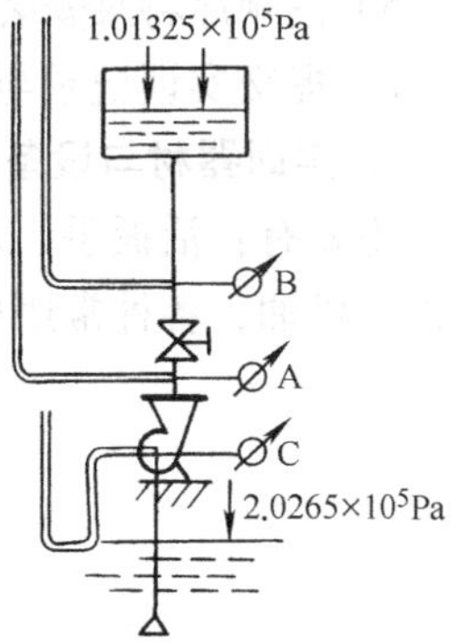

图2-21　习题16图

17. 欲将某管路系统低位水箱的水提高30m，然后送入高位水箱。低位水箱容器液面上的压力为10^5Pa，高位水箱容器液面上的压力为4.0×10^5Pa。整个管路系统的流动阻力为270.48kPa（27.6mH_2O），试求所配离心泵的扬程至少应为多少？

实训2　离心泵的拆装

1. 实训目的

1）掌握离心泵的拆装方法与步骤，熟悉常用工具的使用。

2）熟悉各种常用离心泵的构造、性能、特点。

2. 实训要求

1）拆泵之前，先要了解泵的外部结构特点，分析出拆泵的次序（即先拆哪部分，再拆哪部分）。除IS泵以外的几种常见离心泵的结构参见附录A～附录D。

一般拆卸应与装配成相反顺序，先从外部向内部拆，从上部到下部拆，先拆部件或组件，再拆零件。拆卸时，如果有螺栓等因年长日久而锈蚀难拧，可先用松锈剂等喷射在要拆卸的部位，稍等几分钟即可。

在拆卸轴上的零件时，必须垫好铜块、木块、橡胶等软衬垫，以防损坏零件的表面。

2）拆泵过程中要严格按工艺要求操作，拆下的零部件要摆放有序，应注意某些部件的方向性，如有必要，应做标记。

3）拆泵之后，重点了解以下内容并做记录：

①　所拆泵的型号、性能参数，构成部件名称。

②　叶轮的结构形式与叶型，轴封装置的形式与构造。

③ 有无减漏环及其形式，有无轴向力平衡装置及其形式。

④ 吸入口、排出口、转向等的区分。

⑤ 与电动机的连接方式。

⑥ 多级泵的叶轮级与级间的流道结构，多级泵与单级泵的区别。

⑦ 立式泵与卧式泵的差异。

⑧ 单吸泵与双吸泵的差异。

4）提出问题并讨论。

5）按顺序将泵安装复原，条件具备的要进行试车运转以检验装配是否符合要求。

6）提交实训记录与实训体会。

3. 实训器材与设备

主要有：活扳手、呆扳手、梅花扳手、一字或十字旋具、锤子，木板（条），拉马，黄油、机油，各种常用离心泵。

第 3 章

离心泵的运行工况及其分析

3.1 离心泵管道系统特性曲线

3.2 离心泵定速运行工况与调节

3.3 离心泵并联及串联运行工况

3.4 离心泵的调速运行工况

3.5 离心泵吸水性能及其影响因素

3

通过对离心泵理论特性曲线和实测特性曲线的分析可以看出，每一台水泵在一定的转速下都有自己固有的特性曲线。此曲线反映了该泵本身潜在的工作能力。这种潜在的工作能力在实际运行的泵中就表现为瞬时的出水量 Q、扬程 H、轴功率 P 及效率 η 等。这些值在 Q-H、Q-P、Q-η 曲线上的具体位置，称为该泵装置的瞬时工况点，它表示了该泵在此瞬间的实际工作能力。

水泵运行中，决定离心泵装置工况点的因素有 3 个方面：

1）泵本身的型号。

2）泵的实际转速。

3）输、配水管路系统的布置以及水池、水塔的水位值及其变动等边界条件。

水泵工况点的调节方法则主要有出水管路上阀门节流调节、转速调节、串联或并联的台数调节、车削改变叶轮大小的调节等，而这些调节方法基本上可归结为两条，即：

1）改变输、配水管路系统的性能调节。

2）改变泵本身的特性调节。

实际运行中，可根据系统的具体情况选用合适的调节方法，并可同时采用数种调节方式以使水泵运行在所需要的或最佳的状态。

以下就对水泵在定速、调速以及并联或串联运行情况下，工况点的确定以及影响工况点的诸因素分别进行讨论。

3.1 离心泵管道系统特性曲线

水流经过管道时，一定存在管道水头损失，其值用 $\sum h$ 表示。它是管道中沿程摩擦阻力和局部阻力产生的水头损失之和。对于一定的管道来说，可以表示为

$$\sum h = SQ^2 \tag{3-1}$$

式中 S——长度、直径已定的管道的沿程摩擦阻力与局部摩擦阻力之和的系数，称为阻力系数。

上式可用一条抛物线（也即 Q-$\sum h$ 曲线）来表示，此曲线一般称为管道水头损失特性曲线，如图 3-1 所示。曲线的曲率取决于管道的直径、长度、管壁粗糙度以及局部阻力附件的布置情况。

在水泵的计算中，为了确定水泵装置的工况点，利用此曲线并且将它与水泵工作的外界条件（如水泵的静扬程 H_{st} 等）联系起来考虑，按水泵的扬程计算式 $H = H_{st} + \sum h$ 可画出如图 3-2 所示的曲线。此曲线称为水泵装置的管道系统特性曲线。该曲线上任意一点 K 的一段纵坐标 h_K，表示水泵输送流量为 Q_K、将水提升至 H_{st} 高度时，管道中每单位质量液体所需消耗的能量值除以重力加速度。换句话说，管道系统中，通过的流量不同时，每单位质量的液体在整个管道中所消耗的能量也不同，其值大小可用图 3-2 中曲线上各点相应的纵坐标值来表示。水泵装置的静扬程 H_{st}，在实际工程中可以是吸水池至压出水池水面间的垂直几何高差，也可能是吸水池与压水密闭水箱之间的表压差。因此，管道水头损失特性曲线只表示在水泵装置管道系统中，当 $H_{st}=0$ 时，管道中水头损失与流量之间的关系曲线。此情况为管道系统特性曲线的一个特例。

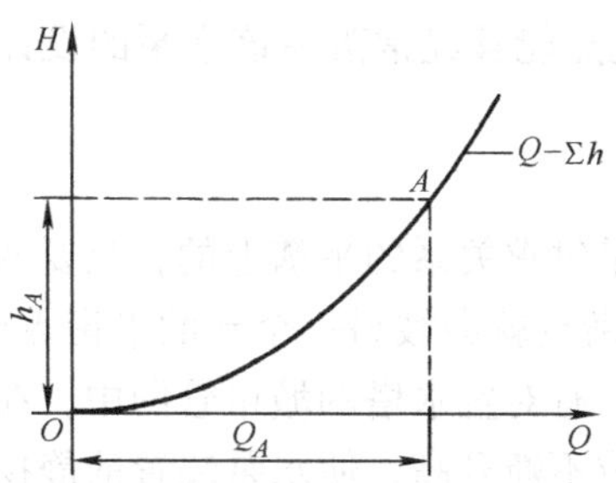

图 3-1 管道水头损失特性曲线

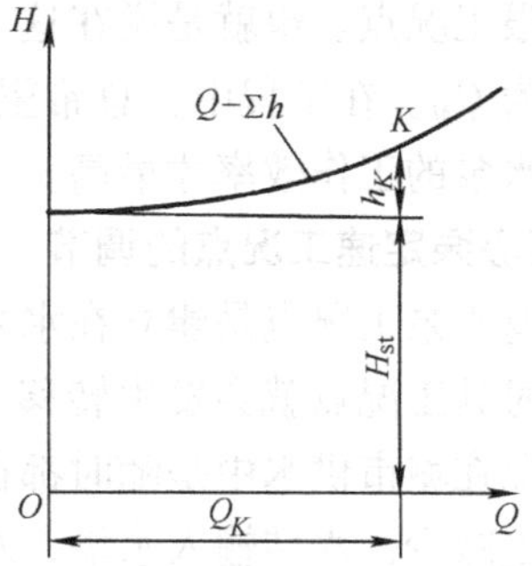

图 3-2 管道系统特性曲线

3.2 离心泵定速运行工况与调节

3.2.1 离心泵的定速运行工况

离心泵的工况点即其运行时所处的状态点。该状态点由离心泵在管路系统中所具有的一些特性参数（如转速、流量、扬程等）共同确定。确定工况点的方法有数解法和图解法两种，其中以图解法简明、直观，在工程中的应用较广。

当离心泵的转速保持不变时，所对应的工况称为离心泵的定速运行工况。图 3-3 所示为定速离心泵装置的工况。画出水泵样本中提供的该泵 Q-H 曲线（转速 n 为恒定值）；再按公式 $H = H_{st} + \sum h$ 在沿 H_{st}的高度上画出管道损失特性曲线 Q-$\sum h$，两条曲线相交于 M 点。此 M 点表示将水输送到高度为 H_{st}时，水泵所供给水的总比能与管道所要求的总比能相等的那个点，称为该水泵装置的平衡工况点（也称工作点）。只要外界条件不发生变化，水泵装置将稳定地在这点工作，其出水量为 Q_M，扬程为 H_M，该点即为该离心泵的定速工况点。

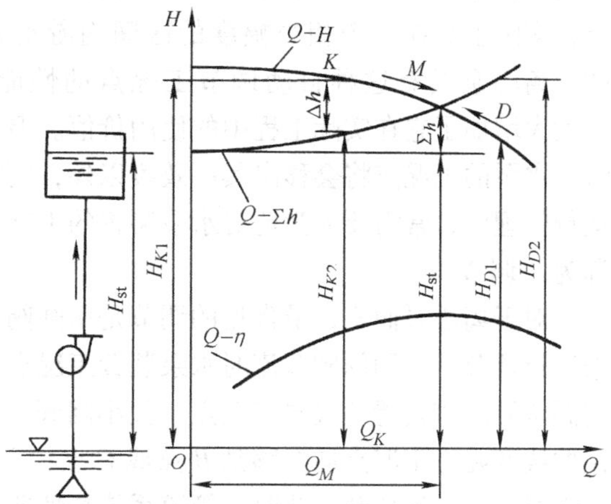

图 3-3 定速离心泵装置的工况

假设工况点不在 M 点，而在 K 点，由图 3-3 可见，当流量为 Q_K 时，水泵能供给水的总比能头 H_{K1}将大于管道所要求的总比能头 H_{K2}，能量头富裕了 Δh 值。此富裕的能量以动能的形式使管道中水流加速、流量加大，由此使水泵的工况点自动向流量增大的一侧移动，直到移到 M 点为止。反之，假设水泵装置的工况点在 D 点，由于水泵供给的总比能头 H_{D1}小于管道所要求的总比能头 H_{D2}，管道中水流能量不足、水流减缓，水泵装置的工况点将向流量减小的一侧移动，直到退回到 M 点才达到平衡。所以 M 点就是该水泵装置的工况点。如果水泵装置在 M 点工作时，管道上所有闸阀是全开着的，则 M 点就称为该装置的极限工况点。也就是说在这个装置中，要保证水泵的静扬程为 H_{st} 时管道中通过的最大流量为 Q_M。在工程中，总希望水泵装置的工况点能够经常落在该水泵的设计参数值上，这样水泵的工作效率才最高。

3.2.2 离心泵定速工况点的调节

由于离心泵工况点是建立在水泵和管道系统能量供求关系的平衡上的，只要两者之一发生改变时其工况点就会发生转移，这种暂时的平衡点就会被另一个新的平衡点所代替。这样的情况在城市供水中是随时都在发生的。例如，有对置水塔的城市管网中，在晚上管网中用水量减少，水转输入水塔，水塔中水箱的水位不断升高，使水泵装置的静扬程不断升高，如图 3-4 所示。水泵的工况点将沿 Q-H 曲线向流量减小侧移动（由 A 点移到 C 点），供水量减小。相反，在白天用水量增大，管网内静压下降，水塔出水，水箱中水位下降，水泵装置的工况点就自动向流量增大侧移动。因此，在整个工作过程中，只要管网中用水量是变化的，管网压力就会有变化，使水泵装置的工况点也作相应的变动，并按上述能量供求的关系自动地去建立新的平衡。所以水泵装置的工况点，实际上是在一个相当幅度的区间内游动着的。离心泵具有这种自动调节工况点的性能，也大大增加了它在实际工程中的使用价值。但是要注意的是，当管网中压力变化幅度太大时，水泵的工况点将会移出其高效段以外，而在低效率区工作。针对这种情况，在水泵的运行管理中，常需要人为地对水泵装置的工况点进行必要的改变和控制，这种改变和控制称为“调节”。

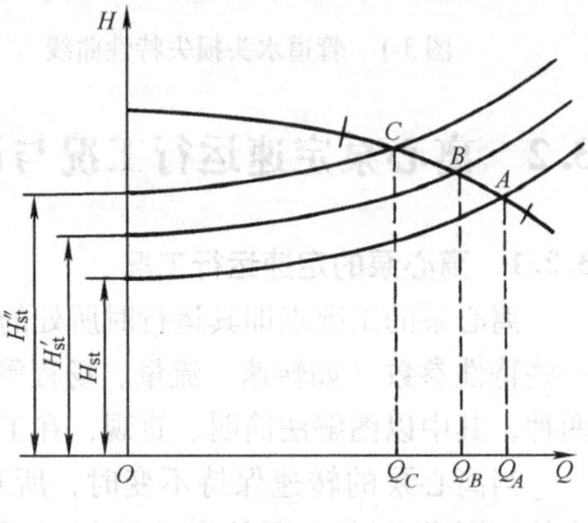

图 3-4 离心泵工况点随水位变化

对于离心泵而言，最常见的调节是用闸阀来节流，也就是改变水泵出水闸阀的开启度来进行调节。采用闸阀节流时水泵装置工况点的改变图如图 3-5 所示。图中工况点 A 表示闸阀全开时该装置的极限工况点。关小闸阀，管道局部阻力增加，S 值加大，管道系统特性曲线变陡，工况点向左移到 B 点或 C 点，出水量减少。闸阀全关时，局部阻力系数相当于无穷大，水流切断。此时，管道系统特性曲线与纵坐标重合。所以，利用闸阀的开启度可使水泵装置的工况点由零到极限工况点 Q_A 之间变化。

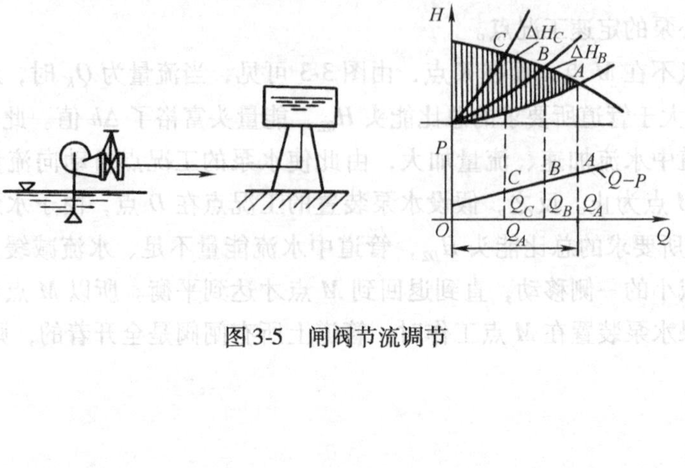

图 3-5 闸阀节流调节

在实际工作中，如果对泵的闸阀开度对工况点的影响认识不足，则会引起不必要的麻烦。如某空调水系统调试中就出现过这个问题。该空调系统中，冷冻机房内有两台容量为1000冷吨的York牌离心式冷水机组，配置有3台冷冻水泵（两用一备）。在夜间调试时，两台冷冻水泵同时运转，未见异常情况，调试后阀门的开度保持不变。但白天当单台冷水机组和单台冷冻水泵工作时，发现冷冻水泵工作电流超载（水泵电动机额定电流为164A，但白天单台泵工作时实际电流达180A）。为什么会出现这种现象呢？分析其原因，是由于在同样的阀门开度下（调试时的开度），单台水泵工作时的工况与夜间调试中两台冷冻水泵运行时已不相同，即白天单泵运行时水泵的工况点已向流量增大的方向偏移（其原因可在学习水泵的并联运行后进行分析），这样就导致了水泵电动机的超载。此时，要使单台水泵能正常工作，应通过减小相应阀门的开度（即增大系统阻力）的措施来减小水泵的流量，即重新调整泵的工况点，从而避免水泵电动机的超载。实际中，在调整了冷水机组、冷冻水泵、集水器、分水器上的阀门开度之后，冷冻水泵的工作电流又恢复了正常。

从经济上看，节流调节是用消耗水泵的多余能量头ΔH（图3-5中阴影部分）的办法来维持一定的供水量。由于离心泵的Q-H曲线是上升型的，使用闸阀节流时，随着流量的减小，水泵的轴功率也随之减小，对原动机无过载危害；而且使用闸阀节流方便易行，因此，在实际运行中闸阀调节是常见的一种方法。这一方法的缺点是不能较好地满足节能的要求。

综上所述，定速运行情况下，离心泵装置工况点的改变，主要是管道系统特性曲线发生改变引起的（如水位变化、管网中用水量变化、管道堵塞或破裂以及闸阀节流等）。

3.3 离心泵并联及串联运行工况

对泵而言，在解决水量、水压的供求矛盾时，蕴藏着丰富的节能潜力。在实际工程中，为了适应各种不同时段管网中所需水量、水压的变化，常常需要设置多台水泵联合工作，按其形式可分为并联与串联两种运行方式。

下面介绍水泵联合运行的工况分析方法，包括如何确定水泵并联或串联运行时的特性曲线、如何确定水泵并联或串联运行时的工况点等。

3.3.1 离心泵并联运行

1. 离心泵并联运行的适用场所

使多台水泵联合运行，通过联络管共同向管网输水的情况，称为并联工作。水泵并联工作的特点是：

1）可以增加供水量，输水干管中的流量等于各台并联水泵出水量之和。

2）可以通过开停水泵（即台数控制）来调节水泵的流量和扬程，以达到节能和安全供水的目的。

3）当并联工作的水泵中有一台损坏时，其他几台水泵仍可继续供水，提高了水泵运行调度的灵活性和供水的可靠性，是制冷空调水系统中较为常见的一种运行方式。

因此，可以总结出离心泵的并联主要适用于以下场所：

1）用户需要大流量而单台泵满足不了要求时。

2）使用过程中流量要大幅度变化，且要求能进行水泵台数调节时。

3）要求有水泵备用以满足不间断供水需要时。

4）尽管单台泵可满足流量要求，但多台泵并联的效率高于单台泵时。

由于水泵并联后其共同特性与单泵的特性并不相同，其性能的优劣将对用户产生直接的影响，因此，如何确定水泵并联运行的工况点及其特点，在实际工程中就显得特别重要。以下就介绍工程上用得较多的图解法。

2. 离心泵并联运行工况的图解法原理

在绘制水泵并联性能曲线时，先把并联的各台水泵的 Q-H 曲线绘制在同一坐标图上，然后把对应于同一 H 值的各个流量 Q 加起来，如图3-6所示。把Ⅰ号泵 Q-H 曲线上的1、1′、1″，分别与Ⅱ号泵 Q-H 曲线上的2、2′、2″各点的流量相加，则得到Ⅰ、Ⅱ号泵并联后的流量3、3′、3″，然后连接3、3′、3″各点即得水泵并联后的总 $(Q\text{-}H)_{Ⅰ+Ⅱ}$ 曲线。这种等扬程下流量叠加的方法，实际上是将管道水头损失视为零的情况下来求并联后的工况点。因此，同型号的两台（或多台）泵并联后的总流量，将等于某扬程下各台泵流量之和。事实上，管道水头损失是必须考虑的，所以，寻求并联工况点的图解法就没有那么简单。

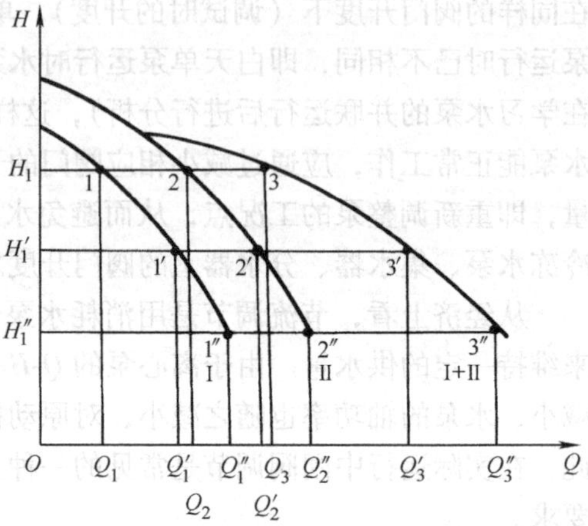

图3-6 水泵并联 Q-H 曲线

3. 同型号、同水位的两台水泵的并联工作

两台同型号、同水位的水泵的并联工作如图3-7所示。其并联工作特性可分析如下：

（1）绘制两台水泵并联后的总 $(Q\text{-}H)_{Ⅰ+Ⅱ}$ 曲线 由于两台水泵同在一个吸水井中抽水，从吸水口 A、B 两点至压水管交汇点 O 的管径相同，长度也相等，故 $\sum h_{AO}=\sum h_{BO}$，AO 与 BO 管中，通过的流量均为 $Q/2$，由 OG 管中流进水塔的总流量为两台水泵水量之和，因此两台泵联合工作的结果是在同一扬程下流量相叠加。为了绘制并联后的总特性曲线，先不考虑管道水头损失，在 $(Q\text{-}H)_{Ⅰ,Ⅱ}$ 曲线上任取几点，然后在相同纵坐标值上把相应的流量加倍，即可得到1′，2′，3′，…，m'点，用光滑曲线连接这些点即可得到并联后的总特性曲线 $(Q\text{-}H)_{Ⅰ+Ⅱ}$，如图3-7所示。图中所注下标“Ⅰ，Ⅱ”表示单泵Ⅰ及单泵Ⅱ的 Q-H 曲线，下标“Ⅰ+Ⅱ”表示两泵并联工作的总 Q-H 曲线。

上述这种等扬程下流量叠加的原理称为横加法原理。所谓总的 $(Q\text{-}H)_{Ⅰ+Ⅱ}$ 曲线，就是把两台参加并联水泵的 Q-H 曲线，用一条等值水泵的 $(Q\text{-}H)_{Ⅰ+Ⅱ}$ 曲线来表示，此等值水泵的流量必须具有各台水泵在相同扬程时流量的总和。

（2）绘制管道系统特性曲线并求出并联工况点 绘出 AOG 或 BOG 管道系统的特性曲线 $Q-\sum h_{AOG}$，此曲线与 $(Q\text{-}H)_{Ⅰ+Ⅱ}$ 曲线相交于 M 点。M 点的横坐标为两台水泵并联工作的总流量 $Q_{Ⅰ+Ⅱ}$，纵坐标等于两台水泵的扬程 H_0。M 点称为并联工况点。

（3）求每台泵的工况点 通过 M 点作横轴平行线，交单泵的特性曲线于 N 点，N 点

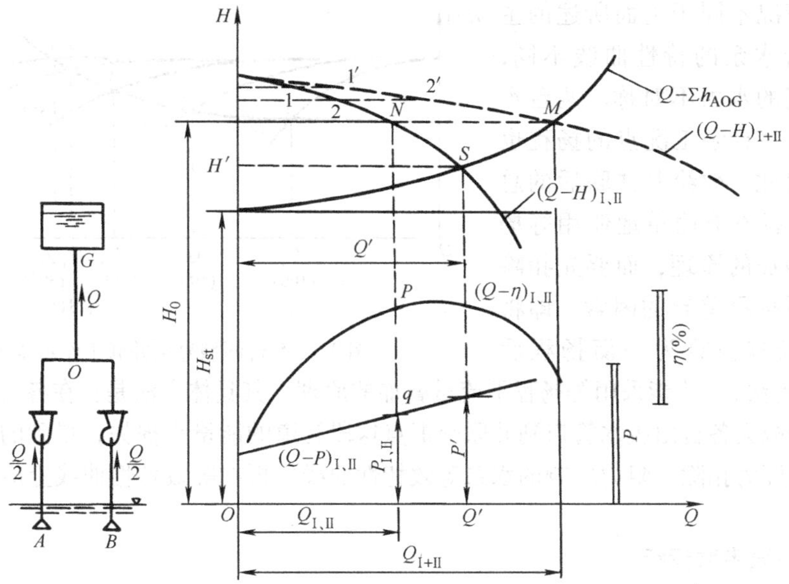

图 3-7 同型号、同水位、对称布置的两台水泵并联

即为并联工作时各单泵的工况点。其流量为 $Q_{Ⅰ,Ⅱ}$，扬程 $H_1=H_2=H_0$。自 N 点引垂线交（Q-η）$_{Ⅰ,Ⅱ}$曲线于 P 点，交（Q-P）$_{Ⅰ,Ⅱ}$曲线于 q 点，P 点及 q 点分别为并联时各单泵的效率点和轴功率点。如果将第 2 台泵停车而只开 1 台泵时，则图 3-7 中的 S 点可以视为单泵的工况点。这时的流量为 Q'，扬程为 H'，轴功率为 P'。

由图 3-7 可看出，$P'>P_{Ⅰ,Ⅱ}$，即单泵工作时的功率大于并联工作时各单泵的功率。因此，在选配电动机时，要根据单泵单独工作的功率来配套。另外，$Q'>Q_{Ⅰ,Ⅱ}$，$2Q'>Q_{Ⅰ+Ⅱ}$，即一台泵单独工作时的流量大于并联工作时每一台泵的流量，也即两台泵并联工作时其流量不是单泵工作时的流量加倍。这种现象在多台泵并联时，就很明显，而且当管道系统特性趋向较陡时，就更为突出。现举例如下。

图 3-8 所示为 5 台同型号水泵并联工作的情况。由图可知，以一台泵工作时的流量 Q_1 为 100L/s，两台泵并联的总流量 Q_2 为 190L/s，比单泵工作时增加了 90L/s；3 台泵并联时的总流量 Q_3 为 251L/s，比两台泵时增加了 61；4 台泵并联的总流量 Q_4 为 284L/s，比 3 台泵时增加了 33L/s；5 台泵并联的总流量 Q_5 为 300L/s，比 4 台泵时只增加了 16L/s。由此可见，再增加并联水泵的台数，其增大流量的效果就不大了。

由图 3-8 还可看出，每台泵的工况点随着并联台数的增多而向扬程高的一侧移动。台数过多，就可能使工况点移出高效段范围。因此不能简单地理解为：并联水泵的台数增加一倍，流量就会增加一倍，而必须同时考虑管道的过水能力，经过并联工况的计算和分析后才能下结论。最后，对于泵站设计开始时就应注意到，如果所选的水泵是以经常单独运行为主的，那么，并联工作时要考虑到各单泵的流量会减少、扬程会提高。如果是着眼于各泵经常并联运行，则应注意到，各泵单独运行时相应的流量将会增大，轴功率也会增大。

4. 不同型号的两台水泵在相同水位下的并联工作。

这种情况不同于上面所述的主要是：两台水泵的特性曲线不同，管道中水流的水力不对称。两台水泵并联后，每台泵工况点的扬程也不相等。因此，欲绘制并联后的总 *Q-H* 曲线，就不能简单地使用等扬程下流量叠加的原理，而要先扣除造成两台泵扬程差异的因素，即将两台泵的扬程换算为平衡扬程后（亦可用图解法），才能采用等扬程下流量叠加的原理。其具体方法是：在各台水泵的特性曲线上分别减去各自由吸水管口到并联交汇点这段管道的能量头损失，得到的两条新的水泵特性曲线即为扣除了阻力影响的水泵等效特性曲线，再在等效特性曲线上应用图解法即可。

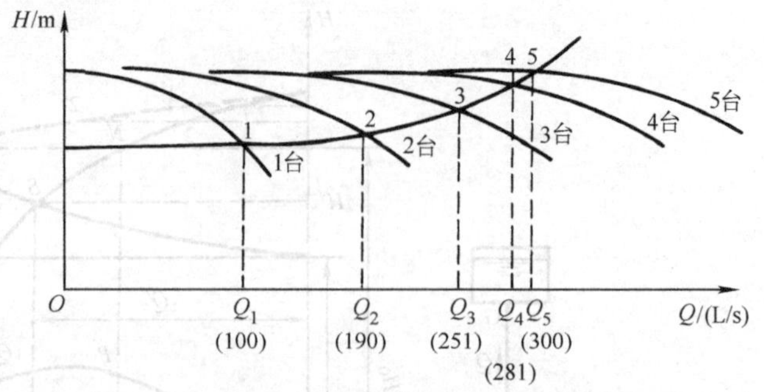

图 3-8 5 台同型号泵并联工作示意图

3.3.2 离心泵串联运行

串联工作就是将第 1 台水泵的压水管作为第 2 台水泵的吸水管，水由第 1 台水泵压入第 2 台水泵，水以同一流量依次流过各台水泵。在串联工作中，水流获得的能量为各台水泵所能提供的能量之和，如图 3-9 所示。水泵的串联主要应用在以下场合：

1）单台泵的扬程不能满足供水要求时。

2）对旧系统进行改造后，管路系统的阻力增大，使原有的水泵难以满足要求，而此时又要利用原有水泵时。

串联工作的两台水泵的总扬程为：$H_A = H_1 + H_2$。可见，各台水泵串联工作时，其总 *Q-H* 曲线等于同一流量下扬程的叠加。只要把参加串联的水泵 *Q-H* 曲线上横坐标相等的各点纵坐标相加，即可得到总的 $(Q\text{-}H)_{\mathrm{I+II}}$ 曲线。它与管道系统特性曲线交于 *A* 点，此 *A* 点的流量为 Q_A、扬程为 H_A，即为串联工作的工况点。自 *A* 点引垂线分别与各泵的 *Q-H* 曲线相交于 *B* 及 *C* 点，则 *B*、*C* 点分别为两台单泵在串联工作时的工况点。

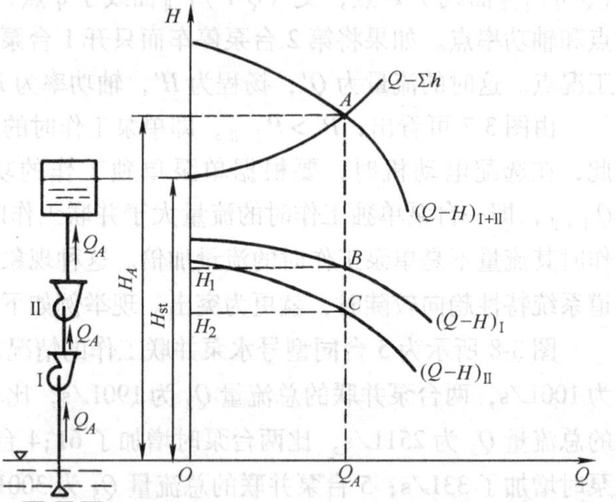

图 3-9 水泵串联工作示意图

多级泵实质上就是多级叶轮的串联运行。随着水泵制造工艺的提高，目前生产的各种型号水泵的扬程，基本上已能满足给水、排水工程的要求，所以，一般已很少采用水泵串联工作的形式。

如果需要水泵串联运行，要注意参加串联工作的各台水泵的设计流量应是接近的，否则，就不能保证两台泵都在较高效率下运行，严重时可使小泵过载或者不如大泵单独运行。因为在水泵串联条件下，通过大泵的流量也必须通过小泵，这样，水泵就可能在很大的流量下强迫工作，轴功率增大，电动机可能过载。另外，两台泵串联时，应考虑到后一台泵泵体的强度问题。

3.4　离心泵的调速运行工况

调速运行是指水泵在可调速的电动机或其他变速装置的驱动下运行，通过改变转速来改变水泵装置的工况点。如果说对于定速运行工况，考虑的是离心泵在固定的单一转速下如何充分利用其高效工作段，那么对调速运行工况，将着眼于在管网用水量逐时变动的情况下，如何充分利用通过变速而形成的离心泵 Q-H 曲线的高效工作区。因此，调速运行大大地扩展了离心泵的高效工作范围，是水泵运行中十分合理的调节方式。

为了对调速运行工况进行讨论，下面将对离心泵叶轮的相似定律、比例定律以及比例定律应用等问题进行介绍。

3.4.1　相似定律

由于水泵内部液体流动的复杂性，单凭理论不能准确地算出离心泵的性能。流体力学中的相似理论，运用实验和模拟的手段，可以解决水泵叶轮在某一转速下的性能换算在其他转速下的性能。水泵叶轮的相似定律是以几何相似和运动相似为基础的。凡是两台能满足几何相似和运动相似条件的水泵，都称为工况相似水泵。

几何相似条件是，两个叶轮主要过流部分一切相对应的尺寸成一定的比例，所有的对应角相等。现设有两台水泵的叶轮，一个为模型水泵的叶轮，其符号以下标 m 表示，另一个为实际水泵的叶轮，其符号以不带下标表示。

运动相似的条件是，两叶轮对应点上水流的同名速度方向一致，大小互成比例。也即在相应点上水流速度三角形相似。所以，在几何相似的前提下，运动相似就是工况相似。

1. 第一相似定律

第一相似定律是用来确定两台在相似工况下运行的水泵的流量之间的相互关系的。其数学表达式为

$$\frac{Q}{Q_{\mathrm{m}}}=\lambda^{3}\frac{\eta_{v}}{\eta_{v,\mathrm{m}}}\frac{n}{n_{\mathrm{m}}} \tag{3-2}$$

式中　λ——任一线性尺寸的比例，如 $\lambda=b_2/b_{2\mathrm{m}}=D_2/D_{2\mathrm{m}}$（$b_2$、$b_{2\mathrm{m}}$和 D_2、$D_{2\mathrm{m}}$分别为实际泵与模型泵叶轮的出口宽度和叶轮外径）；

η_v——离心泵的体积效率，$\eta_v=Q/Q_{\mathrm{T}}$。

式（3-2）表示两台相似水泵的流量与转速及体积效率的乘积成正比，与线性比例尺的三次方成正比。此式称为第一相似定律。

2. 第二相似定律

第二相似定律是用来确定两台在相似工况下运行的水泵的扬程之间的相互关系的。其数学表达式为

$$\frac{H}{H_{\mathrm{m}}}=\lambda^{2}\frac{\eta_{\mathrm{h}}n^{2}}{(\eta_{\mathrm{h}}n^{2})_{\mathrm{m}}} \tag{3-3}$$

式中　η_{h}——离心泵的水力效率，$\eta_{\mathrm{h}}=H/H_{\mathrm{T}}$。

式（3-3）表示两台相似水泵的扬程与转速及线性比例尺的二次方成正比，与水力效率成正比。此式称为第二相似定律。

3. 第三相似定律

第三相似定律是确定两台在相似工况下运行的水泵轴功率之间的关系的。其数学表达式为（提升液体的密度相等）

$$\frac{P}{P_{\mathrm{m}}}=\lambda^{5}\frac{n^{3}\eta_{\mathrm{Mm}}}{n_{\mathrm{m}}^{3}\eta_{\mathrm{M}}} \tag{3-4}$$

式中 η_{M}——水泵的机械效率，$\eta_{\mathrm{M}}=P_{\mathrm{h}}/P$（$P_{\mathrm{h}}$ 为叶轮传给水的全部功率，即泵轴上输入的功率在克服了机械摩擦阻力后传给水的功率）。

式（3-4）表明，在提升液体的密度相等时，两台相似水泵的轴功率与转速的三次方、线性比例尺的五次方成正比，与机械效率成反比。

实际应用中，如果实际水泵与模型水泵的尺寸相差不大，且转速相差也不大时，可近似地认为3种局部效率都不随尺寸而变，则相似定律可写为

$$\left.\begin{aligned}\frac{Q}{Q_{\mathrm{m}}}&=\lambda^{3}\frac{n}{n_{\mathrm{m}}}\\ \frac{H}{H_{\mathrm{m}}}&=\lambda^{2}\frac{n^{2}}{n_{\mathrm{m}}^{2}}\\ \frac{P}{P_{\mathrm{m}}}&=\lambda^{5}\frac{n^{3}}{n_{\mathrm{m}}^{3}}\end{aligned}\right\} \tag{3-5}$$

3.4.2 离心泵调速性能分析

调速泵性能可以应用比例定律来进行分析。

把相似定律应用于不同转速运行的同一台泵时，就可得到下式：

$$\left.\begin{aligned}\frac{Q_1}{Q_2}&=\frac{n_1}{n_2}\\ \frac{H_1}{H_2}&=\left(\frac{n_1}{n_2}\right)^{2}\\ \frac{P_1}{P_2}&=\left(\frac{n_1}{n_2}\right)^{3}\end{aligned}\right\} \tag{3-6}$$

式（3-6）表示同一台离心泵在转速 n 变化时，其他性能参数将按上述比例关系而变。上面这3个式子为相似定律的一个特殊形式，称为比例定律。对于水泵的使用者而言，比例定律是很有用处的。它反映出转速改变时，水泵主要性能变化的规律。在后述的关于离心泵装置的变速调节工况就是应用比例定律来换算的。

比例定律在泵站设计与运行中的应用，最常遇到的情形有两种，即：

1）已知水泵转速为 n_1 时的 $(Q\text{-}H)_1$ 曲线如图3-10所示，但所需的工况点并不在该特性曲线上，而在坐标点 A_2 处；则要知道水泵在 A_2 点工作时，其转速 n_2 应为多少。

2）已知水泵 n_1 时的 $(Q\text{-}H)_1$ 曲线，试用比例定律画出转速为 n_2 时的 $(Q\text{-}H)_2$ 曲线。

以下就介绍离心泵调速性能的分析方法——比例定律应用的图解法。

采用图解法求转速 n_2 时，必须在转速 n_1 的 $(Q\text{-}H)_1$ 曲线上，找出与 A_2 点工况相似的

A_1 点，下面采用“相似工况抛物线法”来求 A_1 点。

由比例定律公式可得

$$\left.\begin{aligned}\frac{H_1}{H_2}&=\left(\frac{Q_1}{Q_2}\right)^2\\ \frac{H_1}{Q_1^2}&=\frac{H_2}{Q_2^2}=k\end{aligned}\right\}\tag{3-7}$$

则

$$H=kQ^2\tag{3-8}$$

由式（3-8）可以看出，凡是符合比例定律关系的工况点，均分布在一条以坐标原点为顶点的抛物线上。此抛物线称为相似工况抛物线（也称等效率曲线）。

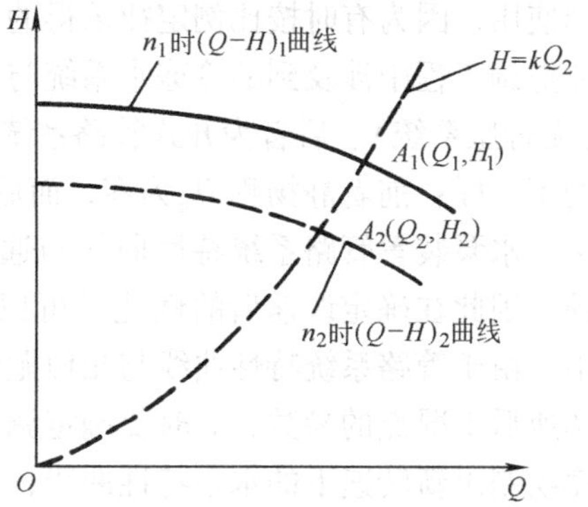

图 3-10　比例定律的应用

将 A_2 点的坐标值（Q_2，H_2）代入式（3-8），求出 k 值，再写出与 A_2 点工况相似的普遍式 $H=kQ^2$。则此方程式即代表一条与 A_2 点工况相似的抛物线。它和转速为 n_1 的（Q-H）$_1$ 曲线相交于 A_1 点，此 A_1 点就是所要求的与 A_2 点工况相似的点。把 A_1 和 A_2 点的坐标值代入比例定律，可得

$$n_2=\frac{n_1}{Q_1}Q_2\tag{3-9}$$

求出转速 n_2 后，利用比例定律可画出 n_2 时的（Q-H）$_2$ 曲线。此时，n_1 和 n_2 均为已知值。利用迭代法，在（Q-H）$_1$ 曲线上任意取几点，用公式计算出 n_2 转速下相应的坐标，并确定各点，最后用光滑曲线联接这些点就可得到转速为 n_2 时的（Q-H）$_2$ 曲线。

同理，可按轴功率的比例定律求出相应于 P_1 的 P_2 值，并画出转速 n_2 下的（Q-H）$_2$ 曲线。此外，在利用比例定律时，认为相似工况下对应点的效率是相等的，因此，只要已知图 3-11 中 a、b、c、d 等点的效率，即可按等效率原理求出转速为 n_2 时相应的点的效率，连成（Q-H）$_2$ 曲线，如图 3-11 所示。

由上述讨论可知，凡是效率相等各点的 H/Q^2 比值，均是常数 k。由此可画出一条效率相等、工况相似的抛物线。也就是说，相似工况抛物线上，各点的效率都是相等的，但是，实际上当水泵调速的范围超过一定值时，其相应点的效率就会发生变化。实测的等效率曲线与理论上的等效率曲线是有差别的，只有在高效段范围内两者才吻合。尽管如此，在工程实际中采用调速的方法，还是大大扩展了离心泵的高效率工作范围。

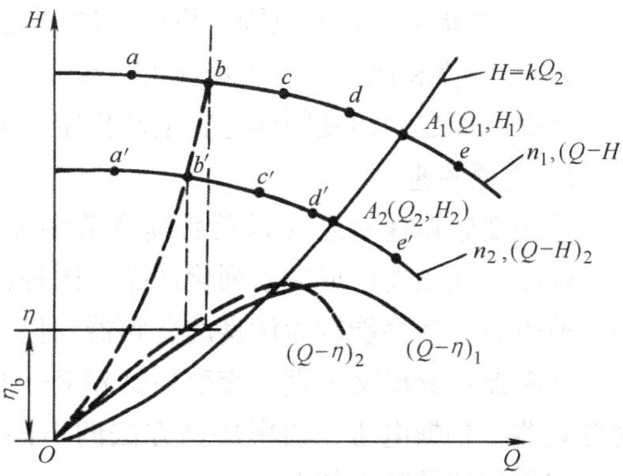

图 3-11　转速改变时特性曲线变化

此外，还可以用数解法求出改变转速后的特性曲线，其方法这里不再多述。

在应用比例定律分析水泵变速工况特性时，一定要注意在不同条件下相似抛物线的正

确使用，因为有时按比例定律求得的相似工况点并不一定就是水泵的实际工况点。如在制冷空调工程中涉及到的冷冻水系统与冷却水系统中的水泵装置，由于前者为闭式管路系统（无背压系统）、后者为开式管路系统（有背压系统），体现出来是二者管路特性曲线方程的不一样：前者静扬程 H_{st} 为零，而后者静扬程 H_{st} 不为零。这就意味着在闭式冷冻水系统中，水泵装置管路系统特性曲线与通过水泵在该管路系统中工况点的相似抛物线是重合的，因此在确定调速后的性能时可以直接应用比例定律计算求解。而在开式冷却水系统中，由于管路系统特性曲线与相似抛物线不重合，使得直接按比例定律求得的参数并不是调速后工况点的参数，此时要确定调速后工况点的参数可采用上述图解法：先应用比例定律绘制出新转速下的水泵特性曲线，再在图中找到该曲线与管路系统特性曲线的交点，然后由图读取所需参数即可。

3.4.3 离心泵的调速途径及调速范围

制冷空调工程中的离心泵都是通过交流电动机来带动运转的。交流电动机调速方法多种多样，从调速的本质来看，不同调速方式有改变交流电动机的同步转速或不改变同步转速两种。在生产机械中广泛使用不改变同步转速的调速方法，有绕线式电动机的转子串电阻调速、斩波调速、串级调速以及应用的电磁转差离合器、液力偶合器、油膜离合器等调速。改变同步转速的有改变定子极对数的多速电动机，改变定子电压、频率的变频调速以及无换向器电动机调速等。

从能耗观点来看，有高效调速方法与低效调速方法两种。高效调速时转差率不变，因此无转差损耗，如多速电动机，变频调速以及能将转差回收的调速方法（如串级调速等）。低效调速属有转差损耗，如转子串电阻，电磁离合器、液力偶合器。一般来说转差损耗随调速范围扩大而增加，如调速范围不大，能量损耗是很小的。为了合理选择调速方案，必须对各种方法进行分析、比较，并结合泵与风机运行工况来决定。一般遵循下列原则进行：

1）电动机及负载类型和容量大小。

2）节电效果和收回设备投资成本时间。

3）性能指标：调速范围、机械特性、效率、功率因数、对电网的干扰等。

4）易维修和使用单位维修能力，设备的可靠性。

下面就简要介绍变频调速、电动机定子调压调速和液力偶合器调速的主要特点。

1. 变频调速

采用变频调速对泵（以及后续章节中要讲的风机）进行转速调节无疑是最有吸引力的。现在，变频器已成为系列化产品，国外以日本、美国、德国产品居多，技术成熟，国内目前也有一些性能较为优良的变频器问世。

变频器可分成交—直—交变频器和交—交变频器两大类，目前国内大都使用交—直—交变频器。根据电压、频率协调方法的不同，可获得恒转矩特性或恒功率特性的调速方式。变频调速的特点如下：

1）效率高、调速过程中没有附加损耗。

2）调速范围大，调速比可达20∶1，特性硬、精度高。

3）应用范围广，可用于异步电动机。

4）可实现设备的软起动，延长设备使用寿命。

5）技术较复杂，造价相对较高，维护检修也较困难。

6）变频调速的最佳调速范围为50% ~100%。变频调速适用于要求精度较高，调速性能较好的场合。

2. 定子调压调速方法

异步电动机定子调压调速较适合我国国情，对于容量不大、调速范围不宽，调速精度要求不高的离心式泵与风机，可以采用投资小、设备简单、技术成熟、操作、维修方便的定子调压调速。调压调速的主要装置是一个能提供电压变化的电源。目前常用的调压方式有串联饱和电抗器、自耦调压器及晶闸管调压几种，无论从自动化控制还是节能来说采用晶闸管调压方式比较合适。为了克服调压调速机械特性软的缺点，应选用速度闭环或电压闭环，来提高机械特性硬度。调压调速特点如下：

1）线路简单，易实现自动控制、维护检修方便。

2）调压过程中转差功率以发热形式消耗在转子电阻中，效率较低。

3）适用绕线电动机，亦可用特殊设计（YH 系列）高转差率电动机，但用于普通笼型电动机时要慎重。

3. 液力耦合器调速

液力耦合器调速是一种机械调速方法，适用于风机、水泵节能调速，其特点如下：

1）用于笼型电动机的无级调速。

2）属机械结构，可靠性高，容量可达数千瓦；

3）可空载起动或逐步起动大惯量负载。

4）控制调节方便，容易实现自动化控制。

5）具有保护功能，维护检修简单，使用寿命长。

6）有转差损耗，需要有一定安装位置，有故障时得停机修理。

7）其最佳调速范围为60% ~97%。

在选择水泵风机调速方法时，要根据它们的类型及容量大小，流量变化幅度，调速装置的效率高低、价格高低、技术复杂程度、维修难易程度，对电网影响等多种因素进行优化、经济比较，确定适用的调速方法。应优先考虑以推广电子控制为核心的高效调速节能装置。对于离心式、轴流式的风机、水泵，由于其轴功率与转速的三次方成正比，在调速范围不大时，无论是采用高效率的调速方法（如变频调速、串级调速等）还是采用低效调速方法（如转差离合器，调压调速），慢几转或快几转都不会影响风机水泵的运行，因此，各种调速方法都能适用，均能取得明显的节能效果。

从以上内容不难看出，实现变速调节的途径一般有两种方式：一种是电动机转速不变，通过中间偶合器以达到改变转速的目的，如液力偶合器等；另一种是改变电动机本身的转速，如变频调速、多极电动机等。在前一种方法中，由于水泵所配电动机的转速保持不变，水泵转速是靠一些中间环节来改变的，正因为多了这些中间环节，使整个系统的能量利用效率打了折扣，节能效果也不是很理想。而后一种方法，尤其是采用变频调速电动机时，节能的效果非常显著，有资料显示其节能率为30% ~60%，这也是目前在制冷空调工程节能改造中用得较多的方法。

3.4.4 离心泵调速的注意事项

水泵调速运行的最终目的是为了节能，但是，实现调速运行的过程必须以安全运行为前提。因此，在确定水泵调速范围时应注意以下几点。

1）水泵机组的转子与其他轴系一样，在配置一定的基础后，都有自己的固有频率。当机组的转子调至某一转速时，转子旋转引起的振动频率如果正好接近其固有的振动频率，水泵机组就会因共振而猛烈地振动起来，易对水泵造成损害。通常，水泵产生共振时的转速称为临界转速。调速水泵安全运行的前提是调速后的转速不能与其临界转速重合、接近或成倍数。否则，将可能产生共振而使水泵机组遭到损坏。因此，大幅度的调速必须慎重，要密切注意水泵的临界转速。

2）水泵机组的转速调到比原额定转速高时，水泵叶轮与电动机转子的离心力将会增加；如果材质的抗裂性能较差或铸造时的均匀性较差时，就可能出现机械性的损裂，严重时可能出现叶轮飞裂现象。因此，水泵的调速一般不轻易地调到高转速（指高于额定转速）。

3）调速装置价格昂贵，一般采用调速泵与定速泵并联工作的方式。当管网中用水量变化时，采用控制定速泵台数来进行大调，利用调速泵来进行细调。调速泵与定速泵配置台数的比例，应以充分发挥每台调速泵的调速范围，以及调速后有较高的节能效果为原则。

4）如果调速后工况点的扬程等于调速泵的起动扬程，则调速泵不起作用（即调速泵流量为零）。因此，水泵调速的合理范围应根据调速泵与定速泵均能运行于各自的高效段内这一条件来确定。

5）在一定的调速范围以外，效率随水泵转速的降低而降低，最低转速选取不当时，水泵的实际效率特性将偏离理论等效率特性曲线，而引起效率的下降。一般情况下，调速后泵的转速应在额定转速的50%～65%以上。

3.4.5 离心泵变频节能原理与系统组成

在离心泵的调速方式中，变频调速近几年在我国获得了较为广泛的应用，其节能效果也越来越受到人们的重视。为了了解离心泵变频调速的节能效果，首先要了解其节能原理。

1. 离心泵变频节能原理

由于目前中央空调系统中的离心泵均是由电动机带动的，而且电动机轴与泵轴之间往往是直接连接，因此泵的转速与其拖动电动机的转速也是一致的。根据电动机的特性，其转速 n 与其电源频率 f 之间存在如下关系：

$$n = \frac{60f(1-s)}{p} \tag{3-10}$$

式中 s——电动机转子滑差率；

p——电动机的极对数。

当电动机的结构固定后，其 p 就是一个常数，s 也可当做常数，因此电动机的转速与其电源频率 f 成正比关系。也就是说改变电动机的电源频率，即可改变其转速。这就是所谓的变频调速。

由前面所介绍的比例定律可知，对单独的离心泵而言（即将离心泵从管路系统中独立出来，而不考虑其所在管路系统的影响），其功率与其转速的立方成正比，即只要转速略有下降，其功耗就会以三次方的规律下降。因此，可以通过降低转速来降低其功耗，也即减少电能的消耗。不难发现，通过改变离心泵电动机的电源频率，可以改变离心泵的转速，而转速的改变则会引起离心泵功率以三次方的规律随之变化。也就是说，只要改变离心泵的供电电源频率，就能较大幅度地降低离心泵的功率消耗，这就是离心泵变频调速的节能原理。

2. 离心泵变频系统的组成

简单的离心泵变频调速系统由离心泵及其电动机、变频器、传感器、控制器（部分系统无专门控制器，而是由变频器来完成其控制功能）等组成，其组成示意图如图 3-12 所示。

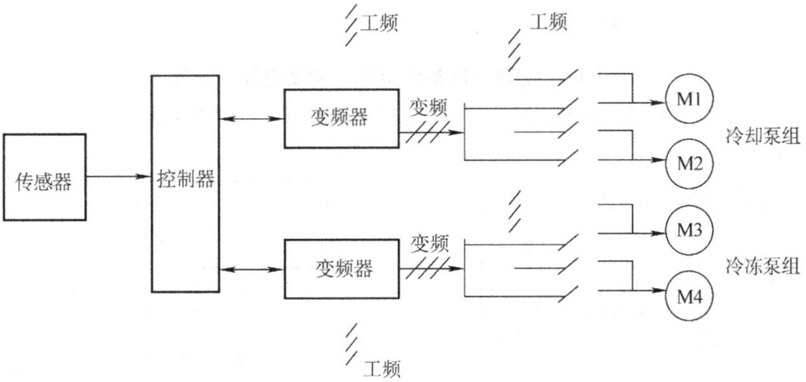

图 3-12　空调用离心泵变频调速系统组成示意图（带工频/变频切换）

在该系统中，当运行在变频运行模式时，传感器先检测所需控制的参数并将信号送至控制器（或直接送至变频器），然后由控制器或变频器内控制模块对输入的信号进行处理（运算和比较）后作出控制决策，同时将决策指令作为控制部分的输出信号发送给变频单元，由变频单元将输入的工频电源变换为实际所需频率的电源，最后将频率改变了的电源输送给离心泵的电动机；电动机在此电源的驱动下运行时，其转速比工频时的转速要低（离心泵变频调速一般只允许在工频以下运行），泵的转速也就降低，因而可以在满足使用要求的情况下带来节能效果。如果不需要变频运行，只需切换到工频运行模式即可。

3. 变频器的组成与工作原理

变频器的工作原理与变频器的类型有关。目前，在离心泵与风机的变频调速中采用的变频器一般是交—直—交变频器，其组成示意图如图 3-13 所示。

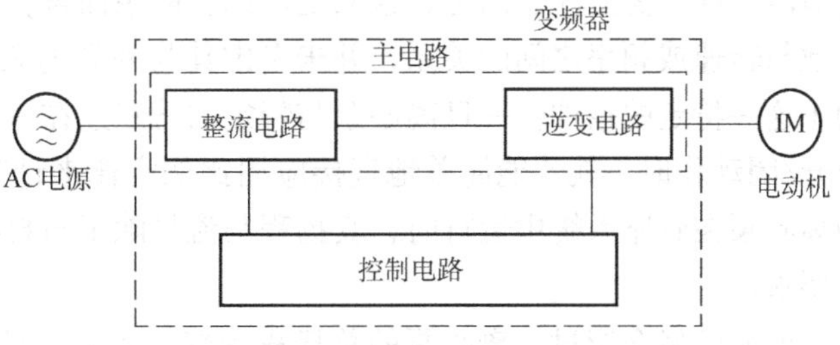

图 3-13　变频器的组成示意图

在这类变频器中，交流电源先通过整流滤波电路变换为直流电源（单相整流电路如图 3-14a

所示)，再在控制电路的作用下通过逆变电路——也称为频率变换电路来实现直流变交流（一般为大功率晶体管组，单相逆变电路如图 3-14b 所示，三相交流逆变电路如图 3-15 所示）。如在三相逆变电路中，在控制电路的作用下，通过6只大功率晶体管间不同的通/断组合使 U、V、W 三相输出信号产生相位变化（变化的速率快慢则反映出频率的高低），从而将直流电转换为所需频率的交流电，最后将改变频率后的交流电输送给负载电动机，使电动机在所需要的频率下运行。

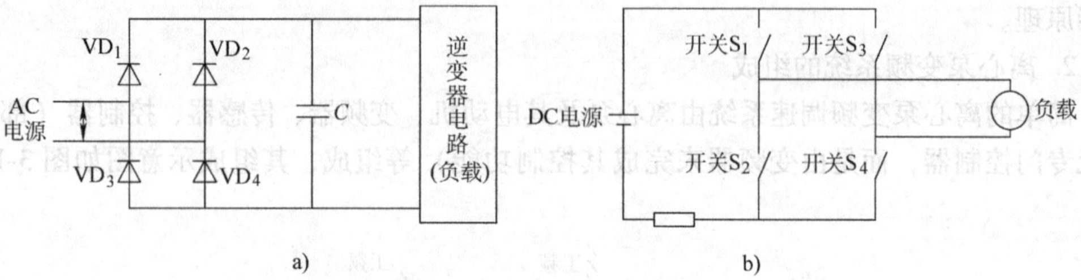

图 3-14 变频器的整流电路与逆变电路示意图

a) 整流电路（交流变直流） b) 逆变电路（直流变交流）

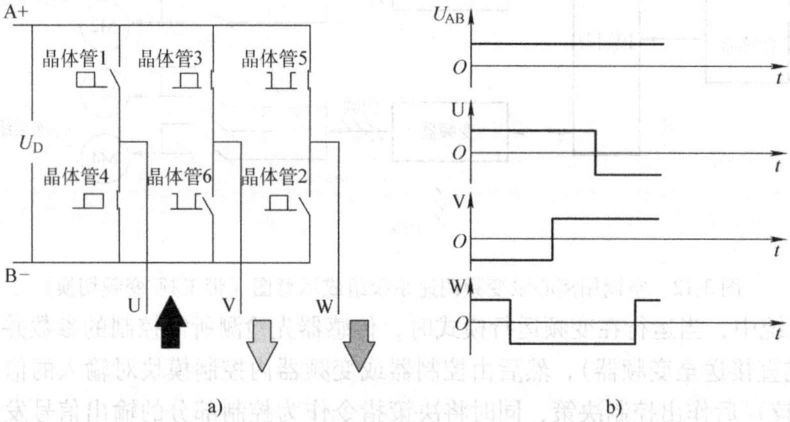

图 3-15 三相交流逆变电路工作示意图

a) 逆变电路组成 b) 逆变电路三相输出信号变化

4. 管路系统中离心泵变频调速的节能特性

根据比例定律，离心泵的功耗与转速的三次方成正比，即其节能量（定义为额定转速下的功耗与新转速下的功耗之差）随转速的下降而迅速增大，这就是变频调速离心泵的理论节能特性。需要注意的是，这只是对孤立的泵而言，比例定律只说明离心泵自身的工作参数与转速或频率之间的关系，并未考虑其与外界的联系（如管路系统等），因此也只适用于这一特定的条件。一旦离心泵与特定的管路连在一起，或管路上的阀门随运行控制出现开/闭动作时，就不能简单地直接应用比例定律来计算变频离心泵的节能量了。这是因为离心泵在管路系统中运行时，其扬程与流量除了与自身有关外，还要满足管路系统的特定要求。

前面已经介绍过，离心泵的总扬程为静扬程 H_{st} 与管路阻力水头 SQ^2 之和，即 $H = H_{st} + SQ^2$，与相似抛物线方程 $H = kQ^2$ 相比较，二者并不完全相同。

（1）当静扬程 $H_{st}=0$ 且管路阻抗系数 S 为常数时，离心泵的总扬程方程才在形式上与相似抛物线方程一致，也意味着只有在这一条件下才能直接应用比例定律来计算变频离心泵的节能量；如果 S 不为常数，即使静扬程为零，当 S 随工况变化后，新的工况点与原工况点也并非相似工况点了（不是同一条相似抛物线），如图 3-16 所示。

设某离心泵在额定转速时在静扬程为零的管路 S_1 中的工况点为 A_0，现按两种情况分析对比如下：

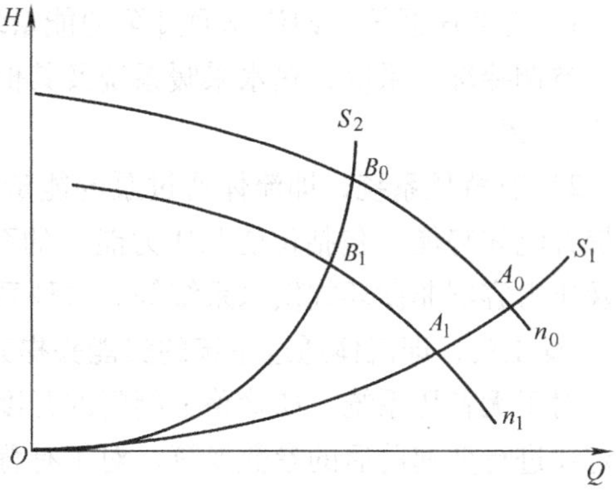

图 3-16　S 不同时变频离心泵的工况对比

1）S 为常数即管路系统的阻抗系数始终维持为 S_1。此时管路系统的特性曲线（$H=S_1Q^2$）无论在哪个转速下都与 A_0 对应的相似抛物线重合，可以直接应用比例定律确定新转速下 A_0 的相似工况点。如转速改变为 n_1 后，与 A_0 相似的工况点 A_1 可以直接由过 A_0 点的相似抛物线或 S_1 对应的管路系统特性曲线求得。计算节能量时可直接通过比例定律计算出 A_0 与 A_1 工况的功耗，然后求差即可。

2）S 不是常数而随工况变化。如当工况变化时，S_1 变为 S_2（如管路中的电动调节阀等自动按工况进行开度调节就可能会引起这种现象），很明显此时就不能直接应用比例定律来获得新转速 n_1 下的工况点了（即新的工况点并非是 A_1，而是 B_1 了）；同样，新工况点 B_1 在额定转速下的相似工况点应是 B_0 而非 A_0。此时，如果要计算两转速下功耗的差别，就需计算 A_0 与 B_1 工况下的功耗，再计算二者的差值才行。与上一情形相比，这种情况下的节能效果显然要打折扣了，原因就在于由于管路中部分阀门的开度发生了变化，从而引起了管路阻抗系数的变化，并使部分能量损耗在阀门上了——这在目前中央空调冷冻水泵变频系统中是非常常见的。

可以认为，在变频离心泵的工况与节能分析中，能否直接应用比例定律来进行计算，应遵循以下判据：如果某工况点的相似抛物线始终与其管路系统曲线重合，就可直接应用比例定律，否则就不能直接应用比例定律。

（2）当静扬程 $H_{st}\neq 0$ 时，无论管路系统的阻抗系数 S 是否变化，管路特性曲线都不会与经过某工况点的相似抛物线重合，因此就不能直接应用比例定律来分析变频离心泵的工况与节能量。在中央空调系统中，冷却水系统往往是开式系统，冷却水泵装置的静扬程不为零，因此分析冷却水泵的变频特性及节能量时，就不能直接应用比例定律进行计算。

如在制冷空调工程中涉及到的冷冻水系统与冷却水系统中的水泵装置，由于前者在不考虑管路阀门开度变化时为闭式管路系统（无背压系统）、后者为开式管路系统（有背压系统），体现出来的是二者管路特性曲线方程的不一样：前者静扬程 H_{st} 为零，而后者静扬程 H_{st} 不为零。这就意味着在开式冷却水系统中，由于管路系统特性曲线与相似抛物线不重合，使得直接按比例定律求得的参数并不是调速后工况点的参数，此时要确定调速后工况点的参数可采用图解法：先应用比例定律绘制出新转速下的水泵特性曲线，再在图中找到该曲线与管路系统特性曲线的交点，然后由图读取所需参数即可。对于闭式冷冻水系统，由（1）的讨论可知，尽管其静扬程 H_{st} 为零，也不一定能直接应用比例定律，而要考虑其管路系统阻抗系数 S 的影响。

（3）不同离心泵管路系统对调速性能的影响　离心泵的管路系统，按流体通过泵的能量增值所发挥的作用可分为两类：

1）无背压系统，即流体通过泵的能量增值全部用于克服管路阻力的系统，如通风系统、空调冷冻水系统、热水采暖系统及其他液体闭式循环系统。这种系统的管路特性曲线为 $H=SQ^2$。

2）有背压系统，即流体通过泵的能量增值，一部分用于克服管路阻力，另一部分用于提升流体势能（包括位能和压力能）的系统，如高塔供水系统、高层建筑供水系统、锅炉及压力容器非循环式供水系统等。这种系统的管路特性曲线方程为 $H=H_0+SQ^2$（式中 H_0 为背压头，即流体通过系统的势能头提升）。

对于无背压系统，如管路上阀门的开度不变，泵变速前后是相似工况，因而可以用相似定律进行变速前后的参数换算。对于有背压系统，泵变速前后工况不相似，不能直接应用相似定律。这一点在确定泵的变速工况时是需要注意的。

泵变速调节的节能效益与管路系统有无背压、背压大小也有着密切的关系。由分析和计算可知，随着背压的增大，变速调节的节能效益是逐渐降低的。背压增大到一定程度时，变速调节也就失去了节能的意义。了解这一点，对于正确运用变速调节是必要的。

对于无背压系统，管路特性曲线也是一条过原点的抛物线，因而相似抛物线与管路特性曲线重合，所以泵转速改变前后工况相似。那么就可以直接用比例律计算新工况的参数。对于有背压系统，泵转速改变前后工况不相似，如图3-17所示。管路特性曲线为 $H=H_0+SQ^2$，原工况为 A_1，对应的转速为 n_1。转速改变为 n_2 之后，泵的工况点为 E_2，即转速 n_2 所对应的泵的性能曲线与管路特性曲线的交点为 E_2。而转速为 n_2 时，与 A_1 所对应的相似工况为 A_2，即过 A_1 的相似抛物线与转速 n_2 所对应的泵/风机的性能曲线的交点。所以，对于有背压系统不能直接应用相似律计算转速改变后新工况的参数，而只能用作图的方法求出新工况。

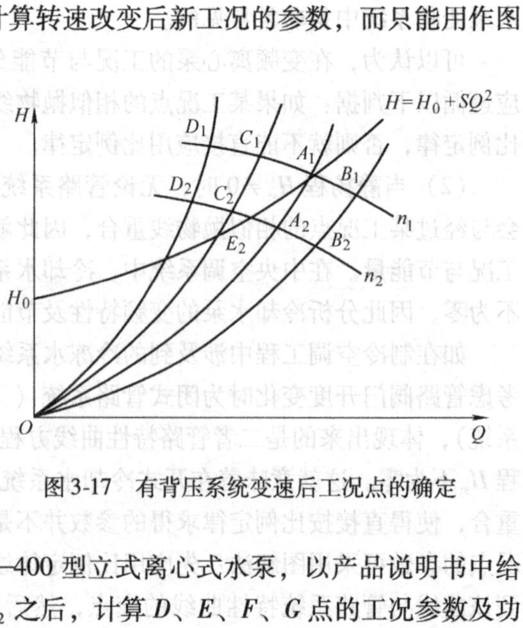

图3-17　有背压系统变速后工况点的确定

为了便于说明和比较背压对变速调节节能效益的影响，假设同一型号的泵在3个不同的系统中工作，分别为：（Ⅰ）$H=SQ^2$；（Ⅱ）$H=H_1+S_1Q^2$，（$H_0=H_1$）；（Ⅲ）$H=H_2+S_2Q^2$，（$H_0=H_2$），并且具有相同的设计工况，如图3-18所示。设计工况为 A，对应的转速为 n_1，流量为 Q_1。现要求把流量调节为 Q_2，若采用变速调节，3个系统的工况分别为 D、E、F；若采用节流调节，工况均为 G。

作为验证，并有一个量的概念，这里给出一个计算实例。选择某厂生产的ISG150—400型立式离心式水泵，以产品说明书中给出的性能曲线为依据，选定 Q_1、Q_2 和 H_1、H_2 之后，计算 D、E、F、G 点的工况参数及功率：1）取 $Q_1=0.06\text{m}^3/\text{s}$，查得 $H_A=48\text{m}$，$\eta_A=74\%$；2）取 $H_1=20\text{m}$，$H_2=45\text{m}$，则由于3个系统的管路特性曲线均过 A 点，可求得

$$S_0 = 13.33\times10^3 \quad \text{s}^2/\text{m}^5$$

$$S_1 = 7.78\times10^3 \quad \text{s}^2/\text{m}^5$$

$$S_2 = 0.833\times10^3 \quad \text{s}^2/\text{m}^5$$

即3个系统的管路特性曲线分别为

$$H = 13.33\times10^3 Q^2$$

$$H = 20 + 7.78\times10^3 Q^2$$

$$H = 45 + 0.833\times10^3 Q^2$$

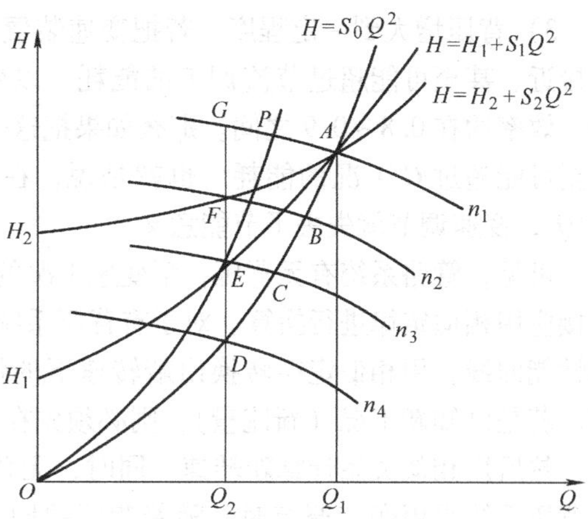

图3-18　背压对变速调节节能效益影响的示意图

确定 Q_2 之后，即可通过计算或查性能曲线确定 D、E、F、G 点的工况参数。由于 D 与 A 两工况相似，所以可根据相似律计算 D 工况的扬程和转速，D 工况的效率与 A 工况相等。G 工况的扬程和效率可查性能曲线。E、F 工况的扬程可由计算得到；E、F 工况的效率和转速可由比例定律确定。以 E 工况为例说明如下：

1）根据 E 工况的流量 Q_2 和扬程 H_E，可求出过 E 点的相似抛物线方程为 $H=(H_E/Q_2{}^2)\,Q^2$，即图3-18中的 O—E—P。

2）此抛物线与原转速 n_1 所对应的性能曲线的交点 P 与 E 为相似工况。

3）E 工况的转速为 $n_3=n_1Q_E/Q_P$。

4）在原转速 n_1 所对应的效率曲线上，查出 P 点的效率 η_P，而 E 与 P 为相似工况，效率相等，即 $\eta_E=\eta_P$。表3-1列出了 $Q_2=0.75Q_1$ 和 $Q_2=0.5Q_1$ 两种情况下 D、E、F、G 各工况的参数。

表3-1　变速调节与节流调节的比较（参见图3-18）

Q_2 / 工况点 / 参数	$0.045\text{m}^3/\text{s}(0.75Q_1)$				$0.03\text{m}^3/\text{s}(0.5Q_1)$			
	D	E	F	G	D	E	F	G
H/m	27.0	35.8	46.7	52.2	12.0	27.0	45.8	54.0
η(%)	74.0	73.5	72.0	71.0	74.0	67.0	61.0	60.0
N/kW	16.1	21.5	28.6	32.4	4.8	11.8	22.1	26.5
n/(r/min)	1088	1208	1377	1450	725	1061	1338	1450

从表中数据不难得到：若以节流调节工况 G 的功率为100%，当 $Q_2=0.75Q_1$ 时，变速调节工况 D、E、F 的功率依次为49.7%，66.4%，88.3%；当 $Q_2=0.5Q_1$ 时，依次为18.1%，44.5%，83.4%。这个结果说明：

1）无论背压大小，各系统采用变速调节与采用节流调节相比，轴功率都有所减小。

2）两种系统的轴功率减小的幅度不同，无背压系统减小的幅度最大，随着背压的增大，减小的幅度越来越小。也就是说，无背压系统采用变速调节的节能效益最好，随着背压的增大，变速调节的轴功率逐渐趋近于节流调节，变速调节的节能效益逐渐降低。

3）背压增大到一定程度，若把变速装置的效率考虑在内，变速调节的实际能耗就会很接近、甚至可能超过节流调节的能耗。以效率较高、目前应用较多的变频调速装置为例，效率约在0.8～0.9之间。那么如果把这个效率考虑在内，F工况的能耗就会很接近、甚至可能超过G工况的能耗。也就是说，在本例当中，对于管路系统$H = 45 + 0.833 \times 10^3 Q^2$，变速调节就失去了节能意义。

可见，管路系统有无背压，泵变速工况的确定方法是不同的。对于无背压系统，可以直接应用相似定律进行换算。对于有背压系统，若是已知新转速，则必须依据泵原转速下的性能曲线，用相似定律转换出新转速下的性能曲线，其与管路特性曲线的交点即新工况。若是已知新工况（新流量），则必须先在原转速所对应的性能曲线上找到新的相似工况，然后用相似关系计算新转速。同时，无背压系统采用变速调节具有显著的节能效益。有背压系统采用变速调节时，随着背压的增大，节能效益逐渐降低，背压增大到一定程度，能耗与采用节流调节相差无几，就失去了节能的意义，甚至会出现耗能更多的情况。因为采用变速调节还增大了系统的投资，所以对有背压系统采用变速调节，必须针对具体情况进行认真的分析和计算，才能对其是否节能、是否经济做出正确的结论。

（4）空调冷冻水泵变频运行特性分析　一般来说，空调冷冻水泵是依据满负荷时所需的、按照冷冻水系统中最不利环路的要求来选型的。冷冻水泵管路系统的特性方程式，也是冷冻水泵运行时应遵循的规律如下式：

$$H = SQ^2 \tag{3-11}$$

式中　S——管路系统的阻力系数，与管路的长度、直径、沿程阻力系数、局部阻力系数等密切相关（s^2/m^5）；

Q——空调系统的冷冻水流量（m^3/s）。

传统的观点认为，在任何负荷下S均不变。于是得出冷冻水泵的扬程与转速平方成正比等结论。事实上，S在这里并不是一个常数，而要随空调负荷变化而变化，并且由于S的变化而决定了冷冻水泵的变频特性。例如，考察一个如图3-19所示的空调冷冻水系统。在该系统中，要求在每个空气处理装置的冷冻水管路上装设二通阀V以控制水流与负荷相匹配（在二级泵变频系统中亦同），其中冷冻水泵的变频信号采用压差发信装置（属于压差控制方式，可参考后续关于变频泵的控制方式部分的内容）。

如果以第1层的空调用户为分界线将冷冻水系统分为Ⅰ、Ⅱ两部分：Ⅰ部分为从空调1层到n层的供、回水管路（1—2—…—n—n'—…—2′—1′），称为用户端；Ⅱ部分为1层以下到冷冻站的主供、回水管路（1′—冷冻水泵—冷水机—1），称为冷冻水制备与输送端。设这两部分管路的阻力系数分别为S_1、S_2，系统的总阻力系数$S = S_1 + S_2$，当旁通管流量为零时，泵的总扬程可表示为

$$H = SQ^2 = (S_1 + S_2)Q^2 = \Delta h_1 + \Delta h_2 \tag{3-12}$$

式中　Δh_1、Δh_2——Ⅰ、Ⅱ两部分管路中水流的阻力水头损失（$\Delta h_i = S_i Q_i^2$）。

分析如图3-19所示的空调冷冻水系统可以发现：

1）保持S_2不变（即Ⅱ部分管路不发生变化，如没有冷水机组或泵的运行台数变化等）时，由于所有楼层的空调管路可看做是1—1′间的并联管路系统，当任何一层空调负荷发生变化时，在空调自控系统的作用下，相应的冷冻水管路上的二通阀V的开度随之变

化，从而引起该支路上阻力系数的变化，并联管路的等效总阻抗也必然随之变化，即图3-19中Ⅰ部分管路系统的等效阻力系数 S_1 并不是一个恒定值，而要随空调负荷的变化而变化。因此，冷冻水管路系统的总阻力系数 $S=S_1+S_2$ 也将随负荷的变化而变化。这意味着冷冻水管路的特性曲线也将随之变化。

2）S_2 变化（如当冷水机组运行台数等改变）时，不但 S_1 会随负荷变化，S_2 也不再是一个常数，而是随着冷水机组运行台数的变化而变化。可见，当空调负荷变化时，冷冻水管路的总阻力系数并不维持恒定值。当负荷变小时，S 增大；反之，S 减小，即变负荷时，冷冻水管路系统的特性曲线不再与设计负荷时相同。由于水泵的工况点是由泵的特性曲线与其管路特性曲线共同决定的，所以变负荷时冷冻水泵的工作点要按新的特性曲线而变化。因此，在确定冷冻水泵变频的工况点与功耗时，就不能把 S 作为恒定值而直接应用相似定律了，否则就会得出错误的结论。这里所谓直接应用相似定律，是指将 S 当做恒定常数，直接按相似定律来计算变频冷冻水泵的运行参数——这是人们在分析冷冻水泵变频时常用的方法，也是经常陷入的误区之一。

按照空调系统的使用特点，为了保证所有并联的空气调节装置都能独立工作而不受其他装置的影响，无论是哪层楼的用户使用空调，无论有多少用户同时使用空调，都必须要保证某供水管路处有一定的压力，即该层空调装置正常工作所允许的压力损失 Δp 或阻力水头损失 Δh（实际工程中往往是控制离水泵最远支路的压力降或阻力水头损失为 Δp 或 Δh）。当冷冻水泵采用压差控制的变频调速时，往往是根据这一要求的 Δp 或 Δh 来控制泵的转速。当检测到系统中某支路中 Δp 增大时，控制器发出信号使变频装置调低泵的转速（反之则调高泵的转速），以维持该 Δp 不变。可见，这是一个维持某空调用户端恒压（Δp 或 Δh）的供水系统。

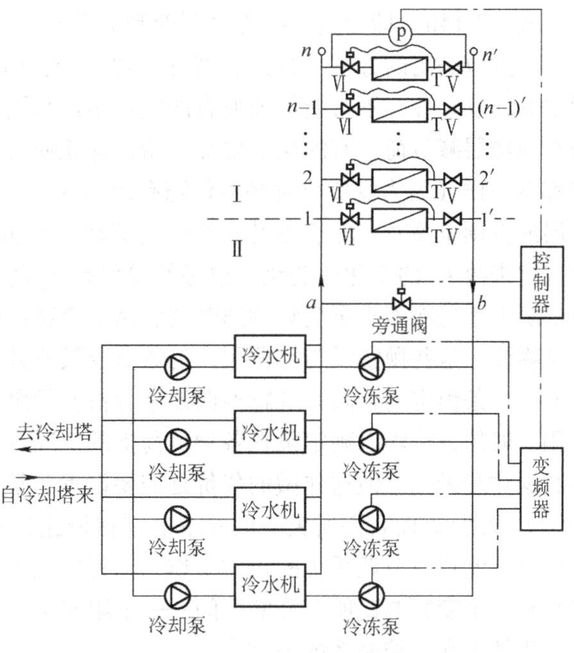

图3-19 空调冷冻水系统示意图

T—温度传感器 V—平衡阀

根据并联管路阻力损失的特点，即各支路的阻力水头损失大小都相等，有

$$\Delta h_{1-1'} = \Delta h_{1-2-2'-1'} = \cdots = \Delta h_{1-2-\cdots-n-n'-\cdots-2'-1'} \tag{3-13}$$

因此，式（3-12）可表示为

$$\begin{aligned} H &= S_2Q^2 + 2\Delta h_{1-2} + 2\Delta h_{2-3} + \cdots + 2\Delta h_{(n-1)-n} + 2\Delta h_{n-n'} \\ &= S_2Q^2 + 2S_{1-2}Q_{1-2}^2 + 2S_{2-3}Q_{2-3}^2 + \cdots + 2S_{(n-1)-n}Q_{(n-1)-n}^2 + \Delta h_{n-n'} \end{aligned} \tag{3-14a}$$

式中 S_{1-2}、S_{2-3}、…、$S_{(n-1)-n}$——1—2 层、2—3 层、…、（n—1）—n 层间冷冻水管的阻力系数。

Q_{1-2}、Q_{2-3}、…、$Q_{(n-1)-n}$——1—2 层、2—3 层、…、（n—1）—n 层间冷冻水管中的冷冻水流量（m^3/s），其中 $Q_{(n-1)-n}=Q_{n-n'}$，即第 n 层空调用户的流量。

$\Delta h_{n-n'}$——第 n 层空调用户产生的管路阻力损失（MPa）。

当设置如图 3-19 所示的压差传感器 Δp 并用它来控制冷冻水泵的转速大小时，对一般的定压控制系统而言，意味着式（3-14a）中 $\Delta h_{n-n'}$（$\Delta h_{n-n'}=\Delta p/\gamma$）为定值，即 $\Delta h_{n-n'}=C$。由此可将式（3-14a）改写为

$$\begin{aligned}H &= S_2Q^2+2S_{1-2}Q_{1-2}^2+2S_{2-3}Q_{2-3}^2+\cdots+2S_{(n-1)-n}Q_{(n-1)-n}^2+C\\ &= S_2Q^2+S_eQ_e^2+C\end{aligned} \tag{3-14b}$$

式中 S_e——从第 1 层到第 n 层间供水及第 1 层到第 n 层间回水总管的等效阻力系数；

Q_e——从第 1 层到第 n 层间供（或回）水总管中的等效流量（m^3/s）。

式（3-14b）即为空调冷冻水泵变频调速运行时的管路特性曲线方程，也是冷冻水泵的工作点应满足的方程（即运行特性方程）。对于高层建筑的空调用户而言，由于用户使用空调的复杂性，不可能保证所有的空调用户都同时按同样的大小来加或减负荷，必然出现有的楼层减负荷、有的楼层要加负荷，这就使得每层楼（即各支路）的阻力系数变化趋势都不一样（因为变负荷时必然伴随有阀门的开度变化）。分析式（3-14b）会发现，当任一层的空调全关时，S_e 会变化；当管内流动处于非充分发展的湍流区时，阻力系数要随流速或雷诺数 Re 的变化而变化，也必然要引起 S_e 随负荷变化而变化。这说明，式（3-14b）所反映出来的冷冻水泵变频调速时的管路系统特性曲线并不是一条恒定的抛物线，而是一簇抛物线。这些抛物线与空调用户的数量及其所处的楼层位置有关。这样一来，以前所采用的按一条恒定的管路系统特性曲线来分析变频泵工况点的做法肯定是不合适的，也意味着用一般的方法难以确定泵在各种负荷下的工况点，只有依靠计算机技术不断地检测与处理数据才能做到。但这样做的代价是需要设置非常多的传感器，对用户来说费用太高（包括维护费用）。而我们所关心的并不是泵在调速过程中每一工况点的参数如何变，而是什么情况下能维持空调系统的正常工作，即哪些是不允许出现的工况，这就使得有可能为之寻找到一个变频调速所允许的区间——上限与下限。确定了运行的上、下限后，其他的中间过程就可交由控制系统去完成。

毫无疑问，冷冻水泵变频调速的上限应是满负荷时对应的工况，而下限可根据系统允许的最低冷冻水流量及最低负荷时空调用户所在位置等由式（3-14b）获得。例如，如果处于变频下限时，系统中所有的冷冻水都只流过第 1 层的空调用户（或同时有部分水流流过供回水总管间的旁通管），其他楼层的用户均不使用空调，则泵的最小扬程 H_{min} 是在 $Q_e=0$ 且 $Q=Q_{min}$（Q_{min} 是空调系统允许的最小流量，可以事先由空调系统的要求确定）时获得

$$H_{min}=S_2Q_{min}^2+C \tag{3-15}$$

如果第 1 层空调用户的最大用水量 $Q_{1,max}<Q_{min}$，则计算 H_{min} 时要在 S_2 中考虑旁通阀的开度所带来的影响。

如果系统比较简单（如空调末端很少），或者 S_e 与 S_2 相比显得很小而可以忽略（如每一空调分区的空调末端数量很少且离冷冻站很远，而使冷冻水输水管路很长，此时可以认为 S_e 可忽略），或 S_e 基本不变的系统，则可使分析大为简化。如在一个满足 $S_e \ll S_2$ 的空调系统中，由于 $Q_e \leqslant Q$，式（3-14b）可近似等效于

$$H = C + S_2 Q^2 \tag{3-16}$$

式（3-16）与通用的水泵扬程计算公式

$$H = H_{st} + SQ^2 \tag{3-17}$$

在形式上几乎一样，但二者之间有着本质的区别：

1）通用式（3-17）中的 S 是指整个管路系统的阻抗系数，而式（3-16）中的 S_2 只反映了部分管路的阻力系数，即图 3-19 中Ⅱ部分管路的阻力系数（即除去各并联空调支路外的所有管路的阻抗系数）。

2）式（3-17）中的静扬程 H_{st} 反映的开式水系统中必须要加以克服的高度差的影响，它与管路的阻力系数 S 及流量 Q 无关。而式（3-16）中的 C 反映的是空气处理装置要正常运行时所必须克服的管路阻力的影响，且其中包含的 S_1 与 Q 之间有着密切的动态变化关系，它与管路的高差无关；而且一旦冷冻水管路系统铺设、调试完成，该系统中的 C 就唯一确定。

但由于二者形式很相似，而且 C 与 H 又都是系统工作时必须克服的参数项，因此不妨将式（3-16）中的 C 定义为冷冻水泵的“等效静扬程”。其物理意义为：空调系统工作时，冷冻水泵必须为系统最远端空气处理装置所在管路部分提供的扬程，用以克服该部分管路的阻力损失。C 在空调系统正常工作时不随空调负荷而变化，它与冷冻水泵为非空气处理装置所在管路（如图 3-19 中扣除各层支管后所剩的管路）所提供的扬程共同构成泵的总扬程。与此相对应，式（3-16）称为空调系统正常工作时冷冻水的“等效管路系统特性曲线”。等效扬程和等效管路系统特性曲线可以用来分析空调变速泵的运行特性。

如图 3-20 所示，M 点为空调设计负荷下冷冻水泵的工作点，N 点为根据相似定律与系统允许最小流量所确定的最小流量工作点，则 N' 为根据变负荷时因阻抗系数改变而得到的最小流量下的工作点，也是空调最小负荷时水泵的工作点（该点如何确定，将在下文中讨论）。n_0 为水泵额定转速时的特性曲线，n_1 为考虑 S 变化时与系统最小流量 Q_{min} 对应的最低转速下的泵特性曲线，n_2 为按相似定律确定的最低转速下的泵特性曲线。$H = SQ^2$ 是系统满负荷时对应的冷冻水管路特性曲线。C 为“等效静扬程”，$H = C + S_2Q^2$ 为“等效管路系统特性曲线”。

按通常的方法，要确定变速泵的具体工况点时，需要根据泵的新转速按比例定律确定新的泵特性曲线，并通过计算得到新的管路特性曲线方程才能获得新的工况点。由于新的管路系统特性曲线与空调用户的数量与位置密切相关，用通常采用的方法去获得每一个新转速下的管路系统特性曲线就变得较为困难。如果利用“等效静扬程”和“等效管路系统特性曲线”，则可较方便地解决这一问题。当冷水机组等的运行台数及旁通阀开度固定不变（即 S_2 恒定）时，冷冻水管路系统的等效特性曲线如图 3-20 中 $H = C + S_2Q^2$ 曲线所示。当知道冷冻水泵的新转速后，只需通过相似定律求出新转速下的泵特性曲线，泵的新特性曲线与等效管路特性曲线的交点即为所求的变速工况点。例如，已知泵的最低转速 n_1

时，只要按相似定律求得相应的泵特性曲线（图3-20中n_1表示的曲线），该曲线与等效管路系统特性曲线$H=C+S_2Q^2$的交点N'即为冷冻水泵在允许最低转速时的工况点。由此可以获得相应的Q、H等参数。当S_2改变时，只需将新的S_2对应的管路曲线绘出，然后用同样的方法即可确定工况点。

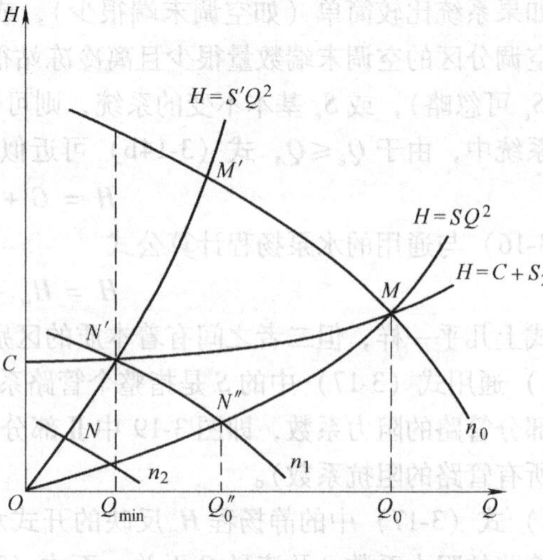

图3-20 空调变负荷时冷冻水管路特性变化及工况点示意图

作为比较，将冷冻水管路阻抗系数S当做常数时，最低转速n_1下，按相似定律确定的泵的工况点应在N''点。可见N''点对应的流量并不是系统要求的最低流量，其扬程也满足不了空调系统正常运行所要求的最低扬程，即当冷冻水泵工作在N''点时，空调系统根本保证不了冷冻水的正常供应，空调系统也就无法正常工作。如果事先已经确定了空调冷冻水系统的最小水流量Q_{min}，而需要确定冷冻水泵允许的最低转速时，直接由相似定律计算得出最低转速为n_2，对应工况点为N；而由等效管路系统特性曲线进行计算时，最低转速应为n_1，对应的工况点为N'。按空调使用的特点与要求（要空调系统正常工作，必须保证空气处理装置的供水压头$H \geqslant C$）不难发现，直接按相似定律计算确实会得出错误的结论。实际工程中如用n_2来指导变频的控制设计，则在系统的运行中会出现空调失效的现象。

利用等效管路系统特性曲线，还可以方便地确定相应的总管路特性曲线，而无需做繁琐的计算。如图3-20所示，当由等效管路系统特性曲线确定了泵的变频调速工况点（如N'）后，只需过N'与坐标原点绘出一条抛物线就可得到此时的冷冻水管路系统总特性曲线（图中对应为$H=SQ^2$曲线）。同时，根据等效管路系统特性曲线，可以清楚地看到冷冻水泵变频调速运行时工况点的变化轨迹（沿$H=C+S_2Q^2$曲线变化），并且可以了解空调用户或负荷变化是如何影响冷冻水泵的变频运行的。

根据以上分析，还可以得到空调冷冻水泵变频调速时有效功率及总的耗功与流量的关系，如冷冻水泵的总耗功N_{in}可表示为

$$N_{in} = a[(C + S_e Q_e^2)Q + S_2 Q^3] \tag{3-18}$$

式中$a=\gamma/(\eta_{VFD}\eta_m\eta_p)$，是与变频装置效率$\eta_{VFD}$、电动机效率$\eta_m$和冷冻水泵效率$\eta_p$有关的综合系数（其中$\gamma$为冷冻水的重度）。

如果在变频过程中η_m、η_{VFD}、η_p均不随转速而变化，则冷冻水泵的能耗随流量的三次曲线规律变化。而实际上η_m、η_{VFD}会随转速按不同的规律变化。如Michel A. Bermier等的研究表明，当电动机负荷或VFD显示的转速变化大于40%以后，电动机的效率基本不变，VFD的效率则随转速增加而增大。同时，当泵的变速范围较大时，其效率η_p也要变化，因此使问题变得较为复杂。不过在工程上，可将η_m、η_{VFD}、η_p当做常数考虑（如在50%～100%的变速范围内按有关文献提供的数据取平均值估算，所产生的误差约在5%左

右)，因此可以用式（3-18）来计算变频冷冻水泵的能耗。

可见把变频冷冻水泵组的效率因素当做常数时，在允许的流量范围内，冷冻水泵的总能耗将随流量的三次曲线规律变化，并与定压差水头值 C、管路中各支路的流量分配及空调用户所在位置有关。

通过式（3-18）还可发现，如果将空调冷冻水泵的总能耗进行分解，则用于克服空调用户端阻力的能耗（CQ）只与流量的一次方成正比；而用于克服冷冻水制备与输送端的能耗（$S_eQ_e^2Q+S_2Q^3$）随流量的三次方规律变化。这说明尽管在空调用户端通过变流量也能节能，但并没有冷冻水制备与输送端的节能潜力大。因此，空调冷冻水系统中采用变频泵的节能效果怎样，很大程度上取决于冷冻水制备与输送端的阻力及各层间供回水总管的阻力之和在总的管路阻力中所占比重的大小。该比重越大，则变频节能量也越大；反之，节能量就小。如果管路中的 S_2 很小，则变频节能量就完全依赖于空调用户端的变流量了。

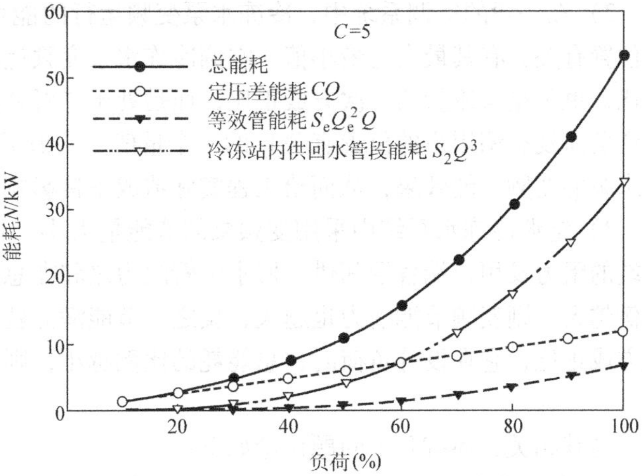

图 3-21　某空调系统变频冷冻水泵各部分能耗变化曲线

利用以上能耗计算式对某空调系统的模拟计算表明，当设定的压头差控制值 $C=5\text{m}$（对应的 $\Delta p=49\text{kPa}$）、负荷（冷冻水流量与满负荷流量的百分比）分别为 90%、80%、70%、60%、50% 时，其结果与由相似定律所得结果之间的偏差分别对应为 5.05%、11.30%、19.08%、28.71%、40.50%，且 C 值越大，直接应用相似定律的偏差也越大。因此，尽管空调冷冻水系统是所谓的闭式系统（即所谓静扬程为 0 的系统），由于有定压差及管路特性曲线变化的影响，直接用泵的相似定律来分析空调冷冻水泵的变频调速工况是不合适的，尤其是在调速范围较大时会产生较大的偏差。模拟计算所得各部分能耗变化曲线如图 3-21 所示。图 3-21 中冷冻水泵组的总能耗对应于式（3-18）中的 N，等效管路能耗对应式（3-18）中的 $S_eQ_e^2Q$，冷冻站内冷冻水供、回水管路能耗对应于 S_2Q^3，定压差能耗对应于 CQ。从图 3-21 中可以发现，在计算条件下，等效管路能耗 $S_eQ_e^2Q$ 在总能耗中所占比重最小（与建筑物的层数多少有关)，也表明在全部用户等效环路能耗 $CQ+S_eQ_e^2Q$ 中（图 3-21 中未画出），定压差能耗 CQ 占了相当大的比例，且这一比例随负荷的减少而增大。当空调负荷大于 60% 时冷冻站内冷冻水供、回水管路能耗 S_2Q^3 开始在总能耗中占主导地位；相反，随着冷冻水流量或空调负荷的减小，能耗 S_2Q^3 迅速减小。虽然 CQ 及 $S_eQ_e^2Q$ 也随流量的减小而减小，但减小的速度要比 S_2Q^3 慢。

因此，当系统中冷冻水的流量小于一定值，即空调负荷减小到一定程度（本例为 60%，见图 3-21）时，定压差能耗就成了冷冻水泵的主要能耗。这说明在该系统中：

1）当空调负荷处于设计负荷附近的区域时，冷冻站内冷冻水供、回水管路能耗就成为决定冷冻水泵能耗大小的主要因素，而在低负荷区，由定压差所产生的能耗则成为总能耗的决定因素。

2）式（3-18）中 S_2 在各项阻抗系数中所占的比重越大，采用水泵变频的节能潜力就越大。

3）定压差能耗由于只与流量的一次方成正比，它在设计负荷时占总能耗的比例越小，则系统变负荷时泵的节能潜力越大。在进行冷冻水泵的变频设计时应注意到这一特点，以在保证空调系统正常工作的前提下，尽可能增大冷冻水泵变频的节能效果。

以上分析表明，在采用定压差控制的空调一级泵冷冻水系统中可以得出以下3点：

1）空调系统正常运行（包括变负荷运行）时，由于其管路系统的特性曲线会随负荷的变化而变化，不能直接应用泵的相似定律，而要根据实际的管路系统特性来确定变速泵的工况点及能耗。

2）在一般的空调系统中，冷冻水泵变频运行的能耗大小与空调负荷及空调用户所在的位置有关，有其最大与最小值。空调冷冻水泵变频运行的能耗既不是与流量的三次方成正比，也不是与流量的一次方成正比，而是处于二者之间的依赖于管路阻力分布特性（与空调负荷及空调用户的位置有关）的一个量值。认识不到这一点，就会夸大或贬低空调冷冻水泵的变频节能效果，从而给工程实际造成不良影响。

3）空调冷冻水系统中采用变频泵的节能量大小，很大程度上取决于冷冻水制备与输送端的阻力及用户端各层间供、回水干管阻力之和在总的管路阻力中所占比例的大小。该比例越大，则变频节能潜力也越大；反之，节能潜力就小。定压差能耗由于只与流量的一次方成正比，它在设计负荷时占总能耗的比例越小，则系统变负荷时变频泵的节能潜力越大。

与其相关，还有几个问题讨论如下：

1）相似定律不能直接应用于分析冷冻水泵变频的原因。由前文可知，在空调冷冻水系统中直接应用相似定律将得出不正确的结果，其原因在于变频冷冻水泵系统中的管路特性曲线已不再与满负荷工况对应的相似抛物线重合。换言之，相似定律的直接应用只适用于管路阻力系数（也即管路特性曲线）不变，且管路特性曲线与满负荷时相似抛物线重合的系统。而在空调冷冻水系统中，由于空气处理装置等管路阀门的开度变化而引起阻抗系数改变，从而导致管路特性曲线改变，实际工况已不与满负荷工况相似，因而就不能直接应用相似定律了。由此说明，在应用相似定律时，一定要注意其适用条件能否满足，否则就会得出错误的结论。

2）等效静扬程 C 值的确定。要利用等效管路系统特性曲线确定泵的变速工况点，必须已知等效静扬程 C 值。在工程中，C 值即为系统所要求的某管路中最大的允许阻力水头损失（通常为离冷冻水泵最远的空调用户所在管路的允许阻力水头损失），也即与控制装置（如变频器等）的设定值所对应的压头差值。

3）二级泵系统中二次泵的变频工况问题。尽管在分析时采用的是以一级泵空调系统为例，其方法对二级泵系统中二次泵的变频工况分析同样适用。因为在二次泵变频时，同样可以将冷冻水二次回路分成用户端和冷冻水输送端（即各楼层间的立管），按照二次回路的特点，只需令式（3-14b）和式（3-18）中的 $S_2=0$（因为这部分阻力由一次泵来克

服）而分别将这两式改写为

$$H = S_e Q_e^2 + C \tag{3-19}$$

$$N_m = a(C + S_e Q_e^2)Q \tag{3-20}$$

即可分析变频二次泵的扬程与能耗特性。

由此可见，要使变频离心泵的节能效果好，就需要做到：

1）尽量减少管路系统的静扬程。

2）尽量在变工况过程中减少管路系统阻抗系数 S 的变化（最好是不变、不进行任何阀门调节）。

3）注意变频泵控制方式带来的影响。

3.4.6 空调用离心泵变频运行的控制及其应注意的问题

在离心泵的变频调速过程中，有一点应引起特别注意，那就是控制方式也会对其变频调速的节能效果带来影响。

1. 空调用离心泵变频运行的常用控制方式

目前，工程中变频冷冻水泵的控制主要可以分为自动闭环控制和手动开环控制两种。闭环控制方式主要有压力或压差控制、温度或温差控制、流量控制及在以上控制方式的基础上形成的综合控制等。由于手动开环控制精度不高、对操作人员的经验依赖性太强等并不太受欢迎，因此在此不对其加以讨论，而主要介绍便于自动控制的闭环控制系统。

（1）压力或压差控制　这是一种最常见的控制方式，其闭环控制框图如图 3-22 所示。它主要由压力或压差传感器、变频控制器（有的 PLC 或 DDC 等控制器来控制变频器）、冷冻水泵及管路组成。它要求空调系统中空气处理末端装置的水管路上，必须设置能随负荷变化而调节流量的二通（如电动阀、电磁阀等）。空调冷冻水系统如图 3-23 所示。

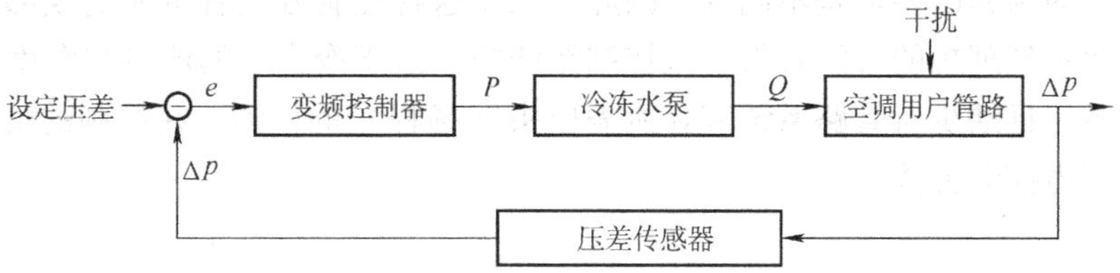

图 3-22　压力（差）闭环控制框图

在这种控制方式中，采用冷冻水系统中某处（通常是离泵最远的空调用户端或冷冻水供、回水总管处）的压差 Δp 作为变频控制器的采样输入信号。当空调负荷改变时，由于相应管路上阀门开度的自动变化而引起管路上压差的改变，控制器检测到这一变化后（通过与其设定值比较），按照预先设定的控制算法计算出偏差，并产生输出信号控制冷冻水泵电动机的运转频率或转速，从而通过改变冷冻水泵的流量和扬程等来适应空调负荷的变化。由于采用的是冷冻水环路中的压力（压差）信号，受环境温湿度干扰的影响较小，反应较快、较灵敏，一旦系统中某处压力产生变化时，系统能及时感知并采取控制动作。系统中任何地方的负荷变化都能在压力或压差检测点得到反映（由于静压传递的关系）。由于该压力或压差与冷冻水系统的流程、流动阻力等有密切关系，可以比较准确地反映系统内部冷冻水流动的变化，甚至是空调用户数量与位置的变化。但对于除湿要求较高的空调系统，如果不注意对空调末端热交换器的温度进行合理设置，这种控制方式可能存在影响除湿效果的问题。此外，当各支路正常运行所要求的压差各不相同，而靠唯一的定压差值控制时，则要求该定压差值能确保所有空调用户都能正常运行，否则，有可能出现部分用户空调效果差或失效的现象。

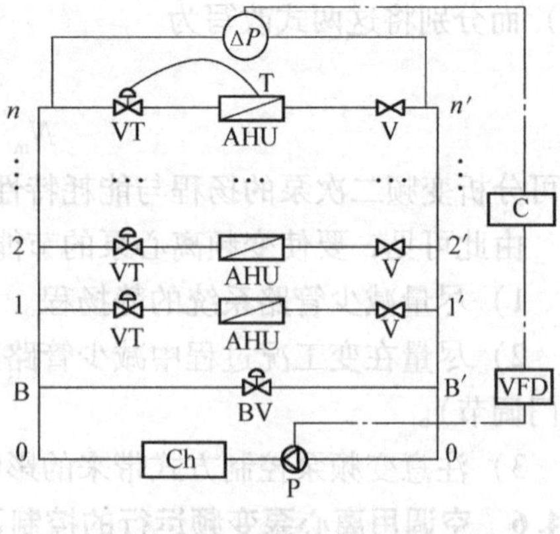

图 3-23 空调冷冻水示意图

VT—温度调节阀 AHU—空气处理装置 VFD—变频器 BV—旁通阀 T—温度传感器（每个 AHU 都有） V—平衡阀 P—冷冻水泵 Ch—冷水机组 C—控制器

（2）温度或温差控制　这种控制方式的闭环控制框图如图 3-24 所示。它主要由供水或回水温度传感器（或供、回水温差传感器）、变频控制器、冷冻水泵及其管路等组成。

它采用冷冻水供水或回水总管中的供水或回水温度，或供回水的温差作为控制器的采样输入信号。控制器将该输入信号与内部的设定值进行比较，得出需要的输出信号来控制冷冻水泵的转速，使冷冻水的流量满足空调负荷变化的要求。这种控制方式的特点是，温度采样点离负荷变化点有一定的距离，冷冻水流动中易受环境温度等的干扰。同时，只有当冷冻水经过一个循环后，其温度变化才能反映出来，故控制的及时性较差。该方法虽能在一定程度上稳定系统总的供水或回水温度，但不能根据负荷变化准确地分配各用户所需要的冷冻水量并提供适当的水压。当同样的负荷变化发生在不同楼层的用户端时（如分别在最高层或最低层），仅从冷冻水的温度上是反映不出其中的差别的，但在系统最高层与最低层变负荷时对冷冻水泵的扬程的要求是不同的。因此，采用这种控制方式有可能造成部分用户的供水不足或是达不到理想的节能效果。该控制系统中，由于冷冻水的流量与温度间不存在准确的对应关系，且缺少对管路系统实际所需压头（扬程）的检测，在控制的稳定性和可靠性方面不如压力控制方式。

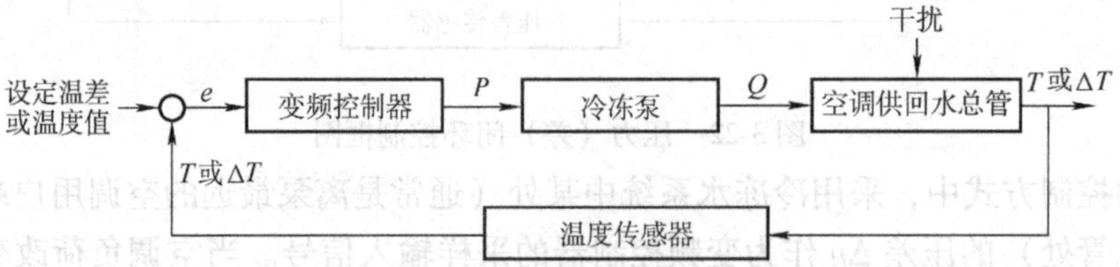

图 3-24 温度或温差闭环控制框图

针对其控制不及时的问题，有人提出将温度检测点设在最远端的供、回水管上。如果不考虑信号传输的损失，这在最远端有冷冻水流动时确实可以适当缩短控制的反应时间，但由于该点温度只能反映该支管中冷冻水的温度，而不能反映出全部管路中冷冻水的温度，用其作为控制器的输入信号显然是不合适的。

从温度或温差控制的特点来看，这种方式比较适合于用户端不设调节阀或带有旁通管的冷冻水系统。对于采用二通阀尤其是采用温度调节阀而不设旁通管的系统，负荷减小时，由于空调末端的冷冻水进、出水温差能基本上不变或变化很小（主要通过阀门开度来调节冷冻水流量，从而控制换热盘管的换热量，温差基本不变），用其作为被控变量将很难获得好的控制效果。而对有旁通管的系统，当系统负荷变化时，在供、回水总管压差控制下，旁通管上的旁通阀开度随之变化，旁通的温度较低的冷冻水与温度较高的用户端回水相混合，引起总的回水温度或供、回水温差的变化，控制器根据这种变化发出指令调节泵的转速，以减小旁通流量来达到节能的目的。因此，采用温度或温差控制的空调冷冻水泵变频系统，要求所检测到的冷冻水温度或温差随负荷有较明显的变化。

（3）流量控制　这种方式中，通过检测系统用户端实际冷冻水流量的大小，来调节冷冻水泵提供的流量使之达到供需平衡。单从流量的角度而言，这种方法是可行的，但空调系统不但对冷冻水的流量有要求，而且对提供的水压即冷冻水泵的扬程有较为严格的要求，对于用户支路较多、较复杂的系统，仅控制流量仍难以保证不同支路的压差的要求。因此，除了用于二级泵系统中恒速二次泵的台数控制外，这种方式用于变频泵控制的成功例子还很少。

（4）其他控制方式　这些控制方式主要有变设定压差值控制、根据管段流量分配的分段控制、检测水阀阀位或开度的控制等，前两者实际上分别是压差控制、压差与流量控制相结合的产物。

1）变设定压差值控制。它是在多个空调用户支路上设置压力或压差传感器等，通过DDC控制器不断检测冷冻水管路中的相关压力或压差，同时检测各支路上二通阀的开度或流量以判断负荷的分布，以此来控制变频泵的运行。目前，这一方式在国内实际工程应用中还很少见到报道。其特点是传感器设置较多，控制过程较为复杂，维护保养工作任务较重，比较适合于各空调支路上压差各不相同（如有的要求为30kPa，有的要求为50kPa等）且需要精确控制的场合，否则就显得有些大材小用。实际工程中有无必要采用此种控制方式，应从可能的节能量、系统运行的稳定性、初投资及日后维护管理费用、管理人员的技术水平等方面，与采用单一定压差控制方式相比较后，进行正确的决策。

2）按管段流量分配的分段控制。它是根据各管段的压力、流量分配特点，将最高、平均、最低流量时管网中最不利点工况用3个流量段的控制方程分别表示。在每个流量段内，利用PLC或DDC等控制器获取管路中的流量、压力信号，根据对应的控制方程对泵的变频调速进行控制。这一控制方式主要是针对水厂供水控制提出的，在目前的空调供水控制中还未见采用，但其控制策略在分区供水较复杂、负荷变化具有明显规律的空调系统中值得借鉴，可以提高控制的精细程度，比较有利于节能。但与其配套的控制系统部件增多，且要实测一些参数才能获得比较准确的控制方程，这对于一般的空调系统来说并无太大的必要。

3）检测水阀阀位或开度的控制。它根据各支路上阀门的开度大小（或阀位）来达到调节冷冻水泵转速的目的。该系统同样需要配置PLC或DDC控制器，不断对阀门的开度或阀位进行采样，并需要对不同位置的阀门进行识别，以满足不同的水压需要。其控制规律较难确定、控制过程也相当复杂，其实际应用的例子也不多。

2. 控制方式对系统运行与能耗的影响

由于系统的运行不可避免地要受控制方式的影响，控制方式不同时，冷冻水泵变频运行的性能、能耗等也会有差别。下面主要对应用较多也是最基本的压差控制与温度控制进行讨论，并在此基础上得出各种控制方式的特点与适用场合。

(1) 压力或压差控制 采用这种控制方式时，一般是设定空调系统中最远端用户或供、回水总管间所需的压差为定值，属于定压差控制。由于定压差控制值的存在，冷冻水泵的变频运行能耗已不能用相似定律来直接计算，即冷冻水泵的能耗已不再与流量或转速的三次方成正比。

前已述及，当冷冻水流量（或空调负荷）减少到一定程度时，定压差能耗在总能耗中开始占据主导地位；而且由于该定压差能耗只与流量的一次方成正比，当流量减小时，其变化的速度较慢，这就在一定程度上限制了变频泵节能潜力的发挥。

值得注意的是，有的工程贪图简便，将压差传感器设在冷冻水供水及回水总管上，并用该压差信号来控制变频泵的运行。这样做的结果是式（3-57）中的C值较大，对系统运行的节能非常不利，应尽可能加以避免。虽然定压差控制对系统的节能有一定影响，但是可以较好地控制变频冷冻水泵的运行，可以确保系统在不同负荷及不同负荷分配情况下的稳定运行。系统中任何用户负荷变化后，都能引起冷冻水管路的压力变化，并通过压差传感器将信号送至控制器，由控制器发出控制信号调节冷冻水泵的流量与扬程，保证供需平衡。而且当最高层空调负荷减为零时，该压差信号能自动地反映出下一层负荷非零的空调用户支路的压差，无需进行其他判断或操作。因此，无论负荷在各楼层中如何变化，如果控制阀设置得当，系统所需的流量与扬程总能得到正确的控制，控制系统简洁又可靠，非常方便实用。该控制方式的另一个优点是变频泵的控制与冷水机组的控制可以分别独立进行，而不致产生冲突，可以通过冷冻水量的变化，将泵的变频节能与冷水机组的能量调节很好地结合起来，较好地满足运行稳定与节能的要求。但对一级泵系统变频时，要求设置变频泵的频率或转速下限（即冷冻水的最小流量），以满足冷水机组等的最低流量要求。

由于平坦特性的水泵对压力的变化不敏感，对于控制精度要求比较高或同时运行的并联泵台数较多时，采用这一方法要慎重；而对于控制精度要求不高或同时运行的并联泵的台数少的场合，只要能适当避免大的振荡出现，在舒适性空调中还是可以接受的。

(2) 温度或温差控制 采用温度或温差控制时，由于温度不能准确地反映出负荷在建筑物内的分布，只能起到调节冷冻水总量供需平衡的作用，难以准确地获得系统所需供水压力的大小。虽然从冷冻水泵本身的特性看，流量与扬程间具有对应的关系，但其在系统中的工况点还要受冷冻水管路特性曲线的影响。即使是同样的水泵，若管路系统特性曲线不同，其工况点也不同。

例如，同样是80%的总负荷，当其分别分布在建筑物的上层部分和下层部分时，冷冻水管路的特性曲线是不同的。建筑物的层数越多，这种差别越大。而温度或温差控制检测不到这种差别，这就有可能引起部分楼层因冷冻水水压不足而出现空调失效的现象。因此，该控制方式比较适合于各楼层空调负荷变化较均匀，或变负荷时冷冻水管路特性曲线不变或变化微小的场合。

对一级泵系统而言，这种控制方式还要兼顾与冷水机组能量控制协调的问题，处理不当可能会引起系统运行的不稳定，影响空调品质。这是由于冷水机组的制冷量会根据空调负荷的大小，在一定范围内进行自动调节，而这种能量调节往往是根据冷水机组的冷冻水回水或出水温度来进行的。因此，在变频泵的温度或温差控制过程中可能会出现两种情形：

1）冷水机组的能量调节范围较大，且冷水机组对冷冻水温度的调节作用很强，经过冷水机组的调节后，冷冻水泵变频控制器检测到的回水温度或供回水温差没有明显变化，冷冻水泵的转速不发生改变，仍然维持原有转速。对冷冻水泵而言并没有节能效果，系统的节能只能通过冷水机组的能量调节来实现，这与冷冻水泵的定速运行并无区别——这也可能是一些变频调速系统没有好的节能效果的原因。

2）冷冻水泵的变频与冷水机组的能量调节同时进行，即冷冻水流量变化的同时，冷水机组也根据变化的冷冻水温与流量进行能量调节。这样冷冻水泵冷水机组似乎都能运行，但由于此时冷水机组和变频水泵同时对冷冻水温度或流量进行调节，必然要求两者的控制能很好地协调，否则可能造成系统控制的振荡而运行不稳定，影响整个控制品质，因此对系统的控制要求更高。对于这样的控制方式，有必要考虑两者如何协调以及控制优化的问题，即考虑如何才能充分发挥冷冻水泵变频节能与冷水机组能量调节节能效果，否则会得不偿失。

在能耗方面，采用温度或温差控制变频冷冻水泵的运行时，表面上看似乎消除了压力或压差控制中定压差控制值的影响，应具有更好的节能效果，但由于空调用户端冷冻水管路的压差仍然存在，且该系统中必须设置旁通管（体现温度变化的需要），旁通阀的开度一般要由供、回水总管中的供、回水压差控制，在水泵变频的过程中，旁通阀不断地进行“开—关”的动作，其实质还是维持供、回水压差为恒定值。如果单纯依靠温度（或温差）来控制冷冻水泵的变频而不考虑空调管路所需压差，则可能会出现如前述的部分空调失效的现象。

由于冷冻水供、回水管路间的压差设定值是系统正常运行所需要的，并不因采用何种控制方式而不同（采用变压差重设定除外），这就相当于压差控制中利用冷冻水总管中的供、回水压差作为控制器的输入信号。其节能效果实际上比最远端压差控制要差。可见，在空调冷冻水系统中，采用温度或温差控制并不能获得更好的节能效果，除非是同时结合变设定压差值控制，根据实际需要对压差设定值进行改变。但这样一来无疑使控制变得复杂化了。

对于管路中不设水量调节阀的系统（如空调冷却水系统），采用温度或温差控制既能维持稳定运行，又能获得一定的节能效果；反之，如果在这种系统中对变频泵采用压力或压差控制，则不会有节能效果（因为传感器的信号始终不变）。

（3）各种控制方式的比较　各种控制方式的特点及适用场合的简要比较见表3-2。在实际工程中应根据具体情况来选择。

由此可以看出：

1）空调冷冻水泵变频运行的稳定性与节能效果的好坏，除与设备的选用等有关外，还与其控制系统密切相关。好的控制系统既可以维持空调系统的正常运行，又能获得最好的节能效果；相反，不合适的控制方式不但没有节能效果，还会影响系统的稳定、正常运行，影响空调品质。在进行冷冻水泵变频设计时，应充分考虑空调系统的设计特点和使用要求、系统负荷变化的特点或规律、运行管理人员的技术水平等，以稳定性、可靠性、经济性和节能效果为指标选用合适的控制方式。

表 3-2 各种控制方式的简要比较

控制方式	特点					要求	适用场合
	传感器/变送器	稳定性、可靠性、快速性	成本	维护保养要求	节能效果		
压差或压力控制	压力或压差传感器	好	低	一般	良	压力设定值能保证所有空调用户的正常工作，用户管路上有二通调节阀，限制最小流量	一般舒适性空调系统都适用；同时并联运行的台数较少、泵性能曲线较陡峭的系统更佳
温度或温差控制	温度传感器、压差传感器	一般	低	一般	中	系统中有旁通管或旁通阀，或温度能自动随负荷变化，控制上要与冷水机组等协调，限制最小扬程	供回水温度随负荷变化幅度较大、管路特性基本不变的系统；对空调相对湿度或除湿能力有较高要求的系统
流量控制	流量传感器	差	一般	一般	差	对最小扬程进行限制	管路简单、管路系统特性基本不变的系统
分段控制	压力传感器、流量传感器	较好	高	高	优	用户要提供具体的控制方法和高性能的控制器	控制精度较高、流量变化范围较大、管路较复杂的系统
变设定压差值控制	压力传感器、流量传感器	好	高	高	优	配备高性能、多功能的控制器	控制精度高、流量变化范围大、各用户端压差不同的复杂系统
阀门开度或阀位控制	能反映阀门开度或阀位的电动调节阀	未知	较高	高	未知	需要同时对阀门所处位置或系统压差进行监控	冷冻水管路系统简单、支路较少的空调系统

2）对于空调末端采用二通调节阀的冷冻水系统，采用压力或压差控制既可保证系统的稳定运行，又能获得一定的节能效果，且控制系统结构简单，操作管理都很方便，是一般空调冷冻水泵变频系统较为合适的控制方式。对于无调节阀的系统，采用温度或流量控制较为合适；如果对控制精度要求很高，可以考虑多种控制结合的方式，如流量分段控制、变设定压差值控制等。

3）值得注意的是，目前很多空调系统冷冻水泵变频采用的是一台变频器控制多台冷冻水泵（切换控制），当一台定速泵与一台同型号变速泵并联工作时，相当于一大一小的两泵并联，变速泵可能难以充分发挥其应有的作用。因为这时定速泵与变速泵的流量分配量不同，即定速泵的流量总是大于变速泵的流量，且总流量越小，二者间的流量差别越大。而当变速泵的转速降到其额定转速的30%～40%左右时，变频的节能效果已经体现不出来了。因此，在进行定速泵与变速泵的运行组合控制时，应对这一问题引起注意。

3.4.7 空调用离心泵变频运行性能测试与实例

在中央空调工程中，经常会听到有关从业人员谈及空调水泵的变频节能问题，其中就涉及到怎样测试与比较变频泵的节电率问题。这一方面的问题应引起重视，因为工程上最容易给人“眼见为实”的体会。如果测试与比较的方法不正确或不合理，由此得出的结论就未必正确，表面的“眼见为实”就会混淆是非了，其危害也是相当大的。例如，某个地方的工程人员从自己的变频泵的测试结果发现并没有达到省电节能的效果，他就会直接按其结果向别人进行变频泵的负面宣传，而甚少进行正确、深入的客观分析找到其真实原因（一方面是受知识和技术能力的制约，另一方面也是人们太容易简单地相信“眼见为实”了）。

那么，在空调变频泵的节能情况考查中，如何才能正确地测量与分析比较呢？下面进行简单的探讨。

1. 测试任务与步骤

根据要解决的问题，首先要明确测试的目的是什么，如了解变频泵的运行状态是否正常、了解其能耗和节能情况、了解变频泵的详细运行参数与特点等。只有在明确目的后，才能有的放矢，采取有针对性的步骤完成测试任务。其次，需要明确测试哪些必要的参数，确定用什么样的方法获得这些参数，选定符合测试精度要求的仪器仪表及确定采集测试数据的方法。同时，还要考虑和明确测试的数据应如何正确处理与分析，尤其是要考虑如何将变频泵的测试结果与定速泵的运行结果相比较，其中必须掌握的一个原则是在同等条件下的对比（工程上可能不能做到完全同等，也要求尽可能同等），以确保比较结果的可靠性和准确性。

通过前面的分析可以知道，对于空调变频泵，如果需要全面了解其运行特性（如流量变化特性、扬程变化特性、能耗变化特性、效率变化特性等），就需要对其流量、扬程、功率（总输入功率、轴功率等）、转速、频率、水系统的压力/压差设定或温度/温差设定等进行测量，而且在测量过程中还要记录空调负荷的变化情况（主要是空调负荷的大小及在所测量系统中的分布情况）。根据测试的数据按要求进行数据处理，分别得出流量、扬程、功率、效率等随转速或频率的变化关系。

2. 测试与分析实例

下面以某实际空调系统中变频冷冻水泵为例，来介绍测试与分析方法，以供参考。

（1）系统概况　某中央空调冷冻水系统的示意图如图 3-25 所示。它主要由冷水机组、冷冻水泵、立式风柜、吊顶式风柜（新风机）、3 台风机盘管、管路及测试仪表等组成。其中冷冻水泵的主要参数为：额定流量为 $25m^3/h$，额定扬程为 19m，额定转速为 2900r/min，所配三相电动机额定功率为 2.2kW。

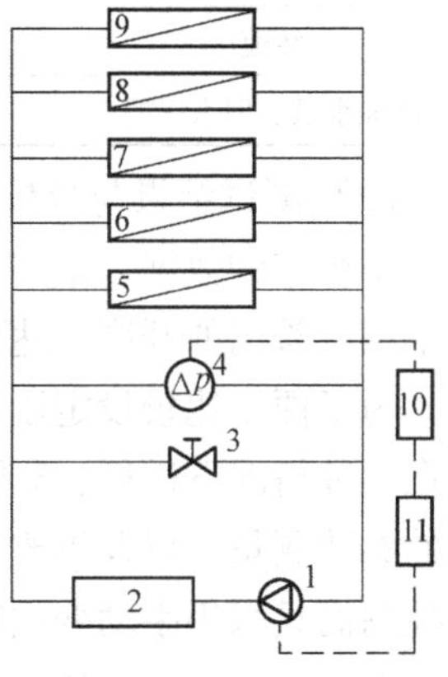

图 3-25　冷冻水系统示意图
1—冷冻水泵　2—冷水机组
3—旁通阀　4—压差传感器
5—立式风柜　6—吊顶式风柜
7、8、9—风机盘管　10—DDC 控制器　11—变频器

该中央空调系统可采用全自动控制运行并自动完成数据采集任务，也可切换到手动控制。为便于测试与监测系统的运行，在常规测控要求的基础上，该系统中每一冷冻水支路上均加装了压力表、温度计和流量计。风机盘管冷冻水管路除进出口的截止阀外，还在最末端的风机盘管出水管上装设了温度调节电动阀，在另两台风机盘管出水管上设置了电磁

阀。在立式风柜冷冻水管路上装有温度调节电动阀。

（2）测试方案　在测试中，冷冻水泵的变频分别采用自动控制和手动控制的方式。自动控制时采用冷冻水供、回水总管上的压差为信号源。DDC 控制器对该信号采样并与设定压差值进行比较后，发出控制指令到变频器，由变频器调节冷冻水泵的转速，由变频器可获得变频器的输入功率、输出电流和电压、频率、泵的转速等参数。手动控制时采用不改变冷冻水管路系统中任何设备的状态，而只通过变频器改变频率或转速。

主要检测参数为冷冻水泵的流量、扬程（压力）、输入功率（含变频器与水泵电动机）、冷冻水泵及其电动机的输入电流与电压、运行频率、转速等。根据所测得的输入电流与电压可以求得冷冻水泵及其电动机的输入功率。测试过程中，对流量和扬程（压力）均采用了两种不同仪表或传感器进行了检测，以校验数据的可靠性，各参数的测试仪表见表 3-3。

表 3-3　待测参数及其测试仪表

<table>
<tr><th>待测参数</th><th>测试仪表或传感器</th><th>仪表型号规格</th><th>备注</th></tr>
<tr><td rowspan="3">水泵进出口压力</td><td>压力表</td><td>0 ~ 0.6MPa</td><td rowspan="11"></td></tr>
<tr><td>真空压力表</td><td>−0.1 ~ 0.3MPa</td></tr>
<tr><td>压力传感器</td><td>4040PC250G5D，0 ~ 1.7MPa</td></tr>
<tr><td rowspan="2">流量</td><td>涡轮流量计</td><td>DBLU—2205</td></tr>
<tr><td>旋翼式水表</td><td>LXSG—50E</td></tr>
<tr><td>输入功率</td><td rowspan="5">FUJI 变频器</td><td rowspan="5">FRN2.2G11S—4CX</td></tr>
<tr><td>变频器输出电流</td></tr>
<tr><td>变频器输出电压</td></tr>
<tr><td>运行频率</td></tr>
<tr><td>转速</td></tr>
<tr><td>冷冻水供、回水压差</td><td>压差传感器</td><td>TREND DPIL/10，4 ~ 20mA</td></tr>
</table>

配秒表

（3）测试结果与分析　测试在中央空调系统运行稳定后进行。为了能在比较大的范围内获得相应的数据，采用人为改变空调间的负荷，再通过中央空调的自控系统自动改变管路中相应阀门的开度，达到自动调节冷冻水泵转速（频率）的目的。

为了便于比较设定压差值 Δp 对变频冷冻水泵运行特性的影响并发现其规律，测试分别在 4 种情况下进行：3 种不同的设定压差值（即 Δp 分别为 120kPa、160kPa、200kPa）时的参数测量，以及不改变冷冻水管路上任何设备的状态（即不改变管路特性）、不设压差控制而只采用手动变频时的参数测量。测试及其处理结果如图 3-26 ~ 图 3-29 所示。其中 f/f_0、n/n_0 分别为各工况下的频率 f、转速 n 与基频 50Hz 时的频率、转速之比；$N_m/N_{m,0}$、$N_m/N_{m,0}$、N/N_0 分别为各工况下变频器输入功率（亦即变频冷冻水泵装置的总输入功率，简称为总输入功率）、变频器输入功率（即为冷冻水泵电机的输入功率）、冷冻水泵的有效功率与 50Hz 时各相应功率之比。冷冻水泵的有效功率按下式计算：

$$N = \gamma QH \tag{3-21}$$

式中　γ——水的重度（$\gamma = \rho g$，ρ 为水的密度）（N/m^3）；

Q——体积流量（m^3/s）；

H——扬程（m）。

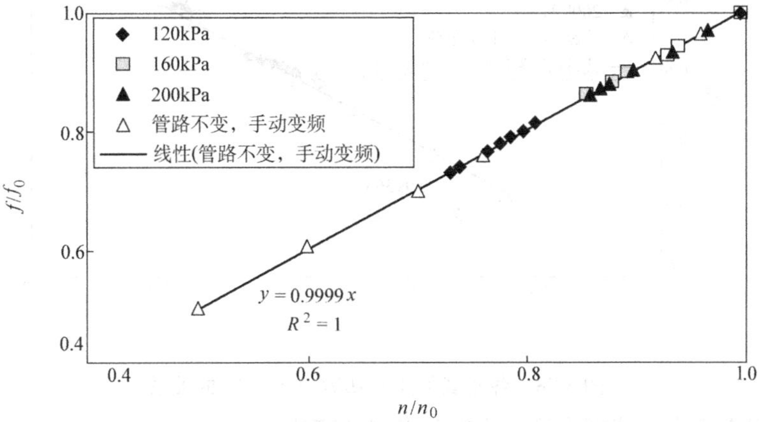

图 3-26　各测试条件下 f/f_0-n/n_0 的关系

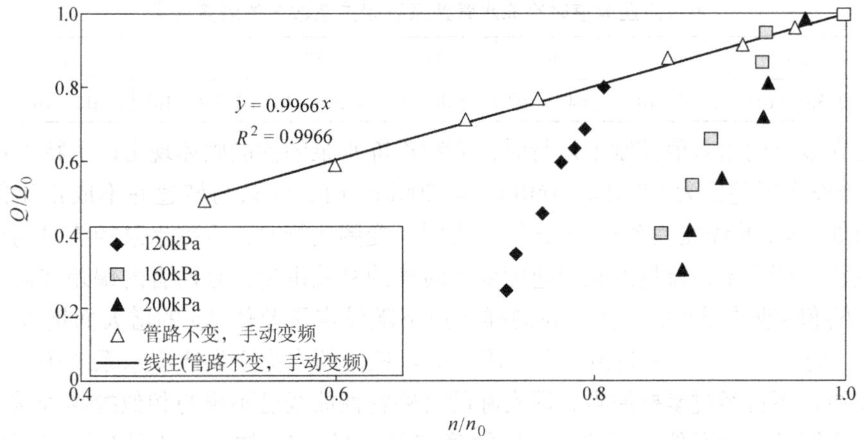

图 3-27　各测试条件下 Q/Q_0-n/n_0 的关系

由图 3-26～图 3-29 可发现，无论冷冻水管路特性有无改变，变频冷冻水泵的转速与供电频率成正比例关系，即图中拟合出的直线公式可认为是形如 $y=x$ 的直线。

当不改变空调负荷、不改变冷冻水管路中任何设备状态及不设定压差，而通过手动方式只改变泵的转速时，在测试的频率或转速范围内，变频冷冻水泵的流量、扬程分别与转速、转速的平方成正比例；3 种功率也基本与转速的三次方成正比例（反映出此时泵的各项效率变化很小，都可以当做常数，这与下面将讨论的采用某点定压控制运行时的效率特性是不同的）。这是由于在该运行条件下，冷冻水管路系统的特性曲线基本不变（见表 3-4），可以认为该曲线与满负荷（50Hz）工作点对应的相似抛物线是重合的，因此在这种情况下可以在很大转速范围内直接应用相似定律来计算相关参数。由于特定管路的阻抗系数 S 主要由管路上的局部阻力（如阀门、接头等）和沿程阻力决定，其中沿程阻力主要与沿程阻抗系数及管长等有关，而沿程阻抗系数的大小则与管内流动的流态（即层流、紊流等）有关，因此 S 基本不变还表明该运行条件下，随着变频水泵转速的降低，管路中冷冻

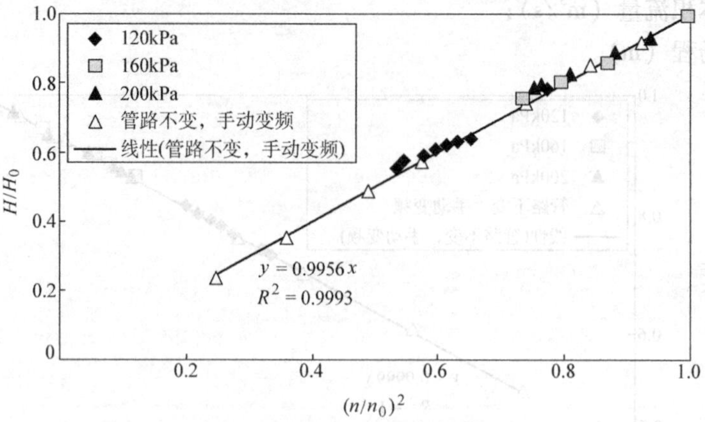

图3-28 各测试条件下 H/H_0-$(n/n_0)^2$ 的关系

水的流态可以在很大的范围内维持为充分发展的紊流。

表3-4 不改变空调负荷、不改变冷冻水管路中任何设备状态及不设定压差值时冷冻水管路系统阻抗系数 S 的测算结果

f/Hz	50	48	46	43	38	35	30	25
$S/(s^2/m^5)$	2.563×10^6	2.577×10^6	2.647×10^6	2.468×10^6	2.539×10^6	2.516×10^6	2.612×10^6	2.541×10^6

但是在设定的压差值控制下运行时，变频冷冻水泵的性能则体现出以下特点：

1）当设定压差值为120kPa、160kPa与200kPa时，流量与转速并不成正比例（即不能保持形如 $y=x$ 的线性关系）。测试结果表明，变频运行时，冷冻水泵的流量与转速或频率并不成正比例关系，流量的衰减速度要比转速的衰减迅速，且两者的偏差在同一设定压差值 Δp 下随转速的减小而增大，在同样转速下随设定压差值 Δp 的增大而增大（如图3-27所示）。究其原因，主要是由于在采用定压差控制的中央空调冷冻水系统中，冷冻水管路特性曲线已不再经过坐标原点，即实际的管路特性曲线已不再与相似抛物线重合，在同样扬程下实际的流量必然小于按相似定律确定的流量，Δp 越大，流量与转速间的偏差也就越大。此外，按照离心泵的理论，泵的流量是泵的几何尺寸、转速和容积效率等的函数，因此流量不与转速成正比例还反映出冷冻水泵在压差控制条件下运行时，其容积效率要随转速的变化而变化。这也说明了在变频调速的分析中，应视具体管路系统的特性曲线来判断相似定律的适用性，不能简单地认为水泵的流量总与转速成正比例。

2）在上述变速范围内，仍可认为扬程与转速的平方成正比例关系，由此产生的最大相对偏差在3种压差控制条件下均在4%以内。由于离心泵的扬程主要与泵的结构几何尺寸、转速和流动效率（或称水力效率）有关，因此，扬程与转速平方成正比例也说明该冷冻水泵的流动效率在测试过程中基本不变。

3）图3-29表明，当存在设定压差值 Δp 时，在所测试转速范围内，总输入功率、电动机及泵的输入功率与转速的三次方之间并不具备理想的正比例关系，但偏离并不是很大，而有效功率的偏离比较明显，可认为泵的有效功率不与转速的三次方成正比例。而且各功率与转速的三次方的偏差具有在同一 Δp 下随转速降低而增大、在相同转速下随设定压差值 Δp 的增大而增大的趋势。

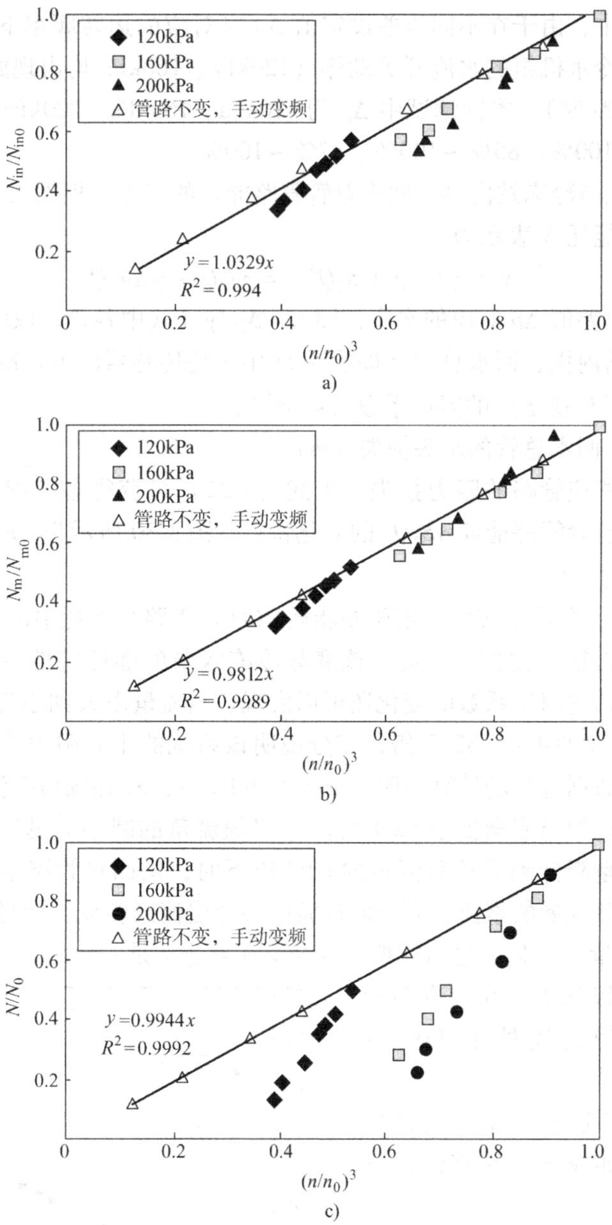

图 3-29 各测试条件下各种功率比与 $(n/n_0)^3$ 的关系

a）总输入功率比 b）冷冻水泵电动机的输入功率比 c）冷冻水泵有效功率比

由于未能直接测得轴功率，不能直观呈现其与转速的变化关系，但从理论上可推知轴功率的大小应在电动机的输入功率 N_m 与泵的有效功率 N 之间。如果电动机效率较高，则轴功率接近 N_m，反之则接近 N。因此，轴功率是否可视为与转速的三次方成正比例，还要取决于电动机效率的大小及变化情况。因此，难以将功耗与转速的三次方成正比例视为通用规律。

4）设定压差值 Δp 越大，测试结果与相似定律的偏差也越大，冷冻水泵能变频调速的范围也越小。测试中，由于在不同压差设定值 Δp 时对应的运转频率下限不同，当频率降至一定值时，或是冷水机组的水流开关动作（120kPa、160kPa 均出现此现象），或是频率已不再变化（200kPa 时）。本次测试中 Δp 为 120kPa、160kPa、200kPa 时对应的转速变化范围分别为 73%～100%、85%～100%、87%～100%。

5）定压差能耗与冷冻站内供、回水总管管路能耗的特点。根据式（3-18），可将以上冷冻水管路系统的能耗 N 表示为

$$N = \gamma(CQ + S_2Q^3) = \gamma CQ + \gamma\Delta h_2 Q \tag{3-22}$$

式中 C——设定压差值 Δp 对应的水头，即 $C = \Delta p/\gamma$（式中各量均取国际单位）(m)；

S_2——冷冻站内供、回水总管（即图 3-25 中压差传感器以下含冷冻水泵、冷水机组等的所有管路）的阻抗系数（s^2/m^5）；

Δh_2——该供、回水总管的水头损失（m）。

根据同时所测相应管路的阻力损失，由式（3-22）可获得各工况下定压差能耗 γCQ 与冷冻水供、回水总管管路能耗 γS_2Q^3 的变化特点。图 3-30 所示为 $\Delta p = 120$kPa 时 γCQ 与 γS_2Q^3 随流量的变化趋势。

由图 3-30 可知，在该系统中，定压差能耗 γCQ 在管路总能耗中占了主要部分，而供、回水总管的能耗只占很小比例。因此，该变频冷冻水泵的能耗特性主要由定压差能耗决定。进一步分析管路的阻抗系数的变化还可以发现，当流量由大到小变化时，由定压差折算出的阻抗系数是 S_2 的 4.4～32.3 倍，充分说明该系统的主要阻力或能量消耗是由定压差引起的。按测试数据进行的计算表明，$\Delta p = 120$kPa 时，S_2 在满负荷流量的 62%～100% 范围内的变化较小；但当流量低于 62% 后，S_2 将随流量的减小而迅速增大。这说明在该冷冻水系统中，流量降低到满负荷流量的 62% 以下时，供回水管路中的流态已发生了变化，即不再维持充分发展的紊流，而是向过渡区甚至层流区转变，使得管路中的沿程阻抗系数将随流速（流量）变化，这与模拟计算结果在趋势上是一致的。

由以上分析可以认为，在该变频冷冻水泵系统中，当转速处于 73%～100% 范围时：

1）冷冻水泵的运转频率与转速成正比例（特指形如 $y = x$ 的直线，下同）。

2）变频冷冻水泵的特性参数中，除扬程可认为与转速平方成正比例外，流量并不与转速成正比例，泵的有效功率不与转速的三次方成正比例。其中，流量与转速间的差别最为显著。而且设定压差值越大，变频冷冻水泵的实测性能与按相似定律确定的性能间的差别也越大。

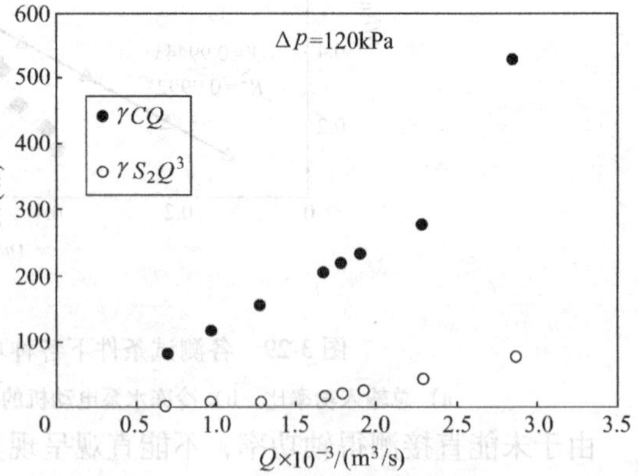

图 3-30 $\Delta p = 120$kPa 时冷冻水管路中能耗 γCQ 与 γS_2Q^3 的变化趋势

3）在按压差控制的中央空调冷冻水泵的变频运行中，设定压差值越大，可变频运行的范围越小。

4）当压差信号取于冷冻水供、回水总管时，设定压差值对应的阻抗在系统总阻抗中所占的比例越大，定压差能耗在总能耗中所占的比例也越大。当该比例达到一定程度后，变频冷冻水泵的能耗就主要由定压差能耗决定。由于定压差能耗只与流量的一次方成正比例，从节能的角度而言，在满足空调运行要求时，设定压差值应越小越好，同时也说明从最远端空调用户处取压差控制信号要优于从供、回水总管处取压差信号。

5）由于设定压差值的影响，随着频率或转速的降低，管路中冷冻水的流态可能出现由充分发展的紊流区向过渡区甚至层流区的转变，从而加剧管路特性的变化。

6）在设定压差值的影响下，由于流量的显著变化，导致冷冻水泵的容积效率也出现较大的变化，而冷冻水泵的流动效率（水力效率）变化不大。

7）在水泵的变频调速过程中，有无改变管路系统的特性对变频泵的性能有着决定性的影响。如在不改变冷冻水管路中任何设备状态及不设定压差值时，在相当大的转速范围内（50%～100%），冷冻水管路系统的特性将基本保持不变，泵的各种效率也基本保持不变，可以直接应用相似定律来计算各参数。

3.4.8 空调用离心泵变频改造及实例

由于社会对节能降耗的要求越来越高，作为中央空调系统中除制冷主机以外的主要耗能设备，泵与风机的能耗也越来越受到关注。不但很多新建大厦的中央空调系统的冷冻水泵、冷却水泵采用了变频的方式，很多已建成并已运行多年的中央空调系统也接受了改造，将其原有的定速泵改造成了变频泵，其中有不少获得了较为理想的效果，使得接受改造的系统越来越多；当然其中也有一些不成功的案例，又使人们对此产生了犹疑。由此，有必要对空调水泵变频改造的步骤和方法进行适当的讨论。

1. 空调水泵变频改造的步骤

综合工程实践，对中央空调水泵进行变频改造时，一般遵循以下步骤：

1）对拟改造的空调系统及其服务对象进行全面的分析。这主要涉及该空调系统的组成特点（如空调功能及分区情况、一级泵系统还是二级泵系统、各主要设备运行方面的特殊要求等），历史运行中空调负荷的变化特性、各设备的运行参数统计分析、存在哪些方面的问题或缺陷，对改造进行可行性分析（包括潜在的节能潜力分析，结合改造方案进行改造初投资及投资回收期的初步分析，还要考虑今后运行管理的方便程度与技术支持保障等）。在进行这些方面的分析时，要避免出现目前较为普遍的不当做法：只依据泵的比例定律来进行节能潜力的估计。正确的做法是将泵纳入整个空调系统中，从空调系统的整体上去考查对泵变频改造会带来的影响，从而全面衡量其可行性。

2）经过分析认为改造具有可行性之后，就需要制定详细的改造方案。在确定改造方案时，要明确列出改造的目的与目标；明确改造的途径与具体方法（如涉及到运行控制方式确定，控制信号源及传感器确定，系统其他硬件配置，增置部件的安装要求及改造施工方案等）；制定改造的投资预算；明确改造后的试运行及验收方案及要求等。

3）现场改造施工。这一阶段，甲、乙双方均应全程参与协调，以便于及时处理施工现场遇到的问题，同时也有利于今后运行管理。

4）验收与技术交接。按照事先确定的验收方案进行现场调试、测试与分析比较，考查是否达到设计要求，验收过程中所有的记录、说明都需要有甲、乙双方代表的签名认可并作为资料留存；根据需要，还可能涉及到技术资料交接、员工技术培训等。

2. 改造实例

以下是某酒店中央空调改造中将变频调速器应用到冷冻水泵的案例，可以供一般性工程改造时参考。

在酒店中央空调系统中，冷冻水泵和冷却水泵的容量是按照建筑物最大设计热负荷选定的，且留有余量。在没有使用变频调速的水系统中，无论季节、昼夜和用户负荷的变化，水泵都长期固定在工频状态下全速运行，能量浪费明显，造成酒店运行费用急剧上升，以致它在整个酒店成本费用中占据越来越大的比例。而一般中央空调水泵的耗电量约占总空调系统耗电量的20% ~30%，故节约低负荷时水系统的输送能量具有很重要的意义。所以，随着热负荷而改变水量的变流量空调水系统显示出其巨大的优越性，而得到越来越多酒店的广泛采用。某酒店是耗能大户，出于节能考虑对其酒店5套中央空调水系统成功地进行了变频节能改造，取得了明显的经济效益和社会效益。

（1）酒店中央空调设备及相关参数

1）东楼的设备情况见表3-5。

表3-5 东楼设备简表

设备名称	型号规格与特点	数量	设备名称	型号规格与特点	数量
制冷机	Carrier，30HR—195，单机制冷量580kW，蒸发器额定流量$100m^3/h$；蒸发器压头损失36kPa；冷凝器额定流量$125m^3/h$，冷凝器压头损失80kPa	5台（高区2台，低区3台）	低区冷冻水泵	离心式水泵，XA100/32，22kW，并联安装（二开二备），进出水温差$\Delta T=2℃$；运行电流为44.4A，扬程为32m	4台
高区冷冻水泵	离心式水泵XA80/40，30kW，并联安装（二开一备），进出水温差$\Delta T=1.9℃$；额定电流为57.6A，流量为$100m^3/h$，运行电流为72A，扬程为53m	3台	冷却水泵	离心式水泵，XA100/32，30kW，并联安装（三开二备），进出水温差$\Delta T=2.5℃$；额定电流为57.6A，流量为$125m^3/h$，扬程为32m	5台

2）西楼的设备情况见表3-6。

表3-6 西楼设备简表

设备名称	型号规格与特点	数量
制冷机	Carrier，30HT290A901EE型，单机制冷量1020kW，蒸发器额定流量为$100m^3/h$；蒸发器压头损失为36kPa；冷凝器额定流量为$125m^3/h$，冷凝器压头损失为80kPa	4台
冷冻水泵	离心式水泵，AKP2517C型，30kW，并联安装（三开二备），进出水温差$\Delta T=2℃$；额定电流为58A，流量为$286m^3/h$，运行电流为55A，扬程为32m	5台
冷却水泵	离心式水泵200—150—315型，45kW，并联安装（三开二备），进出水温差$\Delta T=2.5℃$；额定电流为84.9A，运行电流为70A，流量为$374m^3/h$，扬程为28m	5台

根据以上设备参数及水泵机组特性曲线和水网管道压力差的计算，发现东楼、西楼中央空调水系统的水流量都大于设计流量，有较大的节能空间。同时，由于东楼高区冷冻泵

原始运行状态存在一些问题，所以以东楼中央空调高区作为具体设计和分析对象。

① 高区冷冻泵原设计为运行一台主机，开一台泵；而现在运行情况是开一台主机需开两台高区冷冻泵。实际运行中，3 台高区冷冻泵的电机由于严重超负荷，其原始线圈都已烧坏，现在的 3 台电动机线圈全部为新更换的，且增大了漆包线的线径，使电动机能承载 72A 的电流负荷。即使加大了线圈线径，但在该电流下每台电动机只能间断运行，工作时间最多不能超过 8 小时。所以 3 台水泵必须按每 4 小时依次组合（两台泵）循环投入运行。该中央空调水系统的运行不正常及大量耗电是毋庸置疑的。

② 酒店多年夏季最热时记录及现场测得高区中央空调冷水机主蒸发器进，出水温差偏小（温差在 2℃以下），说明高区冷冻水泵系统水流量有很大的富余，大量的电能在做无用功，使高区中央空调主机、蒸发器、水泵等都工作在低效状态，有很大的节能空间。

③ 根据高区中央空调主机参数可知，冷冻水在额定工况下蒸发器进、出口两端压差为 36kPa（0.367kgf/cm^2）。而在现场测得，在运行两台高区冷冻泵时，蒸发器进、出口压差为 245kPa，水流量是额定流量的 2.6 倍，即使工作在单泵运行状况下，冷冻水在蒸发器进、出口两端的压差为 147kPa，流量也是额定流量的两倍。说明该水系统工作状况调试很差，系统管阻小，水泵扬程存在较大余量，水流量过大，水泵电动机严重过载，该水系统有较大的节能空间。

（2）高区冷冻泵改造方案的确定　根据高区冷冻水泵系统存在的一些问题和运行现状，改造方提出了 3 种可能的解决方案：

1）对高区冷冻水管路系统进行水力调节，增加各管路设备阻力，使水泵工作点左移，使水泵运行参数趋于合理，达到减少运行电流的效果。该方法工作量大，需更换部分流量调节阀，增设一些温度检测装置，施工期间将影响酒店营业。

2）以改变叶轮直径方法调整水泵工作点，对高区冷冻泵的叶轮直径进行调整，减少叶轮直径，适当降低水泵的扬程、流量，在保证空调系统各末端流量和房间冷量的前提下，减轻水泵电动机负载，使运行电流趋于额定电流值。

3）对高区 3 台冷冻水泵均采取变频控制运行，改变水泵运行特性曲线与目前的管路特性曲线交汇后，水泵处于合理的运行状态，此方法节能效果佳，但初投资大，改造后单台机也不能工频运行。

经过综合的分析比较和考虑初投资问题，对高区 3 台冷冻泵采取 2）方案与 3）方案综合并用。先把 5#水泵叶轮进行调整，叶轮型号更换为 XA80/40B 型叶轮，其运行电流下降 6A，使 5#水泵电动机（单台）能在工频状态下正常投入运行。另在 6#、7#泵上，由于其运行电流超过额定电流，所以变频器必须加大一级。设计安装一台某品牌风机水泵型变频器的冷冻水泵控制系统，其容量为 37kW，变频控制系统可在 2 台（6#、7#）30kW 冷冻水泵电动机之间切换。在其中一台（如 6#）30kW 冷冻水泵电动机由变频器控制运行时，另外一台（7#）冷冻水泵电动机可以根据系统需要，手动投入工频运行（5#必须先起动或已在工频运行）或手动退出（此 2 台水泵变频控制和工频控制互锁），剩余一台（5#）水泵电动机可在工频下运行或停止。这样既能彻底解决原系统运行存在的问题，又能达到节能的目的，投资少，施工期间也不影响酒店的正常营业。

该改造方案具有以下特点：

1）采用SPWM变频闭环控制，可按需要进行软件组态；并设定温度或温差进行PID调节，使电动机转速随空调热负载的变化而变化，在满足使用要求的前提下，达到最大限度的节能。

2）由于软起动、软停机和降速运行，减少了振动、噪声和磨损，延长了设备维修周期和使用寿命，提高了设备的MTBF（平均故障维修时间）值，并减少对电网冲击，提高了系统的可靠性。

3）变频调速系统主回路与原水泵主回路并联，变频系统控制回路与原水泵工频控制回路互锁；变频系统并入不影响其原系统的正常使用。变频系统需检修，可立即切换到原工频状态运行。

4）本系统的保护功能较为完善，还设有自动重新起动功能，选择自动重新起动以后，变频系统在跳开后自动起动（变频器不需手动复位）。提高了系统自动化操作能力，使系统的运转率和安全可靠性大大提高。

（3）变频节能闭环调速系统测试　由于水泵系统最低转速必须满足冷凝器、蒸发器及其系统正常工作最小的水流量要求，变频器必须设定一个能够满足冷凝器、蒸发器的最低频率下限；使之转速下降到一定程度不再下降。频率下限的设定必须根据中央空调冷水机组的参数，耐心细致的调整。在调速过程中出现谐振时，可设定跳跃频率，使整个速度范围和可变负荷无谐振运行。经现场调试，东、西楼5套变频调速系统频率下限均为35Hz。

1）振动测试。测振的目的是为了监测水泵运行时的振动情况，避免某些运行频率下的谐振及分析水泵在变频运行中的振动改变情况。一般来讲，变频运行大多数情况下是在降速下运行，振动会有明显改善。同时由于酒店有的人坚持认为变频运行会加大电动机的振动，并造成了酒店水泵磨损，为证明系统的软起动和降速运行对电动机减少了振动和磨损，延长了设备维修周期和使用寿命，设备安装完毕后采用了EMT220系列袖珍式测振仪（其测量精度为±5%测量值±2个字），对改造后的10台水泵进行了振动测试。

从振动速度数据记录发现，对同一电动机，速度越低时，其振动烈度也小；工频振动速度小的其变频运行振动速度也小。与工频运行的振动速度大小对比，变频运行时，水泵的振动没有明显的增大趋势。普遍规律是随转速的降低振动值也减少。因此测试结果表明，安装变频调速系统对电动机及系统无影响。

2）节能效果测试。工频运行测试记录见表3-7。

表3-7　工频运行测试结果

		起始表底/度	终止表底/度	测试时间/h	互感器/变比	工频耗电/h
东楼	低区冷冻水泵	761	763.5	2	100/5	25kW
	高区冷冻水泵	508.5	511.0	2	150/5	37.5kW
	冷却水泵	708	710.2	2	150/5	33kW
西楼	冷冻水泵	10423.5	10430.5	3	75/5	35kW
	冷却水泵	9103.5	9110.5	3	100/5	46.6kW

该酒店东楼、西楼水泵运行于工频与变频时的耗电情况如表3-8。

表 3-8 工频与变频时泵的耗电情况

		工频耗电/kW	变频耗电/kW	节电率	备注
东楼	低区冷冻水泵	25.0	13.5	46.0%	
	高区冷冻水泵	37.5	25.0	33.3%	
	冷却水泵	33.0	20.0	39.4%	
西楼	冷冻水泵	35.0	20.0	42.9%	
	冷却水泵	46.6	23.3	50%	

由测试结果可知：改造后的5套变频调速系统的节能率都在30%以上，达到改造前的要求。通过测试也了解到PID的温度（温差）设定值与节能效果密切相关。客户对此参数的设定应在不影响使用的前提下，不超出中央空调主机设计温差，尽量提高温差来提高节能效果。

变频改造后，改善了原水系统的运行状况。特别是高区冷冻水泵在改造前管路系统设计偏大，水泵工作点偏离高效区右移造成水泵大流量运行，使电动机严重超负荷（单台水泵投入运行，水泵电动机立即发热烧坏），无论高区冷水机组运行几台主机，高区冷冻水泵最少运行两台。因此，水系统流量长年处在大流量低温差状态下运行，能源白白浪费。通过变频调速节能改造使这一现象得到了控制，水系统大大改善，高区冷水机主运行一台主机，仅需运行一台变频冷冻水泵。为此，高区冷冻水泵在该条件下运行的节电率为66.6%，改造后的效果非常令人满意。

3.5 离心泵吸水性能及其影响因素

离心泵的正常工作是建立在对水泵吸水条件正确选择的基础上的。在不少场合下，水泵装置的故障，常是由于吸水条件选择不当所引起的。所谓正确的吸水条件，就是指在抽水过程中，泵内不产生气蚀的情况下的最大吸水高度。

3.5.1 离心泵吸水管中的压力变化过程

图3-31所示为吸水管及泵入口中的压力变化。

水泵运行中，由于叶轮的高速旋转，在其入口处形成了真空，水自吸水管端流入叶轮的进口。吸水池水面大气压与叶轮进口处的绝对压力之差，转化成位置头、流速头，并克服各项水头损失。图3-31中绘出了水从吸水管经泵壳流入叶轮的绝对压力线；以吸水管轴线为相对压力的零线，则管轴线与压力线之间的高差表示了真空值的大小。绝对压力沿水流方向减少，到进入叶轮后，在叶片背面（即背水面）靠近吸水口的K点处压力达到最低值，$p_K = p_{\min}$。接着，水流在叶轮中受到由叶片传来的机械能，压力才迅速上升。关于最低压力p_K值的确定，可由能量方程式求得，其计算此处不作介绍。

3.5.2 离心泵中的气穴和气蚀

水泵中最低压力p_K如果降低到被抽液体工作温度下的饱和蒸气压力（即汽化压力）p_{va}时，泵壳内即发生气穴和气蚀现象。

水的饱和蒸汽压力就是在一定水温下，防止液体汽化的最小压力，其值与水温有关。水的这种汽化现象，将随泵壳内压力的继续下降以及水温的提高而加剧。当叶轮进口低压

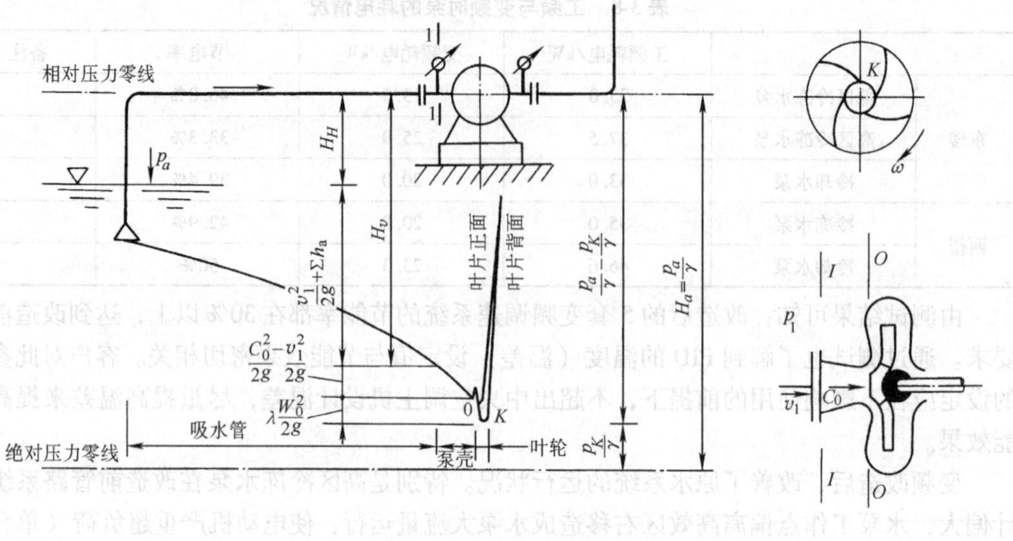

图3-31 吸水管及泵入口中的压力变化

区的压力 $p_K \leqslant p_{va}$ 时，水就大量汽化；同时，原来溶解在水里的气体（如氧气等）也自动逸出，形成的气泡中充满蒸汽和逸出的气体。气泡随水流带入叶轮中压力升高的区域时，气泡突然被四周水压压破，水流因惯性以高速冲向气泡中心，在气泡破裂区内产生强烈的局部水锤现象，其瞬间的局部压力可以达到几十兆帕，作用在叶轮叶片壁面上则产生局部凹坑而造成叶片的损伤。此时，可以听到气泡破裂时炸裂的噪声，这种现象称为气穴现象。

离心泵中，一般气穴区域发生在叶片进口的壁面，金属表面承受着局部水锤作用，其频率可达20 000～30 000Hz。经过一段时间后，金属就产生疲劳，表面开始呈蜂窝状或海绵状；随之应力更加集中，叶片出现裂缝和剥落。与此同时，在水和蜂窝表面间歇接触之下，蜂窝的侧壁与底之间产生电位差，引起电化腐蚀，使裂缝加宽。最后，几条裂缝互相贯穿，达到完全蚀坏的程度。此外，气泡破裂时释放的凝结热（瞬间温度可达200～300℃）也助长了叶轮壁面腐蚀的加剧。水泵叶轮进口端产生的这种效应称为“气蚀”。

气蚀是气穴现象侵蚀材料的结果，很多时候将其统称为气蚀现象。在气蚀开始时，表现在水泵外部的是轻微噪声、振动和水泵扬程、功率开始有些下降；气蚀严重时，气穴区就会突然扩大，这时会产生大量气泡，使水泵中过流减小以致流量降低，并使水流状态遭到破坏、能量损失增大，水泵的 H、n、η 就将到达临界值而急剧下降，最后停止出水。气蚀严重时，水泵的叶轮会遭到严重破坏与毁损，此时需要分析并排除引起气蚀的原因并更换叶轮。

3.5.3 离心泵的最大安装高度

泵房内的地坪标高取决于水泵的安装高度。正确地计算水泵的最大允许安装高度，使泵既能安全供水，又能节省土建造价，具有很重要的意义。水泵的安装高度 H_{ss}，是吸水池水面的测压管高度与泵轴的高差。由于泵通常是在一定流量下运行，其流速水头和管道水头损失都是定值，因此随着水泵安装高度 H_{ss} 的增加，水泵吸入口的真空度也会增加。当吸入口真空度增加到某一最大值时，泵吸入口的压力接近液体的气化压力，就易在泵内引起气蚀效应。

水泵铭牌或样本中，对于各种水泵都给定了一个允许吸上真空高度 H_s，此 H_s 即为水泵泵壳吸入口的测压孔处真空值 H_v 的最大极限值。在实际应用中，水泵的 H_v 超过样本规定的 H_s 值（即 $H_v > H_s$）时，就意味着水泵将会遭受气蚀。

由于制冷空调工程中应用水泵时均设置为自灌式系统，即其安装高度是负值，叶轮常安装在吸水面以下，因此对其最大安装高度的确定并未加以过多的要求。对此类泵较常采用的是用“气蚀余量”来衡量它们的吸水性能。

3.5.4 气蚀余量

气蚀余量的字母缩写为 NPSH，使用中也有用 H_{sv} 表示的，还有用 Δh 表示的。

当发生气蚀时，根据能量方程可得出总气蚀余量的表达式为

$$H_{sv} = h_a - h_{va} - \sum h_s \pm |H_{ss}| \tag{3-23}$$

式中 H_{sv}——总气蚀余量（m），即水泵进口处单位质量的水所具有超过汽化压力的余裕能量再加上 $v_1^2/2g$；其大小通常换算到泵轴的基准面上（基准面的确定：卧式泵以通过水泵轴中心线的水平面为基准面；立式泵以通过叶轮叶片进水边中心的水平面为基准面）；

h_a——吸水池表面的大气压力水头（m）；

h_{va}——工作水温下水的汽化压力水头（m）；

$\sum h_s$——吸水管的水头损失之和（m）；

H_{ss}——水泵吸水地形高度，即几何安装高度（m）。

当水面的测压管高度低于泵轴时，水泵为抽吸式工作情况，$|H_{ss}|$ 值前取“-”号；当水面的测压管高度高于泵轴时，水泵为自灌式工作情况，$|H_{ss}|$ 值前取“+”号。式（3-23）的图示形式如图 3-32 所示。水泵实际运行中按式（3-23）计算得到的气蚀余量又称为该水泵的“有效气蚀余量”。

当从水泵吸入口到压强最低点 K 的总水头降 $\Delta h_{aK} = (p_a - p_K)/\gamma$ 正好与实际气蚀余量 H_{sv} 相等时，水泵中就刚好发生气蚀；而当 $\Delta h_{aK} < H_{sv}$ 时则不会出现气蚀。因此 Δh_{aK} 又称为临界气蚀余量（用 Δh_{min} 表示）。

水泵厂样本图中提供的气蚀余量 NPSH 由 Δh_{min} 和避免气蚀的余裕量（0.3m 左右）两部分组成，称为必要气蚀余量 $NPSH_r$（有的资料中用 $[\Delta h]$ 表示，即 $[\Delta h] = \Delta h_{min} + 0.3$）。$\Delta h_{min}$ 值与叶轮进口的流速水头值、叶片入口摩擦损失、叶轮进口冲击损失及进口附近叶片背水面的压头差等有关，通常是用试验来测定的。所以，样本中所提供的气蚀余量是“必要的气蚀余量 $NPSH_r$”；而按上式计算出来的 H_{sv} 是该水泵装置的实际气蚀余量 $NPSH_a$（又称有效气蚀余量），该值是由水泵安装处的外部条件所决定的，是表示水达到汽化压力值时尚有余裕的能量。为安全计，在工程中，水泵实际使用时的气蚀余量（$NPSH_a$）应该比水泵厂要求的气蚀余量（$NPSH_r$）大 0.4～0.6m。

图 3-32 中的 Q_A 如为该泵正常工况下的出水量，则在运转中流量大于 Q_A 时，该泵避免产生气蚀的余裕能量越来越小了。应当指出的是，当流量增加时流速水头和管道水头损失都相应增加，导致必要气蚀余量（即 $NPSH_r$ 或 $[\Delta h]$）急剧上升，如果忽视这一特点，就可能导致气蚀的发生。因此在设计中应充分估计到类似情况，以保证在实际运行中可能

出现的大流量情况下不发生气蚀现象。由此可知：水泵样本中要求的气蚀余量越小，表示该水泵吸水性能越好。对使用者来讲，应在水泵装置的合理布置方面多加考虑以避免运行中发生气蚀现象。一般而言，水泵产生气蚀现象的原因有以下几种：

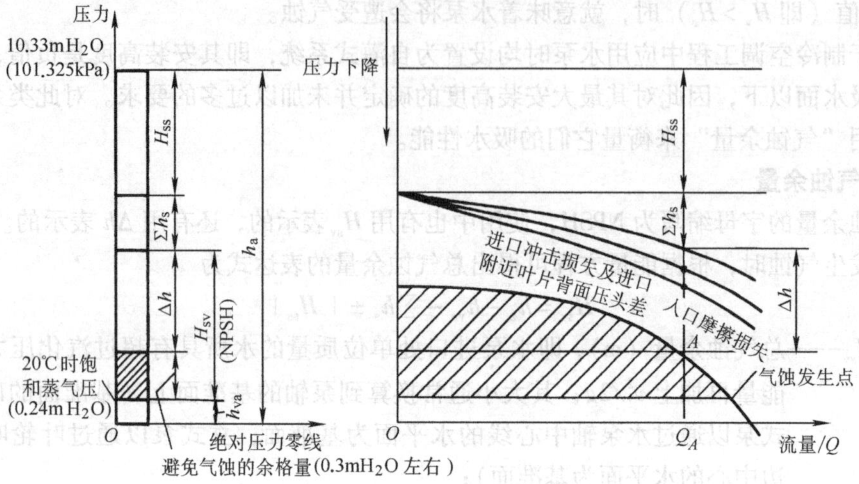

图 3-32　水泵气蚀余量图示

1）泵的几何安装高度过大，使泵进口处的真空度过高。

2）泵安装地点的大气压强过低，如安装在高海拔地区。

3）泵所输送的液体的温度过高。

综上所述，离心泵的吸水过程是建立在水泵吸入口能够形成必要真空值的基础上的。此真空值是个必须要严格控制的条件值，在实际使用中，水泵真空值太小就抽不上水，真空值太大又会产生气蚀现象。因此，水泵装置正确的吸水条件是以运行中不产生气蚀现象为前提的。使用中应以水泵样本中给定的允许吸上真空高度 H_s，或以样本中给定的必要气蚀余量 NPSH，作为限度值来考虑问题。

本章要点

1）区分管路系统特性曲线与离心泵特性曲线的差异。

2）离心泵工况点与两条特性曲线的关系；图解法求离心泵装置的工况点的原理与步骤。

3）离心泵工况点的调节方法及各种调节方法的特点。

4）离心泵调速后特性的变化及新工况点的图解法，分析离心泵调速工作特性的方法。

5）离心泵串、并联运行工况图解法，运行特点及串、并联的适用场所；应用图解法时要充分注意到泵的不同布置方式及其所带来的阻力不平衡的影响，要区别对待，不能所有情况都简单地直接套用流量叠加或扬程叠加。

6）离心泵的气蚀余量与安装高度及其对泵使用性能的影响。

思考题与习题

1. 什么是离心泵管道（路）系统特性曲线？它有何意义？

2. 确定离心泵的工况点有何意义？应如何确定？

3. 改变离心泵工况点的方法有哪些？各有何特点？

4. 在离心泵的调速过程中，能否只变流量而保持压力恒定？如果能，应怎样实现？

5. 离心泵现有的调速方法有哪些？各有何特点？你认为哪种方法最好？为什么？

6. 如何由已有的离心泵的特性曲线绘制转速变化后的特性曲线？离心泵调速时应注意哪些问题？

7. 采用变频调速泵是不是在所有情况下都是最合理的，为什么？

8. 哪些情况下采用离心泵的并联较好？

9. 哪些情况下采用离心泵的串联较好？

10. 离心泵的串、并联运行各有何特点？串、并联运行时应注意哪些问题？

11. 为什么两台离心泵并联后的总流量小于两台单泵分别运行的流量之和？

12. 为什么两台离心泵串联后的总扬程小于两台单泵分别运行的扬程之和？

13. 离心泵的串联和并联运行的台数是否越多越好？为什么？

14. 什么是离心泵的气蚀？

15. 什么是离心泵的气蚀余量？它与安装高度有何关系？

16. 什么是离心泵的必要气蚀余量和实际气蚀余量？二者间应满足什么样的关系？

17. 简述离心泵内气蚀的发生过程。

18. 提高泵抗气蚀性能的措施有哪些？

19. 如图3-33所示，A点为该水泵装置的极限工作点，其相应的效率为η_A。当闸阀关小时，工作点由A点移到B点，相应的效率为η_B。由图可知$\eta_B > \eta_A$，现问：关小闸阀是否可以提高效率？此现象如何解释？

20. 单级离心泵的性能参数为$n = 1420$r/min，$Q = 73.5$L/s，$H = 14.7$m，$P = 3.3$kW。现若改用转速为2900r/min的电动机驱动，工况仍保持相似，则新转速下各参数值将为多少？

21. 某水泵在转速$n = 1450$r/min时的性能曲线如图3-34所示，此时管路性能曲线为$H = 10 + 8000Q^2$（Q按m^3/s计），问转速为多少时水泵的供水量为$Q = 30$L/s？

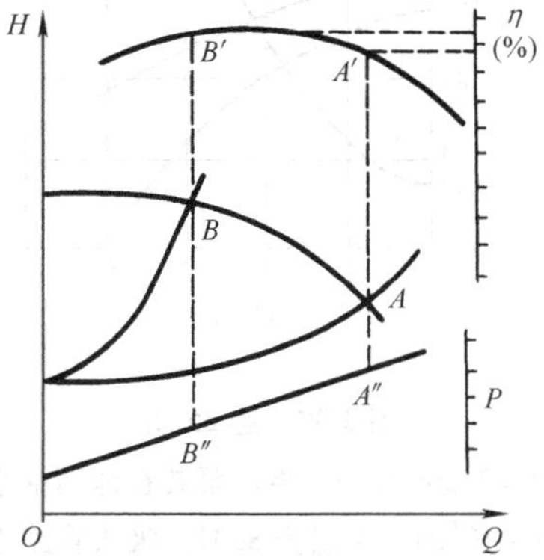

图3-33 题19图

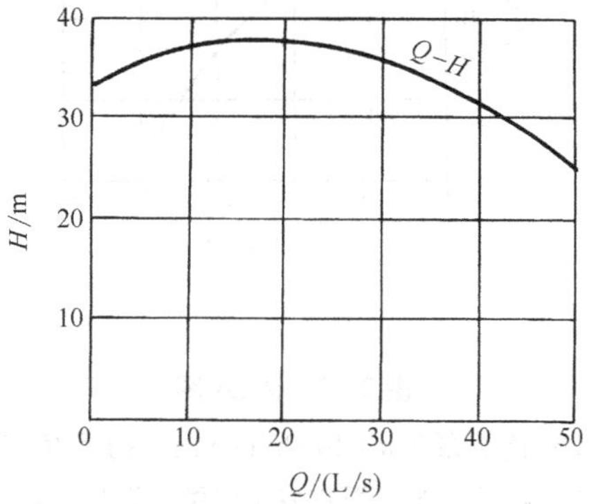

图3-34 题21图

22. 某离心泵转速为$n_1 = 950$r/min，其性能曲线如图3-35所示，问当$n_2 = 1450$r/min时，水泵的流量改变了多少？

23. 离心泵转速$n = 1450$r/min时的性能曲线如图3-36所示，此时流量$Q = 1m^3/s$。泵运行时出口压力表读数$p_g = 215754$Pa，入口真空表读数$p_v = 48958$Pa。若该泵进、出口管直径相等，吸水池与管路出口的位置高差为10m，采用变速调节，问转速升高到多少才能使流量达到$Q = 1.5m^3/s$？

24. 某水泵的性能曲线如图3-37所示，管路性能曲线为$H = 20 + 20000Q^2$（Q按m^3/s计），求此时

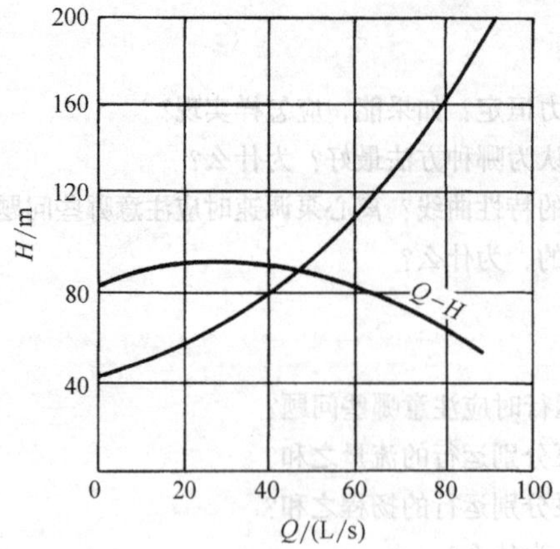

图 3-35 题 22 图

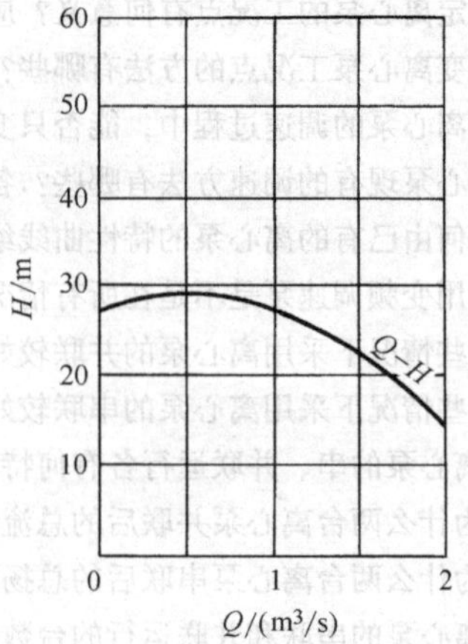

图 3-36 题 23 图

的供水量。若并联一台性能与其相同的泵联合工作时，总供水量为多少？

25. 为了提高系统能量，将Ⅰ、Ⅱ两台性能不同的泵串联于管道系统中运行。Ⅰ、Ⅱ两泵的性能曲线和管路系统性能曲线如图 3-38 所示，问串联后总扬程为多少？此时各泵的工作点如何？而每台泵在该系统中单独工作时的工作点又如何？

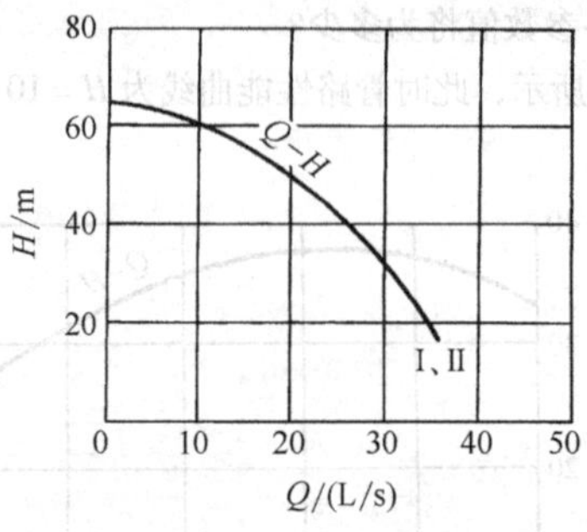

图 3-37 题 24 图

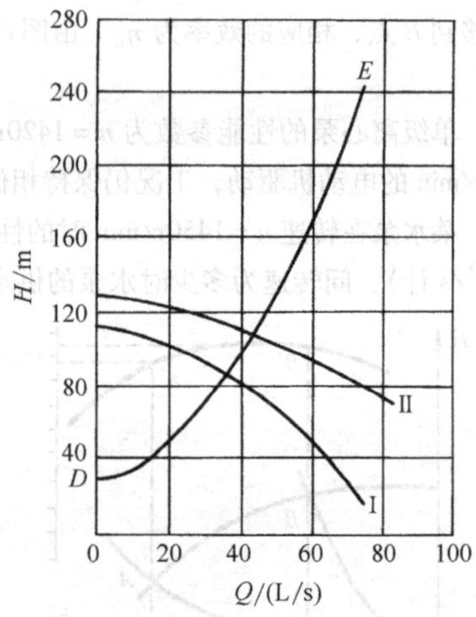

图 3-38 题 25 图

26. 离心泵在 $n = 1450\text{r/min}$ 时，扬程 $H = 19.5\text{m}$，流量 $Q = 2.6\text{m}^3/\text{min}$。将该泵装在地面抽水，问水面距泵中心线几米时泵将发生气蚀？设吸入液面压力为 $101.3 \times 10^3\text{Pa}$，水温为 80℃，吸入管路阻力损失为 10^4Pa。

实训 3 离心泵定速运行工况调节与测试

1. 实训目的

1）熟悉离心泵的启停步骤。

2）掌握离心泵的定速运行工况调节方法。

3）掌握离心泵的定速运行特性的测试方法。

2. 实训步骤与要求

根据条件选定离心泵装置，配置必要的测试仪表（如水泵进/出口处的压力表或真空压力表，水表或其他流量计，电机的电压、电流、功率因素测量仪表等）。

主要步骤可参考以下内容：

1）根据要求，在关闭出水管路阀门、全开进水管路阀门的情况下起动离心泵，然后适当开启出水阀，让管路中建立起一定的水流量。

2）待离心泵运行稳定后，记录离心泵进/出口压力表的读数（自拟表格）；同时，测量水流量和各电参数并做好记录。

3）改变出水管路上的阀门开度大小（从大到小或从小到大变化），重复步骤2），记录相关数据。重复此步骤3~5次，直到阀门全开（或接近关闭，视阀门开度变化趋势而定），记录全部测试数据。

4）关闭出水管路阀门，停机并清理设备。

5）对测试数据进行整理与分析，比较阀门在不同开度时离心泵的流量、扬程和耗功等有何变化，完成实训报告。

3. 实训器材与设备

离心泵及其管路系统，压力表/真空压力表，流量计（或水表+秒表），电流表，电压表，功率因素表等。

实训4　离心泵性能测试

1. 实训目的

1）熟悉离心泵的启停步骤。

2）了解离心泵的串、并联运行工况及其特点。

3）掌握离心泵的串、并联运行特性曲线的绘制方法。

4）了解离心泵单泵运行与联合运行在性能上的差异。

2. 实训步骤与要求

（1）熟悉实验装置及其工作原理　实验装置如图3-39所示。

（2）单台泵Ⅰ运行实验

1）关闭泵Ⅰ的出口阀门13、15、17。

2）接通电源，起动离心泵Ⅰ。

3）调节出口阀门15到一定开度，即调节到某一流量和扬程（阀门的开度由小到大变化）。

4）待运行稳定后，由压力表1读出相应的扬程 H，由测压板11上读出水流经孔板流量计16后所产生的压头差 Δh，以通过计算求得相应的流量 Q。或者由计量水箱10求出流量 Q，方法是：先将计量水箱内的水放干净，用活动管嘴9使水流入计量水箱，在改变活动管嘴方向的同时记录下时间；当水位达到一定刻度时，快速改变活动管嘴使水流入蓄水箱，并同时记录下此时的时间；用水箱内的水容积读数除以所用时间就可求得水的流量 Q。水箱容积刻度的单位为升。

5）逐次调节阀门15的开度，按上述方法测得并记录一系列的 Q 和 H 值（自己设计数

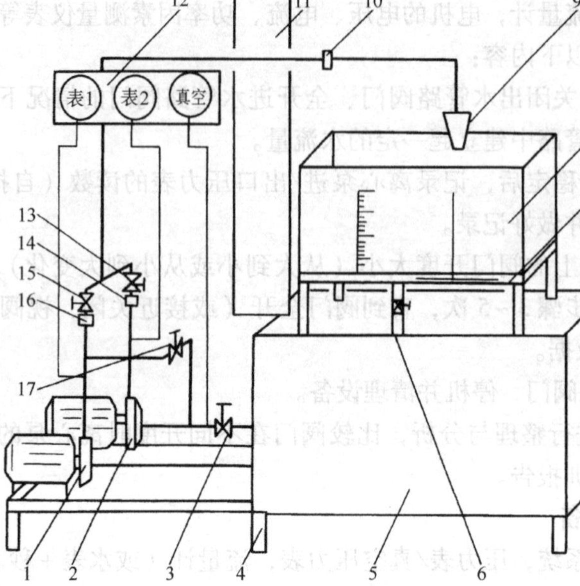

图 3-39 离心泵性能实验台

1—泵Ⅰ 2—泵Ⅱ 3—阀门Ⅰ 4—阀门Ⅱ 5—蓄水箱 6—底座 7—计量箱底座 8—有机计量水箱 9—切换斛斗 10—孔板流量计 11—压差板 12—仪表盘（压力表Ⅰ、Ⅱ、真空表） 13—阀门Ⅲ 14—孔板流量计Ⅰ 15—阀门Ⅳ 16—孔板流量计Ⅱ 17—阀门Ⅴ

据记录表）。

6）实验完毕后，先关闭阀门15，再关闭电源，打开阀门16，使水流回蓄水箱5中。

（3）单台泵Ⅱ的运行实验　实验步骤同泵Ⅰ，只是相应的阀门与压力表不同，这里不再详述。

（4）两台泵的并联运行

1）开启阀门3，关闭阀门13、15、17。

2）接通电源，起动泵Ⅰ和泵Ⅱ。

3）调节阀门13与15的开度，得到一定的流量和扬程（要求两台泵的扬程一致）。

4）待水泵运转稳定后，由压力表12读取扬程的数值，并用计量水箱或用测压差的方法获得流量，将数据填入数据记录表。

5）逐次调节阀门13和15的开度，按上述方法测得一系列的并联流量和扬程。

6）结束实验时，先关闭阀门15和13，再关闭电源，并将计量水箱中的水放回蓄水箱5中。

（5）两台泵的串联运行

1）关闭阀门3、13、15、17。

2）接通电源，首先起动第一台泵，运行正常后打开其出口阀门17；接着起动第二台泵，运行正常后打开其出口阀13。

3）调节阀门13的开度，待运行稳定后，记录此时的串联流量和扬程，并将数据填入表中。

4）逐次调节阀门13的开度，按上述方法测得一系列的串联流量和扬程。

5）结束实验时，先关阀13，停泵Ⅰ；再关阀17，停泵Ⅱ，然后关闭总电源，最后将计量水箱中的水放回蓄水箱中。

（6）提出问题并讨论

（7）根据实训记录完成实训报告并提交实训体会

3. 实训器材与设备

离心泵联合运行实验台、时钟、接线板、水管、水桶等。

注：本实训项目也可供在实际水泵装置上进行时参考。

实训5　离心泵变频运行特性与节能量测试

1. 实训目的

1）掌握变频离心泵运行性能参数的测试与分析方法。

2）了解离心泵变频运行时的流量、扬程、功率等参数随频率变化的关系，掌握其特点。

3）掌握测试与分析变频离心泵节能量或节能率的方法。

2. 实训装置要求

该实训可以在小型试验装置上进行，也可在配有变频泵的实际中央空调系统中进行，但要求能采集（检测）到必要的电参数及所测离心泵的流量、扬程（或泵的进、出口的压力，要求压力表或压力传感器具有一定的精度、能反映出压力变化）、频率和转速等。

同时，要求实训装置或系统具有手动变频和自动变频功能，管路上有能自由改变开度的阀门以调节流量（该阀门可以是手动阀，也可是电动调节阀）和反映（或模拟）空调负荷变化。

3. 实训步骤

（1）工频运行参数测试

1）按操作规程开启设备进入工频运行，在最大流量（负荷）下待设备运行稳定后，测试离心泵的输入功率（或电流、电压和功率因素）、流量、扬程（或直接记录泵进、出口的压力读数后求得）、转速，记录在表格中（自行设计记录表）。

2）其他条件不变，改变离心泵出口管路上的阀门开度，重新测试步骤1）中的参数并记录，如此进行5~6次。

（2）变频运行参数测试

1）手动变频运行参数测试。

①　按操作规程切换进入手动变频运行模式，首先将运行频率设置成工频50Hz，待运行稳定后，测试离心泵的输入功率（或电流、电压和功率因素）、流量、扬程、转速，记录在表格中。

②　不改变管路上阀门的开度并维持其他条件不变，依次将频率手动调整为45Hz、

40Hz、35Hz、30Hz、25Hz，在各频率下测试离心泵的输入功率（或电流、电压和功率因素）、流量、扬程、转速，记录在表格中。

2）自动变频运行参数测试。将运行状态切换进入自动变频运行。为便于测试，可在某一设定值下，通过人为改变空调系统负荷（如按由大到小的规律逐步改变投入运行的空调末端的数量）让控制系统来自动调节离心泵的电源频率。在每一运行状态下测试并记录离心泵的输入功率（或电流、电压和功率因素）、流量、扬程、转速等，共测试5~6次。

完成以上测试任务后，将系统运行状态调回正常工作时的状态，停机并做好相关卫生工作。

4. 数据处理方法

（1）功率的计算与处理

1）输入总功率 N_{in}：可由电压、电流和功率因素共同计算获得，即 $N_{in}=UI\cos\varphi$。

2）有效功率 N_e：可由离心泵的流量 Q、扬程 H 共同获得，即 $N_e=\gamma QH$。

以50Hz时的功率为基准功率（$N_{in,0}$、$N_{e,0}$），将其他测试工况 $i(i=1,2,\cdots)$ 下的功率（$N_{in,i}$、$N_{e,i}$）与其对应基准功率相比，获得功率比值$\left(\dfrac{N_{in,i}}{N_{in,0}}, \dfrac{N_{e,i}}{N_{e,0}}\right)$。

（2）流量的处理　以50Hz时的流量为基准流量（Q_0），将其他测试工况 $i(i=1,2,\cdots)$ 下的流量（Q_i）与其相比，获得流量比值$\left(\dfrac{Q_i}{Q_0}\right)$。

（3）扬程的处理　以50Hz时的扬程为基准扬程（H_0），将其他测试工况 $i(i=1,2,\cdots)$ 下的扬程 H_i 与其相比，获得扬程比值$\left(\dfrac{H_i}{H_0}\right)$。

（4）转速与频率的处理　以50Hz时的转速为基准转速（n_0），将其他测试工况 $i(i=1,2,\cdots)$ 下的转速 n_i 与其相比，获得转速比值$\left(\dfrac{n_i}{n_0}\right)$，进而求出$\left(\dfrac{n_i}{n_0}\right)^2$、$\left(\dfrac{n_i}{n_0}\right)^3$。

以50Hz为基准频率（f_0），将其他测试工况 $i(i=1,2,\cdots)$ 下的频率 f_i 与其相比，获得频率比值$\left(\dfrac{f_i}{f_0}\right)$，进而求出$\left(\dfrac{f_i}{f_0}\right)^2$、$\left(\dfrac{f_i}{f_0}\right)^3$。

（5）效率的计算　包含变频器、电动机和离心泵在内的整个变频离心泵系统的综合效率，可由泵的有效功率 N_e 和输入总功率 N_{in} 获得，即 $\eta=\dfrac{N_e}{N_{in}}$。

如果测试系统可以获得变频器的输出功率（即电机的输入功率）、电动机的输出功率，则还可以求得变频器的效率 η_{VFD}、电动机效率 η_m 和离心泵的效率 η_p。这3个效率的乘积即为综合效率 η(即 $\eta=\eta_{VFD}\eta_m\eta_p$)。

5. 实训报告要求与思考

根据测试的数据及处理结果，在各种不同的测试条件下分别绘制其对应的$f\sim n$、$\dfrac{Q_i}{Q_0}\sim\dfrac{n_i}{n_0}$或$\dfrac{Q_i}{Q_0}\sim\dfrac{f_i}{f_0}$、$\dfrac{H_i}{H_0}\sim\left(\dfrac{n_i}{n_0}\right)^2$或$\dfrac{H_i}{H_0}\sim\left(\dfrac{f_i}{f_0}\right)^2$、$\dfrac{N_{in,i}}{N_{in,0}}\sim\left(\dfrac{n_i}{n_0}\right)^3$或$\dfrac{N_{in,i}}{N_{in,0}}\sim\left(\dfrac{f_i}{f_0}\right)^3$、$\dfrac{N_{e,i}}{N_{e,0}}\sim\left(\dfrac{n_i}{n_0}\right)^3$或$\dfrac{N_{e,i}}{N_{e,0}}\sim$

$\left(\frac{f_i}{f_0}\right)^3$ 曲线，以比较实际测试的结果是否与泵的比例定律相符合，并对结果进行简要的分析说明，从中总结出比例定律的适用条件和应注意的问题（提示：在适当考虑测试误差的情况下，如果上述各曲线都是形如经过原点的直线，则表明与比例定律的计算结果一致，否则就有偏差。主要分析每一测试条件下的各工况是否是相似工况，是否满足相似条件；如不满足，则结果与比例定律的计算结果不符合）。

第 4 章

离心泵的选用、布置与运行维护

4.1 离心泵的选用

4.2 离心泵的布置

4.3 离心泵的运行与维护

4.4 离心泵在现代制冷空调工程中的应用实例分析

4

在制冷空调工程中，经常会遇到以下几类问题：

1）某中央空调系统现要进行改造，如何重新为其选配合适的离心式水泵？

2）如果要设计一空调用冷冻站，那么其中水泵应如何布置，并应注意哪些问题才使设计符合要求？

3）如何对中央空调系统中的离心式水泵进行运行管理和维护保养？

……

如何解决这些问题，以下内容将逐一进行介绍。

4.1 离心泵的选用

离心泵在生产装置中具有十分重要的作用。近年来，离心泵的技术领域在不断变化，正向着大型化、高速化、节能化和特殊化的方向发展。离心式水泵作为制冷空调系统中应用最为广泛的给水设备，如何选择适合生产实际需要的离心泵，选好泵后如何合理安装、如何使用并做好维护保养工作，对制冷空调系统的正常运行、延长设备的使用寿命和节能等都具有十分重要的意义。在选泵过程中，应借鉴已有的使用经验，掌握新的变化情况，正确选用不同工艺条件下操作的水泵，使之满足长期、安全运转和节能的要求。

4.1.1 离心泵的选型条件

离心泵的选型主要根据介质的物理化学性能、工艺参数和现场条件等来进行。

1. 输送介质的物理化学性能

输送介质的物理化学性能直接影响泵的性能、材料和结构等，选型时要重点加以考虑。介质的物理化学性能主要包括：介质的特性（如腐蚀性、磨蚀性和毒性等）、固体颗粒含量和颗粒大小、密度、粘度、汽化压力等，必要时还应列出介质中气体的含量，说明介质是否易结晶等。应用于制冷空调系统中的离心泵主要是用来输送水介质的，一般情况下，可将制冷空调系统中的水视为清水介质来进行选泵。而一些特殊的情形则应加以注意，如溴化锂吸收制冷中的溶液水分产生腐蚀等，应选用防腐蚀的特殊泵，而不能用普通清水泵来代替。

2. 工艺参数

工艺参数是水泵选型的最重要依据，应根据工艺流程和操作范围慎重确定。工艺参数包括以下内容。

（1）流量 Q　流量是指工艺装置生产中，要求泵所输送的介质量。工艺人员一般应给出正常流量、最小流量和最大流量。

泵的数据表上往往只给出正常流量和额定流量 Q_0。选泵时，要求额定流量不小于计算所得的装置的最大流量 $Q_{max,c}$，或取该最大流量的 1.1～1.15 倍，即取 $Q_0=(1.1\sim1.15)\,Q_{max,c}$。

（2）扬程 H　指工艺装置所需的扬程值，也称计算扬程。一般要求泵的额定扬程 H_0 为计算所得的装置的最大场程 $H_{max,c}$ 的 1.1～1.15 倍，即 $H_0=(1.1\sim1.15)\,H_{max,c}$。

（3）进口压力 p_s 和出口压力 p_d　进、出口压力指泵进、出水管接法兰处的压力。进、出口压力的大小影响到壳体的耐压和轴封的要求。选泵时要考虑到其承压能力。

(4) 温度 T 指泵进口介质的温度，一般应给出工艺过程中泵进口介质的正常、最低和最高温度。如果工作时介质的温度不符合泵性能数据表中的温度条件，则不能直接用性能表来选泵，而应先进行修正，再按表中参数进行选泵工作。

(5) 装置的有效气蚀余量

(6) 操作状态 分连续操作和间歇操作两种。

3. 现场条件

现场条件包括泵的安装位置（室内或室外），环境温、湿度，大气压力，大气腐蚀状况及危险区域的划分等级等条件。

对于舒适性空调系统而言，冷源所采用的载冷剂一般为水，因此，选择制冷空调用离心泵时主要根据流量、扬程两个参数和现场使用条件来确定。

4.1.2 离心泵型号的确定

确定离心泵的型号，首要的是确定离心泵的类型、所需的流量和扬程；有了流量和扬程这两个参数后，再按所选离心泵类型的性能表或特性曲线图来选择泵的具体型号和所需台数。选泵的一般步骤如下。

1. 确定离心泵的类型

根据使用条件确定所需离心泵的类型。各种泵的性能范围与用途见表4-1。制冷空调用离心泵一般选用清水介质的离心泵。

表4-1 常用泵的性能范围与用途

名　　称	型号	流量范围/(m^3/h)	扬程范围/m	电机功率/kW	泵效率(%)	介质最高温度/℃	适　用　范　围
单级单吸离心泵	IS BL	6.3~400 4.5~120	5~125 8.8~62	0.75~110 1.1~18.5	40~81 35~80	80	输送不含固体颗粒的带温清水及物理、化学性质类似水的液体
单级双吸离心泵	S Sh	16~9400 126~12500	8.6~140 8.6~140	10~2000 22~1150	45~91 67~91		
多级分段离心泵	D DA_1	2.5~485 12.6~198	22~685 13~273	2.2~1050 2.2~150	35~80 50~76.8		
锅炉给水泵	DG 2DG	6~500 200~300	50~2800 1128~1688	5.5~3500 1250~2000	34.5~79 70.5~75	105~165 165	供高、中压锅炉给水用作高压清水泵
冷凝水泵	N NL	8~120 80~900	37.7~143 85~199	5.5~75 100~550	37.5~71 60~86.5	120 80	供火力发电厂输送冷凝水
热水循环泵	R	6.55~450	20~80	2.2~100	43~78	250	炼钢厂、热电厂输送高压热水
耐腐蚀泵	F FS	2~400 3.6~105	15~105 11.5~62	0.75~132 1.5~30	13~67 41~78	-20~105	输送不含固体颗粒的腐蚀性液体
氨液泵	4PA—6	30	86~301	22~75	—	—	输送浓度为20%的氨液
疏水泵	NW	28~161	13.4~190	30~125	49~68.8	130	供火力发电厂输送低压加热器疏水用
管道泵	G	24~79	8~29	0.75~7.5	48~78	80	输送常温清洁水
高层建筑自动给水泵	LG	6~24	30~135	1.5~13	54~71	80	输送常温清洁水

2. 确定额定流量和扬程

离心泵额定流量与额定扬程的确定方法上已述及。要注意的是，对粘度大于20×10^{-6} m^2/s或含固体颗粒的介质，需换算成输送清水时的额定流量和扬程，再进行以下步骤。

3. 查系列型谱图或性能表

按额定流量和扬程查出初步选择的泵型号。对于单台泵不能满足要求的场合，可以选用数台离心泵进行串联或并联工作。这时，符合要求的泵型号可能为1种，也可能为两种以上，到底选用哪种还需经以下步骤确认。

4. 校核

按性能曲线校核泵的额定工作点是否落在泵的高效工作区内，如果是联合运行的，则既要求联合运行工作点落在高效区，又要求单泵的工作点最好也落在高效区内；校核泵的装置气蚀余量（有效气蚀余量）与必需气蚀余量是否符合要求，当不能满足要求时，应采取有效措施加以实现。

当符合上述条件者有两种以上规格时，要选择综合指标高者为最终选定的泵型号。具体可比较其效率、重量和价格等参数。

4.1.3 选用中应注意的事项

在选用离心泵的过程中，应注意以下问题：

1）在满足最大工况要求的条件下，应尽量减少能量的浪费。

2）合理利用各水泵的高效率段。在选用设备时，应使其工作点处于其*Q-H*曲线的高效区域，以保证工作点的稳定和高效运行。

3）考虑必要的备用机组。

4）需要多台设备并联运行时，应尽可能选用同型号、同性能的设备，互为备用。

5）尽量选用大泵（一般大泵效率高）。当系统损失变化较大时，要考虑大小兼顾，以便灵活调配。

6）泵样本上所提供的参数是在某特定标准状态下实测而得到的，当实际条件与标准状态不符时，应根据有关公式进行换算，将使用工况状态下的流量、扬程换算为标准状态下的流量、扬程，再根据换算后的参数进行设备选用步骤。

7）选择水泵时，应查明设备的允许吸上真空高度或允许气蚀余量，以确定水泵的安装高度。在选用允许吸上真空高度时，应考虑使用介质温度及当地大气压强值进行修正。

8）当涉及水泵的变频调速时，应先根据最大需水量、最大水压来选泵，然后根据实际情况确定所选水泵的配备与运行方案（如定速泵与变频调速泵的台数匹配、运行匹配等）。

4.1.4 离心泵选用举例

例4-1 某空调系统需要从冷水箱向空气处理室供水，最低水温为10℃，要求供水量为$24m^3/h$（日用水量变化不大），几何扬水高度为6.2m，空气处理室喷嘴前应保证有16.5m的压头。经计算知供水管路的水头损失为5.8m。为了便于系统的随时起动，将水泵装设在冷水箱之下（即自灌式）。试选择水泵。

解：（1）确定水泵类型 根据已知条件可知，要求输送的液体是温度不高的清水，且泵的位置较低，故而不必考虑气蚀问题，可以选用吸送清水的IS型离心泵。

（2）确定选泵依据　这里主要是确定选泵的流量和扬程参数，根据工程实际需要，计算依据参数：

$$Q_0 = (1.1 \sim 1.15)Q_{max,c} = 1.1 \times 24m^3/s = 26.4m^3/s$$

$$H_0 = (1.1 \sim 1.15)H_{max,c} = 1.1 \times (6.2 + 16.5 + 5.8)m = 31.35m$$

（3）确定泵的型号、大小、台数和有关参数　考虑该输水系统用水量比较小且比较均匀，选择单台水泵可满足工程需要，因而可以直接查阅有关产品样本或手册选择一台合适的水泵。

查单级单吸离心泵性能表，可选用一台IS65—50—160型水泵。该泵转速 $n=2900r/min$ 时，配套电动机功率为4kW，泵的效率为60%。

例4-2　某供水管网系统，已知泵站吸水井最低水位到管网中最不利点地形高差为2m，管网要求的服务水头为16m，最高日最高时用水量 $Q_{max}=836L/s$。假设用水量最大时泵站内水头损失为2m，输水管水头损失为1.5m，配水管网水头损失为10.3m，且知该供水系统平均日平均时用水量为416L/s，试进行选泵设计。

解：（1）确定水泵类型　根据工程实际情况可知，这是一个用水量较大的清水泵站，故考虑选用Sh型双吸式离心泵。

（2）确定选泵依据

$$Q_0 = (1.1 \sim 1.15)Q_{max,c} = 1.1 \times 836L/s = 920L/s$$

$$H_0 = (1.1 \sim 1.15)H_{max,c} = 1.1 \times (2 + 16 + 2 + 1.5 + 10.3)m = 35m$$

（3）确定水泵型号、台数　从供水工程的实际情况来看，供水量较大且不均匀，从节约能量的观点出发，应选用多台同型号水泵并联运行以满足最大用水量的要求。在用水量和所需水压比较小的情况下，可减少开泵台数，以减少能量的浪费。

1）在Sh型水泵的 Q-H 性能综合曲线图上绘制管路性能曲线。根据管路性能曲线方程式

$$H = H_{st} + SQ^2$$

式中

$$H_{st} = (2 + 16)m = 18m$$

$$S = \frac{H - H_{st}}{Q^2} = \frac{35 - 18}{0.92^2} = 20.085$$

则得该系统管路性能曲线方程式为

$$H = 18 + 20.085Q^2$$

根据该系统管路性能曲线方程，在Sh型水泵的 Q-H 性综合曲线图上点绘出该管路系统的性能曲线 C-F，如图4-1所示。

2）在管路性能曲线 C-F 上，找到 $Q=920L/s$、$H=35m$ 的点 a。过点 a 作平行于 Q 轴的水平线与各水泵的 Q-H 曲线交有一组交点（1，2，3，…10），交点表明这些水泵均能满足扬程的要求，并都在高效区内，可作为选泵的对象。

3）组合并分析这些待选水泵，使其流量能满足 $Q=920L/s$ 要求的并联方案。分析图

4-1 知，有两种并联方案可满足 $Q=920L/s$、$H=35m$ 的要求。

方案一：两个点 6 加上一个点 9，即两台 12Sh—13 型泵与一台 20Sh—13 型泵并联运行，总流量 $Q=(200\times2+520\times1)$ L/s = 920L/s，满足流量要求。

方案二：一个点 6 加上一个点 7，再加上一个点 8，即一台 12Sh—13 型泵、一台 14Sh—13A 型泵与一台 14Sh—13 型泵并联运行，总流量 $Q=(200\times1+310\times1+410\times1)$ L/s = 920L/s，满足流量要求。

4）分析单台泵运行时的情况。从图 4-1 可以看出，当平均日平均时用水量 $Q=416L/s$ 时，在 *C-F* 线上所需的扬程仅为 21m 左右，显然，在用水较少的季节，所需扬程将沿 *C-F* 线下降。此时可以少开泵或只开一台泵便可满足用水量和水压的要求。

在方案一中，12Sh—13 和 20Sh—13 单台泵运行时，高效率段尚不能与 *C-F* 曲线相交，参见图 4-2a，但相差不远；而方案二中的 14Sh—13 和 14Sh—13A 单台泵运行时，高效率段与 *C-F* 曲线相差很远，导致能量浪费过多，参见图 4-2b，故不宜采用方案二，而应采用方案一。

（4）分级供水水泵运行情况分析　采用方案一供水，根据不同季节用水量不同的实际情况，可以采用不同组合形式，或并联运行，或单台运行，以节约能量。方案一分级供水水泵运行情况分析见表 4-2（表中联合运行曲线及工作点位置均表示在图 4-1 中）。

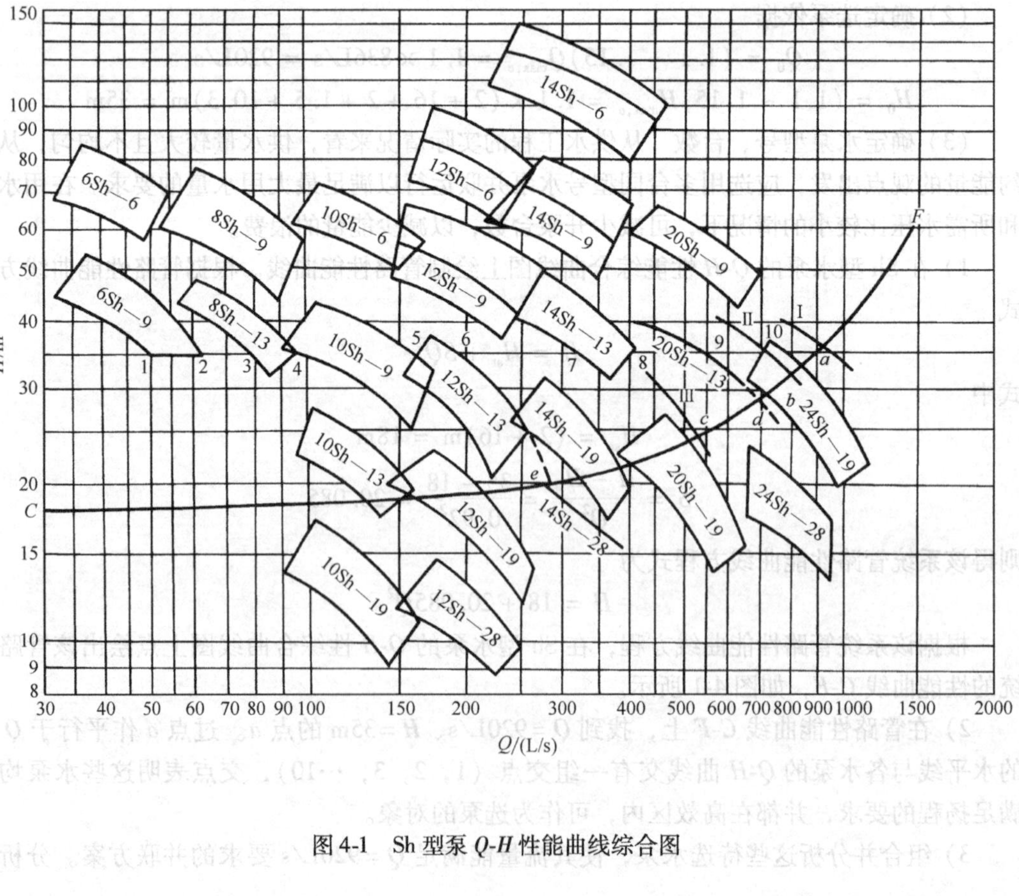

图 4-1　Sh 型泵 *Q-H* 性能曲线综合图

表4-2 分级供水水泵运行情况分析

用水量变化范围/(L/s)	运行水泵型号及台数	联合运行曲线	工作点位置	水泵扬程/m	所需扬程/m	扬程利用率(%)
750~920	一台20Sh—13 两台12Sh—13	曲线Ⅰ	*a*	40~35	34~35	85~100
660~850	一台12Sh—13 一台20Sh—13	曲线Ⅱ	*b*	37~30	27~30	73~100
410~650	一台20Sh—13		*c*	40~30	21~27	53~90
440~550	两台12Sh—13	曲线Ⅲ	*d*	31~24	22~24	71~100
175~250	一台12Sh—13		*e*	37~25	18.5~19	50~76

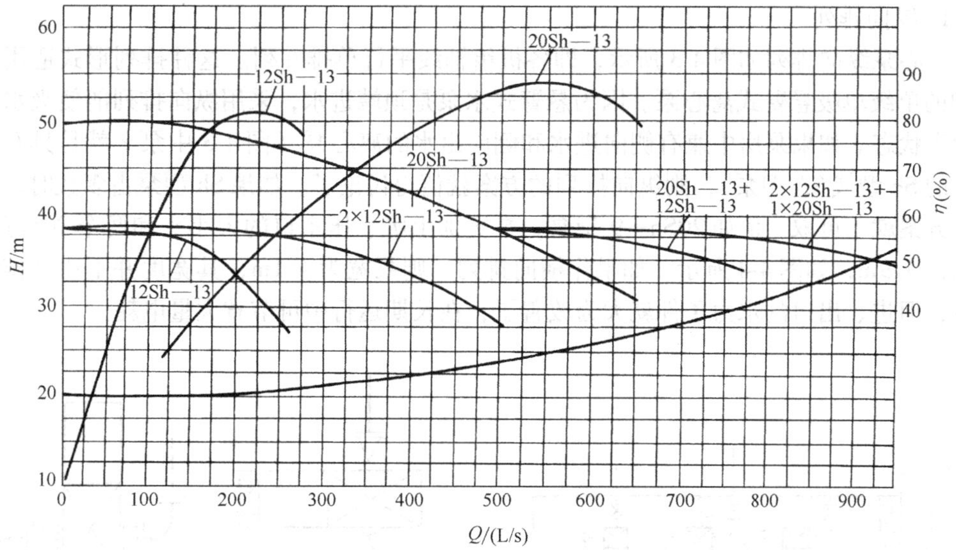

a)

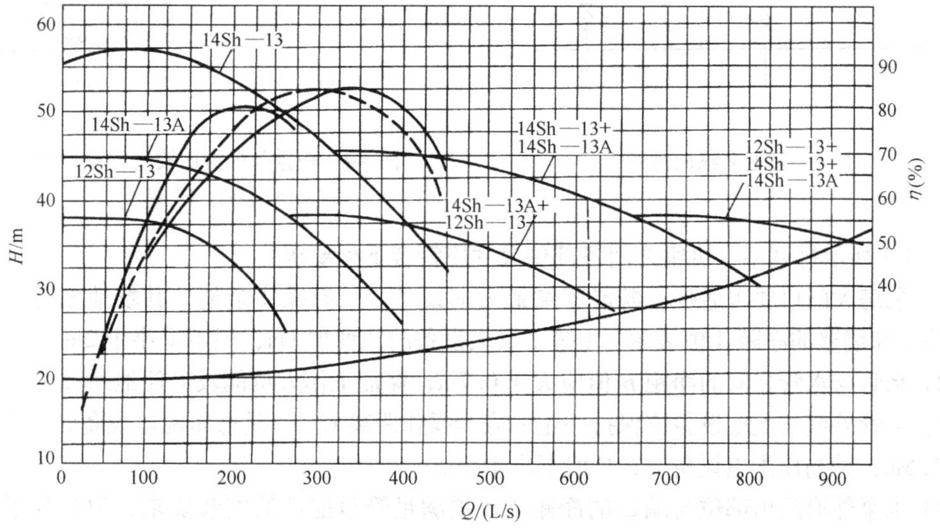

b)

图4-2 选泵方案比较示意图

a) 方案一 b) 方案二

4.2 离心泵的布置

4.2.1 离心泵的排列

水泵的排列是水泵站内布置的重要内容，它决定泵房建筑面积的大小。机组间距以不妨碍操作和维修的需要为原则。机组布置应保证运行安全，装卸、维修和管理方便，管道总长度最短、接头配件最少、水头损失最小，并应考虑有扩建的余地。机组排列形式有以下几种。

1. 纵向排列

离心泵纵向排列如图4-3所示，即各机组轴线平行单排并列。这种排列形式适用于如IS型的单级单吸悬臂式离心泵。因为悬臂式水泵是顶端进水，采用纵向排列能使吸水管保持顺直状态。如果泵房中兼有侧向进水和侧向出水的离心泵（图4-3中泵2就是具有这一特点的Sh型或SA型泵），则纵向排列的方案就值得讨论了。如果Sh型泵占多数时，纵向排列方案就不可取。例如20Sh—9型泵，泵宽加上吸、压水口的大小头和两个90°弯头长度共计4.9m，如图4-4所示。如果作横向排列，则泵宽为4.1m，其宽度并不比纵排增加多少，但进、出口的水力条件就大为改善了，在长期运行中可节省大量电耗。

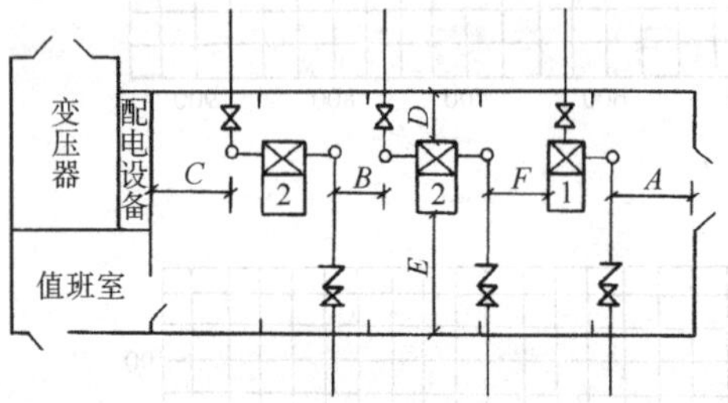

图4-3 离心泵纵向排列

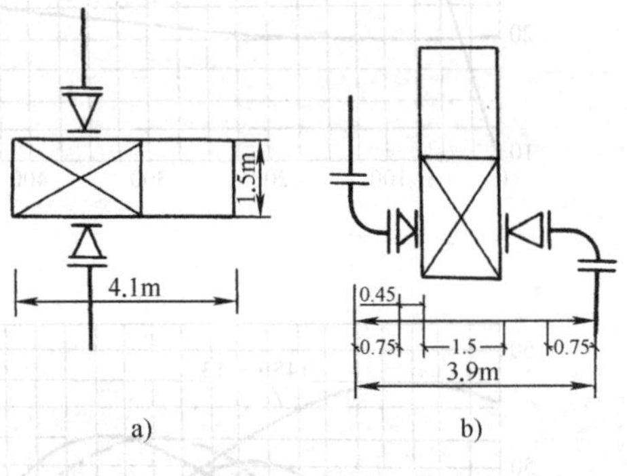

图4-4 横排与纵排比较（20Sh—9型）
a）横排 b）纵排

图4-3所示排列中，机组之间各部位尺寸应符合下列要求：

1）泵房大门口要求通畅，既能容纳最大的设备，又有操作余地。其场地宽度一般用水管外壁和墙壁的净距A值表示。A等于最大设备的宽度加1m，但不得小于2m。

2）水管与水管之间的净距B值应大于0.7m，保证工作人员能较方便地通过。

3）水管外壁与配电设备应保持一定的安全操作距离C。当是低压配电设备时，C值不小于1.5m；是高压配电设备时，C值不小于2m。

4）水泵外形凸出部位与墙壁的净距D，须满足管道配件的安装要求，但是为了便于就地检修水泵，D值不宜小于1m。如水泵的外形不凸出基础，则D值表示基础与墙壁的距离。

5）电动机外形凸出部分与墙壁的净距E，应保证电动机转子在检修时能拆卸，并适当留有余地。E 值一般为电动机轴长加 0.5m，但不宜小于 3m。如电动机外形不凸出基础，则 E 值表示基础与墙壁的净距。

6）水管外壁与相邻机组的凸出部分的净距 F 应不小于 0.7m；如电动机容量大于 55kW 时，F 应不小于 1m。

2. 横向排列

离心泵横向排列如图 4-5 所示。侧向进、出水的水泵（如单级双吸卧式离心泵 Sh 型、SA 型）采用横向排列方式较好。横向排列虽然稍增加泵房的长度，但跨度可减小，进、出水管顺直，水力条件好，节省电耗，故被广泛采用。横向排列的各部分尺寸应符合下列要求：

1）水泵凸出部分到墙壁的净距 A_1 与纵向排列的 1）要求相同。如水泵外形不凸出基础，则 A_1 表示基础与墙壁的净距。

2）出水侧水泵基础与墙壁的净距 B_1 应按水管配件安装的需要确定。但是，考虑到水泵出水侧是管理操作的主要通道，故 B_1 不宜小于 3m。

3）进水侧水泵基础与墙壁的净距 D_1，应根据管道配件的安装要求决定，但不小于 1m。

4）水泵基础之间的净距 E_1 值，要大于等于 1.5 ~ 2m。如果电动机和水泵凸出基础，E_1 表示凸出部分的净距。

5）为了减小泵房的跨度，可考虑将吸水阀门设置在泵房外面。

3. 横向双行排列

离心泵横向双行排列如图 4-6 所示。这种排列更为紧凑，节省建筑面积，泵房跨度大，起重设备需考虑采用桥式行车。在泵房中机组较多时，采用这种布置可节省较多的基建造价。应该指出，这种布置中，两行水泵的转向从电动机方向看是彼此相反的，因此，在水泵定货时应向厂方特别说明，以便水泵厂配置不同转向的轴套止锁装置。

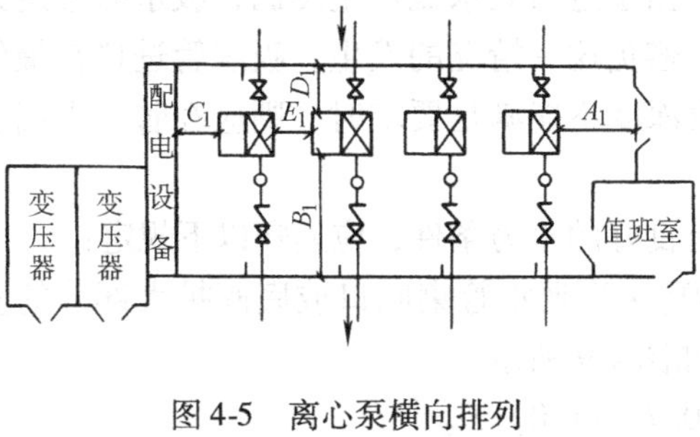

图 4-5 离心泵横向排列

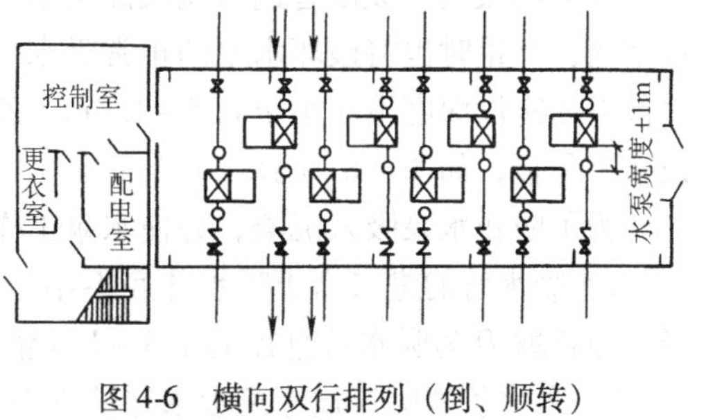

图 4-6 横向双行排列（倒、顺转）

4.2.2 离心泵对安装基础的要求

机组（即水泵和电动机）安装在共同的基础上。基础的作用是支承并固定机组，使其运行平稳，不致发生剧烈振动。对基础的要求是：

1）坚实牢固。

2）要浇制在较坚实而不是松软的地基上，以免发生基础下沉或不均匀沉陷。

卧式水泵均为块式基础，其尺寸大小一般按所选水泵提供的安装尺寸确定。

为保证泵站的工作可靠、运行安全和管理方便，在布置机组时应遵照以下规定：

1）相邻机组的基础之间应有一定宽度的过道，以便工作人员通行。电动机容量不大于55kW时，净距应不小于0.8m；电动机容量大于55kW时，净距不小于1.2m。电动机容量小于20kW时，过道宽度可适当减小。但在任何情况下，设备的凸出部分之间或凸出部件与墙壁之间应不小于0.7m，如电动机容量大于55kW时则不得小于1.0m。

2）对于非水平接缝的水泵，在检修时往往要将泵轴和叶轮沿轴线方向取出，因此要考虑这个方向有一定的余地。为了从电动机中取出转子，应同样地留出适当的余地。

3）装有大型机组的泵站内应留出适当的面积，作为检修机组之用。其尺寸应保持在被检修机组周围有0.7~1.0m的过道。

4）泵站内主要通道宽度应不小于1.2m。

4.2.3 离心泵吸水管路和压水管路的布置

吸水管路和压水管路是泵站的重要组成部分。正确设计、合理布置与安装吸、压水管路，对于保证泵站的安全运行、节省投资、减少电耗有很大的作用。

1. 对吸水管路的要求

对于吸水管路的基本要求有3点。

（1）不漏气 吸水管路是不允许漏气的，否则会使水泵的工作发生严重的故障。实践证明，当进入空气时水泵的出水量将减少，甚至吸不上水。

（2）不积气 水泵吸水管内真空值达到一定值时，水中溶解气体就会因管道内压力减小而不断逸出。如果吸水管路的设计考虑欠妥时，就会在吸水管的某段上出现积气，形成气囊，影响过水能力，严重时会破坏真空吸水。为了使水泵能及时排走吸水管道内的空气，吸水管应有沿水流方向连续上升的坡度 i（一般大于0.005），以免形成气囊，即为了避免产生气囊，应使吸水管线的最高点在水泵吸入口的顶端（见图4-7）。此外，吸水管的断面一般应大于水泵吸入口的断面，以减小管路水头损失。吸水管路上的变径管可采用偏心渐缩管，保持渐缩管的上边水平，以免形成气囊。

（3）不吸气 吸水管进口淹没深度不够时，由于进口处水流产生旋涡，吸水时带走大量空气，严重时也将破坏水泵的正常吸水。为了避免这一情况的发生，吸水管进口在最低水位下的淹没深度不应小于0.5~1.0m。若淹没深度不能满足要求时，则应在管子末端装设水平隔板，如图4-8所示。

为了防止水泵吸入沉渣，并使水泵工作时有良好的水力条件，应遵守以下规定：

1）吸水管的进口高于吸水井底不小于0.8D（D为吸水管喇叭口或底阀扩大部分的直径，通常取D为吸水管直径的1.3~1.5倍），如图4-9所示。

2）吸水管喇叭口边缘离吸水井壁不小于（0.75~1.0）D。

当水泵采用抽气设备充水或自灌充水时，为了减少吸水管进口处的水头损失，吸水管进口通常采用喇叭口形式。如水中有较大的悬浮杂质时，喇叭口外还需加设过滤网以防杂物进入水泵。

当水泵从压水管引水起动时，吸水管上应装有底阀。底阀装于吸水管的末端，其作用是使水只能吸入水泵，而不能从吸水喇叭口流出。底阀上附有滤头，可防止杂物进入水泵堵塞或损坏叶轮。

吸水管中的设计流速建议采用以下数值：

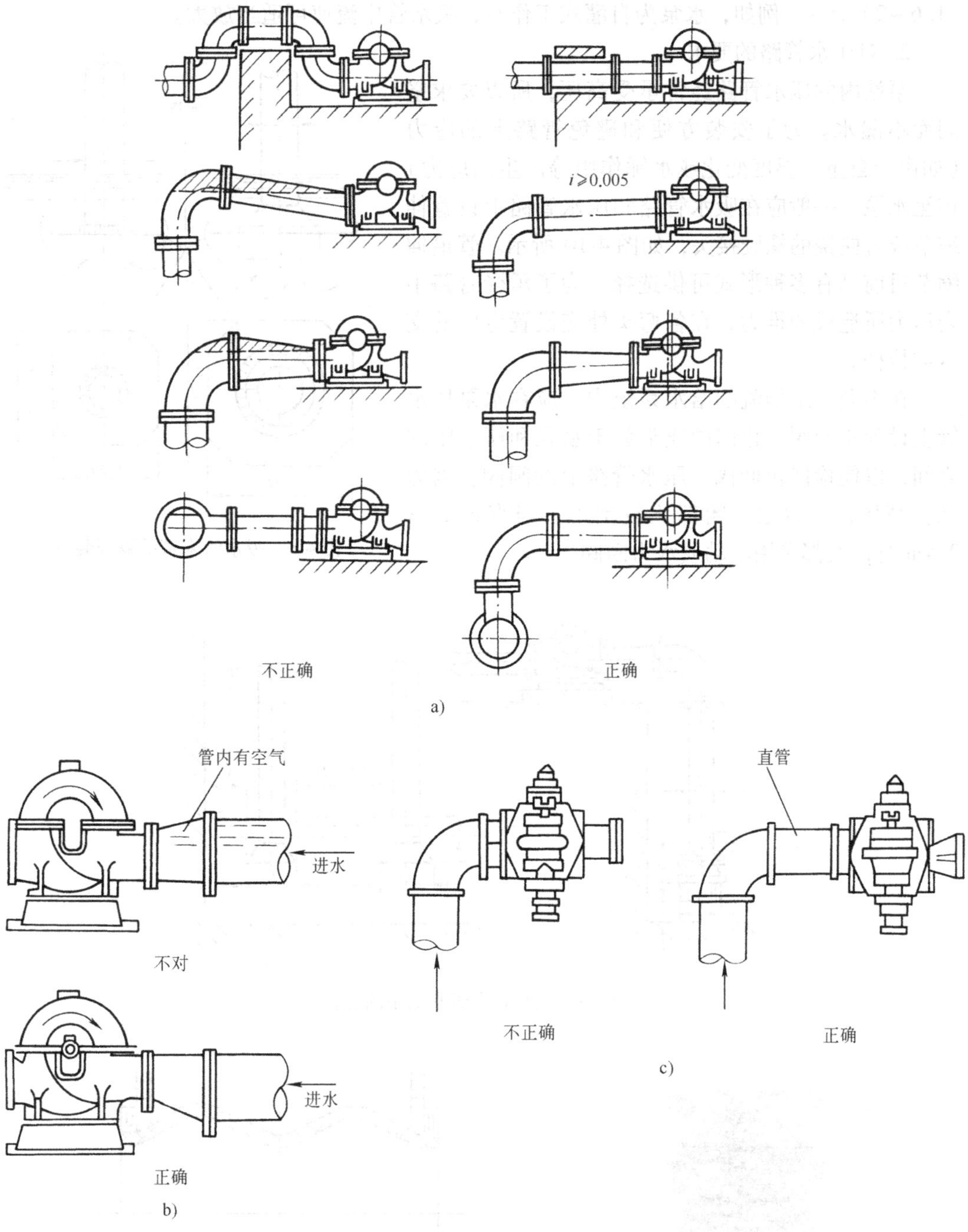

图 4-7 正确的和不正确的吸水管安装

a）吸水管路要避免产生气囊 b）吸水管路渐缩管的安装 c）泵进口处直管段的安装

管径小于 250mm 时，为（1.0～1.2）m/s；

管径等于或大于 250mm 时，为（1.2～1.6）m/s。

在吸水管路不长且地形吸水高度不很大的情况下，可采用比上述数值大些的流速，如

（1.6～2）m/s。例如，水泵为自灌式工作时，吸水管中流速可适当放大。

2. 对压水管路的要求

泵站内的压水管路经常承受高压，所以要求坚固而不漏水。为了安装方便和避免管路上的应力（如由于自重、温度变化或水锤作用等产生的应力）传至水泵，一般应在吸水管路和压水管路上设置伸缩节或可曲挠的橡胶接头，如图4-10所示。管道伸缩节目前已有多种形式可供选择。为了承受管路中内压力所造成的推力，在各弯头处应设置专门的支墩或拉杆。

在不允许水倒流的给水系统中，应在水泵压水管上设置止回阀。止回阀通常装于水泵和压水闸阀之间，以便检修止回阀。压水管路上的闸阀，因为承受高压，所以启、闭都比较困难。当直径 $D \geqslant 0.4$m 时，大都采用电动或水力闸阀。

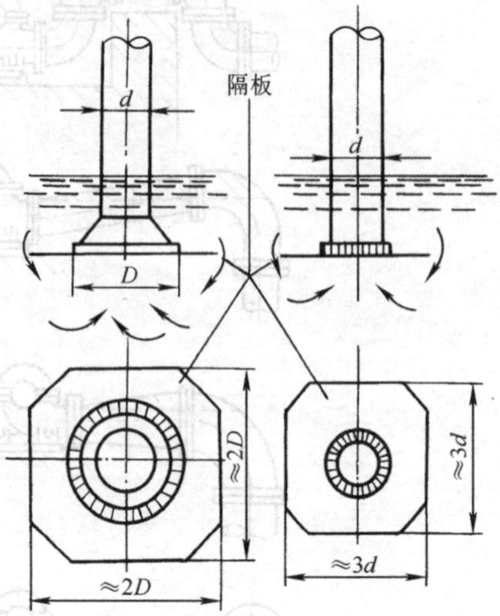

图4-8 吸水管末端的隔板装置

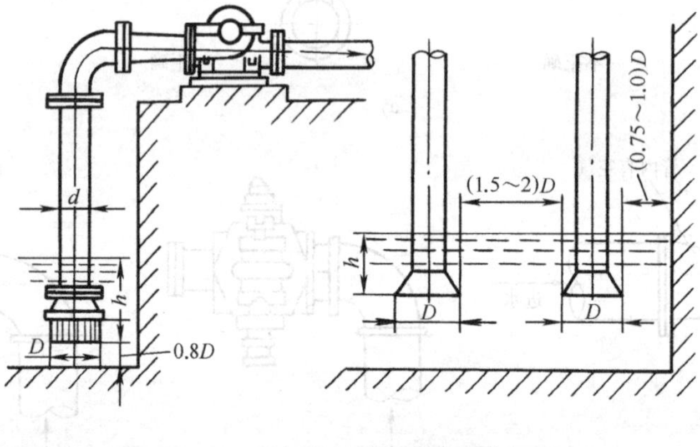

图4-9 吸水管在吸水池中的位置

a)

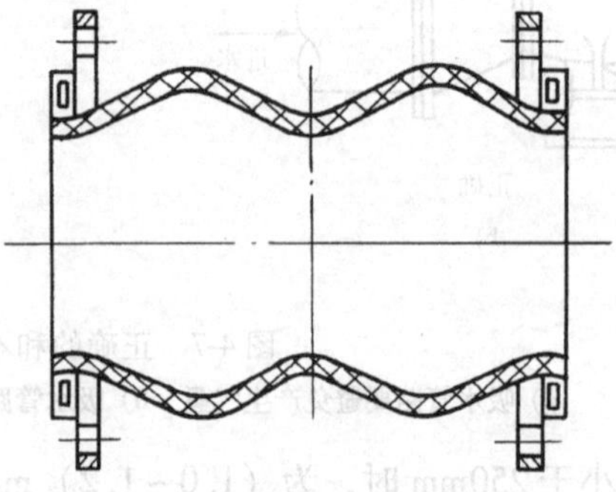

b)

图4-10 可曲挠双球体橡胶接头

由于压水管路允许的水头损失较大，压水管路的设计流速可比吸水管路的大些。压水管路的设计流速为：

管径小于250mm时，为（1.5～2.0）m/s；

管径等于或大于250mm时，为（2.0～2.5）m/s。

上述设计流速取值较给水管网设计中的平均流速要大，因为泵站内压水管路不长，流速取大一点，水头损失增加不多，但可减少管道和配件的直径。

3. 吸水和压水管路的布置

泵站内吸水管一般没有联络管，如果因为某种原因，必须减少水泵吸水管的条数而设置联络管时，则在其上要设置必要数量的闸阀，以保证泵站的正常工作。但这种情况应尽量避免，因为在水泵为吸入式工作时，管路上设置的闸阀越多，出现故障的可能性也越大。

图4-11a所示为3台水泵（其中1台备用）各设1条吸水管路的情况。水泵的轴线高于吸水井中最高水位，所以吸水管路上不设闸阀。图4-11b所示为3台水泵（1台备用）采用两条吸水管路的布置。在每条吸水管路上装设一个闸阀1，在公共吸水管上装设两个闸阀2，在每台水泵附近各装设一个闸阀3。通过这些闸阀的启、闭调节，可以控制水流的方向，即控制泵的运行状态，还能控制吸水管使用的数量。

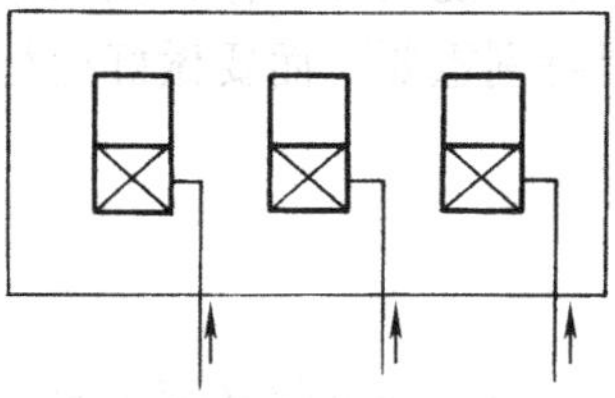
a)

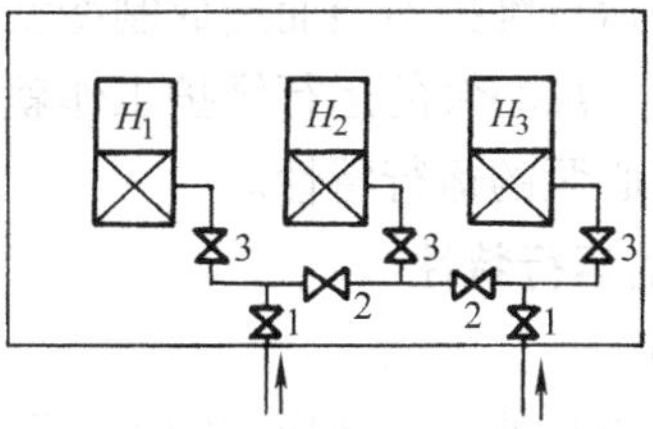

b)

图4-11 吸水管路的布置

a）3台水泵各设1条吸水管路的布置 b）3台水泵采用两条吸水管路的布置

设置公共的吸水管路，虽然缩短了管线的总长，但增加了闸阀的数量和横联络管，所以它只适用于吸水管路很长而又不能设吸水井的情况。

供水安全性要求较高的泵站，在布置压水管时必须满足：

1）能使任何1台水泵及闸阀停用检修而不影响其他水泵的工作。

2）每台水泵能输水到任何一条输水管。

压水管路及管路上闸阀布置方式的不同，对泵站的节能效果和供水安全性均有影响。图4-12所示的3台泵（2用1备）、两条输水管的不同布置方式中，可看出这两种布置的共同特点是，当压水管上任一闸阀1或操作闸阀检修时，允许有1台泵及1条输水管停用，两台泵的流量由1条输水管送出。当修理任一闸阀2时，将停用两台泵及1条输水管。这两种布置方式的不同点在于，图4-12a中可节省两个90°弯头的配件，并且两台经常工作的泵的水头损失较小，它与图4-12b的布置相比具有明显的节能效果。

图4-13所示为4台水泵向两条总压水管供水的布置图。其中1台为备用泵，这样闸阀2之一要修理时，泵站还有两台水泵及1条压水总管可供水，水量下降不多。假设只装1个闸阀2，则修理它时，整个泵站将停止工作。

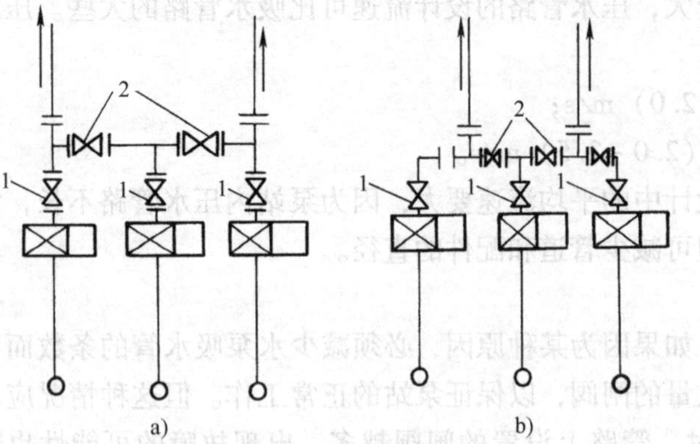

图 4-12 输水管不同布置方式比较

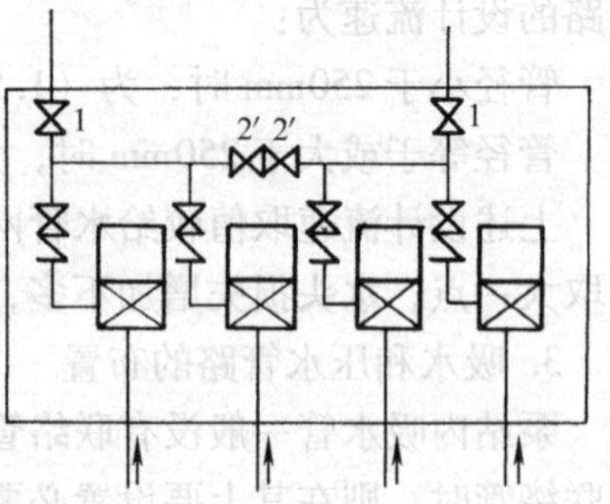

图 4-13 4 台水泵的压水管布置

4.3 离心泵的运行与维护

离心泵如果安装、运行和维护不当，就会引起机器及电动机等各方面的故障及事故发生，从而降低了设备效能，缩减了设备使用寿命，造成不必要的浪费。在制冷空调工程中，由于水泵的运行维护不当而造成制冷空调系统不能正常工作，或工作效率不高的现象时有发生。因此，离心泵的运行维护工作就显得特别重要。而要做好运行维护工作，就必须了解和掌握离心泵的运行特性。

4.3.1 离心泵的运行特性

1. 开泵特性

除自吸式离心泵外，其他形式的离心泵不能自吸，开泵前必须先灌泵。在制冷空调工程中，给水离心泵均设置成自灌式，这样就可避免灌泵操作，也有利于整个制冷系统运行的自动化。此外，离心泵开泵前必须关闭排出阀。

2. 运转特性

1）可短时间关闭排出阀运转。

2）管路堵塞时泵不致损坏。

3. 流量调节特性

可调节排出阀，调节水泵转速，个别情况下也可采用旁路调节。

4. 工作压力调节特性

1）工作压力随流量变化而变化。流量增大，工作压力降低。

2）调节泵的转速，则工作压力也随之变化。

5. 介质粘度对泵工作粘度的影响

1）适合输送低粘度介质。

2）输送粘性介质时，效率迅速降低，甚至不能工作。

6. 吸入系统漏气对泵工作的影响

少量漏气即能使离心泵工作中断。

7. 停泵

离心泵停泵前必须先关闭排出阀。

4.3.2 离心泵的运行管理

离心泵装置的正确起动、运行和停车，是保证输水系统安全、经济供水的前提。

1. 离心泵起动前的准备工作

离心泵起动前应注意做好全面检查工作，检查轴承中润滑油是否足够、润滑油规格是否符合设备技术文件的规定；出水闸阀及压力表阀、真空表阀等是否处于关闭状态；装置各处联接螺栓有无松动现象；配电设备是否完好、正常，各指示仪表、安全保护装置及电控装置均应灵敏、准确、可靠；然后进行盘车、灌泵工作。

所谓盘车，就是用手转动联轴器，目的是为了检查泵及电动机内有无异常，如零件松脱、杂物堵塞、泵内冻结、轴承缺油、主轴变形等。

灌泵就是起动前向泵及吸水管中充水，以便起动后在泵的入口处造成抽吸液体必要的真空值。对于制冷空调工程用泵，由于均设置为自灌式，可不用灌泵。

对于首次起动的水泵，还应进行转向检查，检查其转向是否与泵厂规定的转向一致。

准备工作就绪之后，即可起动水泵。离心泵起动时应符合下列要求：

1）起动时应打开吸入管路阀门、关闭排出管路阀门。

2）吸入管路应充满输送液体并排尽空气，不得在无液体的情况下起动。

3）泵起动后应快速通过喘振区。

4）转速正常后应打开出口管路的阀门，出口管路阀门的开启时间不宜超过3min。

待水泵转速稳定后，应打开真空表阀与压力表阀。压力表读数升至水泵在零流量时的空转扬程时，可逐渐打开压水管上的闸阀。此时，真空表读数逐渐增加，压力表读数逐渐下降，配电屏上的电流表读数逐渐增大。待电流值达到规定值时，保持闸阀在此开度，起动工作结束。

2. 离心泵的试运转

按照我国最新国家标准 GB 50275—1998 规定，离心泵的试运转应符合下列要求：

1）各固定联接部位不应有松动。

2）转子及各运动部件运转应正常，不得有异常声响和摩擦现象。

3）管道联接应牢固无渗漏，附属系统运转应正常。

4）润滑油不得有渗漏和雾状喷油现象。

5）泵的安全保护和电控装置及各部分仪表均应灵敏、正确、可靠。

6）机械密封的泄漏量不应大于5mL/h，填料密封的泄漏量不应大于表4-3的规定，且温升应正常。

7）泵在额定工况点连续试运转的时间不应小于2h。

表4-3 填料密封的泄漏量

设计流量/（m^3/h）	≤50	50~100	100~300	300~1000	>1000
泄漏量/（mL/min）	15	20	30	40	60

3. 离心泵运行中应注意的问题

1）要随时注意检查各个仪表工作是否正常、稳定。电流表上的读数应不超过电动机的额定电流，电流过大或过小都应及时停车检查。引起电流过大的原因一般是叶轮中有杂物卡住、轴承损坏、密封环互摩、轴向力平衡装置失效、电网中电压降太大、管路阀门开度过大等；引起电流过小的原因有吸水底阀或出水闸阀打不开或开不足、水泵气蚀等。

2）定期记录泵的流量、扬程、电流、电压、功率等有关技术参数。严格执行岗位责任制和安全技术操作规程。

3）检查轴封填料盒处是否发热，滴水是否正常。滴水应呈滴状连续渗出，运行中可通过调节压盖螺栓来控制滴水量。

4）检查泵与电动机的轴承和机壳温度。轴承温度一般不得超过周围环境温度35℃，轴承的最高温度不得超过75℃，否则应立即停车检查。在无温度计时，也可用手摸，凭经验判断，如感到很烫手时，应停车检查。

5）检查流量计指示数是否正常。无流量计时可根据出水管水流情况来估计流量。

6）随时听机组的声响是否正常。

4. 停车时应注意的问题

离心泵停车前先关出水闸阀，实行闭闸停车；然后关闭真空表阀及压力表阀，并把泵和电动机表面的水和油擦干净。冬季停车后还应考虑水泵不致冻裂。

4.3.3 离心泵的水锤及其防护

1. 停泵水锤及其危害

在压力管道中，由于流速的剧烈变化而引起一系列急剧的压力交替升降的水力冲击现象，称为水锤，又叫水击。

离心泵本身供水均匀，正常运行时在水泵和管路系统中不产生水锤危害。一般的操作规程规定，在停泵前需将压水阀门关闭，因而正常停泵时也不引起水锤。

所谓停泵水锤是指水泵因突然失电或其他原因，造成开阀停车时，在水泵及管路中水流速度发生递变而引起的压力递变现象。

压水管中的水在断电后的最初瞬间，主要靠惯性以逐渐减慢的速度继续向水池方向流动，然后流速降到零。管道中的水在重力水头的作用下，又开始向水泵倒流，速度由零逐渐增大，由于管道中流速的变化而引起水锤。下面就水泵出口处有无止回阀的情况分别讨论。

（1）在水泵出口处有止回阀的情况　当管路中倒流水流的速度达到一定程度时，止回阀很快关闭，因而引起很大的压力上升；而且当水泵惯性小，供水地形高差大时，压力升高也大。

这种带有冲击性的压力突然升高能击毁管路和其他设备。国内外大量的实践证明，停泵水锤的危害主要是因为水泵出口止回阀的突然关闭所引起的。停泵水锤的增压是很大的，有时最高压力几乎达到正常压力的200%。

（2）在水泵出口处无止回阀的情况　水泵突然失电时，管路中的水以逐渐增长的速度倒流回水泵。在机组惯性很大的条件下，当反向水流到来时，水流使水泵原来正向的转速很快地降低，最后降到零（即制动工况）。在反向水流继续作用下，水泵的转速由零很快增到最大反转数，水泵处于水轮机工况下工作。

当水倒流时，水泵实际上成了一个局部阻力，因此，在水泵工况时降低了的压力在制动工况时开始上升，但其最大的升压值要比有止回阀的情况小得多。

如果管道末端无水池或水池很小，则当水倒流时水管会很快被泄空，水泵则在逐渐减小的变水头情况下反转。

停泵水锤的危害主要表现为：一般的水锤事故造成水泵、阀门、管道的破坏，引起“跑水”、停水；严重的事故造成泵房被淹，有的设备被打坏，伤及操作人员甚至造成人员死亡的事故。如果水泵反转转速过高，当突然终止水泵反转或反转时电动机再起动，就会使电动机转子变形，引起水泵剧烈振动，甚至使联轴器断裂。如果水泵倒流量过大，则使整个管网压力下降，导致不能正常供水。

当满足以下条件时，易产生停泵水锤：

1）单管向高处输水，不少资料认为，当供水地形高差超过 20m 时，就要注意防止停泵水锤的危害。

2）水泵总扬程或工作压力大。

3）输水管道内流速过大。

4）输水管道过长，且地形变化大。

5）在自动化泵站中阀门关闭太快。

2. 防止水锤的措施

下面主要介绍防止升压过高的措施：

（1）设下开式水锤消除器　如图 4-14 所示。水泵在正常工作时，管道内水压作用在阀板 3 上的向上托力大于重锤 1 和阀板 3 向下的压力，阀板与阀体密合，水锤消除器处于关闭状态。突然停泵时，管道内压力下降，作用于阀板的下压力大于上托力，重锤下落，阀板落于分水锥 4 中（图中虚线所示位置），从而使管道与排水口 2 相连通。当管道内水流倒流冲闭止回阀致使管道内压力回升时，由排水口泄出一部分水量，从而使水锤压力大大减弱，使管道及配件得到了保护。

此种水锤消除器的优点是：管道中压力降低时动作，能够在水锤升压发生之前打开放水，因而能比较有效地消除水锤的破坏作用。此外，它的动作灵敏，结构简单，加工容易，造价低，工作可靠。其缺点是消除器打开后不能自动复位，且在复位操作时，容易发生误操作。

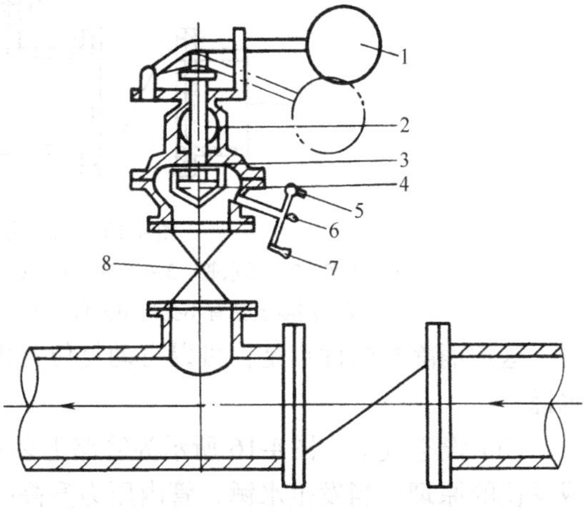

图 4-14　下开式水锤消除器

1—重锤　2—排水口　3—阀板　4—分水锥　5—压力表　6—三通管　7—放气门　8—闸阀

消除器的复位工作应先关闸阀把重锤从杠杆上拿下来，抬起杠杆，插上横销，再加上重锤。开闸阀复位后，还要拔下横销，下次发生突然停电时，消除器才能再打开；否则，在下次突然停电时，消除器将不动作。另外，如果没有关闸阀就把立杆和阀板 3 抬起，常常会形成二次水锤。

下开式水锤消除器安装的注意事项：

1）必须安装在止回阀下游，离止回阀越近越好。

2）在排水口上应安装比消除器直径大一号的排水管，排水管上最好没有弯头，如有弯头时，最好用法兰弯头，并必须设置支墩。

3）消除器及其排水管道必须注意防冻。

4）消除器重锤下面必须设置支墩，以托住重锤，支墩上表面覆以厚木板以缓冲重锤向下的冲击力，以免损坏消除器。

（2）自动复位下开式水锤消除器　如图4-15所示。它具有普通下开式消除器的优点，并能自动复位。其工作原理是：突然停电后，管道起端产生压降，水锤消除器缸体外部的水经闸阀10向下流入管道9，缸体内的水经单向阀8也流入管道9。此时，活塞1下部受力减少，在重锤3的作用下，活塞下降到锥体内（图中虚线位置），于是排水管2的管口开启，当最大水锤压力到来时，高压水经消除器排水管流出，一部分水经单向闸阀瓣上的钻孔倒流入锥体内，随着时间的延长，水锤逐渐消失。缸体内活塞下部的水量慢慢增多，压力增大，直至重锤复位。为使重锤平稳，消除器上部设有缓冲器4。活塞上升，排水管口又关闭，这样即自动完成一次水锤消除作用。

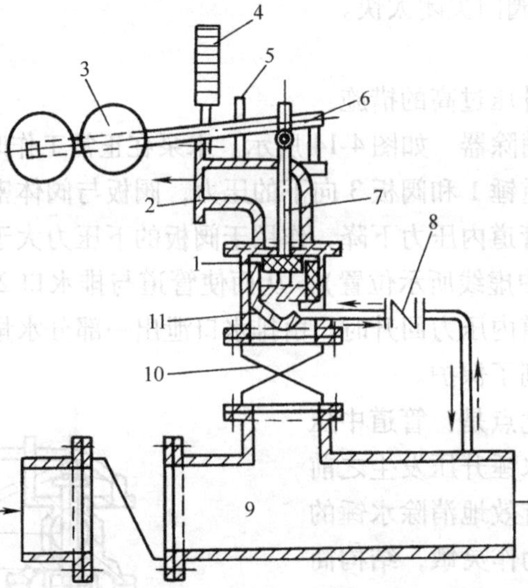

图4-15　自动复位下开式消除器

1—活塞　2—排水管　3—重锤　4—缓冲器　5—保持杆　6—支点　7—活塞联杆
8—阀瓣上钻有小孔的单向阀　9—管道　10—闸阀（常开）　11—缸体

这种消除器的优点是：可以自动复位；由于采用了小孔延时方式，有效地消除了二次水锤。

（3）设空气缸　图4-16所示为管路上装置的空气缸的示意图。它利用气体体积与压力成反比的原理，当发生水锤，管内压力升高时，空气被压缩，起气垫作用；而当管内形成负压，甚至发生水柱分离时，它又可以向管道补水，可以有效地消减停泵水锤的危害。它的缺点是需用钢材，同时空气能部分溶解于水，需要有空气压缩机经常向缸中补气（如在缸内装橡胶气囊，将空气与水隔离开，则可以不用经常补气设备）。目前，在国内外已推广采用带橡胶气囊的空气缸。

空气缸的体积较大，对于直径大、线路长的管道可能大到数百立方米，因此，它只适用于小直径或输水管长度不长的场合。

(4) 采用缓闭阀　缓闭阀有缓闭止回阀和缓闭式止回蝶阀，它们均可使用于泵站中来消除停泵水锤。阀门的缓慢关闭或不全闭，允许局部倒流，能有效地减弱由于开闸停泵而产生的高压水锤。

(5) 取消止回阀　取消水泵出口处的止回阀，则水流倒回时，可以经过水泵泄回吸水井，这样不会产生很大的水锤压力；平时还能减少水头损失，节省电耗。但是，倒回水流会冲击泵倒转，有可能导致轴套退扣而松动（轴套为螺纹联接时）。此外，还应采取其他相应的技术措施，以解决取消止回阀后带来的新问题。在取消止回阀的情况下，应进行停泵水锤的计算（内容略）。

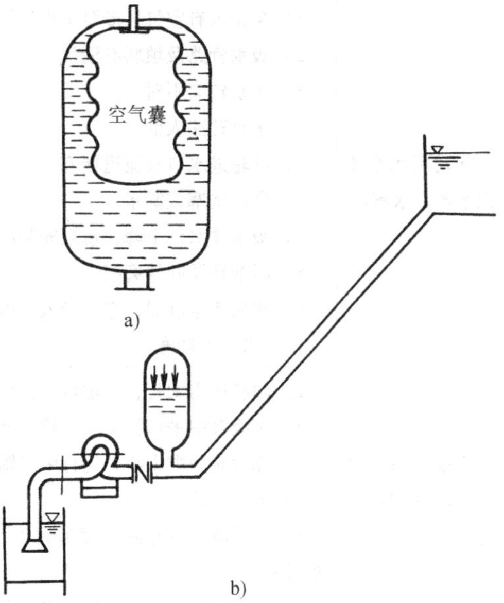

图 4-16　空气缸的示意图

a) 有气囊　b) 没有气囊

(6) 其他措施　如设置自动缓闭水力闸阀；用闸门控制即不设止回阀，而按一定的程序用常备动力缓闭出水阀门，来消除水锤危害；在突然停电后，对泵轴（或电动机轴）采取“刹车”措施，水泵失电后，允许水流倒回，但叶轮不转动，能使升压大大减少，也避免了叶轮高速反转时引起的一些问题。

4.3.4 离心泵的故障分析与处理

泵运行中的故障分为腐蚀和磨损、机械故障、性能故障和轴封故障 4 类。这 4 类故障往往相互影响、难以分开，如叶轮的腐蚀和磨损会引起性能故障和机械故障，轴封的损坏也会引起性能故障和机械故障。

1. 腐蚀和磨损

腐蚀的主要原因是选材不当。发生腐蚀故障时应从介质和材料两方面入手解决。

磨损常发生在输送浆液时，主要原因是介质中含有固体颗粒。对于易损件，在磨损量达到一定程度时应予以更换。

2. 机械故障

振动和噪声是主要的机械故障。振动的主要原因是轴承损坏，或出现气蚀和装配不良，如泵与原动机不同轴、基础刚度不够或基础下沉、配管蹩劲等。

3. 性能故障

性能故障主要是指流量和扬程不足、泵气蚀和驱动电动机超载等意外事故。

4. 轴封故障

轴封故障主要指密封处出现泄漏。填料密封泄漏的主要原因是填料选用不当、轴套磨损。机械密封泄漏的主要原因是端面损坏，密封圈被划伤或折皱。

离心泵的常见故障及处理方法见表 4-4。

表4-4 离心泵的常见故障及处理方法

故 障	产 生 原 因	排 除 方 法
起动后水泵不出水或出水不足	1）泵壳内有空气，灌泵工作没做好 2）吸水管路及填料有漏气 3）水泵转向不对 4）水泵转速太低 5）叶轮进水口及流道堵塞 6）底阀堵塞或漏水 7）吸水井水位下降，水泵安装高度太大 8）减漏环及叶轮磨损 9）水面产生旋涡，空气带入泵内 10）水封管堵塞	1）继续灌水或抽气 2）堵塞漏气，适当压紧填料 3）对换一对接线，改变转向 4）检查电路，是否电压太低 5）揭开泵盖，清除杂物 6）清除杂物或修理 7）核算吸水高度，必要时降低安装高度 8）更换磨损零件 9）加大吸水口淹没深度或采取防止措施 10）拆下清通
水泵开启不动或起动后轴功率过大	1）填料压得太死，泵轴弯曲，轴承磨损 2）多级泵中平衡孔或回水管堵塞 3）靠背轮间隙太小，运行中二轴相顶 4）电压太低 5）实际液体的相对密度远大于设计液体的相对密度 6）流量太大，超过使用范围太多	1）松一点压盖，矫直泵轴，更换轴承 2）清除杂物，疏通回水管路 3）调整靠背轮间隙 4）检查电路，向电力部门反映情况 5）更换电动机，提高功率 6）关小出水闸阀
水泵机组振动和噪声过大	1）地脚螺栓松动或没填实 2）安装不良，联轴器不同心或泵轴弯曲 3）水泵产生气蚀 4）轴承损坏或磨损 5）基础松软 6）泵内有严重摩擦 7）出水管存留空气	1）拧紧并填实地脚螺栓 2）找正填轴器不同心度，矫直或换轴 3）降低吸水高度，减少水头损失 4）更换轴承 5）加固基础 6）检查咬住部位 7）在存留空气处加装排气阀
轴承发热	1）轴承损坏 2）轴承缺油或油太多（使用黄油时） 3）油质不良，不干净 4）轴弯曲或联轴器没找正好 5）滑动轴承的甩油环不起作用 6）叶轮平衡孔堵塞，使泵轴向力不平衡 7）多级泵平衡轴向力装置失去作用	1）更换轴承 2）按规定油面加油，去掉多余黄油 3）更换合格润滑油 4）矫直或更换泵轴，找正联轴器 5）放正油环位置或更换油环 6）清除平衡孔上堵塞的杂物 7）检查回水管是否堵塞，联轴器是否相碰，平衡盘是否损坏
电动机过载	1）转速高于额定转速 2）水泵流量过大，扬程低 3）电动机或水泵发生机械损坏	1）检查电路及电动机 2）关小闸阀 3）检查电动机及水泵
填料处发热，渗漏水过少或没有水渗漏出来	1）填料压得太紧 2）填料环装的位置不对 3）水封管堵塞 4）填料盒与轴不同心	1）调整松紧度，使滴水呈滴状连续渗出 2）调整填料环位置，使其正对水封管口 3）疏通水封管 4）检修，改正不同心的地方

4.4 离心泵在现代制冷空调工程中的应用实例分析

在现代制冷空调工程中，由于许多楼宇所用中央空调系统的冷源设备大多为冷水机组，这就使得水泵成为其空调系统中不可或缺的组成部分。同时，由于空调系统的整体性能是与其各个部分的性能密切相关的，每一部分的性能好坏都将影响到制冷空调系统的使用效果。因此，尽管从设备的体积、复杂程度、初投资等方面看，水泵不能与冷水机组等主要设备相提并论，但从系统的角度看，水泵同样起到了举足轻重的作用。前已提及，在中央空调系统的总能耗中，泵与风机这两种通用设备的能耗占到了40%左右，由此可见它们在空调系统的地位了。

目前，随着节能意识的逐步提高，越来越多的用户开始关注空调系统的节能情况，并进而对其原有的系统进行了改造。而作为设备结构相对简单的水泵，因其具有改造费用相对低廉、改造工作容易实现、运行维护管理相对简便等特点，往往成为用户进行改造的首选对象。如有很多用户纷纷将其原有的定速泵改造为变频调速泵，这也成为制冷空调工程中水泵应用的一种新趋势。

无论是采用什么样的水泵、用何种运行方式，管理人员的技术水平和作用都相当重要。在实际工程中，水泵管理工作的好坏，往往对水泵乃至整个制冷空调系统的使用效果产生很大的影响。以下就结合一些实例，对水泵在制冷空调工程中的应用进行介绍与分析，希望其中的一些问题、教训与经验能引起用户的注意与思考。

4.4.1 运行故障实例

实例1 某空调用冷冻站内有1000冷吨的离心式冷水机组4台，配有6台冷却水泵、6台冷冻水泵（冷却、冷冻水泵分别有2台备用），冷却泵、冷冻泵分别按泵—冷水机串联后再构成并联水回路的方式运行（见图4-17）。冷却泵规格为额定流量680m^3/h、额定扬程24m、额定功率75kW。冷冻泵规格为额定流量665m^3/h、额定扬程24m、额定功率55kW，均采用填料轴封装置。有一次，出于轮流运行冷水机组的需要，要将一台机组切换到另一机组。操作工人按照规程按顺序起动各设备，当冷水机组顺利起动几分钟后，突然发现从其冷冻泵的轴端开始冒出黑色的烟雾，且烟雾越来越浓并在车间内弥漫开。操作工连忙将冷水机组和冷冻泵实行紧急停机，然后打电话向值班调度报告。

分析：从以上水泵的运行情况看，应能明确地判断出问题在于该泵的填料轴封装置

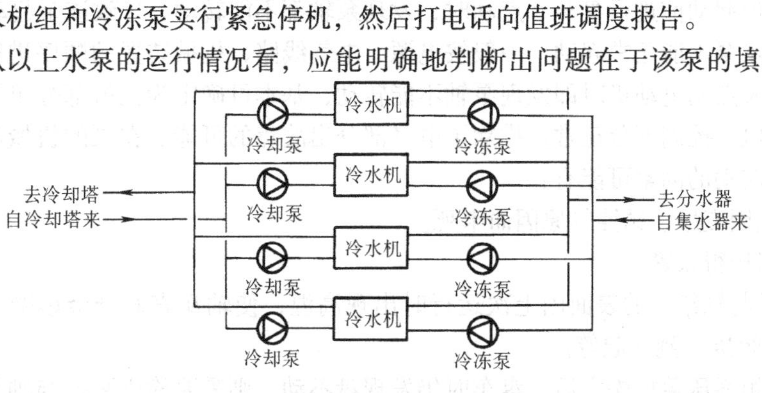

图4-17 某空调冷冻站水泵布置示意图

上：可能由于填料压得太紧或水封管堵塞、水封环位置不对等，引起填料环与泵轴之间的剧烈摩擦，产生的摩擦热来不及被带走，使填料环的温度越来越高，最后出现无氧燃烧，冒出浓烟。要避免出现这种情况，在起动水泵之前一定要做好相应的准备工作，尤其是盘车时要能顺利盘动，必要时还可点动水泵进行观察（同时要注意填料轴封部位用手摸起来不得有过热的感觉）。如果按正常的起动步骤操作之后，还出现这种情况，就可能是由于填料安装不合适，随着泵轴的转动，填料的受力及位置的变化而引起的；或是填料盒结构中的水封管发生了堵塞等而引起。在刚发现填料盒处发热严重时，可先用扳手拧松填料压盖，让填料与轴的摩擦力减小，并使流过填料的冷却水量加大。如果这样做了之后还不能缓解故障并有轻烟冒出时，应停机检查填料情况，及时更换新的填料，并保证新填料安装正确，同时要确保填料压盖松紧适度。

从这一事例可以看出，水泵起动前的准备工作应做得充分、细致，同时在水泵由起动转入正式运转后还要注意对其状况进行观察，以避免造成不必要的停机事故和经济损失。

实例2 同为以上冷冻站，在一次设备大检修后，开始冷冻站的试运行。当班的两个操作工检查各设备后即按顺序起动各设备。当系统投入运行后，发现冷却水泵出水管上的压力表指针剧烈地大幅度摆动，判断可能是泵内混入了空气。于是停机后旋开泵壳上的放气堵头，果然有气体与水一起放出，放完气后旋好堵头，开泵运行一会儿后，压力表指针又出现剧烈摆动。后经仔细查找，发现原因并不在水泵及其管路，而是冷却塔水位不够，且其自动补水管上的常开阀被关闭了。

分析：操作工发现问题后的现场分析与处理措施是正确的。一般情况下，如果发现水泵出水管上压力表指针出现剧烈的摆动，表明管路系统中混入了空气，摆动得越剧烈，说明混入的空气越多。由于较多空气的存在，使水泵叶轮内的水流出现瞬间的断流现象，从而使出水口压力瞬间下降，当空气排出叶轮后，水流又连续，使出口压力又升高，如果又有空气、水不断地交替进入叶轮，就会导致压力表指针的剧烈摆动了。同时，从这一事例中，还应注意一点，那就是分析问题时视野不能太窄，如此例就不能仅看泵，还应将其管路中所涉及的所有设备纳入考虑范围内，这样才便于更快、更准确地找到原因并排除故障。

实例3 某空调系统中的冷却水泵，出于轮流运行的需要，在停机一段时间后要重新投入运行，但起动前进行盘车、点动时，发现泵轴都不能转动，导致该泵起动不了。

分析：水泵不能正常起动，一般按电源、电气线路、机械装置的顺序进行检查。在此例中，盘车及点动电动机时即发现泵轴不能转动，基本可确定为机械部分出了问题。实际检查也发现电气控制部分正常，排除了电气部分出故障的可能。在泵的机械部分中，能导致泵轴不能转动的因素可能有：

1）泵轴因变形、锈蚀等原因而卡死。

2）填料压得太紧。

3）轴承与轴结合的表面因上次运行时出现高温，使轴瓦表面合金熔融，导致冷却后轴与轴承“焊接”到一起等。

现场将填料压盖放松之后，盘车时仍发现盘不动，则需要检查泵轴与轴承。当拆开轴承盖并取下轴承后，发现轴承表面已经损坏。更换轴承后，该泵恢复正常。

4.4.2 选泵不当实例

实例1：某厂办公大楼的集中空调冷冻水系统是一闭式循环系统，如图4-18所示。系统配备的水泵是IS150—125—400A型，流量 $Q_e=190\text{m}^3/\text{h}$，扬程 $H=45.2\text{m}$，电动机功率 $P_e=37\text{kW}$，电动机转速 $n=1450\text{r/min}$（该例摘自参考文献［28］）。

系统运行时，2台水泵并联工作，1台水泵备用。水泵运行且排水闸阀开启到整个开度的1/4时，水泵电动机的运行电流就达到76A，超过了额定电流。此时水泵的排水压力（表压）为0.9MPa，接近冷冻机的极限耐压值，水泵流量（单台）为145m³/h。若把水泵的排水闸阀全开，水泵电动机的运行电流达到104A，严重过负荷。水泵的排水压力下降为0.78MPa，水泵流量上升为170m³/h，空调系统的正常运行受到影响。如果限制排水闸阀的开度，水泵流量不够，使系统冷量不足，则空调效果达不到设计要求。若要满足流量而把排水闸阀开度调大，水泵会因电动机过载而自动关断，导致冷冻机因缺冷水而冻坏。运行两年，这样的事故就发生了两起，造成直接经济损失20多万元。

通过对该系统及水泵运行故障情况的综合分析，认为其原因是水泵选型不合理，水泵运行时扬程富裕量过大。将系统图简化成图4-19，从图可知，系统中水泵实际所需的扬程为：

$$H=\frac{p_d-p_s}{\rho g}+Z+h_{Lsd}+\frac{v_d^2}{2g} \tag{4-1}$$

式中 p_d——系统排出液面的压力（Pa）；

p_s——系统吸入液面的压力（Pa）；

ρ——液体密度（kg/m³）；

g——重力加速度（m/s²）；

Z——排出液面高度 Z_d 和吸入液面高度 Z_s 之间的垂直高差（m）；

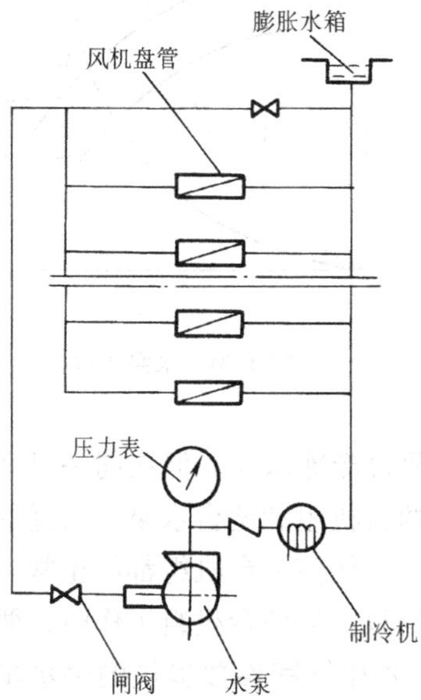

图4-18 冷冻水水系统图

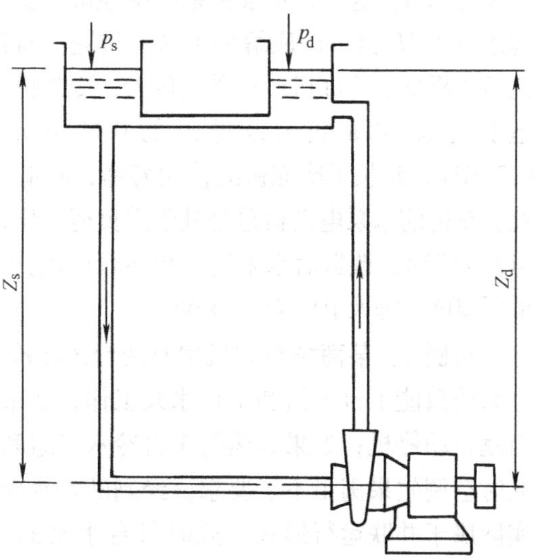

图4-19 典型装置图

h_{Lsd}——系统中水泵的吸入管路阻力损失 h_{Ls} 和排出管路阻力损失 h_{Ld} 的总和（m）；

$v_d^2/2g$——液体在排出管路终端的速度头（m）。

由图4-19可知，在该系统中，水泵吸入液面和排出液面的压力相等，即 $p_d = p_s$。排出液面和吸入液面之间的垂直高差为零，即 $Z = 0$。因此，该系统中水泵实际所需要的扬程可由下式求得：

$$H = h_{Lsd} + \frac{v_d^2}{2g} \tag{4-2}$$

按式（4-2）对该系统进行实测和计算，得出系统中水泵实际所需的扬程为35m（计算过程略）。而实际配备的IS150—125—400A型水泵的额定扬程为45.2m，比实际需要富裕了10.2m。

为了供冷临时采用控制排水闸阀开度的办法，其目的是增大管网阻力，使曲线Ⅰ变陡（见图4-20），迫使水泵在系统中的工况点由 M_1 移到 M_2。这种方法是以牺牲水泵和空调系统的效率为代价的，而且闸阀开度大小不好掌握；系统运行既不经济，又很不稳定。要彻底解决这个问题，有两种方法：一是更换水泵，这样需投资50余万元；二是对现有的水泵进行技术改造，即将水泵的性能曲线 $(H\text{-}Q)_{\mathrm{I}}$ 下移，变成 $(H\text{-}Q)_{\mathrm{II}}$，使水泵在系统中工作于 M_3 点。实际选择了第2种办法。改变水泵的性能曲线的常用方法有调速法和车削水泵叶轮直径法。前者受水泵安装条件限制而无法实施，因此可选择后者。按照有关文献提供的公式：

$$\frac{H'}{H} = \left(1 - \tan\frac{p_e}{35}\right)\left(\frac{D'}{D}\right)^2 \tag{4-3}$$

计算出该水泵的叶轮直径应车削到 ϕ340mm。按此尺寸车削水泵叶轮后，水泵在排水闸阀全开时运行，其排水压力为0.68MPa，流量为165m³/h，电动机运行电流为52A。这样，水泵在系统中经济、安全、稳定地运行于 M_3 点，彻底解决了这个问题。而且水泵改造后还降低了冷冻机所承受的压力，冷冻机承压由改造前的0.9MPa变为改造后的0.68MPa，降低了0.22MPa；延长了冷冻机的使用寿命，降低了电能消耗。改造前水泵电动机总是处于满负荷工作，其运行电流为72A；改造后水泵电动机运行电流为52A，降低了20A，每天节电为240kWh。

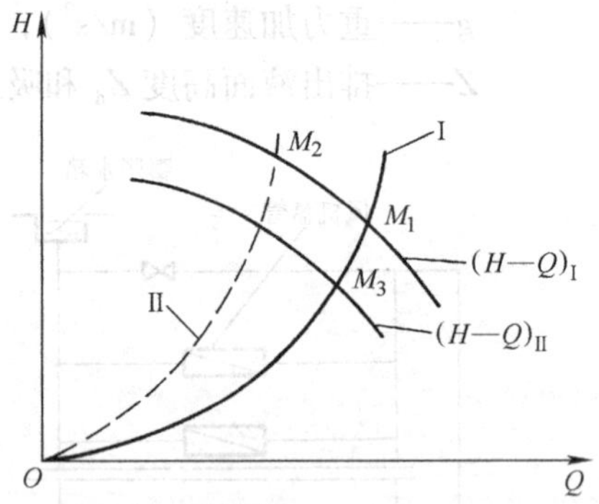

图4-20 水泵工况图

实例2：某商场空调机房有两台风冷冷水机组和两台冷冻水泵。但在同一时间内，整个系统只能1台机组和1台水泵工作，如果同时运行两台机组和两台水泵，稍远的1台机组就自动停机；如果只运行1台冷水机组和1台水泵，则任何一台机组都能正常工作，但此时空调效果满足不了要求。经判断是水泵选型不当所致。当两台机组工作时，两台水泵实际属于并联运行形式，此时每台水泵的实际供水量要比铭牌参数提供的供水量小。同时，由于管路布置的关系，使得两台水泵的流量分布不均匀，当两台机组同时运行时，有1台机组的冷冻水流量显得不足，流量保护装置使冷水机组自动停机。而1台机组运行时，水泵提供的流量尽管也不能达到铭牌上的流量值，但提供的流量基本上能满足冷水机组的要求，其流量保护装置还不会动作而使冷水机组能继续运行。在更换水泵以后，两台冷水机组就能同时正常运行了。可见，在选择水泵时，要充分考虑到水泵并联后流量会减小、扬程会升高的特性，否则就会导致选泵不当不能正常运行。

4.4.3 空调水泵变频调速实例

某商场中央空调系统总体设计冷量为 11000 冷吨，由美国开利公司制造的 4 台 2000 冷吨开式离心冷水机组和 3 台 1000 冷吨螺杆式冷水机组供冷，配套设备有 5 台 250kW 冷却水泵、5 台 132kW 冷冻水泵、4 台 110kW 写字楼二次水泵、8 台 90kW 裙楼二次水泵、3 台 55kW 酒店二次水泵、16 台 15kW 和 16 台 5.5kW 冷却塔及相关的新风机、排风机等。

由于单台冷水机组容量巨大，16 万 m^2 商场又是按招租情况分层、分段开业，空调负荷不断变化，对于单台容量为 2000 冷吨的主机而言，设计参数与实际需要产生了很大的偏差。按冷水机组的配置，运行一台 2000 冷吨冷水机组需要一台 250kW 冷却水泵、一台 132kW 冷冻水泵以及冷却塔与之匹配。

由于有关的参数设计是以总体冷量为基础，阻力均按满负荷计算，所以在只有一、两台主机运行时水泵水流量富裕容量较大。但水泵等设备一开启就是满负荷运行，当使用负荷不够时，冷冻水温度会很快降低到主机停机温度，造成主机经常自动关闭。冷量负荷、管网水流量和水泵扬程等方面设计参数和实际需要产生了较大的矛盾，不能保证空调系统的正常使用并造成了大量的电能损失，设备的使用环境变差，直接影响到设备的使用寿命。

通过分析有关技术数据和研究现场情况，认为变频调速方式可以满足要求。所以按水泵的容量以及对有关变频器的考察，最后选择了 SAMCO—M 通用变频器（MF 系列，220kW），对 250kW 冷却水泵、132kW 冷冻水泵进行变频调速来满足空调系统运行的需要。而在 50% 负荷以上时主机可根据负荷情况对有关参数进行调整，只需将水泵和主机的有关参数调整到相匹配，就可以保证空调系统的正常运行。有关的技术数据分析如下。

1. 单台 2000 冷吨冷水机组满负荷运行时所需冷冻、冷却水量

冷却水流量为 396L/s（1425.6m^3/h）；冷冻水流量为 336.2L/s（1210.32m^3/h）。

2. 现场水泵参数

现场所测得的冷却水泵与冷冻水泵的变速性能参数见表 4-5。

表 4-5 冷却水泵与冷冻水泵的变速性能参数

	转速/（r/min）	流量/（m^3/h）	功率/kW
250kW 冷却水泵	1480	1814	250（额定值）
	1200	1470	149
	1100	1348	115
	900	1103	63
132kW 冷冻水泵	1480	1415	132（额定值）
	1200	1176	70
	1100	1078	53
	900	882	29

3. 分析水泵有关参数

冷却水、冷冻水以一定的速度在管道内流动时会产生相应的阻力，会对水泵的扬程、流量产生相应的影响，因此设计参数有较大富裕。但是在只有裙楼部分开业时所需要的水流量不大，各种阻力也不大，冷冻水泵、冷却水泵相对单台主机而言就显得比较大，同时使用负荷只能满足主机的一部分，水泵与主机根本不匹配；另外，在水泵扬程方面不需要二级水泵已能满足扬程要求。

以单台主机满负荷运行状况为例，将水泵转速调整到1200r/min左右即可满足主机流量要求，主机与水泵就可以在匹配的状况下正常工作。如果对水泵进行连续调速，就可保证水流量的连续变化，主机根据使用负荷作相应调整时，空调系统就可以正常工作。使用变频调速方式后，空调系统的工作环境可以根据负荷情况进行相应调整，基本上适应了该商城一期工作分层、分段投入运行的要求。同时，空调系统运行条件的改善还创造了较好的经济效益：

1）利用变频器软起动特性使水泵电动机低速缓慢起动，大大减小了起动电流（一台250kW电动机Y-△起动电流约1200A，持续8~10s，转为△方式运转时瞬时冲击电流达2000A），减少了因起动电流大而对电网、电动机及开关设备造成的影响，保证了设备使用寿命，减少了故障。

2）水泵软起动减少了水流对管网的冲击，各类阀门、管件使用条件得到改善，水泵效率相对提高。

3）以单台主机满负荷运行状况为例，增加变频调速器以后将水泵转速调到1200r/min左右即可满足主机流量要求，水泵用电量大幅度降低，变频器能量损失有限，节省了大量电能。按每天空调系统工作13h计算，可以节省电能为

冷却水泵：13h×（250－149）kW＝1313kWh

冷冻水泵：13h×（132－72）kW＝780kWh

主机效率的提高与变频器损失计为相互抵消，每天可节省电能近2100kWh，比未使用变频调速方式时节省40%以上。

4）负荷调整相当容易，业主可以根据商场使用面积、季节等调整空调主机负荷，以免产生不必要的浪费。

本章要点

1）离心泵选型方法与注意事项。要充分考虑到使用环境条件、工艺参数要求等方面的要求；选型时要按照规定的步骤进行，尤其是该校核时一定要进行校核；当同时有几种型号的泵可满足要求时，应本着经济高效、兼顾使用场地与环境等条件进行比较、选择确定。

2）离心泵的排列与布置、离心泵吸水管、压水管布置都要符合有关要求，否则将影响泵的使用性能或维护保养工作的顺利进行。

3）离心泵的运行要严格遵守操作要求。

4）离心泵常见故障的分析与排除。

思考题与习题

1. 选用离心泵时，为什么要求额定流量和额定扬程比计算所得最大扬程要大？
2. 考虑泵使用的现场条件对选泵有何意义？
3. 选泵的一般步骤有哪些？
4. 如果在校核时发现有效气蚀余量与必需气蚀余量不相符，应采取什么措施来使其相符？
5. 选泵时应注意的问题有哪些？
6. 为什么要考虑备用泵？是否所有情况下都要设置备用泵？
7. 在例4-2中，除了sh型双吸式水泵外，能否选用其他类型的离心泵？为什么？
8. 离心泵纵排、横排时，机组间各部位尺寸为什么要加以规定？
9. 离心泵分别在什么情况下宜采用纵排、横排、横向双行排列？
10. 为什么要对离心泵的吸水管路和压水管路提出规定？
11. 对于串联、并联的水泵，布置吸水管路、压水管路时分别应注意哪些问题？
12. 简述离心泵的起动、运行、停车时的注意事项。
13. 什么是水锤现象？水锤对系统有何影响？怎样防止水锤的产生？
14. 简述离心泵常见故障的原因及其排除措施。
15. 某水泵输水系统，已知系统最大时输水量 $Q_{max}=90m^3/h$，平均时输水量 $50m^3/h$，静扬程 $H_{st}=18m$，吸水管水头损失为2m，压水管水头损失为9m。

1）试按最大时用水量选择一台IS型水泵。

2）为了节约能量采用并联水泵供水，则应选用几台合适的水泵（确定型号、台数，并确定水泵的运行方案）？

16. 某一冷却水塔的最大需水量为 $25m^3/h$，管路所需水头为25m，试确定应能选用何种型号的水泵。

实训6 离心泵运行管理

1. 实训目的

1）熟悉制冷空调中离心泵的形式和布置方式。

2）熟悉离心泵的运行管理内容和要求。

3）了解离心泵运行中常见故障的分析与处理方法。

2. 实训要求

1）深入现场，仔细观察离心泵的运行情况。

2）严格遵守实训场所的规章制度，按操作规程操作。

3）虚心向工人师傅请教。

4）发现问题要及时上报并提出解决问题的建议，获得许可后才能操作，并做好记录。

5）实训结束后要提交实训报告（要求包括泵的服务对象概况、泵的布置方式、泵的运行方式、泵的调节方式、运行中常见问题及其解决办法、运行中要特别注意的地方、合理化建议等）

3. 实训场地与安排

（1）实训场地　以空调用冷冻站内离心泵房为主，具体地点由教师安排。

（2）实训安排　时间为3～4h；人员以3～4人为一组，由指导老师落实。

（3）其他　根据实际情况再做安排。

第 5 章

离心风机的基本构造与性能

5

5.1 离心风机的基本构造与工作原理
5.2 离心风机的性能
5.3 离心风机的并联与串联运行

5.1 离心风机的基本构造与工作原理

离心风机与离心泵一样，也是制冷空调系统中广为使用的一种通用流体机械。它是一种借助叶轮带动气体旋转时产生的离心力把能量传递给气体的机械。以下内容中，将对离心风机的构造、性能、应用等方面进行介绍。

5.1.1 离心风机的基本构造

离心风机的主要部件与离心泵的类似，主要有叶轮、机壳、机轴和轴承、集流器（吸入口）等，如图5-1所示。下面就风机本身的特点进行分析。

1. 叶轮

叶轮是离心风机传递能量的主要部件，它由前盘、后盘、叶片及轮毂等组成，如图5-2所示。

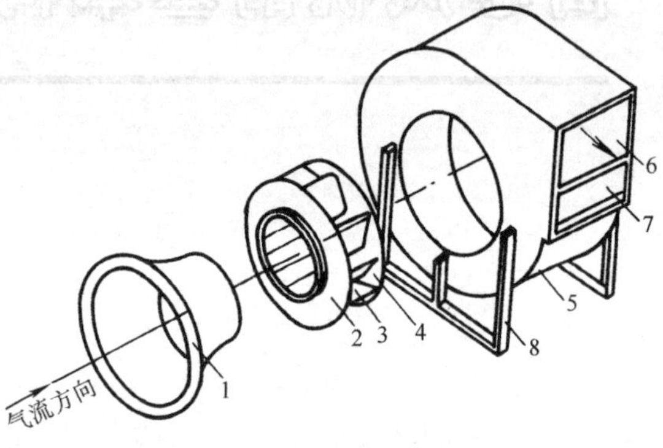

图5-1 离心风机结构示意图

1—吸入口 2—叶轮前盘 3—叶片 4—后盘 5—机壳 6—出口 7—截流板（风舌或蜗舌） 8—支架

风机叶轮的叶片形状有机翼型、直板型及弯板型等3种，如图5-3所示。机翼型叶片强度高，可以在比较高的转速下运转，并且风机的效率较高；缺点是不易制造，若输送的气体中含有固体颗粒，则空心的机翼型叶片一旦被磨穿，在叶片内积灰或积颗粒时失去平衡，容易引起风机的振动而无法工作。直板型叶片制造方便，但效率低。弯板型（或弧形）叶片如进行空气动力性能优化设计，其效率会接近机翼型叶片。一般前向叶轮用弯板型叶片，后向叶轮用机翼型和直板型叶片。

叶轮前盘的形式有平直前盘、锥形前盘及弧形前盘3种，如图5-4所示。平直前盘制造工艺简单，但气流进口分离损失较大，因而风机效率低。弧形前盘制造工艺较复杂，但气流进口后分离损失很小，效率较高。锥形前盘介于两者之间。高效离心风机采用弧形前盘。

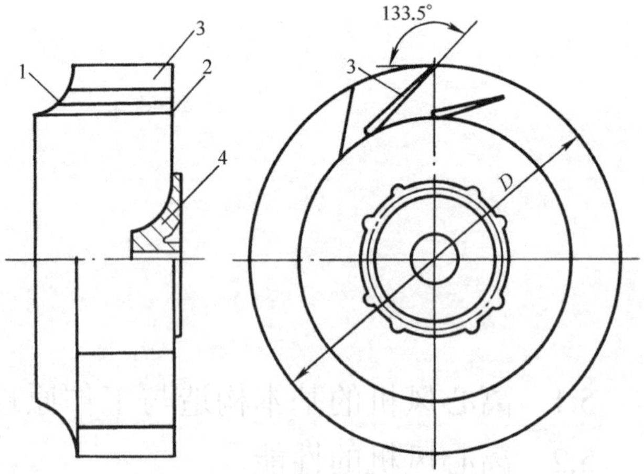

图5-2 离心风机叶轮

1—前盘 2—后盘 3—叶片 4—轮毂

2. 集流器

集流器装置又称为吸入口，它安装在叶轮前，使气流能均匀地充满叶轮的入口截面，并且使气流通过它时的阻力损失达到最小。集流器的形式如图5-5所示，有圆筒形、圆锥形、弧形、锥筒形及锥弧形等。比较这5种集流器的形式，锥弧形最佳，高效风机基本上都采用此种集流器。

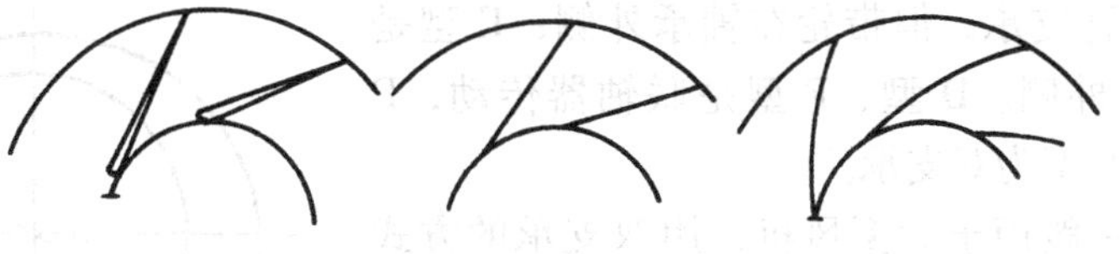

图 5-3 叶片形状

a）机翼型 b）直板型 c）弯板型（弧形）

3. 机壳

离心风机的机壳与泵壳相似，呈螺旋线形（即蜗形），有时称为蜗壳。其任务是汇集叶轮中甩出的气流，并将气流的部分动压转换为静压，最后将气体导向出口。蜗壳的断面有方形和圆形两种，一般中、低压风机用方形，高压风机用圆形。

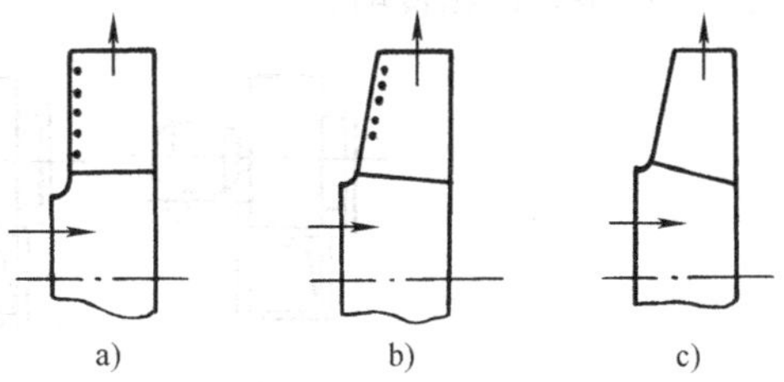

图 5-4 前盘形式

a）平直前盘 b）锥形前盘 c）弧形前盘

蜗壳出口处气流速度一般仍然很大，为了有效利用这部分能量，可在蜗壳出口装设扩压器。因为气流从蜗壳流出时向叶轮旋转方向偏斜，所以扩压器一般做成向叶轮一边扩大，其扩散角 θ 通常为 6°~8°，如图 5-6 所示。

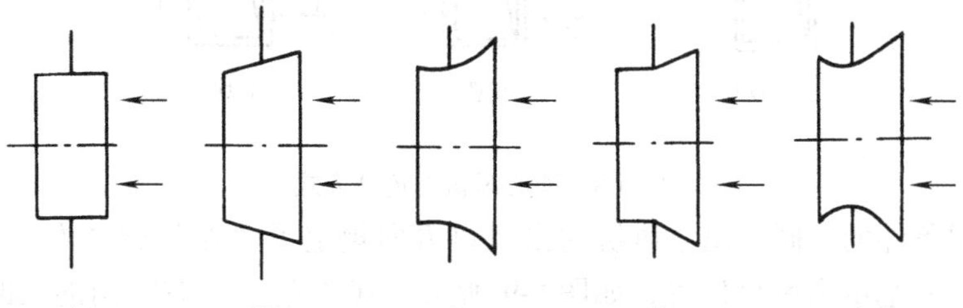

图 5-5 集流器的形式

a）圆筒形 b）圆锥形 c）弧形 d）锥筒形 e）锥弧形

离心通风机蜗壳出口附近有“舌状”结构，一般称作蜗舌。它可以防止气体在机壳内循环流动。一般有蜗舌的风机的效率、压力均高于无蜗舌的离心风机的。蜗舌可分为尖舌、深舌、短舌及平舌，如图 5-7 所示。具有尖舌的风机虽然最高效率较高，但效率曲线较陡，且噪声大。深舌大多用于低比转速的风机，短舌多用于高比转速的风机。具有平舌的风机虽然效率较尖舌的低，但效率曲线较平坦，且噪声小。

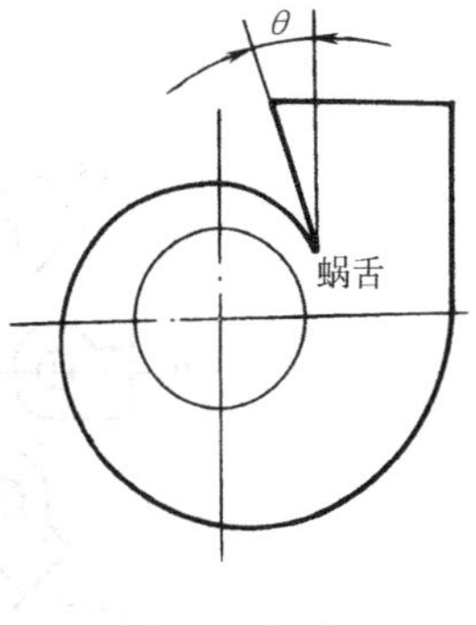

图 5-6 蜗壳

此外，有的离心风机还在吸入口或之前装有进气导流叶片（简称导叶），以便调节气流的方向和进气流量。

5.1.2 离心风机的传动方式与出风口位置

离心风机有 6 种传动方式，如图 5-8 所示。A 型电动机与风机直联。B 型、C 型、E

型都是带传动，其中B型是悬臂支承，带轮在轴承中间；C型也是悬臂支承，但带轮在轴承外侧；E型是双支承，带轮在外侧。D型、F型是联轴器传动，D型为悬臂支承，F型为双支承。

E型、F型一般用于大型风机，用双支承的方式把风机托住。A、D、F型风机的转速与电动机的转速相同，而B、C、E型风机的转速可以通过带轮的大小进行调节。此外，风机新标准规定增加第7种传动方式——G型即齿轮传动。

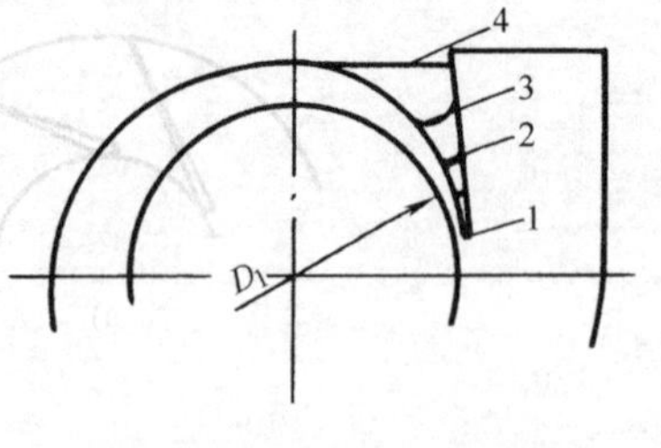

图5-7 蜗舌

1—尖舌 2—深舌 3—短舌 4—平舌

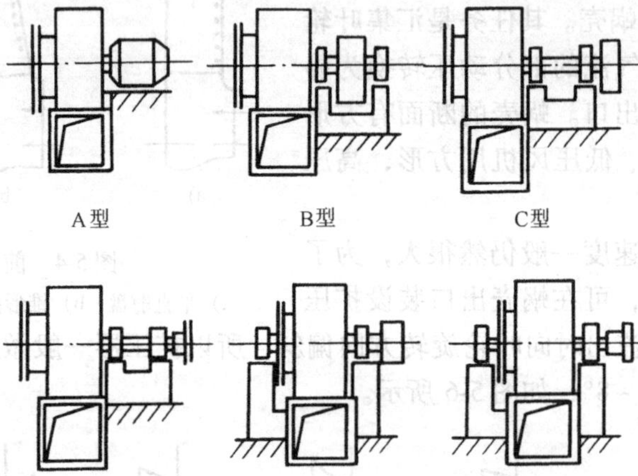

图5-8 离心风机的传动方式

根据使用条件的不同，离心风机的出风口方向规定了“左”或“右”的回转方向，各有8种不同的基本出风口位置，如图5-9所示。其“左”、“右”向的判断方法为：从电动机这一侧看过去，如果叶轮的转向为逆时针方向，则为“左”式；如为顺时针，则为“右”式。了解离心风机是“左”式或“右”式的，将给风机的选型和安装提供方便。

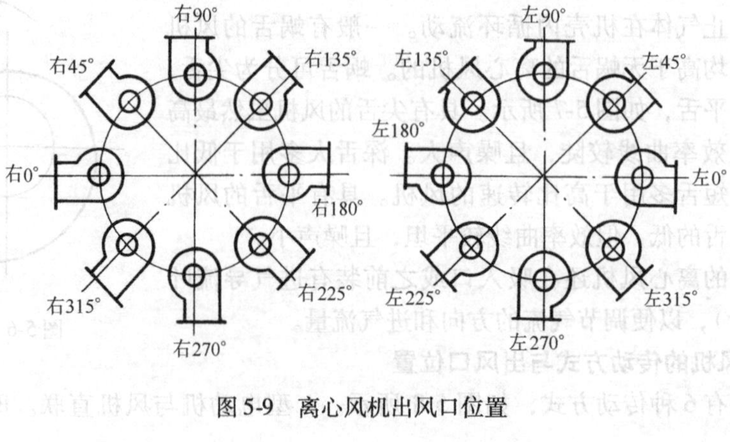

图5-9 离心风机出风口位置

离心风机的进风口与叶轮旋转方向相配也有10种基本位置，其中顺旋5种（分别为0°、45°、90°、135°、180°），逆旋5种。进风口有单侧吸入和双侧吸入两种形式。单侧吸入是气体从一侧进入叶轮，双侧吸入是气体从两侧进入叶轮。采用双侧吸入的风机一般风量大、风压低。

5.1.3 离心风机的工作原理

离心风机的工作原理与离心水泵的工作原理相同，只是所输送的介质不同。风机机壳内的叶轮安装在由电动机或其他转动装置带动的传动轴上。叶轮内有些弯曲的叶片，叶片间形成气体通道，进风口安装在靠近机壳中心处，出风口同机壳的周边相切。当电动机等原动机带动叶轮转动时，迫使叶轮中叶片之间的气体跟着旋转，因而产生了离心力。处在叶片间通道内的气体在离心力的作用下，从叶轮的周边甩出，以较高的速度离开叶轮，动能和势能都有所提高后进入机壳沿机壳运动，并汇集于叶轮周围的流道中，然后沿流道流出风口，向外排出。当叶轮中的气体甩离叶轮时，在进风口处产生一定程度的真空，促使气体吸入叶轮中，由于叶轮不停地旋转，气体便不断地排出和补入，从而达到了连续输送气体的目的。

5.2 离心风机的性能

5.2.1 离心风机的性能参数

离心风机的基本性能，通常用进口标准状况条件下的流量、压头、功率、效率、转速等参数来表示。

离心风机的进口标准状况是指其进口处空气的压力为101.325kPa，温度为20℃，相对湿度为50%的气体状况。而气体密度则由气体状态方程确定：

$$\rho = \frac{p}{RT} \tag{5-1}$$

在风机进口标准状况的情况下，当空气的气体常数 R 为288J/（kg·K）时，$\rho =$ 1.2kg/m^3。

1. 流量

单位时间内风机所输送的气体体积，称为该风机的流量，用符号 Q 表示，单位为m^3/s,或m^3/min，或m^3/h。必须指出的是，风机的体积流量特指风机进口处的体积流量。

2. 风机的压头（全压）

压头是指单位质量气体通过风机之后所获得的有效能量，也就是风机所输送的单位质量气体从进口至出口的能量增值，用符号 p 表示，单位为Pa或kPa，但工程上常用mmH_2O为单位。

风机的全压定义为风机出口截面上的总压（该截面上动压 $\rho u^2/2$ 与静压之和）与进口截面上的总压之差。风机的动压为风机出、进口截面上气体的动能所表征的压力之差，即出、进口截面上的（$\rho u_2^2 - \rho u_1^2$）/2；风机的静压定义为风机的全压减去风机的动压。

动压在全压中所占的比例很大，有时甚至达到全压的50%；同时，还因为在确定管路的工作点时是采用静压曲线，因此，风机需要用全压及静压来分别表示。

3. 功率

功率指风机的输入功率，即由原动机传到风机轴上的功率，也称轴功率，以符号 P 表示，单位为 W 或 kW。

风机的输出功率又称有效功率，用符号 P_e 表示。它表示单位时间内气体从风机中所得到的实际能量，它可表示为：

$$P_e = QP \tag{5-2}$$

为使电动机能安全运转，防止意外的过载而烧毁，在给风机配电动机的时候要增加一点储备余量，即最后电动机的配套功率 P_T 是：

$$P_T = K\frac{P}{\eta_m} \tag{5-3}$$

式中 η_m——机械效率；

K——电动机功率储备系数，见表 5-1。

表 5-1 电动机功率储备系数

电动机功率 /kW	离 心 风 机		
	一般用途	灰 尘	高 温
<0.5	1.5		
0.5~1.0	1.4		
1.0~2.0	1.3	1.2	1.3
2.0~5.0	1.2		
>5.0	1.15		

4. 效率

为了表示输入的轴功率 P 被气体利用的程度，用有效功率 P_e 与轴功率 P 之比来表示风机的效率，以符号 η 表示：

$$\eta = \frac{P_e}{P} \tag{5-4}$$

η 是评价风机性能好坏的一项重要指标。η 越大，说明风机的能量利用率越高，效率也越高，η 值通常由实验确定。一般前向叶轮的 $\eta = 0.7$，后向叶轮的 $\eta \geqslant 0.9$。

5. 转速

转速指风机叶轮每分钟的转数，以符号 n 表示，常用的单位是 r/min。风机的转速一般为（1000~3000）r/min，具体可参阅各风机铭牌上所标示的转速值。

此外，风机的性能参数还有比转数 n_s（对此这里不作介绍，有需要了解这方面内容的读者可参考其他资料）、风机静压效率 η_s（指风机产生的静压功率 P_s 占轴功率 P 的百分数，用来说明风机能量的利用程度）等。

5.2.2 离心风机的型号与铭牌参数

离心风机的型号由基本型号和变型型号组成，共分 3 组，每组用阿拉伯数字表示，中间用横线隔开，表示内容如下：

第一组	……	第二组	……	第三组
基本型号				变型型号

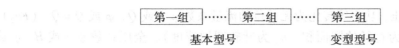

其中，第一、第二组共同组成离心风机的基本型号，第三组为风机的变型型号。具体规定为：

第一组表示风机的压力系数乘 10 后再按四舍五入进位，取一位数。

第二组表示通风机的比转数化整后的整数值（所谓风机的比转数 n_s 是指在相似的一系列风机中，有一标准风机，此标准风机在最佳情况即效率最高情况下，产生风压 $H=9.8\text{Pa}$，风量 $Q_s=1\text{m}^3/\text{s}$，该标准风机的转数就称之为比转数）。风机的比转数是用来表明风机在标准状况下（即大气压力 $B=101.325\text{kPa}$，温度 $t=20$ ℃，相对湿度 RH = 50% 时）流量、全压及转速之间的关系的数值；表示为：$n_s=nQ^{0.5}/H^{0.75}$（n 指转速 r/min，Q 指风量 m^3/h，H 指全压 mmH_2O）。

第三组表示风机进口吸入型式及设计序号，见表 5-2。

表 5-2　离心风机进口吸入形式

风机进口吸入形式	双侧吸入	单侧吸入	二级串联吸入
代号	0	1	2

此外，为了方便用户使用，每台风机的机壳上都钉有一块铭牌，铭牌上简明地列出了该风机在设计转速下运转时，效率为最高时的流量、压头、转速、电动机功率等。如 4-68 型离心风机的铭牌：

离心式通风机	
型号：4—68	No.　4.5
流量 5790 ~ 1048m^3/h	电动机功率：7.5kW
全压：187 ~ 271mmH_2O	转速：2900r/min
出厂编号	出厂：　年　月　日

铭牌上风机型号为 4—68No.4.5 型，其中 4 表示风机在最高效率点时全压系数（全压系数定义式见下文）乘 10 后的化整数，本例风机的全压系数为 0.4；68 表示比转数；No.4.5代表风机的机号，以风机叶轮外径的分米数表示，No.4.5 表示叶轮外径为 0.45m。

5.2.3　离心风机的特性曲线与运行调节

1. 离心风机的特性曲线

与水泵一样，在一定的转速下，离心风机的主要性能参数可以用曲线图形表示。这种图形称为风机的特性曲线。离心风机的理论特性曲线与离心泵的理论特性曲线具有相同的特征，可参考离心泵的理论特性曲线图（图 2-16、图 2-19）。图 5-10a 为一台转速为 1450r/min 的后向叶型的离心风机的实际特性曲线。图中 p_{tF} 为全压，p_{sF} 为静压，η_{tF} 为全压效率，P_{sh} 为轴功率。由图可知，后向式离心风机的特性曲线与后向式离心泵的特性曲线变化趋势完全一致。图 5-10b 为 4—72No.10 离心风机的无因次特性曲线。所谓无因次特性曲线，是将流量、全压、功率等转化为无单位的流量系数 φ（或 $\overline{Q}$，φ 或 $\overline{Q}=Q/(Fu_2)$，其中 F 为以叶轮外径为直径的圆面积、u_2 为叶轮圆周速度）、全压系数 ψ（或 H，ψ 或 $\overline{H}=H/(\rho u_2^2)$）、功率系数 ψ_d（或 $\bar{p}$，ψ_d 或 $\overline{P}=102P/(\rho u_2^3)$）等无因次特性参数后，所绘制出的代表风机特性的性能曲线。利用无因次特性曲线，可以对不同结构尺寸、转速和介质等的风机直接进行性能的对比（结构尺寸、转速、介质密度等已反映在各无因次特性参数 φ、ψ、ψ_d 等之中），便于风机的选型和设计。离心风机的性能还可以以表格形式给出，见表 5-3（4—72 型离心风机性能表）。

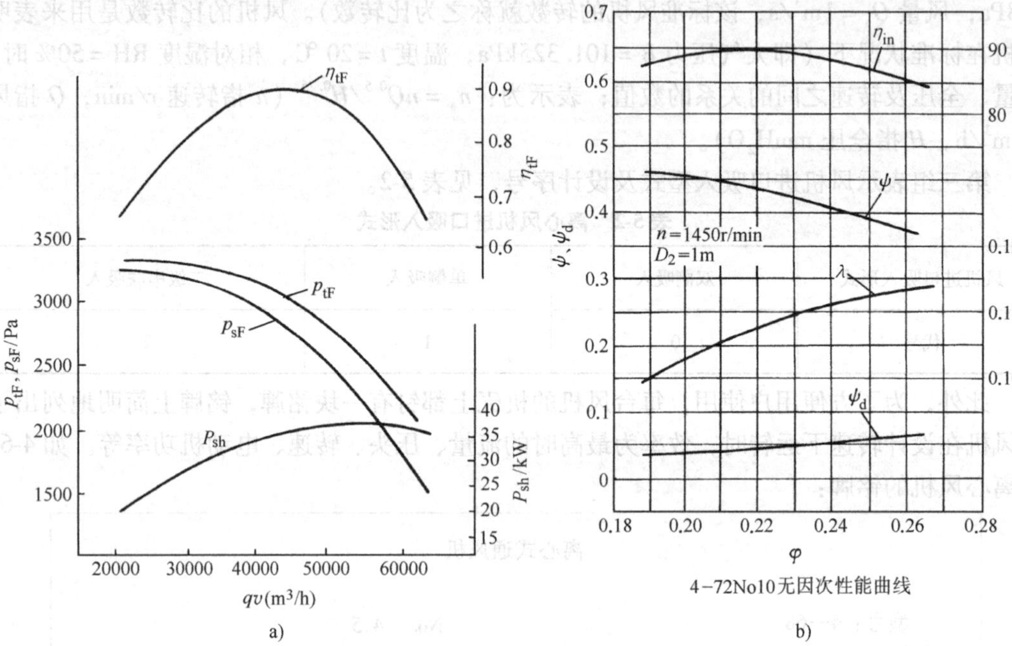

图 5-10　离心风机特性曲线

2. 离心风机的管路系统特性曲线

与离心泵装置的规定相似，离心风机及其联接管道（包括管道上的阀门等附属装置）统称为离心风机装置。离心风机装置的示意图如图 5-11 所示。当管路布局确定以后，风管路系统的摩擦损失、局部阻力损失、管道的几何尺寸等都是已知的常数，因此由能量方程（伯努力方程）可得出风机在该装置中运行时的风压 p 为

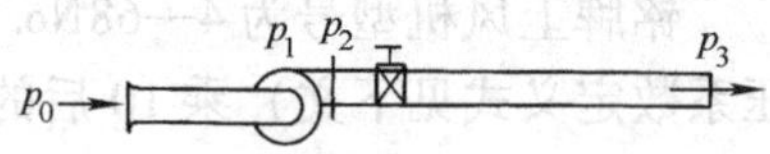

图 5-11　离心风机装置示意图

$$p=(p_3-p_0)+\gamma SQ^2 \tag{5-5}$$

式中　p_3——风管出风口压力（Pa）；

p_0——风管吸风口压力（Pa）；

γ——输送气体的重度（N/m^3）；

S——风管系统的阻抗系数（s^2/m^5）；

Q——风量（m^3/s）。

表 5-3 4—72 型离心风机性能表（摘录）

型 号	转 速 /（r/min）	出口风速 /（m/s）	全 压 /Pa	流 量 /（m^3/h）	电动机	
					型 号	kW
№ 3A	2900	11.3	1060	2320	Y802—2（B35）	1.1
	1450	5.6	260	1160	Y802—4（B35）	0.75
№ 3.5A	2900	13.2	1450	3710	Y90L—2（B35）	2.2
	1450	6.6	360	1855	Y90S—4（B35）	1.1
№ 4A	2900	15.0	1860	5510	Y132S_1—2（B35）	5.5
	1450	7.5	470	2760	Y90S—4（B35）	1.1
№ 4.5A	2900	17.0	2390	7860	Y132S_2—2（B35）	7.5
	1450	8.5	600	3920	Y90S—4（B35）	1.1
№ 5A	2900	18.8	2960	10804	Y160M_1—2（B35）	11
	1450	9.4	740	5402	Y100L_1—4（B35）	2.2
№ 6A	2900	11.3	1060	9360	Y112M—4（B34）	4
	1450	7.5	460	6220	Y100L—6（B35）	1.5

显然，这是一条抛物线，如图 5-12 所示。系统的管道阻力越大，该曲线就越陡峭；反之，则曲线越平坦。此曲线称为离心风机管路系统特性曲线。

如果风机的进、出风口的压力均为大气压，则有 $p=\gamma SQ^2$，这是一条通过坐标原点的抛物线，如图 5-13 所示。图中，管路系统特性曲线与离心风机 Q-p 特性曲线的交点 A，就是离心风机在该管路系统中运行时的工况点，其意义与离心泵的工况点相同。

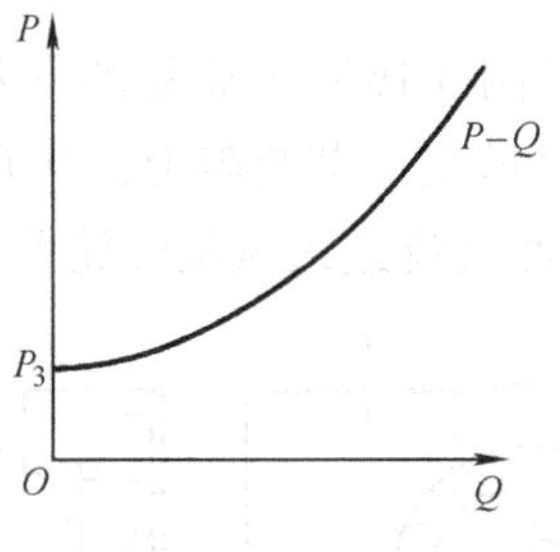

图 5-12 离心风机管路系统特性曲线

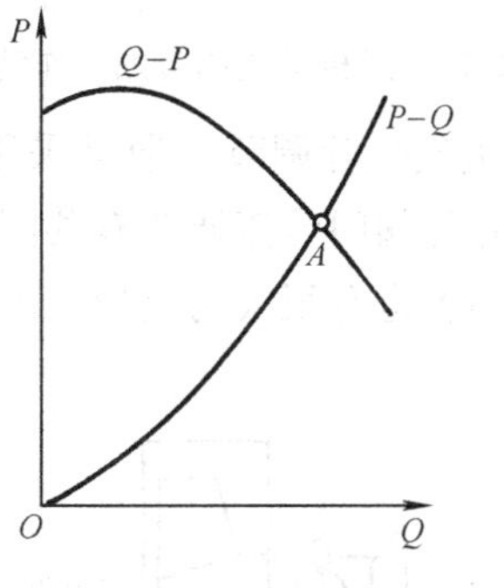

图 5-13 离心风机的工况点

3. 离心风机的运行调节

离心风机的运行调节一般采用 3 种调节方法：节流调节、改变转速调节和进气导叶调节。

（1）节流调节　所谓节流调节就是通过改变离心风机进气管路上的阀门开度来改变风量的调节方法。进行这种调节时，风机的特性曲线不变，改变的是风机管路系统特性曲线（这与离心泵的出水阀调节是相同的），如图 5-14 所示。当风机的风量为 Q_1 时，风机的工作点为1，此时风机的风压 H_1 全部用来克服管路阻力 $\Sigma\Delta p_1$；当风量需要降低到 Q_2 时，可关小进风阀的开度，风机的工作点移到2点，这时的风压 H_2 除了克服在风量 Q_2 下的管路阻力 $\Sigma\Delta p_2$ 以外，还用于克服阀门的节流损失 Δp_j。在这种调节中，由于额定工况点1处于最高效率点附近，则节流后的工作点2使风机在较低的效率下工作；同时，风机的风压还有一部分要消耗在阀门上，因此是很不经济的。但是因其调节方法简单，使得实际工程中仍被大量地应用。

（2）改变转速调节　进行变转速调节时，管路特性曲线不变，风量的减少是靠降低风机转速使风机风压变小来达到的，即使风机自身的特性曲线发生改变，如图5-15所示。当转速由 n_1 降为 n_2 时，工作点由1变到2，相应的风量由 Q_1 降为 Q_2。这种调节方法由于不存在附加阻力而引起的能量损耗，所以效率较高，但是转速调节需要变速装置或结构比较复杂的变速原动机，如目前采用较多的电动机变频调速等，使得设备的初投资费用、对运行管理技术水平等的要求都相应增加。尽管如此，由于变速调节具有较好的节能效果，这一方法已越来越受到人们的青睐。改变转速常用的方法与离心泵转速调节的方法相同，离心风机变速工况亦可用比例定律分析（可参见第3章3.3节相关内容）。

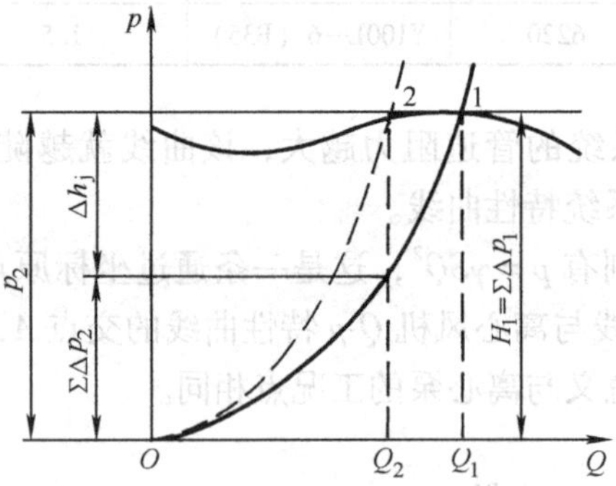

图5-14　风机节流调节的工作特性

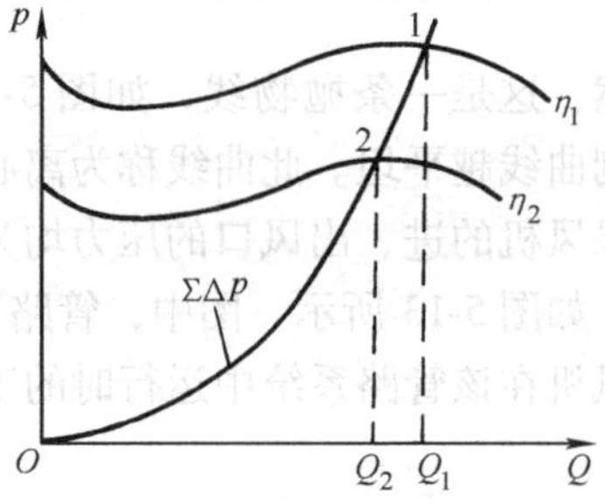

图5-15　风机变转速调节特性

（3）进气导叶调节　通常采用的导叶有轴向的（见图5-16）及简易的（见图5-17）两种。导叶与阀门节流调节有共同之处：改变导叶的开度改变了节流阻力，从而可以调节风量。但两者也有很大的差异，即导叶的主要作用在于使气流进入风机叶轮前先行转向，

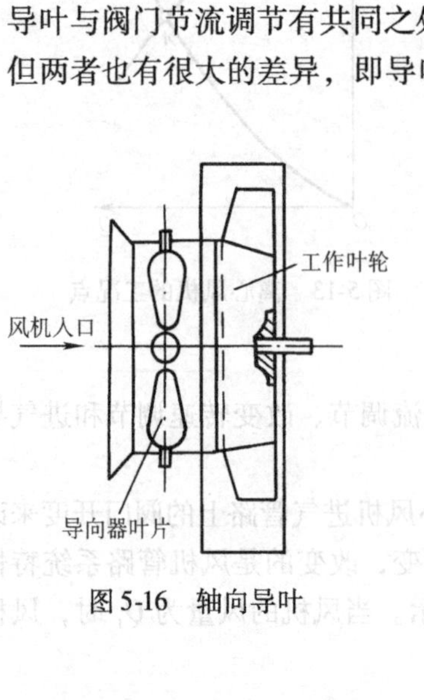

图5-16　轴向导叶

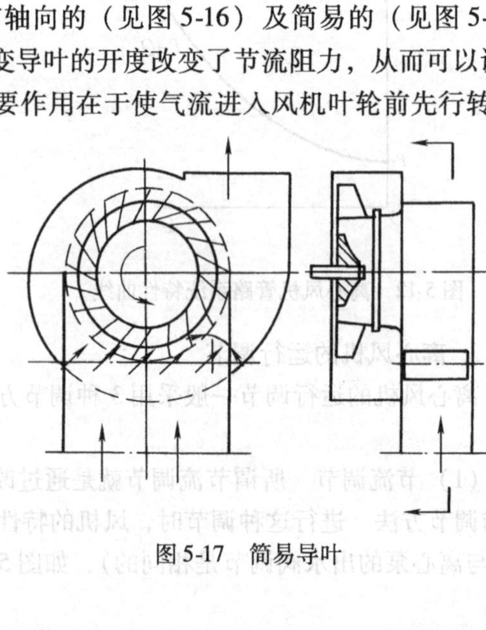

图5-17　简易导叶

从而改变风压而达到调节风量的目的，其调节特性如图 5-18 所示。

当导叶角度 $\varphi=0°$ 时，风量 Q_1 最大。当叶片角度 φ 从 0°变到 30°或 60°时，风机的全压曲线将下降，工作点由 1 变到 2 或 3，从而使风量由 Q_1 减小到 Q_2 或 Q_3。尽管采用导叶调节会使风机效率降低，但在调节幅度不大的范围内（70% ~100%），其经济性比节流调节还是高得多，而且导叶的结构较简单、维护方便，所以在大、中型风机中得到了比较广泛的应用。

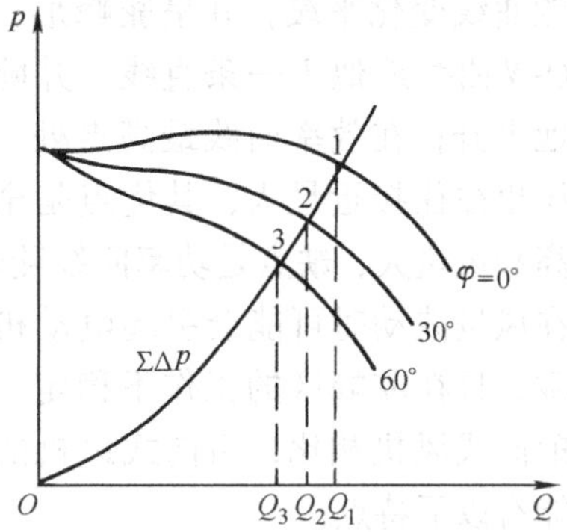

图 5-18 采用导叶调节的风机特性

各种调节方法相比较（见图 5-19），可以得出以下结论：

1）节流调节的经济性最差，导叶调节次之，转速调节最经济。节流调节的经济性与叶片形式无关；而转速调节与导叶调节的经济性与叶片的形式有关，即前向式风机的调节经济性较好、后向式风机的调节经济性较差。

2）调节范围很大时，宜采用改变转速调节法；当风机出力变化范围小时，采用导叶调节较为合理。

3）对后向式风机采用转速调节法的经济性比导叶调节法好，当调节范围大时更为明显；对于前向式风机，当调节范围在 70% 以内时，轴向导叶调节的经济性可以与转速调节相媲美。

4）在考虑采用调节方法时，还应在调节装置的尺寸，造价、制造的复杂程度以及维护检修等方面进行综合权衡，择优选用。

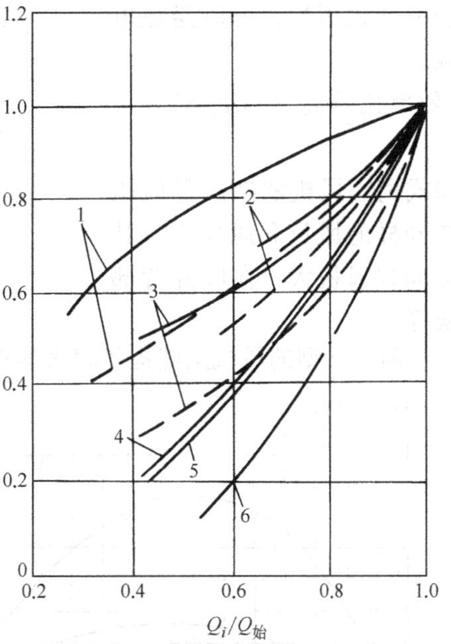

图 5-19 各种调节方法的比较

－－－后向式风机 ——前向式风机

1—节流调节 2—简易导叶调节 3—轴向导叶调节 4—液力联轴器调节 5—转子电路中串联可变电阻调节 6—理想转速调节

5.2.4 叶轮叶型对离心风机性能的影响

风机的叶型与水泵一样，也有前向、径向与后向叶型之分。

不同形式的叶轮叶型对风机性能的影响与对离心泵的影响相同，即具有前向叶型的叶轮所获得的理论风压最大，其次为径向叶型，后向叶型所获得的理论风压最小。为了便于对比，把 3 种叶型的风机特性曲线绘制在同一张图上，如图 5-20 所示。图中，$\bar{H}$ 为风机的全压系数，$Q_{\eta\max}$ 和 $P_{\eta\max}$ 分别为最高效率点上的流量和功率。

图 5-21 为 CQ—6 型离心风机采用前向与后向叶型的实测特性曲线比较示意图。从图

中可以看出，前向式风机的全压性能曲线变化平缓，并呈驼峰形；其 Q-N 曲线近似于一条直线，并陡峭地上升；在效率曲线最高点处，全压也往往接近最大；其优点是全压高和风量大，缺点是功率曲线陡峭，在风量波动时可能会引起电动机过载，且在驼峰区的工作不稳定。与前向式风机相比，后向式风机的性能有以下特点：

1）在 Q-p 曲线上没有驼峰区段，整个曲线较陡，所以当管路阻力变化时，风量变化并不大。

2）当风量增大时，风压下降快，使功率变化缓慢，可以避免电动机过载。

3）效率比较高（可达 85% ~ 91%）。

后向式离心风机的缺点是风压较低，在同样的风量和风压下，其尺寸比前向式风机大，在叶片背部容易积灰等。

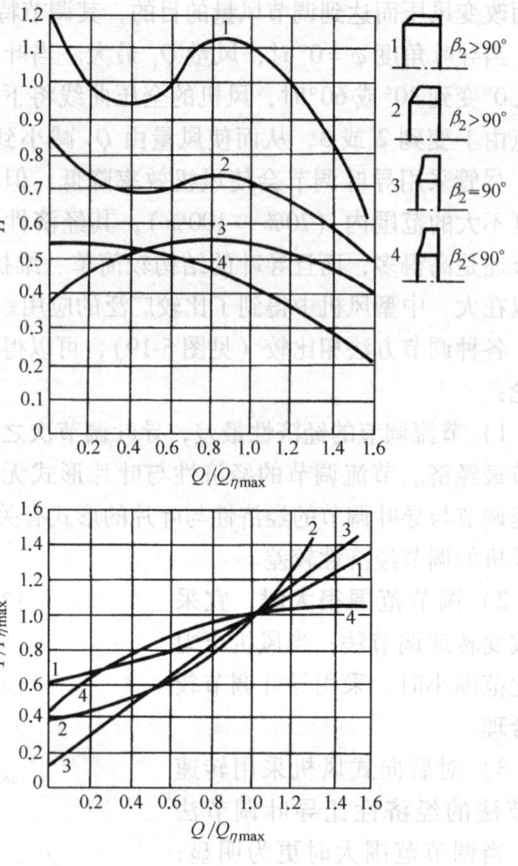

图 5-20　3 种叶型离心风机的性能比较

可见，前向叶型的风机虽能提供较大的理论压头，但能量损失大，总效率较低。在大

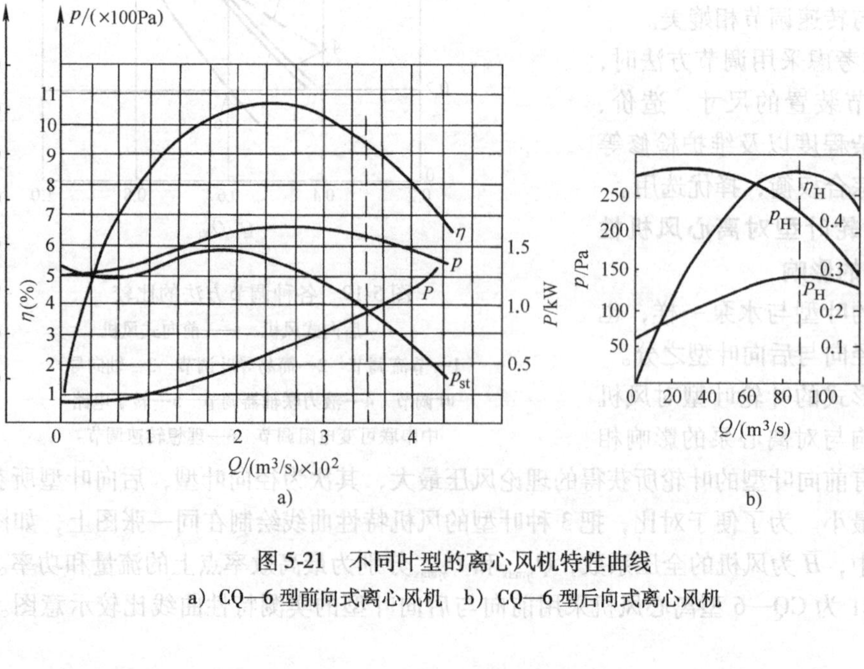

图 5-21　不同叶型的离心风机特性曲线

a）CQ—6 型前向式离心风机　b）CQ—6 型后向式离心风机

型风机中为了增加效率或降低噪声水平，几乎都采用后向叶型。但对于中、小型风机，效率不是主要考虑因素，也有采用前向叶型的。这是因为，在相同的压头下，前向叶型风机的轮径和外形可以做得小一些，可以使风机的结构更为紧凑。所以在微型风机中，大都采用前向叶型的多叶叶轮（注意与离心水泵相比较）。

5.3 离心风机的并联与串联运行

实际工程中，有时只用一台风机运行时，风压或流量满足不了生产的需要，此时可考虑采用两台或多台风机组成串联或并联的方式联合工作。与离心泵相类似，离心风机的串联可以增加风压，并联可以增加流量（风量）。

5.3.1 离心风机的并联

两台或两台以上离心风机从同一进气管道或进气室吸气，并同时向一公共管道送气的运行方式，称为离心风机的并联。

两台离心风机并联运行时，其型号是否相同对并联运行工作的影响是不一样的，下面就对此进行分析。

1. 两台同型号的离心风机并联

两台同型号的离心风机并联时，可按照离心泵并联特性曲线获得的方法，即按并联后风压不变、两风机风量叠加的原则，通过图解法求得风机并联后的特性曲线，如图 5-22 所示。图中，"1"、"2" 为两台单风机的特性曲线，"1+2" 为两台风机并联运行时的特性曲线。

如果在图中绘制出风机管路系统特性曲线，即可得出并联时的工况点 A，此时系统总的风压为 p_A、总风量为 Q_A；而并联时各单机的工况点为 C，其风压 $p_C = p_A$、风量 $Q_C = Q_A/2$。如果只运行 1 台风机，则工况点为 B，相应的风压、风量分别为 p_B、Q_B。

由图 5-22 可知，$Q_A > Q_B$，$p_A > p_B$，即并联后系统中的风量和风压均增加了。但是 $Q_B > Q_C, p_B < p_C$，即并联时每台风机的送风量小于单开 1 台风机时的送风量，而并联时每台风机的风压却大于单开 1 台时的风压。可见，两台同型号的离心风机并联后，其总风量并非是单台风机独立运行时风量的 2 倍而是小于 2 倍，也就是说，并联后风量并没有达到多出 1 台风机的风量的程度。

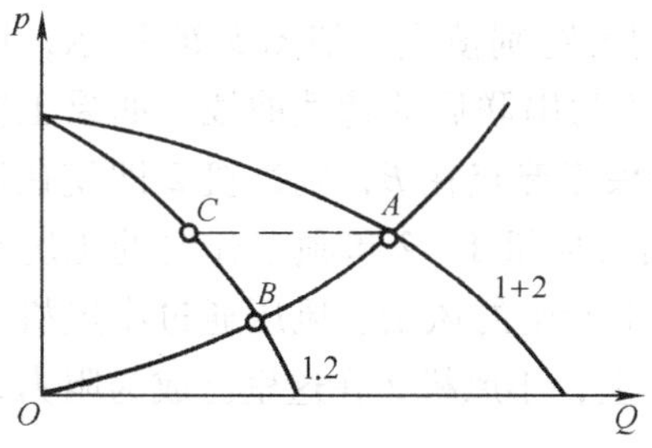

图 5-22 两台同型号离心风机的并联特性曲线

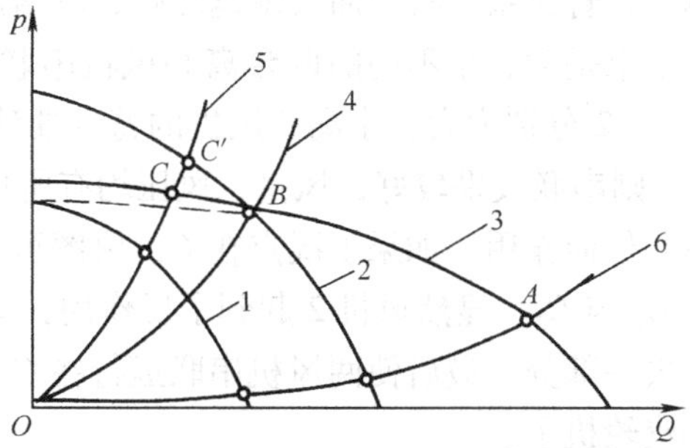

图 5-23 两台不同型号的离心风机并联特性曲线

离心风机并联后风量增加程度的大小，与风机管路系统特性曲线的陡峭程度有关。管路系统特性曲线越陡（阻抗越大），并联后增加的风量就越小；反之，增加的风量就越大。所以，如果是为了增加风量而采用并联，最好是用在管路阻力较小的系统中，否则，可能使得并联显得不合算。

2. 两台不同离心风机的并联

如果一大一小两台离心风机并联，如图5-23所示，曲线3为两风机并联运行时的特性曲线。如果管路系统的特性曲线为4，则并联工况点为B，这时小风机1虽然也在运转，但根本不能输送出气体，实际上不起作用，其中的气体只是在风机内部往复旋转而发热，只有大风机2在系统中输送气体。

如果管路系统特性曲线为5，则工况点在C点，虽然大、小两台风机都在运转，但是系统中的实际风压p_C小于单独一台大风机2工作的风压$p_{C'}$，风量也是$Q_C < Q_{C'}$。此时，小风机1实际上是工作在反转状态，其叶轮反转导致出气倒流，流量为负值，事实上已变成汽轮机工况了。这是在离心风机并联送风系统中一定要避免的。

如果管路系统特性曲线为6，则并联工况点为A，其风量、风压都比单开1台风机时要大，这时并联才收到实效。

5.3.2 离心风机的串联

两台或两台以上的离心风机首尾相连向一管道输送气体的运行方式，称为离心风机的串联。离心风机串联时，通常1台放在设备的前面（上游），另1台放在设备的后面（下游），如图5-24所示。在空调系统中，在送风管道和回风管道中分别设置风机时，就构成了这种风机的串联系统。

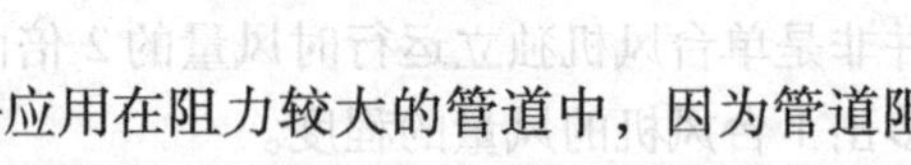

图5-24 离心风机串联示意图

如果两台风机相同，则串联运行时，整个系统中的风量与每台风机的风量相等，而风压是两者之和。所以，其联合运行的特性曲线可在风机特性曲线图中，按等流量下风压竖向叠加而获得，如图5-25所示。由图可知，两台风机串联运行时，系统中的风压提高了，这样每台风机有充裕的能力把更多的气体送入管道，造成串联后每台风机的风量Q_C大于单独开1台风机时的风量Q_B，而风压正好相反。

从提高风压的角度考虑，离心风机的串联最好应用在阻力较大的管道中，因为管道阻力越大，管路系统特性曲线就越陡峭，其增压效果就越好；否则就得不到好的增压效果。

如果是大、小不同的两台离心风机串联运行，则要特别慎重。如图5-26所示，图中曲线1、2分别为大、小离心风机的特性曲线，曲线3为串联后的特性曲线。如果工况点在A，则串联效果较好，风量、风压均有所增加。如果工况点在B，则风机2即使在运行也不起任何作用。如果工况点在C，由图可知此时两台风机1、2单独工作时的工况点分别为C_1与C_2，显然风机2起到了反作用，即大风机1产生的风量、风压通过小风机2时漏出去一部分，最后使两风机串联运行在C点。实际上，小风机2在这里已成为阻力，变成小汽轮机了。

此外，还要注意的是，大、小离心风机串联时必须是大风机向小风机输气；如果反过来安装，大风机的吸入口将出现气流不足、气压过低，最终导致串联的风机不能正常工作。

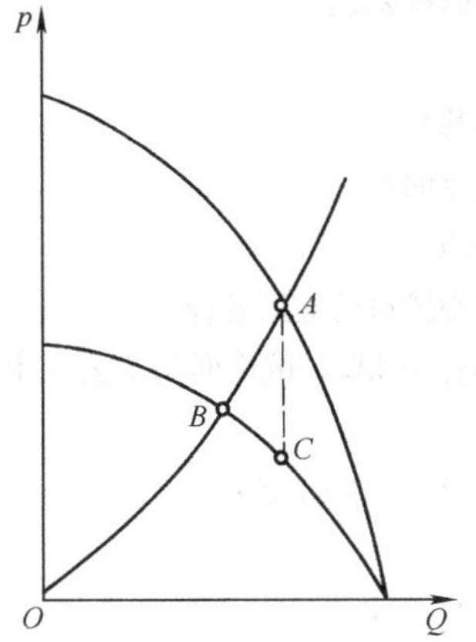

图 5-25 两台相同离心风机串联特性曲线

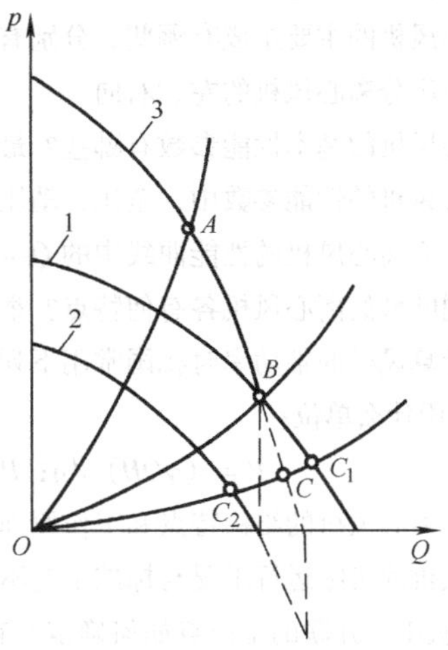

图 5-26 大小不同的两台离心风机的串联特性

5.3.3 离心风机并联与串联的比较

在实际应用中，离心风机采用并联还是串联的关键在于管路系统特性曲线的类型。如图 5-27 所示，由于管路特性曲线的陡峭程度不同，它们对离心风机的并联、串联的影响也不一样。图中，B 点为并联与串联的分界点。如果管路系统特性曲线位于 B 点左侧（就是水力阻力损失大的管道），串联的流量（如 C 点）大于并联；反之，如果管路系统特性曲线位于 B 点右侧（即水力损失小的管道），其并联流量（如 D 点）大于串联流量。由此看出，并非只有并联才能增加流量，同样也并非只有串联才能增加风压（如 D 点的风压就高于串联时工况点的风压）。因此，对于离心风机并联、串联的特性一定要结合具体的管路系统来进行具体分析，并在此指导下对风机的运行作出适当的调节，以使并联或串联能获得最大的效果。

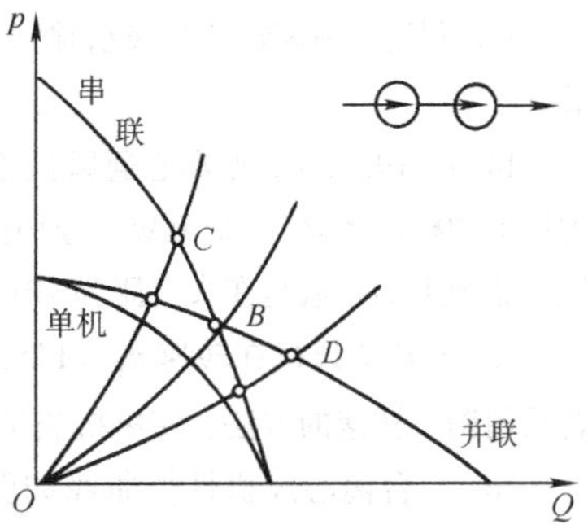

图 5-27 离心风机并联与串联的比较

本章要点

1）离心风机的构成部件及其作用。

2）离心风机的工作原理。

3）离心风机的主要性能参数及其意义，离心风机的特性曲线特点、用途；不同叶型的叶轮对风机性能的影响。

4）离心风机性能工况的确定与工况调节的方法与特点。

5）离心风机并联、串联运行工况的分析方法。

思考题与习题

1. 离心风机的主要组成有哪些，分别有何作用？与离心泵有哪些差别？

2. 如何区分离心风机的左、右向？

3. 离心风机的基本性能参数有哪些？最主要的性能参数是哪几个？

4. 离心风机的性能参数中，全压、动压和静压分别是如何规定的？

5. 为什么离心风机的性能曲线中的 $Q\text{-}\eta$ 曲线有一个最高效率点？

6. 不同叶型的离心风机各有何特点？举例说明不同叶型的离心风机的应用场合。

7. 在计算风机的轴功率时我国常用下列公式，其中，P 的单位为 kW。试说明每个公式中 γ、Q、H 及 p 都应采用什么单位：

$$P=(\gamma QH)/\eta;\ P=(QH)/(102\eta);\ P=(Qp)/\eta$$

8. 试述离心风机的结构特点和工作原理。

9. 当风机的实际运行工况与标准工况不同时，如何进行换算？

10. 风机串、并联的工作点如何确定？它们的应用场合如何？风机串、并联工作时应分别注意哪些问题？应按怎样的规则去选择联合运行工作的风机？

11. 离心风机为什么要空载起动？

12. 有一台可把15℃冷空气加热到170℃热空气的空气预热器，当它的流量 $Q_m=2.957\times10^3\text{kg/m}^3$ 时，预热器及管道系统的全部阻力损失为150Pa。如果在该系统中装一台离心风机，试从节能的角度分析，是把它装在预热器前好还是装在预热器后好。为什么（设风机效率 $\eta=70\%$）？

13. 利用4—68No. 5号风机输送60℃空气、转速为1450r/min，求此条件下风机最高效率点的性能参数。

14. 9—19No. 6. 3型离心通风机铭牌参数为 $n_0=2900\text{r/min}$，$Q_0=5153\text{m}^3/\text{h}$，$p_0=9055\text{Pa}$，$\eta=78.5\%$，配用电动机功率 $P_0=18.5\text{kW}$。今用此风机输送温度为80℃的空气，求此条件下风机的实际性能参数（该风机铭牌上的参数是在大气压为101. 325kPa，介质温度为20℃的条件下给出的）。

15. 某离心风机在转速 $n_1=1450\text{r/min}$ 时的 $Q\text{-}p$ 曲线如图5-28所示，管路性能曲线方程为 $p=20Q^2$。若采用调节转速的方法，使风机流量变为 $Q=27000\text{m}^3/\text{h}$，此时风机转速应为多少？

16. 一台离心风机性能曲线如图5-29所示，管路性能曲线方程为 $p=20Q^2$。若把流量调节到 $Q=6\text{m}^3/\text{s}$，采用出口节流和变速两种调节方法，则采用两种方法调节后风机的轴功率各为多少？若风机按全年运行7500h计算，变速调节每年要比节流调节省多少电能？

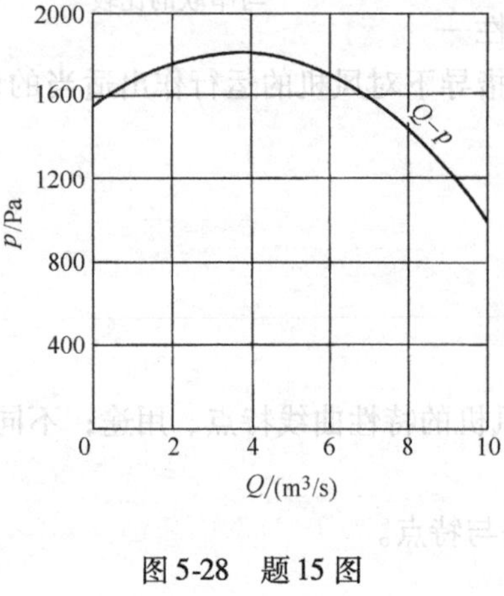

图5-28 题15图

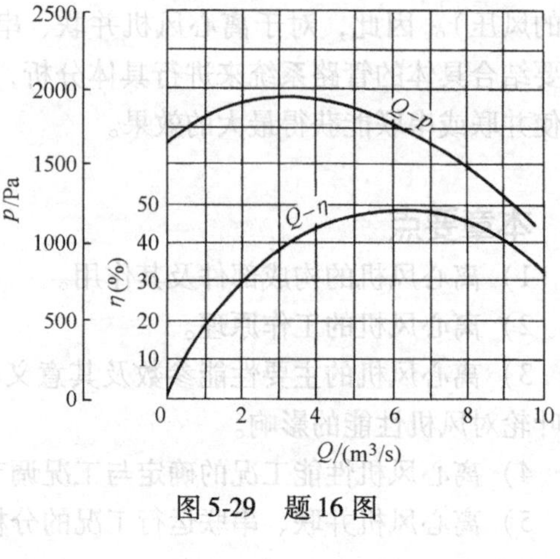

图5-29 题16图

实训7 离心风机的拆装

1. 实训的目的

1）提供对离心风机结构和工作原理的感性认识，通过对设备的拆装训练进一步强化对设备结构和性能的了解，将实物与书本知识有机地结合起来，并熟悉常用离心风机的构造、性能、特点。

2）通过对离心风机的拆装训练，掌握离心风机的拆装方法与步骤，熟悉常用工具的使用；有利于将从书本学来的间接经验转变为自己的直接经验，为将从事的工作诸如设备的安装、维护、修理等打好基础。

3）通过集体实训，共同分析和讨论相关的问题，如拆装过程中出现问题的排除、矛盾现象的分析等，以训练良好的工作技能。

2. 实训要求与步骤

拆风机之前，先要了解风机的外部结构特点，分析出拆风机的次序即先拆哪部分、再拆哪部分。

（1）离心风机的拆卸

1）断开电源，拆下传动端的联轴器（或带）。

2）拆下风机与进、出风管的联接软管（或联接法兰）。

3）将轴承托架的螺栓卸下，再拆下托架。

4）拆下风机两侧的地脚螺栓，使整个风机机体从减振基础上拆下。

5）拆下吸入口、机壳。

6）拆开锁片，将锁片板上的3枚紧固螺钉拧下，从轴上拆下销片。

7）卸下叶轮、轴和轴承装置。

8）拆下轮毂机座（要注意垫好才能拆下）。

9）从机壳上拆下支架和截流板。

拆卸时应注意，将卸下的机械零件按一定的顺序放置好，等检查或清洗完相关的零部件后，再装机。拆完之后，重点了解以下内容并做记录：

1）所拆风机的型号、性能参数。

2）构成部件名称。

3）有无蜗舌。

4）叶轮的结构形式与叶型。

5）吸入口、排出口、转向等的区分。

6）与电动机的联接方式。

7）单吸风机与双吸风机的差异。

（2）离心风机的组装　组装时按照先将零件组装成部件，再把部件组装成整机的规则；并按照与拆机相反的顺序进行。装好的风机必须装回其原来的位置。

整机安装时应注意：

1）风机轴与电动机轴的同轴度，通风机的出口接出风管应顺叶轮旋转方向接出弯头，并保证至弯头的距离大于或等于风口出口尺寸的1.5~2.5倍。

2）装好的风机进行试运转时，应加上适度的润滑油，并检查各项安全措施。盘动叶轮，应无卡阻现象，叶轮旋转方向必须正确，轴承温升不得超过40℃。

（3）提出问题并讨论

（4）提交实训记录与体会

3. 实训设备和器材

本实训主要设备是装在空调管路中的离心风机或单体离心风机。风机可以是直联式或与电动机联轴器联接式的。

每组所用的器材主要包括一字及十字螺钉旋具各1把，钳子1把，活扳手1把，记号笔，动平衡检测仪表，记录用纸等。

第6章

离心风机的选用、安装、运行与维护

6

6.1 离心风机的选型
6.2 离心风机的安装、运行与维护保养
6.3 离心风机的常见故障及其排除
6.4 离心风机在空调工程中的应用实例分析

6.1 离心风机的选型

由于不同的用途和使用条件会对离心风机提出不同的要求，因而，在各种类型的离心风机中，正确选择其类型、大小和台数来满足各种不同的工程要求是十分必要的。

6.1.1 离心风机的选型原则

选用风机时，同样根据使用条件和要求来选择风机型号和台数，其额定流量和风压的确定方法同水泵的一样，都是先计算装置的最大流量和最大压头，再考虑10%～15%的裕量。

与水泵一样，离心风机也可由数台风机一起联合工作；不过在选用风机时，应尽量避免采用并联或串联的工作方式。

此外，选用风机时，还应根据管路布置及联接要求确定风机叶轮的旋转方向及出风口位置。对于有噪声要求的通风机系统，应尽量选用效率高、叶轮圆周速度低的风机。当有几种风机可供选择时，除了对比额定点的流量、压力、噪声、效率等参数外，还应对其整条性能曲线进行考察。

对于制冷空调设备来说，通常希望选择 Q-p 特性曲线较陡（压力变化大时流量变化较小）和 Q-η 曲线较平坦（流量变化较大时效率变化较小）的风机。这样才能在系统阻力有明显变化时，能有足够的流量供给，并保证风机在较高的效率下运行。

6.1.2 离心风机的选型方法

选用离心风机之前，首先应充分了解整个装置的用途、管路布置、地形条件、被输送流体的种类、性质等原始资料，明确工程对风机的要求。例如：输送有爆炸危险气体时，应选用防爆风机；空气中含有木屑、纤维或尘土时，采用排尘风机；空调系统中采用空调风机，见表6-1。

表6-1 常用风机性能范围及用途表（示例）

型 号	名 称	全压范围/Pa	风量范围/（m^3/h）	功率范围/kW	介质最高温度/℃	适用范围
4—68	离心风机	170～3370	565～79000	0.55～50	80	一般厂房通风换气空调
4—72—11	塑料离心风机	200～1410	991～55700	1.10～30	60	防腐防爆厂房通风排气
4—72—11	离心风机	200～3240	991～227500	1.1～210	80	一般厂房通风换气
4—79	离心风机	180～3400	990～17720	0.75～15	80	一般厂房通风换气
7—40—11	排尘离心风机	500～3230	1310～20800	1.0～4.0	—	输送含尘量较大的空气
9—35	锅炉通风机	800～6000	2400～150000	2.8～570	—	锅炉送风助燃
Y4—70—11	锅炉引风机	670～1410	2430～14360	3.0～75	250	用于1～4t/h的蒸汽锅炉
Y9—35	锅炉引风机	550～4540	4430～473000	4.5～1050	200	锅炉烟道排风
G4—73—11	锅炉离心风机	590～7000	15900～680000	10～1250	80	用于2～670t/h汽锅或一般矿井通风
30K4—11	轴流风机	26～516	550～49500	0.09～10	45	一般工厂车间办公室换气

离心风机选型有许多方法，较常用的有按无因次特性曲线选型、按对数坐标曲线选型、按特性曲线或性能表选型和按系统阻力选型等。这里只介绍按特性曲线或性能表选型的方法。

利用风机性能表选型的主要步骤如下：

1）根据使用需要，计算所需风量和风压。

2）根据风机的用途、需要的风量和风压确定风机的类型（如防腐、防爆离心风机等）。

3）根据此类风机的性能表，找到规格、转速及配套的功率与所需风量和风压相匹配的风机。

按风机特性曲线选型的步骤为（可参照离心泵的选用方法）：

1）确定所需风量、风压；如果输送介质与规定的条件不符，则要进行换算。

2）根据安全、经济的原则，确定风机的类型、运行方式和所需的台数，并决定所需的选择参数（如单机风量和风压）。

3）根据选择参数，在风机特性曲线上点绘 Q、p 值，再由点（Q、p）查得所选风机的型号、转速和轴功率值。如果点（Q、p）没有落在风机的 Q-p 曲线上，则在风量 Q 不变的情况下向上寻找，即以 Q 值为横坐标作垂线，找到该垂线与点（Q、p）上方一条最接近的 Q-p 曲线的交点，再查出该交点对应的风机型号、转速等。

4）如有多台风机可满足以上要求，则对它们的运行工况进行校核，并比较其运行效率、压头利用情况等，确定要选用的风机。

按特性曲线或性能表选型是目前使用最为普遍的一种方法，但所选参数与所需参数不一定吻合，还要进行繁杂的换算。因为制造厂提供的特性曲线或性能表通常是在标准状况下给出的，用户在使用这些曲线和表格时，需将工作条件下的参数换算成指定条件下的参数，然后按换算后的参数选用风机（其方法同离心泵的选型）。输送空气的密度 ρ、转速 n、叶轮直径 D 同时发生变化时，计算公式如下。

输送空气量：
$$\frac{Q_2}{Q_1}=\frac{n_2}{n_1}\left(\frac{D_2}{D_1}\right)^3 \tag{6-1}$$

风机全压：
$$\frac{H_2}{H_1}=\frac{n_2\rho_2}{n_1\rho_1}\left(\frac{D_2}{D_1}\right)^2 \tag{6-2}$$

功率：
$$\frac{P_2}{P_1}=\frac{\rho_2}{\rho_1}\left(\frac{D_2}{D_1}\right)^5\left(\frac{n_2}{n_1}\right)^3 \tag{6-3}$$

效率：
$$\eta_2=\eta_1 \tag{6-4}$$

也可按以下公式进行无因次参数与有因次参数之间的换算：

$$Q=\frac{1}{4}\pi D_2^2u_2\varphi \tag{6-5}$$

$$K_{pt}=\frac{\rho_1u_2^2\psi_t}{2\times101300}\left[\left(\frac{\rho_1u_2^2\psi_t}{2\times354550}+1\right)^{3.5}-1\right] \tag{6-6}$$

$$p_{tF}=\frac{\rho_1u_2^2\psi_t}{2K_{pt}} \tag{6-7}$$

$$P_{in} = \frac{\pi D_2^2}{2 \times 4000} \rho_1 u_2^2 \lambda \tag{6-8}$$

$$P_e = \frac{P_{in}}{\eta_m} K \tag{6-9}$$

式中 Q——流量（m^3/s）；

p_{tF}——全压（Pa）；

D_1、D_2——叶轮流道进口处直径及叶轮外缘直径（m）；

u_2——叶轮叶片外缘线速度（m/s）；

ρ_1、ρ_2——进气密度、排气密度（kg/m^3）；

φ——流量系数；

ψ_t——全压系数；

K_{pt}——全压压缩性系数；

λ——线性尺寸比例因子，参见式（3-2）；

P_{in}——内功率，单位为 W；

P_e——所需功率，单位为 W；

η_m——机械效率；电动机直联取 1.0，联轴器直联取 0.95～0.98，带传动取 0.9～0.95；

K——电动机储备系数，见表5-1。

用性能表选机时，在性能表上附有电动机功率及型号和传动配件型号，可一并选用。当采用特性曲线来选用风机时，由于图上只表示出轴功率 P，故电动机及传动件需另选。配套电动机功率 P_m 可按式（5-3）或下式计算：

$$P_m = K\frac{P}{\eta_m} = K\frac{\gamma QH}{\eta_m \eta} = K\frac{Qp}{\eta_m \eta} \tag{6-10}$$

式中 Q——流量（m^3/s）；

H——扬程（m）；

p——风机全压（Pa）；

K——电动机安全系数，见表5-3；

η_m——传动效率，电动机直联 $\eta_m = 1.0$，联轴器直联传动 $\eta_m = 0.95 \sim 0.98$，V 带传动 $\eta_m = 0.9 \sim 0.95$；

η——风机效率；

γ——重度（$\gamma = \rho g$）（N/m^3）。

6.1.3 离心风机选型的注意事项

在离心风机选型时，应注意以下几点：

1）在选用风机时，应尽量避免采用串联或并联的工作方式；当不可避免地需要采用串联时，第一级风机到第二级风机间应有一定的管长。

2）应使风机的工作点处于 Q-p 曲线最高效率点或稍偏右的下降段的高效区域，也就是最高效率点的 ±10% 区间内，以保证工作点的稳定和高效运转。

3）风机样本上的参数是在特定标准状态下实测得到的，当实际条件与标准状态不相符时，要将使用工况状态下的流量、压头换算为标准状态下的流量和压头，再根据换算后的参数查样本或手册选用设备。

4）选用风机时，应根据管路布置及联接要求确定风机叶轮的旋转方向及出风口位置；对于有噪声要求的系统，应选用高效低噪声风机，并根据需要采用相应的消声和减振措施。

5）进行工程改造选用风机时，新选的风机应考虑充分利用原有设备、适合现场制作安装及安全运行等问题。

6）当选出的风机有多种型号时，可选择效率最高、制作工艺简单、调节性能较好、维修方便，且叶轮直径又小的风机。

7）如果选不到较满意的标准型风机型号时，可用修正叶轮、机壳宽度的办法来解决。

例 6-1：某地大气压为 98.07kPa，输送温度为 70℃的空气，风量为 $11500\mathrm{m^3/h}$，管道阻力为 2000Pa，试选用风机、应配用的电动机及其他配件。

解：将输送风量增加 10% 作为选用时的依据。由于风管系统压头不太高，风压也只增加 10% 作为选用的依据，即：

$$Q = 1.1Q_{\max} = 1.1 \times 11500\mathrm{m^3/h} = 12650\mathrm{m^3/h}$$

$$p = 1.1p_{\max} = 1.1 \times 2000\mathrm{Pa} = 2200\mathrm{Pa}$$

由于使用地点大气压及输送气体温度与样本数据采用的标准不同，应予换算。按换算公式 $p_0/p =(101.325/B)(T/T_0)$（其中下角标“0”表示标准状态，$B$ 为当地大气压）可得：

$$p_0 = p \times 101.325/98.07 \times (273+70)/(273+20)$$
$$= (2200 \times 1.033 \times 343/293)\mathrm{Pa} = 2662\mathrm{Pa}$$
$$Q_0 = Q = 12650\mathrm{m^3/h}$$

按输送介质及使用要求，可选用 4—72—11 型离心风机。根据其性能表（读者可在各种通风设备手册中找到，此处略），可选用 4—72—11№.5A 高效率离心式风机。该机性能表中序号 6 工况点参数为 $n = 2900\mathrm{r/min}$，$p_0 = 2600\mathrm{Pa}$，$Q_0 = 12630\mathrm{m^3/h}$；配用电动机型号为 Y160M$_1$—2，$P = 11\mathrm{kW}$。

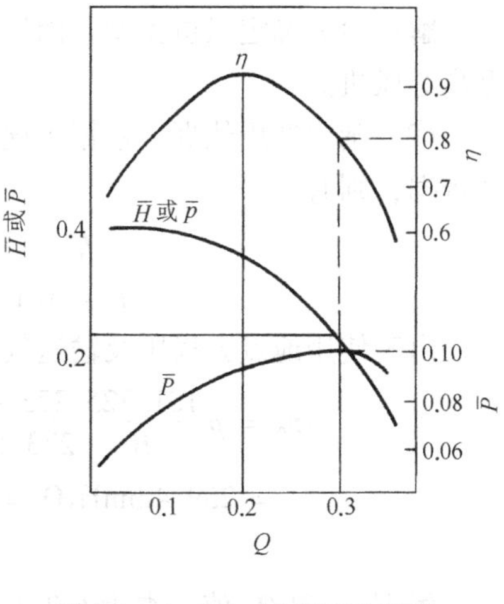

图 6-1 4—72—11 型离心风机无因次特性曲线

如果采用无因次性能曲线选用风机时，可以从无因次性能曲线图 6-1 中查出 4—72—11 型风机在最高效率下的无因次压力系数 p（或 $\overline{H}$）$=0.416$，无因次流量系数 $\overline{Q}=0.212$。

根据 $\overline{p}=p/(\rho u_2^2)$ 可计算出风机叶轮外缘的圆周速度：

$$u_2 = \sqrt{\frac{p}{\rho\overline{p}}} = \sqrt{\frac{2600}{1.2 \times 0.416}}\mathrm{m/s} = 72.2\mathrm{m/s}$$

如选用 $n = 2900\mathrm{r/min}$ 的风机，叶轮外缘的直径 D_2 应为：

$$D_2 = 60\frac{u_2}{\pi n} = \frac{60 \times 72.2}{3.14 \times 2900}\text{m} = 0.476\text{m}$$

并由此计算相应的风量为

$$Q = \overline{Q}u_2\frac{\pi D_2^2}{4} = 0.212 \times 72.2 \times \frac{3.14 \times (0.476)^2}{4}\text{m}^3/\text{s} = 2.73\text{m}^3/\text{s} = 9810\text{m}^3/\text{h}$$

可见，所选定的叶轮直径的风机不能在给定的转速下提供所要求的流量。同时，如果考虑到制造厂通常是按“dm”（分米）来生产风机的，故可采用 $D_2 = 0.5\text{m}$ 的风机，即№5 的风机，则其圆周速度为

$$u_2 = \frac{n\pi D_2}{60} = \frac{2900 \times 3.14 \times 0.5}{60}\text{m/s} = 76\text{m/s}$$

并计算无因次流量为 $$\overline{Q} = \frac{Q}{u_2\frac{\pi D_2^2}{4}} = \frac{(4 \times 12650)/3600}{76 \times 3.14 \times (0.5)^2} = 0.235$$

再查无因次性能曲线，在相当于 $\overline{Q} = 0.235$ 处的压力系数为 $\overline{p} = 0.386$，功率系数 $\overline{P} = 0.101$。

用所得无因次量验算风压和轴功率可得：

$$p = \overline{p}\rho u_2^2 = 0.386 \times 1.2 \times (76)^2\text{Pa} = 2675.5\text{Pa}$$

$$P = \overline{P}\rho u_2^3\frac{\pi D_2^2}{4} = \left[0.101 \times 1.2 \times (76)^3 \times \frac{3.14}{4} \times (0.5)^2\right]\text{W}$$

$$= 10441\text{W} = 10.44\text{kW}$$

由本例可以看出，采用无因次性能曲线选用风机时，需要反复换算，显然比较麻烦。利用选择性能曲线进行选用，非常便利。选择性能曲线图又称为组合性能曲线图。

例 6-2：某地大气压为 98.07kPa，输送温度为 70℃的空气，风量为 $6650\text{m}^3/\text{h}$，管道阻力为 $195\text{mmH}_2\text{O}$，试选用合适的风机及其配用电动机。

解：(1) 确定风机类型　因用途与使用条件无特殊要求，故可选用新型节能型 4—68 型离心风机。

(2) 确定选用依据　根据工况要求的风量和风压，考虑增加 10% 的附加量作为选用时的依据，则有

$$Q = 1.1 \times 6650\text{m}^3/\text{h} = 7315\text{m}^3/\text{h}$$

$$p = 1.1 \times 195\text{mmH}_2\text{O} = 214.5\text{mmH}_2\text{O}$$

由于使用地点大气压及输送气体温度与样本数据采用的标准不同，应进行换算：

$$p_0 = p\frac{101.325}{B}\frac{273 + t}{273 + t_0} = 214.5 \times \frac{101.325}{98.07} \times \frac{273 + 70}{273 + 20}\text{mmH}_2\text{O}$$

$$= 259.4\text{mmH}_2\text{O} = 2544\text{Pa}$$

$$Q_0 = Q = 7315\text{m}^3/\text{h}$$

根据 p_0 和 Q_0 值，查表 6-2（4—68 型离心风机性能表），选用一台 4—68No4.5 型风机。该机转速 $n = 2900\text{r/min}$，性能序号 3 工况点参数 $p_0 = 2620\text{Pa}$，$Q_0 = 7355\text{m}^3/\text{h}$，内效率为 89.5%，配用电动机功率 6.74kW，型号为 Y132S_2—2。

该问题也可通过 4—68 型离心风机的 Q-p 性能曲线图来进行风机的选型（过程略）。

表 6-2 4—68 型离心风机性能表（节录）

机号 No.	传动方式	转速 /（r/min）	序号	全压 /Pa	流量 /（m^3/h）	内效率 （%）	电动机 功率/kW	电动机 型号
2.8	A	2900	1	990	1131	78.5	1.1	Y802—2
			2	990	1319	83.2		
			3	980	1508	86.5		
			4	940	1696	87.9		
			5	870	1885	86.1		
			6	780	2073	80.1		
			7	670	2262	73.5		
4	A	2900	1	2110	3984	82.3	4	Y112M—2
			2	2100	4534	86.2		
			3	2050	5083	88.9		
			4	1970	5633	90.0		
			5	1880	6182	88.6		
			6	1660	6732	83.6		
			7	1460	7281	78.2		
4.5	A	2900	1	2710	5790	83.3	7.5	Y132S_2—2
			2	2680	6573	87.0		
			3	2620	7355	89.5		
			4	2510	8137	90.5		
			5	2340	8920	89.2		
			6	2110	9702	84.5		
			7	1870	10485	79.4		
4.5	A	1450	1	680	2895	83.3	1.1	Y90S—4
			2	670	3286	87.0		
			3	650	3678	89.5		
			4	630	4069	90.5		
			5	580	4460	89.2		
			6	530	4851	84.5		
			7	470	5242	79.4		

6.2 离心风机的安装、运行与维护保养

6.2.1 离心风机的安装

1. 安装前的准备工作

风机安装前应检查其基础、消声和减振装置是否符合工程设计的有关要求。

风机安装还应对各机件进行全面检查，看风机的零件、部件和配套件是否齐全；校对叶轮、机壳等的安装尺寸是否与设计相符；叶轮与机壳的旋转方向是否一致；各机件联结是否紧密、转动部分是否灵活等。如发现问题应调整、修好，然后在一些结合面上涂一层润滑脂或润滑油，以防生锈造成拆卸困难。

2. 安装要求

离心风机的安装应注意以下几点：

1）风机与风管联接时，要使空气在进、出风机时尽可能均匀一致，不要有方向或速度的突然变化，更不允许将管道重量加在风机壳上（参见表6-3）；对噪声和振动有严格要求的场合，还应在风机与管道的联接处采用消声装置和防止振动传递的帆布软接头等。

表6-3 工程上常见离心风机联接方式比较

图例		说明
差	好	
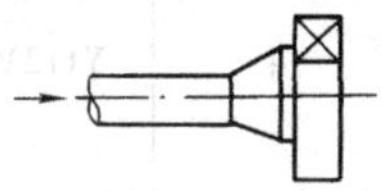	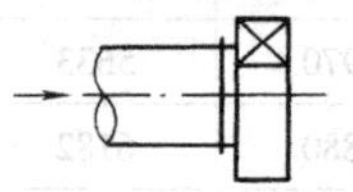	进口受阻，差；进口敞开或等管径，好
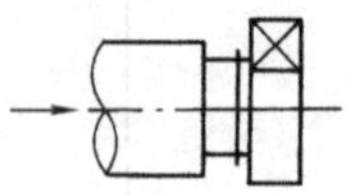	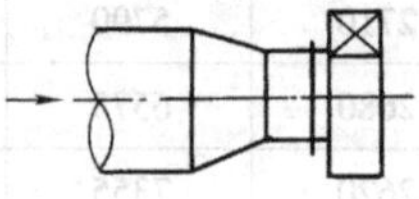	进口突缩，损失大；进口渐缩，损失小
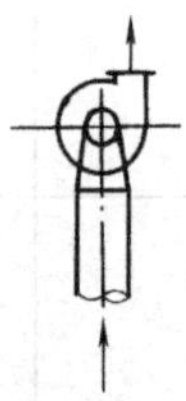	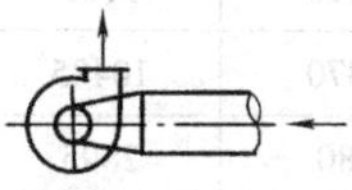	转角为180°，差；转角为90°，好
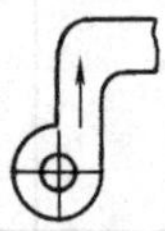		气流惯性与转角相反，差；气流惯性与转角一致，好
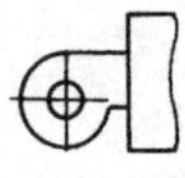	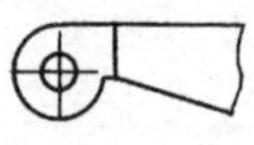	出口突扩，损失大，差；出口渐扩，损失小，好

2）风机的进气、排气系统的管路、大型阀件、调节装置等均应有单独的支承，并与基础或其他建筑物联接牢固；与风机进气口和排气口法兰相联的直管段上，不得有阻碍热胀冷缩的固定支架。

3）风机进风口与叶轮之间的间隙对风机出风量影响很大；安装时应严格按照图样要求进行校正，确保其轴向与径向的间隙尺寸。

4）对用带轮传动的风机，在安装时要注意两带轮外侧面必须成一直线。否则，应调整电动机的安装位置。

5）对用联轴器直接传动的风机，安装时应特别注意主轴与电动机轴的同心度，同心度允差为0.05mm，联轴器两端面平行度允差为0.02mm。

6）风机传动装置的外露部分、直通大气的进口，其防护罩（网）应在试运转前安装好。

7）风机安装完毕后，拨动叶轮，检查是否有过紧或碰撞现象。

待总检查合格后，才能进行试运转。

6.2.2 离心风机的运行

相对于离心泵来说，离心风机的结构比较简单，运行时并无离心水泵所具有的一些特殊要求，如不必考虑水泵中出现的气蚀，也不存在允许吸上真空度的问题等。离心风机的运行一般包括起动、正常运行及维护、停机等。

1. 离心风机起动

（1）起动前的准备与检查　风机起动前应做好准备工作，应进行认真地检查。检查的内容有：

1）检查润滑油的名称、型号、主要性能和加注量是否符要求，并确认油路畅通无阻。

2）通过联轴器或传动带等盘动风机，以检查风机叶轮是否有卡住和摩擦现象。

3）检查风机机壳内、联轴器附近、带罩等处是否有影响风机转动的杂物，若有则应清除。同时应检查（带传动时）传动带的松紧程度是否合适。

4）检查通风机、轴承座、电动机的基础地脚螺栓或风机减振支座及减振器是否有松动、变形、倾斜、损坏现象，如有则应进行处理。

5）确认电动机的转向与风机的转向是否相符，检查风机的转向是否正确。

6）关闭作为风机负荷的风机入口阀或出口阀。

7）如果驱动风机的电动机经过修理或更换时，则应检查电动机转速与风机是否匹配。

对于新安装或经大修过的离心风机，还要进行试运转检查，风机试运转时应符合下列要求：

1）点动电动机，各部位应无异常现象和摩擦声才能进行运转。

2）风机起动达到正常转速后，应首先在调节阀门开度为0°~5°间小负荷运转，待达到轴承温升稳定后连续运转时间不应小于20min。

3）小负荷运转正常后，应逐渐开大调节阀，但电动机电流不得超过其额定值，在规定负荷下连续运转时间不应小于2h。

4）具有滑动轴承的大型离心风机，在负荷试运转2h后应停机检查轴承。轴承应无异常，当合金表面有局部研伤时应进行修整，然后连续运转不小于6h。

5）试运转中，滚动轴承温升不得超过环境温度40℃；滑动轴承温度不得超过65℃，轴承部位的振动速度有效值不应大于6.3×10^{-3}m/s。

（2）起动注意事项 风机起动时应严格按有关的操作规程进行。对于大型空调，一般有多个系统，且采取集中控制的方法，因此，其中的风机应该采用就地起动方式。因为就地起动可及时发现在起动过程中所出现的问题，以避免设备事故的发生。如在具有多台运转设备（如具有多台风机、水泵、制冷机和冷却塔等）的空调系统中，在对运转设备进行起动时，应采用顺序式逐台起动的方法，即当第一台运转设备起动时，只有等起动电流峰值过去而恢复正常电流时，方可起动第二台设备并依次进行。否则，将会由于多台运转设备同时起动而造成瞬间电流过大，导致保护电路中的熔断器断开而造成全部停机的事故。

如果风机的叶轮倒转，则必须在叶轮完全停止转动后方可再次起动风机。

风机起动后应检查风机负荷（如风机入口阀或风机出口阀）是否在开启位置，否则应进行处理，使之达到正常运行状态。

2. 离心风机运行中应注意的问题

离心风机只有在设备完好、正常的情况下方可起动运行。运行过程中如发现流量过大，不符合使用要求，或短时间内需要较少的流量时，可利用节流装置进行调整，以达到使用要求。

风机在运行时，运行人员应做到“一看、二听、三查、四闻”。

“一看”是指看风机电动机的运转电流、电压是否正常，振动是否正常；“二听”是听风机及电动机的运行声音是否正常；“三查”是查看风机、电动机轴温是否正常；“四闻”是检查风机、电动机在运行中是否有异味产生。

如果风机在运行中出现以下异常情况时，必须立即停止风机的运转，并进行检查处理，之后方可继续开机运行，坚决禁止设备带故障运转，以免造成更大的人员和设备事故：

1）电动机运行电流过大或过小，电压过高或过低。

2）风机或电动机或整个减振支座发生强烈的振动或有较大的摩擦声，或有噼叭的传动带颤动声。

3）风机、电动机轴温温升不得大于40℃，表温不得大于70℃。若超过规定值，电动机会发生冒烟现象及产生焦糊味等。

对于双风机空调系统，在运行时还必须注意以下几点：

1）使空调系统的新风管路和空气处理室内保持负压，排风口维持为正静压，否则将会使新风不能进入系统，回风无法进入空气处理室和排风排不出去。

2）对于空调房间有正静压要求的系统，必须使总送风量大于总回风量。

3）如果一台风机发生故障，而系统又无法停运时的风机运行方法：

① 如果空调系统中的回风机发生故障，则系统中的送风机将既承担系统的送风又承担回风任务。此时，应关闭系统中的排风阀，适当降低送风量、提高风机的压头；否则，新风会从新风口和排风口同时吸入，由于回风管路阻力的作用而使回风量减少。

② 如果空调系统中的送风机发生故障，则由系统中的回风机承担系统的运行任务。此时，应关闭新风口和排风口，以防止回风从新风口和排风口中溢出，造成无新风补充的

纯回风循环系统。

3. 离心风机的停机操作

风机的停运应按正常操作规程进行。风机停运后应将风机负荷阀（风机入口调节阀或风机出口调节阀）关闭，以防止下次风机起动时带负荷起动，使电流过大而造成跳闸。

6.2.3 离心风机的维护保养

离心风机属于机械运转设备，同其他机械设备一样，需要正常的维护保养。所以，为了使设备在寿命周期内安全、可靠、有效地使用，必须建立设备维护保养制度，使设备能得到及时恰当的润滑、巡回检查，保证安全文明生产。其维护保养的主要内容如下。

1. 风机运行的正常维护

风机的维护保养必须贯穿风机运转的始终，必须严格按照有关的技术文件规定和操作规程进行风机的运转，并对运转中出现的问题进行及时的维修。为判断风机及其运转是否正常，下面列出风机的完好标准：

1）技术性能、运行参数（风量、风压、效率等）达到设计要求。

2）运行正常，设备无异常振动及异常响声（噪声不超过《工业企业噪声卫生标准》的规定）。

3）风机外壳无严重磨损及腐蚀，无漏风现象。

4）电器及控制系统完好，保护接地符合要求，电动机无严重超负荷、超温现象。

5）润滑装置无异常，润滑脂符合技术要求，运行正常。

6）风机、风管保温良好、外观整洁，软接头无漏风现象。

7）风机台座、减振器无变形、损坏现象，且应整洁。

2. 风机的技术维护

风机的技术维护应包括以下几部分：

1）检查轴承、联轴器、带轮及带传动装置、风机的减振装置是否完好。

2）检查风机外壳体，观察转轮、叶片、开关附件。

3）检查风机转子和外壳间的间隙。

4）检查转子的平衡。转子是否平衡一般可根据外壳振动和叶轮旋转的均匀性判定。

5）检查风机的进、出口调节阀、起动阀的可靠性。

6）检查风机的完整性、风管联接的严密性及有无衬垫。

7）检查油漆和抗腐蚀性覆盖层的状况。

8）检查传动部分有无润滑油，并在必要时予以补充。

3. 离心风机的一级保养的内容与要求

1）擦拭风机的外壳，要求能露出其本色。

2）对于有保温层的风机，应清除保温层上的污物、灰尘，使其保持清洁。

3）检查地脚螺栓，或风机底座与减振台座、减振台座与减振器之间的联接螺栓是否松动。

4）检查联轴器或带轮、V带是否完好，保护是否牢靠。

5）检查各润滑部位的温度是否正常。

6）检查各摩擦部位的温度是否正常。

7）监听运转声音是否正常。

8）检查调节各个阀门，保持开关灵活可靠。

9）检查软接头是否完好，管道有无泄漏。

10）清除一般性的泄漏现象。

11）对电动机进行一级保养。

4. 离心风机的二级保养内容与要求

1）进行一级保养各项内容。

2）拆扫风机，检查叶轮是否完好、是否松动。

3）检修或清洗轴承（或轴瓦）。

4）检查或更换联轴器的螺钉及衬垫或带轮的V带。

5）检修或更换阀门。

6）修补管道或更换帆布接头。

7）全面消除泄漏现象。

8）全面修复各防护装置。

9）更换已损坏的电器元器件。

10）电动机进行二级保养。

为了确保人身安全，风机的检修维护必须在停机的情况下进行，要切断电源，挂上禁止操作的牌子，以免发生事故。

6.3 离心风机的常见故障及其排除

运行中的离心风机随时都有可能出现一些异常现象，这往往是风机故障或事故的前兆。这除了与风机本身及安装缺陷有关外，还与运行人员技术水平等有关。如果运行人员掌握了离心风机故障的分析和诊断方法，能透过运行中的异常现象及时发现、正确处理故障，就能把损失降低到最低程度。因此，能熟练地分析和处理离心风机的常见故障是对每个从事风机运行管理人员的基本要求。

6.3.1 离心风机故障分析的方法

判断离心风机故障主要有3种方法：一是直接分析法，二是间接分析法，三是综合分析法。直接分析法是根据风机运行中的异常现象，通过看、听、摸、嗅直接观察来判断故障点。如风机运行中突然停机并闻到电动机处有焦臭味，则可断定该电动机绕组已烧毁；若风机轴承座轴端漏油严重，则多为油封间隙增大、密封油毡损耗等，需更新。间接分析法是一种以流体力学等知识为基础，在掌握直接分析法、熟悉设备系统的前提下，借助于逻辑推理的方法来判断故障点及其原因的方法。综合分析法是直接分析法与间接分析法的结合，是通过故障的表面现象，找出引起故障的主要原因，从而确定故障的准确部位的方法。它是故障诊断的基本方法。如在运行中发现某离心风机的流量急剧波动，压力也不断变化，风机及联接管道产生强烈振动，噪声也很大，就可用综合分析法进行分析：从现象上看，风机的运行非常不稳定，可能处于不稳定工作区运行，因为当风机运行在不稳定工作区时，就会产生压力和流量的脉动，气流发生猛烈的撞击，于是出现振动和噪声。而当

风机的 Q-p 曲线是驼峰形时，一旦风机工作于曲线上升区段，其工作就会不稳定。因此，可通过调整风机的工作区来排除这样的故障。

6.3.2 离心风机的常见故障及排除方法

离心风机的故障主要有风机的机械故障和性能故障两大类。

机械故障主要包括风机的振动、发热、带联接异常（仅限于带轮传动的风机）、润滑系统故障和轴承等几个方面等。离心风机故障的常见原因和排除故障的方法见表6-4。当离心风机运行中出现故障时，要根据故障现象分析引起故障的原因，并及时采取有效措施，以防止故障扩大，从而避免风机受到严重的损坏。如果某些故障在初发期能通过简单的调节或处理而获得解决，则不必停机检修，否则均要停机检修。同时要注意，在任何情况下，对于轴承过热都不允许采用冰或冷水来冷却轴承，以免轴衬弯曲变形。

表6-4 离心风机常见故障及处理

常见故障	故障原因	处理方法
叶轮损坏或变形	1）叶片表面或铆钉头腐蚀或磨损 2）铆钉和叶片松动 3）叶轮变形后歪斜过大，使叶轮径向跳动或端面跳动过大	1）如为个别损坏，可个别更换零件；如损坏过半，应更换叶轮 2）可用小冲子紧固，如无效可更换铆钉 3）卸下叶轮后，用铁锤矫正，或将叶轮平放，压轴盘某侧边缘
机壳过热	在风机进风阀或出口阀关闭的情况下运转时间过长	先停风机，待冷却后再开车
密封圈磨损或损坏	1）密封圈与轴套不同心，在正常运转中磨损 2）机壳变形，使密封圈一侧磨损 3）叶轮振动过大，其径向振幅的1/2大于密封径向间隙	先消除外部影响，然后更换密封圈，重新调整和校正密封圈的位置
传动带滑下或跳动	1）两带轮位置没有找正，彼此不在一条线上 2）两带轮距离较近，而传动带又过长	1）重新调整带轮 2）调整传动带的松紧度，其方法为调整传动带、调间距或更换传动带
风机的叶轮静、动不平衡，风机和电动机发生同样振动，振动频率与转速相符合	1）轴与密封圈发生强烈的摩擦产生局部高热，使轴弯曲 2）叶片的重量不对称，或一侧产生叶片腐蚀，磨损严重 3）风机叶片上附有不均匀的附着物，如铁锈、积灰或其他杂质 4）风机叶轮上的平衡块重量和位置不对，或位置移动，或检修后未校正	1）更换风机轴，并同时修复密封圈 2）修复叶片或更换叶轮 3）对风机叶片进行清扫 4）对风机叶轮重新进行平衡校正
风机叶轮轴安装不当，振动为不定性的，空载时轻，负载时重	1）联轴器安装不正，风机轴和电动机不同心 2）带轮安装不正，风机轴和电动机轴不平行	进行重新校正和调整

（续）

常见故障	故障原因	处理方法
转子固定部分松动，或活动部分间隙过大，发生局部振动过大，主要在轴承箱待活动部分	1）轴衬或轴颈磨损使油隙过大，轴衬与轴承箱之间的紧力过小或有间隙而松动 2）叶轮、联轴器或带轮与轴松动 3）联轴器的螺栓松动或活动，滚动轴承的固定圆螺母松动	1）补焊轴料合金，调整垫片，或对轴承箱接合面进行刮研 2）修理轴或叶轮，重新配键 3）上紧螺母
基础或机座的刚度不够或不牢固，产生机房邻近的共振现象，电动机和风机整体振动，而且与风机负荷无关	1）风机基础不够牢固，地脚螺母松动，垫片松动，机座联接不牢固，联接螺母松动 2）基础或基座的刚度不够，使转子不平衡，引起剧烈的强制共振 3）风管道未留膨胀余地，与风机联接处的软接头不合适或管道安装时有问题	1）查明原因，进行适当的修补或加固，上紧螺母 2）查明原因，进行适当的修补或加固，上紧螺母 3）进行调整和修理
风机内部有摩擦现象，发生振动不规则，且集中在某一部分，噪声和转速相符合；在起动和停车时，可听到金属弦音	1）叶轮歪斜与机壳内壁相碰，或机壳刚度不够，左右晃动 2）叶轮歪斜与进气口圈相碰 3）推动轴衬歪斜、不平或磨损	1）修理叶轮和推力轴衬 2）修理叶轮和进气圈 3）修理轴衬
轴衬磨损、损坏或质量不好	1）轴与轴承歪斜，主轴与直联电动机轴不同心，推力轴承支承轴承不垂直，使磨损过多，顶隙、侧隙和端隙过大 2）刮研不良，使接触弧度过小或接触不良，上方及两侧有接触痕迹，间隙过大或过小，下半轴衬中分处的存油沟斜度太小 3）表面出现裂纹、破损、夹杂、擦伤、剥落、溶化、磨纹及脱壳等缺陷 4）合金成分质量不良，或浇注不良	1）进行焊补或重浇注 2）重新刮研或校正 3）重新浇注或进行焊补 4）重新浇注
轴承安装不良或损坏	1）轴承与轴的位置不正，使轴封磨损或损坏 2）轴承与轴承箱孔之间的过盈太小，或有间隙而松动，或轴承箱螺栓过紧或过松，使轴封与轴的间隙过小或过大 3）滚动轴承损坏，轴承保持架与其他机件碰撞 4）机壳内密封间隙增大使叶轮轴向推力增大	1）重新校正 2）调整轴承与轴承箱孔间的垫片和轴承箱盖与轴承座之间的垫片 3）修理或更换轴承 4）修复或更换密封片

（续）

常见故障	故障原因	处理方法
风压降低	1）管路阻力曲线发生变化，阻力增大，风机工作点改变 2）风机制造质量不良或风机严重磨损 3）风机转速降低 4）风机工作在不稳定区	1）调整风管阻力曲线，减小阻力，改变风机工作点 2）检修风机 3）提高风机转速 4）调整风机工作区
风机运行中风压过大，风量偏小	1）风机叶轮旋转方向相反 2）进风管或出风管有堵塞现象 3）出风管道漏风 4）叶轮入口间隙过大或叶片严重磨损 5）风机轴与叶轮松动 6）导向器装反 7）所使用的风机全压不适当	1）调整叶轮旋转方向 2）清除风管中的堵塞 3）检查处理或修补风道 4）调整叶轮入口间隙或更换叶轮 5）检修紧固叶轮 6）调装导向器 7）通过改变风机转速，进行风机性能调节，或更换风机
转速不变而风机压头偏低，风量增大	送风管道漏风	修复送风管道
润滑油脂质量低劣	1）润滑油脂质量低劣或变质，粘度过大或过小，或杂质过多 2）润滑油中水分过多或抗乳化度较差	更换润滑油脂
噪声大	1）管道、风机入口阀或出口阀安装松动 2）风机支座安装螺栓松动 3）风机的拖动电动机安装螺栓松动或电动机风叶外壳松动 4）风机传动带过松而发生传动带与带罩及传动带之间的振颤、抖动	1）对风阀进行紧固安装 2）紧固支座安装螺栓 3）紧固电动机安装螺栓或电动机风叶端外壳 4）调整传动带的松紧度
轴承温升过高	1）通风机剧烈振动 2）润滑脂变质或含有灰尘、污垢等杂质 3）润滑脂过多，超过轴承座空间的1/3～1/2 4）轴承箱盖座联接螺栓预紧力过大或过小 5）轴与滚动轴承安装歪斜，前、后两轴承不同心 6）滚动轴承损坏或轴弯曲 7）轴承外圈与轴承座内孔间隙过大，超过0.1mm	1）找出振动原因，并予以消除 2）更换润滑脂（油） 3）减少润滑脂量 4）重新调整螺栓预紧力 5）重新找正 6）修理或更换轴承 7）修配轴承座半结合面，并修理内孔或更换轴承座

（续）

常见故障	故障原因	处理方法
电动机电流过大或温升过高	1）开车时进口管道闸阀未关严 2）流量超过额定值或风管漏气 3）输送气体密度大于额定值，使压力过大 4）风机剧烈振动 5）电动机输入电压过低或电源单相断电 6）联轴器联接不正，密封圈过紧或间隙不匀 7）带轴安装不当，消耗无用功过多 8）通风机联合工作恶化或管网故障	1）开车时要关严闸阀 2）关小节流阀，检查是否漏气 3）查明原因，如气体温度过低应予以提高，或减小风量 4）查明振动原因予以消除 5）检查电压，电源是否正常 6）重新调整找正 7）重新调整找正 8）调整风机联合工作的工作点，检修管网系统
振动过大	1）风机轴与电动机轴不同心，联轴器装歪 2）进口风、机壳与叶轮磨损 3）基础的刚度不够或不牢固 4）叶轮铆钉松动或轮盘变形 5）机壳与支架、轴承箱与支架、轴承箱盖与座等联接螺栓松动 6）叶轮轴盘松动、联轴器螺栓松动 7）风机进出气管道的安装不良，产生振动 8）转子不平衡（质量不均匀，静平衡性能差）	1）调整或更换 2）调整 3）加固基础 4）重铆、修正 5）紧固螺栓 6）紧固 7）调整安装位置 8）校正

6.4 离心风机在空调工程中的应用实例分析

离心风机是现代空调系统中不可缺少的空气输送设备，是中央空调的空气输送与分配系统设备的重要组成部分，在将空气合理地送到各空调房间并将污浊空气排出室外的过程中起着非常重要的作用，在各种功能的空调系统中得到了广泛的应用。与离心泵的使用相类似，在使用过程中能否得到良好的、有效的维护与保养，能否合理利用、充分发挥其高效性以达到节能的实效，出现问题时能否得到及时、得当的处理，是影响离心风机使用效果的几个主要因素。以下就结合离心风机在空调工程中应用的实例来进行介绍。

6.4.1 离心风机在空调工程中的应用示例

1. 单风道直流送风系统中用于输送新风

单风道直流式送风就是全部使用室外新风。新鲜空气从百叶窗进入空调系统，经过处理达到预定送风标准后，经过送风管道、送风离心风机送入空调房间，吸收室内的热、湿负荷后又全部排到室外。其送风流程如图6-2所示。

2. 单风道混合式送风系统中用于输送新回风混合气体

混合式空调系统也叫回风式空调系统。它将风源分为两部分：一部分来自室外新鲜空气；另一部分取自室内的循环空气。新鲜空气的引入是为了保证室内空气质量符合国家卫生标准；循环空气则是为了减少制冷（热）量损失，降低能耗。根据回风情况，可分为一次回风和二次回风两种情况，分别如图6-3和图6-4所示。

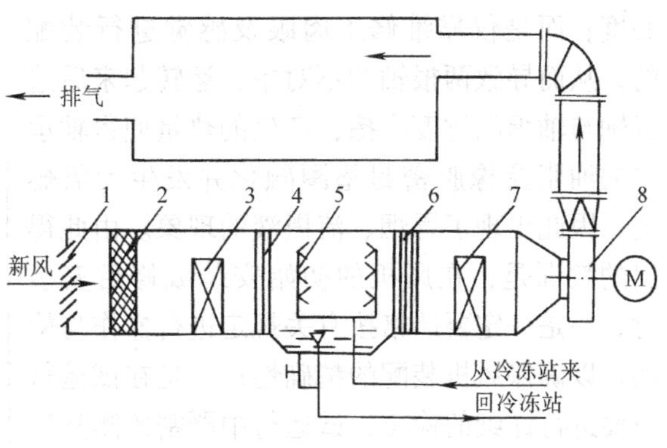

图6-2 单风道直流式送风流程图
1—百叶栅 2—粗过滤器 3——次加热器 4—前档水板 5—喷水排管及喷嘴 6—后档水板 7—二次风加热器 8—风机

3. 独立新风系统中用于输送新风和空调送风

为了补充空调房间的新风，除了在每层房间设置送风系统用离心风机送风外，在各楼层还增设新风空调机组，用离心风机引入新风，既保证房间的舒适度，又节约能源，如图6-5所示。

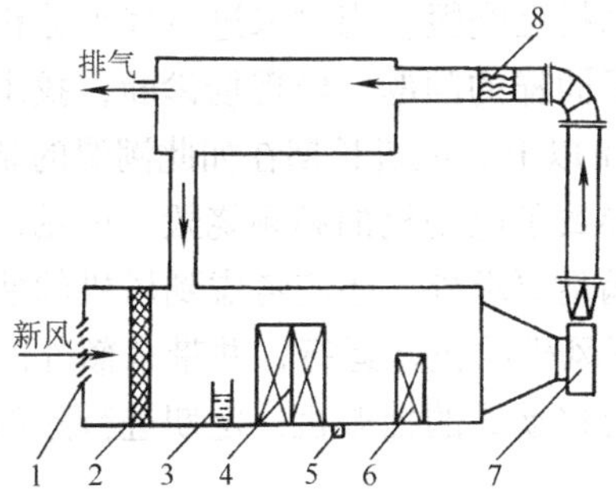

图6-3 集中式单风道一次回风空调系统
1—风口 2—过滤网 3—电极加湿器 4—表面冷却器 5—排水口 6—二次加热器 7—风机 8—电加热器

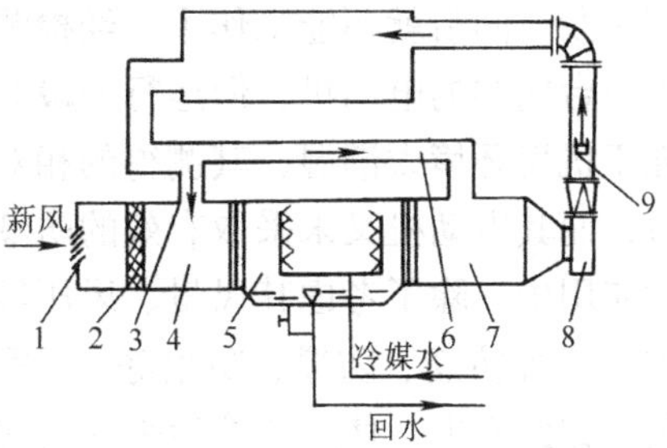

图6-4 集中式单风道二次回风空调系统
1—新风口 2—过滤器 3——次回风管 4——次混合室 5—喷雾室 6—二次回风管 7—二次回风室 8—风机 9—电加热器

此外，排风或排污处均需用到离心风机。

6.4.2 离心风机在空调工程中的故障实例分析

1. 离心风机运行中轴承冒烟、流出黑液

在某小型舒适性空调系统中，有一台型号为4—68No.2型离心风机，其机轴通过联轴器与传动电动机相联结。在一次做完该风机的大修及管路系统的维护保养工作之后，进行开车试运行，初始情况还正常，但在运行了约30min后，发现突然从电动机端的轴承端盖处冒出黑色烟雾，并继而流出黑色的液体。紧急停机后检查，外观上看不出有何异样，用手摸两个轴承处均非常烫手，当用手盘动联轴器时，也较为顺利；但经仔细观察发现，转动中的联轴器有偏转现象即其端面外沿的轨迹并不在一个垂直的平面上。其原因在于完成大修而装配复原时，没有调整好设备的位置，尤其是没有仔细调整风机轴与电动机轴的同心度；而是仅靠维修工肉眼及感觉进行装配的，从而导致两根轴的不对中，运转起来后造成轴与轴承间过度摩擦，产生的热量使得轴承中的油脂及橡胶密封垫圈融化并发生无氧燃烧，因此出现了冒烟、流黑液的现象。由此得出的教训是，在风机的初始安装或修后安装时，一是一定要严格按有关规定进行操作与检测，以确保风机装配的精确性；二是在试运行前要进行详细的检查，试运行中严密监测其运行状态，一有情况应立即停机处理，以防事态变严重，甚至造成事故。

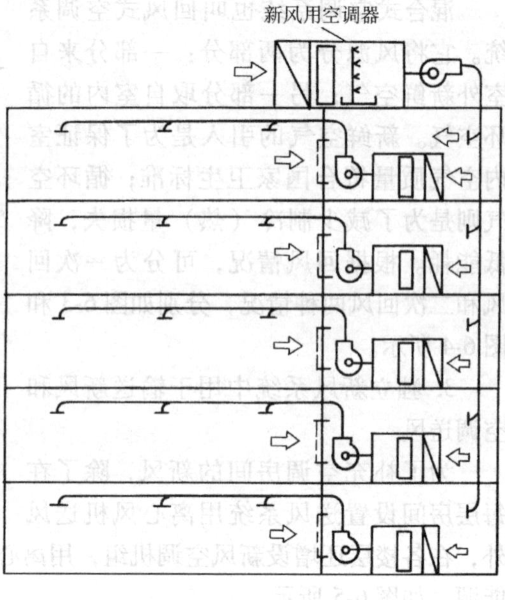

图 6-5　各楼层增设新风空调机组的送风系统

2. 某大厦空调新风机因环境太潮湿而烧毁电动机

某大厦位于海边，其中央空调冷冻机房位于大厦的地下室，机房内设有一台从室外地面引入新鲜空气的新风机。运行中发现新风机在使用一段时间后就不能工作了。经检测，风机的电动机已烧毁。当时未进行仔细分析就更换了一台同样的电动机，但运行一段时间后又出现了同样的问题。经现场诊断，找出其原因在于机房环境太潮湿，其测得的相对湿度总在95%以上。风机长期在如此潮湿的条件下运行，而其电动机又未采取有效的防潮措施，从而导致了电动机的频频烧毁。可见，在风机的应用中，除了考虑其风量、风压等主要参数能满足要求外，还应考虑到风机的使用环境条件（如防潮、防爆、防尘等），否则就难以保证风机的正常运行，并带来额外的经济损失。如此例中，使用单位后来在机房里配备了数台移动式的抽湿机，定期进行除湿操作后，就不再受风机频频烧机的困扰了。

3. 柜式空调风机出风口带水兼噪声过大

新安装的某品牌10匹（1匹=736瓦）风冷型单冷式柜式空调机，在调试时发现其运行噪声明显过大，且在低风速挡时，从空调机的出风口感觉到有水珠带出。从现象上看，噪声过大并带水可与风速过大联系起来，因此，应属于风机与电动机方面的问题。经查对，风机、电动机都与规定的型号相符，但根据厂家提供的资料，这显然是不正常的现象。那么原因在哪儿呢？通过仔细分析，发现问题出在风机的带轮上——该空调机中的风机用了小一号的带轮，使得风机叶轮的转速超过标准的要求，而使风速过大，引起了过大的噪声和带水现象。更换带轮后，情况得到了改善，满足了有关性能的要求。

4. 空调系统运行中送风管路产生喘振

某单位有一空调系统，在运行中送风管路产生喘振，且与送风管路相联的风口等也与之一起喘振。经检查，风机的减振支座合理，风机出风口处与送风管相联的软接头也完好无损，而风机入口处的圆形瓣式起动阀的开度处于最大位置（正常情况下的开度应处于60%左右的位置）。

根据现场的情况分析认为，空调系统中所选用的风机过大，风机在运行中所产生的风量、风压与系统不匹配。在空调系统进行风量平衡时，根据各空调房间及各送风口的设计风量进行了调整，用风机入口处的圆形瓣式起动阀将系统的送风量调定在设计值的附近。但后来由于风机入口处的圆形瓣式起动阀的阀位发生了变化，开度增大，因而使风机处于大风量、高压头（与原来阀位未变化时相比）状态下工作，同时使风机出口至各送风支管上的风量调节阀处的一段风管内静压增大，但各送风支管上的风量调节阀（仍保持原来的开度）节流，形成气流的喷射，使支风管上风量调节阀之后管段内的静压急剧下降，气流速度急剧增大，从而产生了送风管路的喘振现象。

根据上述情况，产生此种故障时的处理方法有下面几种：

1）更换风机的带轮，降低风机转速，使风机的性能曲线向下移动，达到风机运转所产生的风量和风压，与空调系统相匹配。

2）利用风机入口处的圆形瓣式起动阀改变风机的工作点，使风机在新的工作点运行时所产生的风量、风压与空调系统所需的风量、风压相匹配。

3）更换合适的风机。

6.4.3 离心风机在空调工程中的变频应用实例

某大楼公共场所共三层，建筑面积为21000m^2，设计冷量为1000RT（冷吨），采用一台1000RT的离心式冷水机组制备冷水，空调末端采用12台组合式双风机空调风柜，风柜总功率397.5kW，占整个空调系统设计总功率的25.7%。由于风柜是全年运行，其用电量占整个空调系统全年用电量的41%。

由于空调风柜的选型是按最大冷设计负荷选定的，而实际上风柜一年中绝大多数时间是在低冷负荷或无冷负荷的情况下全风量运行。根据风管的水力计算和冷量复核，在该大楼中，为了维持系统的气流组织和满足冷量需求，空调风量最低可降至70%。其空调系统全年的运行情况见表6-5。

表6-5 某空调系统全年运行情况

运行季节	所需风量（%）	运行时间/月
夏季高峰期	100	3.5
夏季低负荷期	90	1.5
夏季低负荷期	80	2
冬季及过渡季节	70	5

根据比例定律，在相似工况下，风机的风量与转速成正比，轴功率与转速的三次方（即n^3）成正比。因此，如果有效地改变风量以适应建筑物的负荷变化，将会产生客观的节能效果。

经分析比较，决定对该大楼的风柜中风机采用变频改造。为24台风机配备变频器24台，总投资费用约80万元。各种规格的变频调速器价格见表6-6（表中单价已含安装调试费）。

按照表6-5的运行方式，风柜每天运行16h，全年节约用电为89万kWh。若以当地电费1.00元/kWh计算，一年可节约电费89万元。而未装变频调速器时，风柜以全风量运行，全年运行费用为232万元，可见装了变频器后，风机的节电率约为89/232=38.4%。

同时，安装变频器后，运行1年即可收回投资，而1年以后，空调风柜每年可节约38.4%的运行费用，其效益相当可观。因此，在大面积空调空间内使用空调风柜时，可以推广使用变频调速器，以充分节约电力资源。

表6-6 采用变频调速器的规格与价格

功率/kW	数量/台	单价/元	小计/元
11	2	22800	45600
15	12	29000	348000
18.5	7	36500	255500
22	3	43300	129900
合 计			779000

本章要点

1）离心风机的选型条件与要求。

2）离心风机的安装要求。

3）离心风机的运行要求与正确的维护保养工作。

4）应用相应的知识分析离心风机运行中出现的实际问题。

思考题与习题

1. 安装离心风机之前应做哪些工作？安装离心风机时应注意哪些问题？

2. 简述离心风机的选用原则和要注意的问题。

3. 简述离心风机运行中要注意的问题。

4. 改变离心风机的电动机自身转速以实现调速主要有哪几种方法？

5. 离心风机运行时应如何调节其风量大小？要注意什么问题？

6. 为什么用改变风管系统的阻力调节的方法进行离心风机的运行调节时，风机效率将下降，功率消耗将降低？

7. 离心风机要串联或并联运行时需注意哪些问题？

8. 离心风机维护保养的主要内容有哪些？

9. 简述离心风机常见故障产生的原因和排除方法。

10. 当风机出现故障时，风机还能继续运行吗？

11. 离心风机在空调系统中的几种实例介绍中，若换用其他类型的风机，空调系统的正常运行是否可以继续？

12. 某工业用气装置要求输送空气 $Q=1\text{m}^3/\text{s}$，$H=3677.5\text{N/m}^2$，试用选择性能曲线图选用风机，并确定配用电动机和配套用的选用条件。

13. 某工厂集中式空气调节装置要求 $Q=24000\text{m}^3/\text{h}$，$H=980.7\text{Pa}$，试根据无因次性能曲线选用高效率KT4—68离心式风机1台。

14. 某地大气压强值为98.07kPa，输送温度为65℃的空气，风量为 $10200\text{m}^3/\text{h}$，管道阻力为 $240\text{mmH}_2\text{O}$，查4—68型风机性能表，选1台合适的通风机。

15. 某集中式空调装置，要求 $Q=26700\mathrm{m}^3/\mathrm{h}$，$H=980.7\mathrm{Pa}$，试根据无因次性能曲线选用高效率KT4—68 离心式风机1台。

16. 试述改变离心风机转速后，对离心风机的效率和所耗电动机的功率将会产生怎样的影响？用来改变风机转速的调节方法有哪些？

附：离心风机的性能测试实训预备知识

1. 风压和风速的测定

风机的风压通常以全压表示。要测定风机的全压，必须分别测出压出端和吸入端测定截面上的全压平均值，然后按 $H_q=|H_{qy}|+|H_{qx}|$ 求出全压值（H_{qy}为风机压出段全压平均值，H_{qx}为吸入段全压平均值）。

（1）测定截面位置和测定截面内测点位置的确定　使用毕托管和微压计测定风管内的风量和风压时，测定截面位置要选得合适，因其将会直接影响到测量结果的准确性和可靠性。在对风机风量和风压测定时，应尽可能使测定断面位于风机的入口和出口处，或者在离风机入口 1.5D 处和离风机出口 2.5D 处（D 为风机入口或出口处风管直径或当量直径）。如果在距风机入口或出口处较远时，风机的全压应为吸入段测得的全压和压出段测得的全压之和再增加测定断面距风机入口和出口之间的阻力损失值（包括沿程阻力和局部阻力）。

为了求得风管断面内的平均流速和全压值，必须求出断面上各点的流速和全压值，然后取其平均值。对于风管断面测点的选取，应根据不同风管分别决定。对于矩形风管，应将矩形断面划分成若干相等的小截面，且使这些小截面尽可能接近正方形，每个小截面数目不得少于9个，然后将每个小截面的中心作为测点，如图6-6所示。对于圆形风管，应将圆形截面分成若干个面积相等的同心圆环，在每个圆环上布置4个测点，且使4个测点位于互相垂直的两条直径上，如图6-7所示。所划分圆环的数目可按表6-7选用。

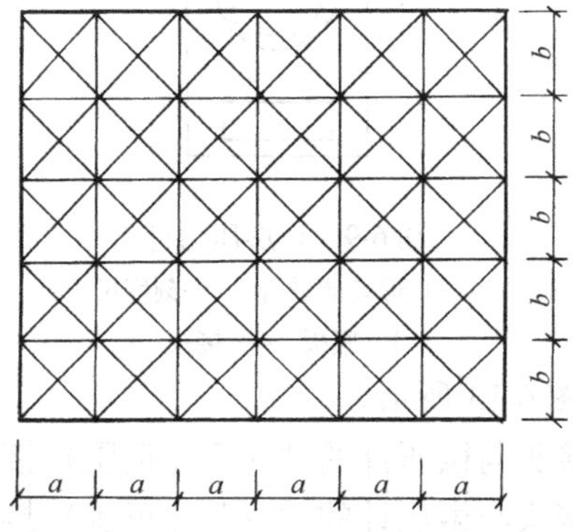

图6-6　矩形风管测点布置图

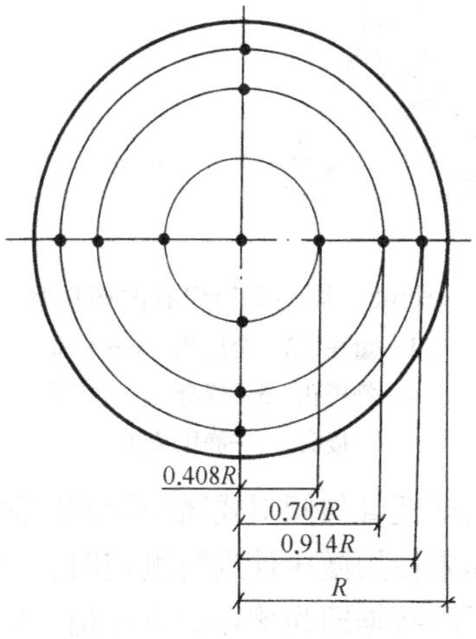

图6-7　圆形风管测点布置图

表6-7 圆形管道环数划分推荐表

风管直径/m	0.3	0.35	0.4	0.5	0.6	0.7	0.8	1.0以上
圆环数	5	6	7	8	10	12	14	16

测点距风管的距离（见图6-6）按下式计算：

$$R_n = R\sqrt{\frac{2n-1}{2m}} \tag{6-11}$$

式中 R——风管的半径（m）；

R_n——从风管中心到第 n 个测点的距离（m）；

n——自风管中心算起测点的顺序号（即圆环顺序号）；

m——风管划分的圆环数。

（2）风压和风速的测定 风机的全压、静压和动压一般可采用毕托管和微压计进行测定。毕托管、U形压力计、微压计分别如图6-8、图6-9和图6-10所示。测定时，将毕托管的全压接头与压力计的一端联接，压力计的读数即为该测点的全压值。把静压头与压力计的一端联接，压力计的读数即为该测点的静压值。全压与静压之差即为该测点的动压值。用U形管压力计进行测定时，其联接方法如图6-11所示。

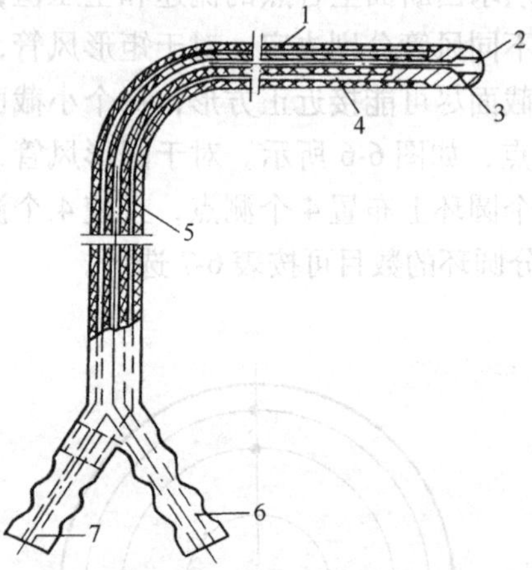

图6-8 同心套筒焊制的毕托管

1—量柱 2—全压孔 3—头部 4—静压孔 5—管身 6—全压接头 7—静压接头

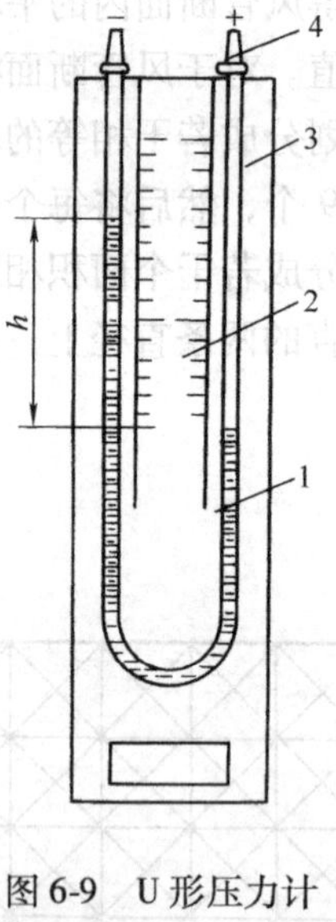

图6-9 U形压力计

1—U形玻璃量管 2—刻度尺 3—底板 4—接头

用毕托管与倾斜式微压计测定风压如图6-12和图6-13所示。

如果使用微压计进行测定时，将毕托管的全压接头与微压计的“+”（正压）接头相联，所测数据即为该点的全压值。将毕托管的静压接头与微压计的“+”（正压）接头相联，所测数据即为该点的静压值。如果将毕托管的全压接头和静压接头分别接微压计的“+”（正压）接头和“−”（负压）接头相联，那么所测出的数值即为该测点的动压值。

测定断面的平均全压、静压可按下式计算：

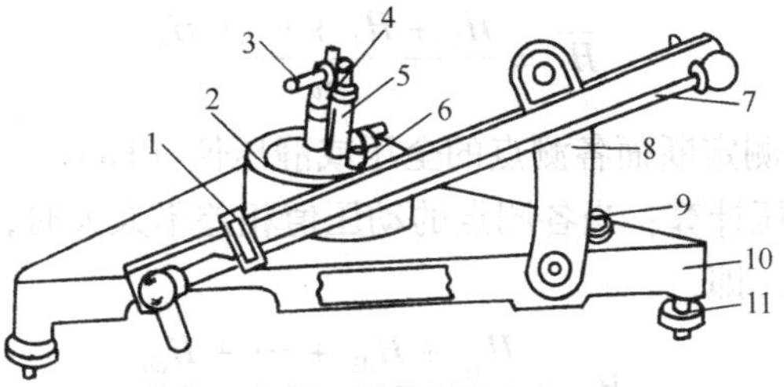

图 6-10　Y61 型倾斜式微压计

1—游标　2—容器　3—多向阀手柄　4—零位调节旋钮　5—多向阀　6—加液盖　7—倾斜测量管　8—弧形支架　9—水准器　10—底板　11—调节螺栓

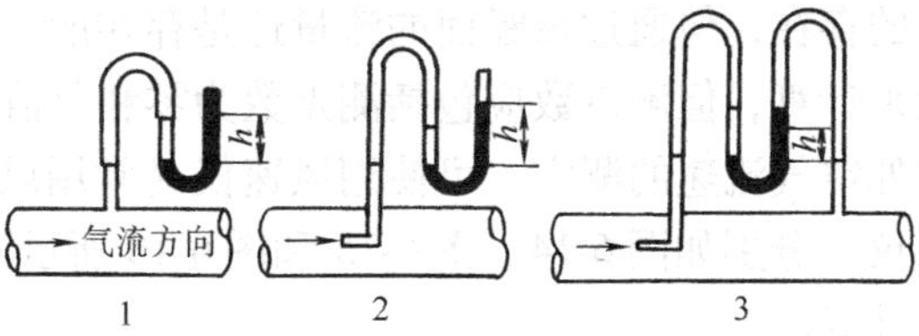

图 6-11　用 U 形管压力计测定风压

1—静压　2—全压　3—动压

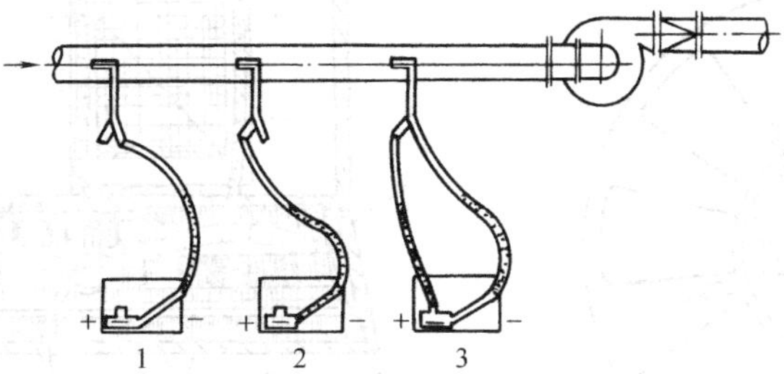

图 6-12　吸入段毕托管与倾斜式微压计的联接方法

1—全负压　2—静负压　3—动压

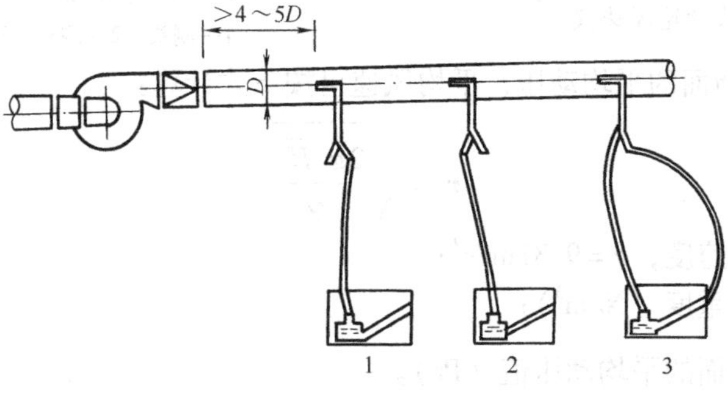

图 6-13　压出段毕托管与倾斜式微压计的联接方法

1—全正压　2—静正压　3—动压

$$\overline{H} = \frac{H_1 + H_2 + \cdots + H_n}{n} \tag{6-12}$$

式中 H_1、$H_2 \cdots H_n$——测定断面各测点的全压或静压值（Pa）。

测定断面的平均动压计算：当各测点的动压值相差不太大时，其平均动压可按这些测定值的算术平均值计算，即

$$H_{\mathrm{d}} = \frac{H_{\mathrm{d}1} + H_{\mathrm{d}2} + \cdots + H_{\mathrm{d}n}}{n} \tag{6-13}$$

式中 $H_{\mathrm{d}1}$、$H_{\mathrm{d}2} \cdots H_{\mathrm{d}n}$——测定断面上各测点的动压值（Pa）；

n——测点总数。

在对风管某一断面进行动压测定时，有时会出现某些测点值为负值或零的情况。如果测定仪器无异常现象时，则应将实测零或负值作为测定值。零和负值的出现说明测定断面气流的不稳定，有涡流的存在，但通过该断面的流量还是存在的。因此，在计算平均动压值时，可将负值做零数来计算，但测点数应包括测点数为零和负值的全部测点。

对于风机出、入口处空气流速的测定，可使用风速仪（常用风速仪有叶轮风速仪、热球风速仪、转杯式风速仪，分别如图6-14、图6-15和图6-16所示）；也可以使用毕托管配微压计测定其动压值来计算。

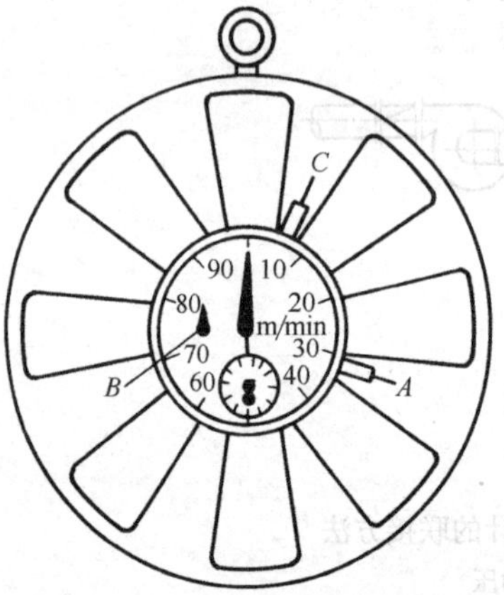

图6-14 自记式叶轮风速仪

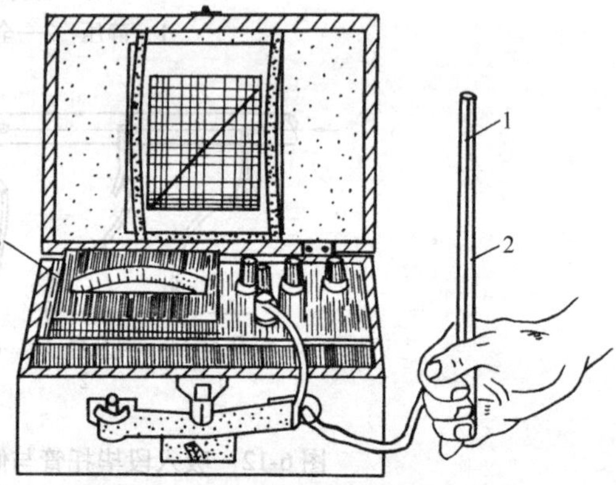

图6-15 热球式热电风速仪

1—测头 2—测杆 3—电表

如果已知测定断面的平均动压，平均风速可按下式计算：

$$\bar{v} = \sqrt{\frac{2g\ \overline{H}_{\mathrm{d}}}{\gamma}} \tag{6-14}$$

式中 g——重力加速度，$g = 9.81\mathrm{m/s^2}$；

γ——空气的重度（$\mathrm{N/m^3}$）；

$\overline{H}_{\mathrm{d}}$——所测断面的平均动压值（Pa）。

在常温条件下（20℃），通常取 $\gamma = 1\mathrm{N/m^3}$，于是可将上式写成如下形式：

$$\bar{v} = 4.04\sqrt{\overline{H}_{\mathrm{d}}} \tag{6-15}$$

有时为了简化计算，节省时间、快速方便，知道平均动压 $\overline{p}_d$ 后，可由动压风速换算表直接查出平均风速值。动压换算表在有关的空调设计手册中均有。

在风速测定（或求出）后便可利用下式求出风机的风量：

$$Q = 3600F\overline{v} \tag{6-16}$$

式中 Q——风量（m^3/h）；

F——风管断面面积（m^2）；

$\overline{v}$——所测断面的平均风速（m/s）。

风机的平均风量可由下式确定：

$$Q = (Q_x + Q_y)/2 \tag{6-17}$$

式中 Q_x——风机吸入端所测得的风量（m^3/h）；

Q_y——风机压出端所测得的风量（m^3/h）。

由此可知，测定截面位置选择正确与否，直接影响测量的准确性和可靠性。测定截面位置原则上应选择气流比较均匀稳定的部位，尽可能选择远离调节阀门、弯头、三通以及送、排风口处，一般应选在直管段。

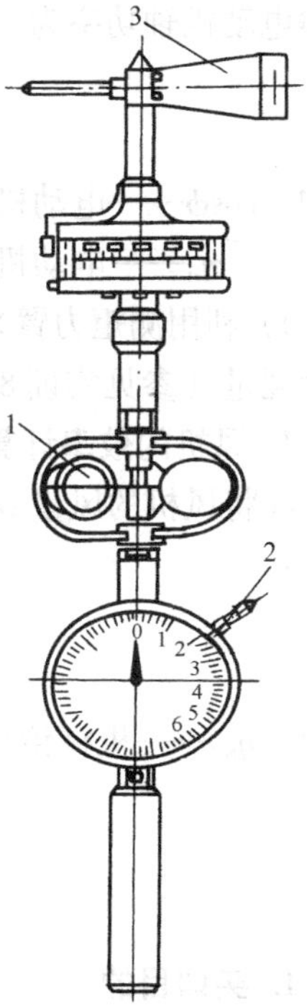

图6-16 转杯式风速风向仪
1—转杯 2—回零压杆 3—风向仪

2. 风机转速的测定

使用转数表可直接测量风机或电动机的转速。采用V带传动的风机如果对于风机的转速不便直接测出时，可采用电动机的实测转速按下式换算出风机的转速：

$$n_f = \frac{n_d D_d}{D_f K_p} \tag{6-18}$$

式中 n_f、n_d——风机、电动机的转速（r/min）；

D_f、D_d——风机、电动机带轮的直径（m）；

K_p——传动带的滑动系数，取 $K_p = 1.05$。

3. 风机轴功率的测定

风机的轴功率也就是电动机的输出轴功率。对于电动机功率的测定，可采用以下几种方法：

1）用电度表转盘转数测定电动机的轴功率。一般采用电度表转盘转10r所需的时间来计算，其计算式为：

$$P = \frac{10}{K_t} \times 3600 C_r P_r \tag{6-19}$$

式中 P——电动机功率（kW）；

K_t——电度表常数，即每kWh电度表转盘的转数；

t——电度表转盘每转10r所需时间（s）；

C_r——电流互感器的变化值；

P_r——电压互感器的变化值。

2）利用钳形电流表和万用表测定电动机的功率。用钳形电流表测得三相电流 I_A、I_B、I_C，用万用表的交流电压档测出主电路的电压数 V_{AB}、V_{BC}、V_{AC}，则由

$$I = (I_A + I_B + I_C)/3 \tag{6-20}$$

$$V = (V_{AB} + V_{BC} + V_{AC})/3 \tag{6-21}$$

可得电动机轴功率为

$$P = \frac{\sqrt{3}VI\cos\phi}{1000}\eta_{\mathrm{d}} \tag{6-22}$$

式中 $\cos\phi$——电动机的功率因数，一般为0.8～0.85；

η_{d}——电动机效率，一般为0.8～0.9。

3）利用测矩力臂来测电动机的功率。即通过测矩力臂的平衡重量来测得电动机的功率消耗量（参见实训8）。

4. 风机的效率计算

在将风机的风量 Q、全压 H_{d}、电动机输出功率 P 测出之后，便可利用下式求出风机的效率：

$$\eta = \frac{Q \times H_{\mathrm{d}}}{102 \times 3600 \times \eta_{\mathrm{ST}} \times P} \tag{6-23}$$

式中 η_{ST}——机械传动效率；联轴器直接传动时，$\eta_{\mathrm{ST}}=0.98$，V带传动时，$\eta_{\mathrm{ST}}=0.95$。

实训8 离心风机性能测试与运行调节

（可根据实训条件改做、选做部分内容）

1. 实训目的

1）熟悉风机性能测定装置的结构与基本原理。

2）掌握测定风机特性参数的实验方法。

3）由实验得出被测风机的 p-Q，P-Q 性能曲线。

4）熟悉离心风机运行管理与调节的内容与注意事项。

2. 实验设备与器材

实验设备与器材主要有：风机性能装置实验台，斜管式微压计，大气压计，转速测量仪（或转速表），温度计，毕托管（可利用装在风管壁上的静压管）等。

3. 操作步骤

1）熟悉装置。

该实验装置是根据国家《通风机空气动力性能试验方法》标准制作的，采用进气实验法，装置主要由3部分组成：实验风管、被测风机和测功电动机。

实验风管主要包括测试管路、节流网和整流栅。当空气流过风管时，利用集流器和风管测出空气流量和进入风机的静压。整流栅主要是使流入风机的气流均匀，节流网起调节流量的作用。

测功电动机用来测定输入风机的力矩，同时测出电动机转速，从而求出输入风机的轴功率。

测试装置如图6-17所示。

2）起动电动机前，在测矩力臂上配加砝码，使力臂保持水平。第一次实验前，先由指导老师拆下风机叶轮，起动测功电动机，再加砝码 $\Delta G'$ 使测矩力臂保持水平，记录空载

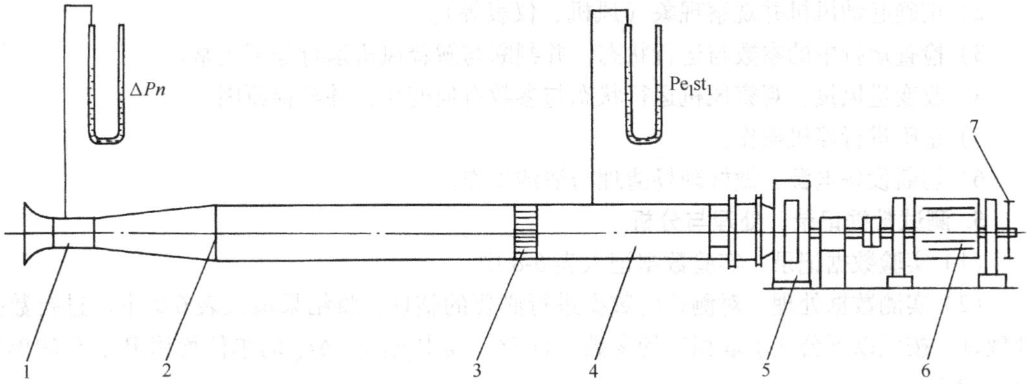

图 6-17　离心风机性能测试装置示意图

1—集流器　2—节流网　3—整流栅　4—风管　5—测试风机　6—测功电动机　7—测矩力臂

运行时所配加的平衡砝码重量 $\Delta G'$；测完后将叶轮照原样装回并联接好实验装置。以后在同一台装置上进行实验时，可直接采用此 $\Delta G'$。

3）测量大气压力、温度及风机等的相应尺寸等，将数据记录在表 6-8（实验数据记录表）中。

4）将倾斜压力计通过连通管与实验的测压孔相联接，并保证无漏气。

5）起动电动机，运行 10min 后，在测力臂上加砝码使力臂保持水平，待工况稳定后记下集流器压力 Δp_n、静压 p_{e1st1}、平衡重量 G（全部砖码重量）和转速 n。

6）调节流网前气流，使流量逐渐减小到零来改变风机的工况。一般取 8 个测量工况（包括全开和全闭工况，表 6-8 中可自行增加测试工况点的数量），每一工况均在稳定后记下读数。

表 6-8　实验数据记录表

被测风机型号：__________　　制造号：__________

风机进口直径 D_1 __________m　　风机出面积 A_2 = __________m^2

风管直径 D_{1P} = __________m　　集流器直径 d_n = __________m

风管常数 $l'/D_{1P}=3$　　测矩力臂长 L = __________m

空载平衡重量 $\Delta G'$ = __________N　　集流器流量系数 α_n = __________

大气压力 p_a = __________Pa　　大气温度 t_a = __________℃

测试工况	进口风管压力 p_{e1st1}		集流器负压 Δp_n		平衡重量 G		转速 n
	/mmHg	/Pa	/mmHg	/Pa	/kg	/N	/（r/min）
1							
2							
3							
4							
5							
6							

4. 离心风机运行管理与调节

1）按要求做离心风机起动前的准备工作。

2）正确起动风机并观察现象（风机、仪表等）。

3）检查运行中的参数与运行状态，并判断与解释风机运行是否正常。

4）改变进风量，观察风机运行状态与参数有何变化，并解释原因。

5）正确进行停机操作。

6）切断设备电源，做好现场清理与清洁工作。

5. 测试数据记录、处理与分析

（1）实验数据记录　实验数据记入表6-8中。

（2）实测数据处理　对测得的数据进行必要的整理，将结果填入表6-9中。进行数据处理时，按照以下公式求取相应的参数（注意：其中 p_{e1st1}、Δp_n 的单位均用Pa，G 的单位用N代入）：

大气密度 $\rho_a = \dfrac{p_a}{RT_a}$　　进气压力 $p_1 = p_a + p_{\text{e1st1}}$

进气密度 $\rho_1 = \dfrac{p_1}{RT_a}$　　流量 $Q = 66.643\alpha_n d_n^2 \sqrt{\dfrac{\rho_a \Delta p_n}{\rho_1}}$

进口动压 $p_{d1} = \dfrac{\rho_1}{7200}\left(\dfrac{Q}{A_1}\right)^2$　　进口静压 $p_{st1} = p_{\text{e1st1}} - 0.025 p_{d1}\dfrac{l'}{D_{1P}}$

出口动压 $p_{d2} = p_{d1}\left(\dfrac{A_1}{A_2}\right)^2$　　风机动压 $p_d = p_{d2}$

风机静压 $p_{st} = (-p_{st1}) - p_{d1}$　　风机全压 $p_0 = p_{st} + p_d$

输入轴功率 $P = \dfrac{nL(G - \Delta G')}{9550}$

表6-9　数据整理结果

测试序号	ρ_a /(kg/m³)	ρ_1 /(kg/m³)	p_1 /Pa	Q /(m³/s)	p_{d1} /Pa	p_{st1} /Pa	p_{d2} /Pa	p_d /Pa	p_{st} /Pa	p_0 /Pa	P /kW
1											
2											
3											
4											
5											
6											

（3）绘制离心风机特性曲线图

1）绘制所测风机的特性曲线 p_0-Q、P-Q，并将实验结果换算成标准状态下的风机参数。

2）绘制所测风机的全压、动压与静压曲线，并分析其变化规律。

（4）结果分析与回答问题

1）试分析实验中可能引起测试误差的因素有哪些，其中最主要的有哪些，有何措施避免或使其减小。

2）风机起动、运行和停机操作时要注意哪些问题？如果不按要求进行，风机运行会出现什么问题？

3）风机运行过程中有无异常现象？如有，试分析是由什么原因引起及如何处理。

4）除了本实验所采用的方法外，你能否提出其他测试方案来获得风机的主要性能参数？试简述之。

第 7 章

其他常用泵与风机及其应用

7.1 轴流式风机、轴流泵及其应用
7.2 贯流式风机及其应用
7.3 管道泵及其应用
7.4 屏蔽泵

7

制冷空调中的泵与风机除了离心式泵与风机之外，用得较多的还有轴流式泵与风机、贯流式风机和管道泵等，下面逐一介绍。

7.1　轴流式风机、轴流泵及其应用

7.1.1　轴流式风机及其应用

1. 轴流式风机的基本构造

轴流式风机的基本构造如图7-1所示。它主要由圆形风筒、钟罩形吸入口、装有扭曲叶片的轮毂、流线形轮毂罩、电动机、电动机罩、扩压管等组成。

轴流式风机的叶轮由轮毂和铆在其上的叶片组成，叶片从根部到稍部常呈扭曲状态或与轮毂呈轴向倾斜状态，安装角一般不能调节。但大型轴流式风机的叶片安装角是可以调节的（称为动叶可调）。调节叶片安装角，就可以改变风机的流量和风压。大型风机进气口上还常常装置导流叶片（称为前导叶），出气口上装置整流叶片（称为后导叶），以消除气流增压后产生的旋转运动，提高风机效率。部分轴流式风机还在后导叶之后设置扩压管（流线型尾罩），这样更有助于气流的扩散，进而使气流中的一部分动压转变为静压，减少流动损失。

轴流式风机的种类很多：只有一个叶轮的轴流式风机称为单级轴流式风机，为了提高风机压力，把两个叶轮串在同一根轴上的风机称为双级轴流式风机。图7-1所示的轴流式风机，电动机与叶轮同壳安装，这种风机结构简单、噪声小，但由于这种风机的电动机直接处于被输送的风流之中，若输送温度较高的气体，就会降低电动机效率。为了克服上述缺点，工程中采用一种长轴式轴流式风机，如图7-2所示。

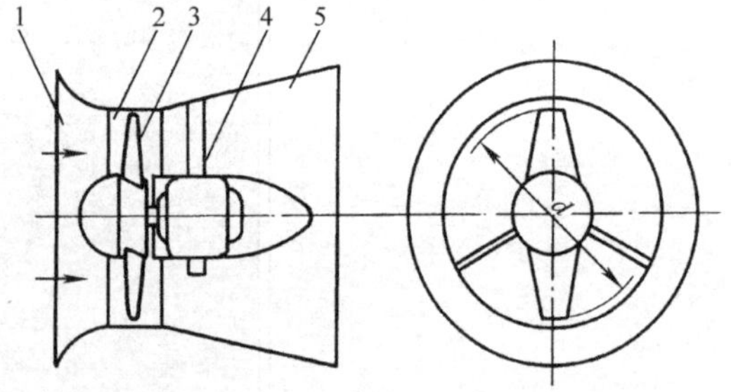

图7-1　轴流式风机的基本构造

1—吸入口　2—圆形风筒　3—叶片及轮毂
4—电动机及轮毂　5—扩压管

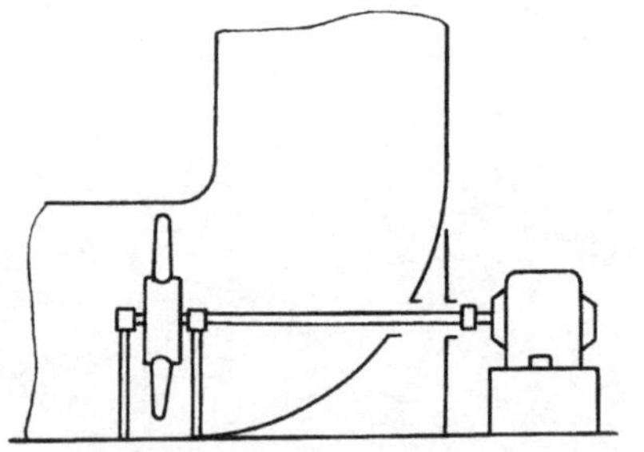

图7-2　长轴式轴流式风机

2. 轴流式风机的工作原理

轴流式风机的叶轮形状与离心风机的不同，不是扁平的圆盘，而是一个圆柱体。其叶片有螺旋桨形、机翼形等。当电动机带动叶轮作高速旋转运动时，由于叶片对流体的推力作用，迫使自吸入管吸入机壳的气体产生回转上升运动，从而使气体的压强及流速增大。增速增压后的气体经固定在机壳上的导叶作用，使气体的旋转运动变为轴向运动，把旋转的动能变为压力能而自压出管流出。

3. 轴流式风机的性能特点与运行调节

轴流式风机与离心风机相比，具有流量大、全压低、流体在叶轮中沿轴向流动等特点。轴流式风机的其他特点可归纳为以下几点：

1）结构紧凑、外形尺寸小、重量轻。

2）动叶可调轴流式风机的变工况性能好，工作范围大。这是因为动叶片安装角可随着负荷的变化而变化，既可调节流量又可保持风机在高效区运行。图7-3所示为轴流式风机与离心风机轴功率的对比。由图可见，在低负荷时，动叶可调轴流式风机的经济性高于机翼形离心风机的经济性。

3）动叶可调轴流式风机的转子结构较复杂，转动部件多，制造、安装精度要求高，维护工作量大。

4）轴流式风机的耐磨性不如离心风机。

5）轴流式风机噪声大，可达110～130dB（A）；离心风机一般为90～110dB（A）。

6）轴流式风机的 Q-H（或 p）曲线呈陡降形，曲线上有拐点，如图7-4所示。全压随流量的减小而剧烈增大，当 $Q=0$ 时，其空转全压达到最大值。这是因为当流量比较小时，在叶片的进、出口处于产生二次回流现象，部分从叶轮中流出的流体又重新回到叶轮中，并被二次加压，使压头增大。同时，由于二次回流的反向冲击造成的水力损失，致使机器效率急剧下降。因此，轴流式风机在运行过程中适宜在较大的流量下工作。

7）Q-P 曲线为陡降型，当流量 $Q=0$ 时，功率 P 达到最大值。这一点与离心风机正好相反。因此，轴流式风机起动时，应在阀全开的情况下起动电动机，即"开阀起动"。实际工作中，轴流式风机总会在起动时经历一个低流量阶段，因而在选配电动机时，应注意留出足够的余量。

8）Q-η 曲线的稳定高效率工作范围很窄。因此，一般轴流式风机均不设置调节阀门来调节流量，以避免进入不稳定工作区运行。

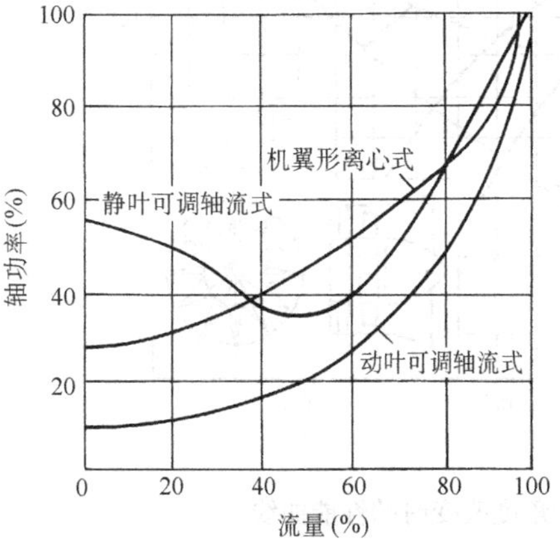

图7-3 轴流式风机与离心风机轴功率的对比

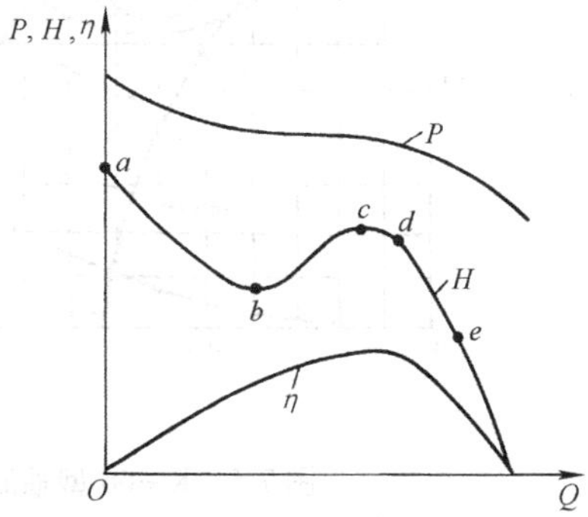

图7-4 轴流式风机性能曲线

轴流式风机是一种大流量、低压头的风机，从其性能曲线上看，存在着一个较大范围的不稳定工作区（图7-4中 Q-H 曲线上 c 点左边的区域），在运行中应注意尽量避开这个区域。因此，在考虑轴流式风机的调节方法时要特别慎重，以满足经济运行和安全运行的要求。

一般而言，其调节方法主要有动叶调节、前导叶调节和转速调节等。

（1）动叶调节 图7-5所示为K—06型轴流式风机动叶角度改变时的性能曲线。从该图中可以看到，当动叶角度改变时，风机的效率变化不大，功率则随角度的减小而降低。其风量的调节范围很大，使得在选用设备时甚至可以不考虑储备系数。因此，对轴流式风机而言，动叶调节是一种比较理想的调节方法。

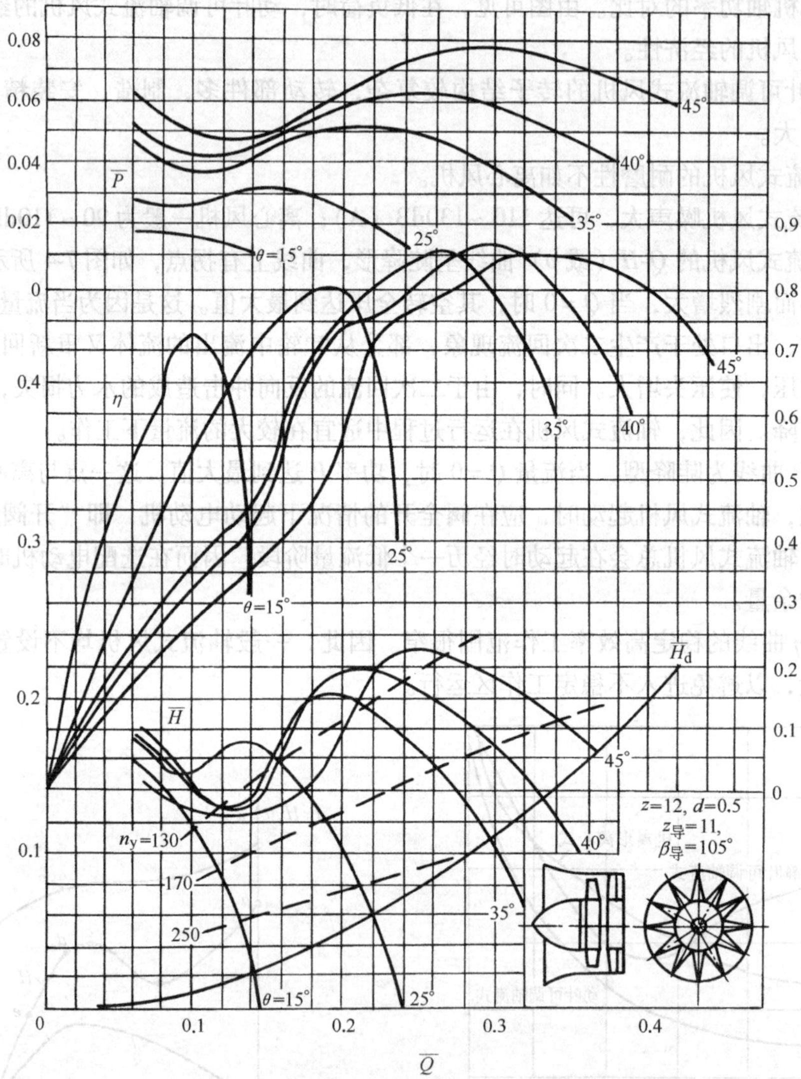

图7-5 K—06型轴流式风机动叶角度改变时的性能曲线

图7-6所示为动叶可调的轴流式风机的特性曲线。其主要特点是：

1）等效率区的曲线与管路系统阻力特性曲线接近平行；当负荷变动时，风机保持高效的范围较大。

2）在最高效率区的上、下都有相当大的调节范围。

3）风压性能曲线很陡峭，因此当风道阻力变化时，风机的风量变化很少。

4）每一个叶片角度对应一条性能曲线；叶片角度从最小调到最大时，风压几乎与风

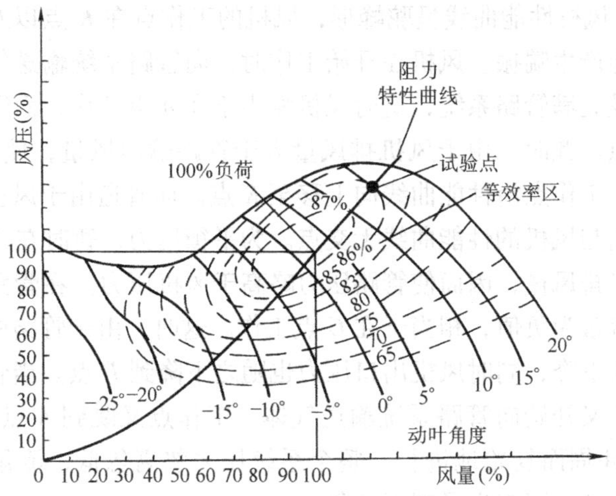

图 7-6 动叶可调的轴流式风机的特性曲线图

量成线性关系。

(2) 前导叶调节 前导叶调节又称导向静叶调节。导叶角度改变时，进入叶轮的气流产生与叶轮旋转方向相同的同向预旋，使风压降低，从而达到调节的目的。图 7-7 所示为前导叶调节的轴流式风机的特性曲线。从该图可以看出，当导叶关小时，风压性能曲线基本上是平行下移的，它们与管路特性曲线的交点（即工作点）也随之下移，于是起到调节作用。

(3) 转速调节 轴流式风机改变转速的方法与离心机变速调节的方法相同。变速调节时的特性曲线如图 7-8 所示。当转速降低时，风压与风量的特性曲线基本上平行下移。

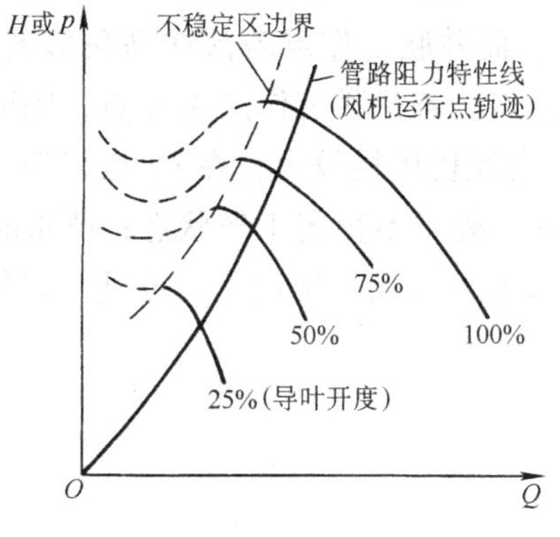

图 7-7 前导叶调节的轴流式风机的特性曲线

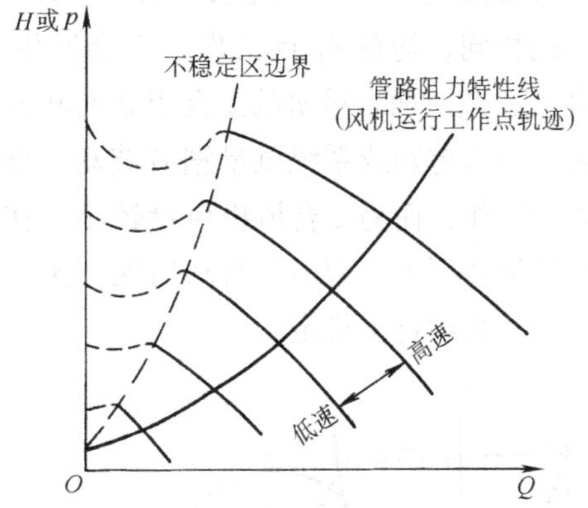

图 7-8 变速调节的轴流式风机特性曲线

4. 轴流式风机的喘振

由于受其性能的影响，轴流式风机运行中可能出现喘振，当两台轴流式风机并联工作时还有可能出现“抢风”现象。下面就对这两方面进行简要介绍。

(1) 轴流式风机的喘振 当风机处于不稳定工作区运行时，可能会出现流量、风压的大幅度波动，引起整个系统装置剧烈振动，并伴随着强烈的噪声，这种现象称为喘振。喘振将使风机性能恶化，严重时会使风机系统装置破坏。因此，风机不允许在喘振区工作。

如图7-9所示，风机性能曲线呈驼峰形，风机的工作点在K点以左，而风机管路系统容积又大，就有可能产生喘振。风机在开始工作时，向管路系统输送气体的流量大，而压力低，气流还来不及充满管路系统，这时风机相当于在A点工作，而管道为了适应风机的压力，暂时处于L点。此时，由于风机排风量大于管路输出风量，使风机出口压力升高，风机流量缓慢减小，工作点沿性能曲线向上移至K点。而管道由于风机的压力升高，流量逐渐增加，此时管路与风机的性能曲线无交点。为平衡压力，暂时在N点工作。此时管路输出风量仍小于风机排风量，因而使管路压力略高于风机压力。在管路压力作用下，气体倒流回风机，风机流量为负值，相当于在G点工作。这时，由于管路中气体同时向两个方向流出，使压力很快下降，同时风机出口压力也随之下降到F点。当管道中压力略低于风机出口压力时，风机又开始向管路系统输送气体，工作点又跳到A点。风机若继续运行，运行状态将按$AKGFA$周而复始地进行。整个系统压力忽高忽低，流量时正时负，管路中的气流随之强烈的波动，即产生了喘振现象。

可见，喘振是由风机和管路系统共同决定的。一般喘振之前首先要产生旋转脱流。

防止和消除喘振的措施有：选型和运行时使工作点避开喘振区；设置放气阀，使通过风机的流量不致过小；采用适当的调节方式，使风机稳定工作区扩大；控制管路容积，避免促成喘振的客观条件。

（2）轴流式风机并联工作时的抢风现象　风机并联运行时，有时会出现一台风机流量特别大，而另一台的流量特别小的现象。若稍加调节则情况可能刚好相反，原来流量大的反而小。如此反复下去，使之不能正常并联运行。这种现象称为抢风现象。

从风机性能曲线分析，具有驼峰形性能曲线的风机（如前向叶型的风机）并联运行时，可能出现“抢风”现象。如图7-10所示，两台风机并联工作点若在A点，则两台风机工况相同，均在A_1点工作，不会发生抢风现象。而并联工作点若落在马鞍形区域内，如B点，此时两台风机的工况点暂时相同，均为B_1点。若并联工作点为C点，则两台风机阻力稍有差别或系统风量稍有波动，就可能使1台风机风量较大，在C_1点工作，仍属于正常工作，而另1台风机风量较小，在C_2点工作，处于不稳定工作状态；严重时1台风机风量特别大，而另1台却出现倒流，而且不时地相互倒换，出现了“抢风”现象，使风机的并联运行不稳定。

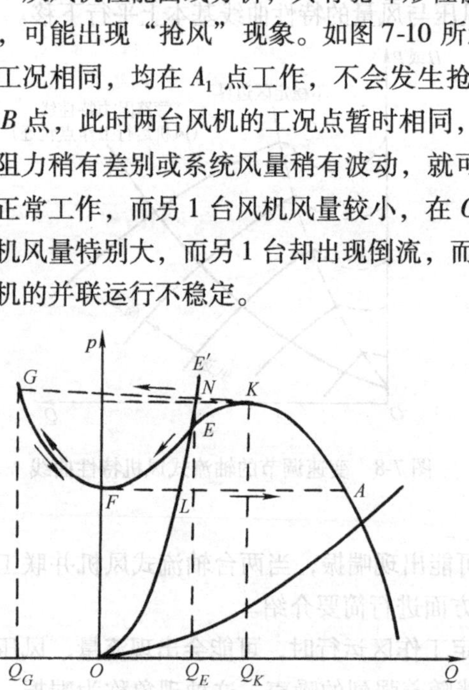

图7-9　风机的喘振过程

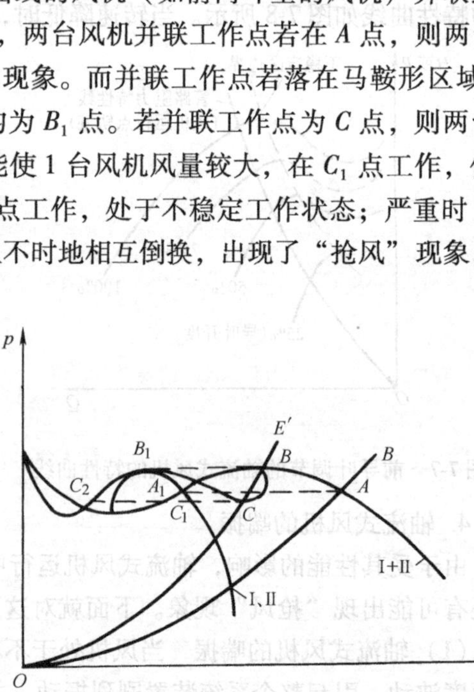

图7-10　并联风机的抢风现象

为避免风机的抢风现象，在低负荷时可单台风机运行，当单台风机运行满足不了需要时，可以再起动第2台风机参加并联运行。此外，还可以采取动叶调节，或者在抢风现象时开启旁路阀门等措施。

5. 轴流式风机的使用

（1）轴流式风机的用途　国产的轴流式风机根据压力高低的不同，分为低压和高压两类。

1）低压轴流式风机全压小于或等于490.35Pa。

2）高压轴流式风机全压大于490.35Pa而小于4903.5Pa。

常用的轴流式风机用途有：一般厂房通风换气，冷却塔通风，纺织厂通风换气，降温凉风用通风，空气调节，锅炉通风，引风，矿井通风，隧道通风用等。

（2）轴流式风机的选用　轴流式风机选型时，主要考虑风机的使用场所与环境条件（如安装位置和传动方式、防尘、防爆、防腐蚀要求等）、所需的风量与风压大小、对噪声与振动的要求、风机的效率等方面。如果在使用过程中有工况调节的要求，则应根据需要和条件选用能进行工况调节的轴流式风机，如动叶可调式轴流式风机、可变速调节的轴流式风机、带有静导叶调节的轴流式风机等。

选型过程与步骤同离心风机选型相同，可参见本书6.1节的内容。

（3）轴流式风机的安装与试运行　轴流式风机的安装应符合下列要求（GB 50275—1998）：

1）整体出厂机组的安装水平和铅垂度应在底座和风筒上进行测量，其偏差均不应大于1/1000。

2）解体出厂的风机，应严格按照国标GB 50275—1998的规定进行检测，并符合其要求。

3）各叶片的安装角度应按设备技术文件的规定进行复查和校正，其允许偏差为±2°，并应锁紧固定叶片的螺母；拆装叶片均应按标记进行，不得错装和互换；更换叶片应按设备技术文件的规定执行。

4）电动机与风机的联轴器找正时，其径向位移偏差不应大于0.025mm，两轴线倾斜度偏差不应大于0.2/1000。

5）可调动叶及其调节装置在静态下应检查其调节功能、调节角度范围、安全限位的可靠性和角度指示的准确性。

6）进气室、扩压器与机壳之间，进气室、扩压器与前后风筒之间的联接应对中，并贴平。各部分的联接不得使机壳（主风筒）产生叶顶间隙改变的变形。

轴流式风机安装好后，在试运转之前应做以下准备工作：

1）检查电动机转向；检查油位、叶片数量、叶片安装角度、叶片调节装置功能、调节范围等是否符合该风机技术文件的规定；检查风机管道内有无污、杂物等。

2）叶片可调的风机，应将可调叶片调到设备技术文件规定的起动角度。

3）盘车并应无卡阻现象。

4）起动供油装置并运转2h，其油温和油压均应符合设备技术文件的规定。

在所有检查正常后，即可进行风机的试运转。轴流式风机的试运转应满足下列要求：

1）起动时，各部位应无异常现象，如有异常应立即停机，查明原因并消除。

2）起动后调节叶片时，其电流不得大于电动机的额定电流值。

3）风机运行中应严禁停留于喘振工况区内。

4）风机滚动轴承正常工作温度不应大于 70 ℃，瞬间最高温度不应大于 95 ℃，温升不应超过 55 ℃；滑动轴承正常工作温度不应大于 75 ℃。

5）风机轴承的振动速度有效值不应大于 $6.3\times10^{-3}m/s$。

6）连续试运转时间应不少于6h，停机后应检查管道的密封性和叶顶间隙。

6. 轴流式风机的开、停机

根据轴流式风机性能特点，要求轴流式风机要做到“开阀”开机和停机，以降低其起动和停机时的轴功率。

7.1.2 轴流泵及其应用

1. 轴流泵的基本构造与工作原理

轴流泵的外形像一根水管，泵壳直径与吸水口直径差不多，既可垂直安装，也可水平

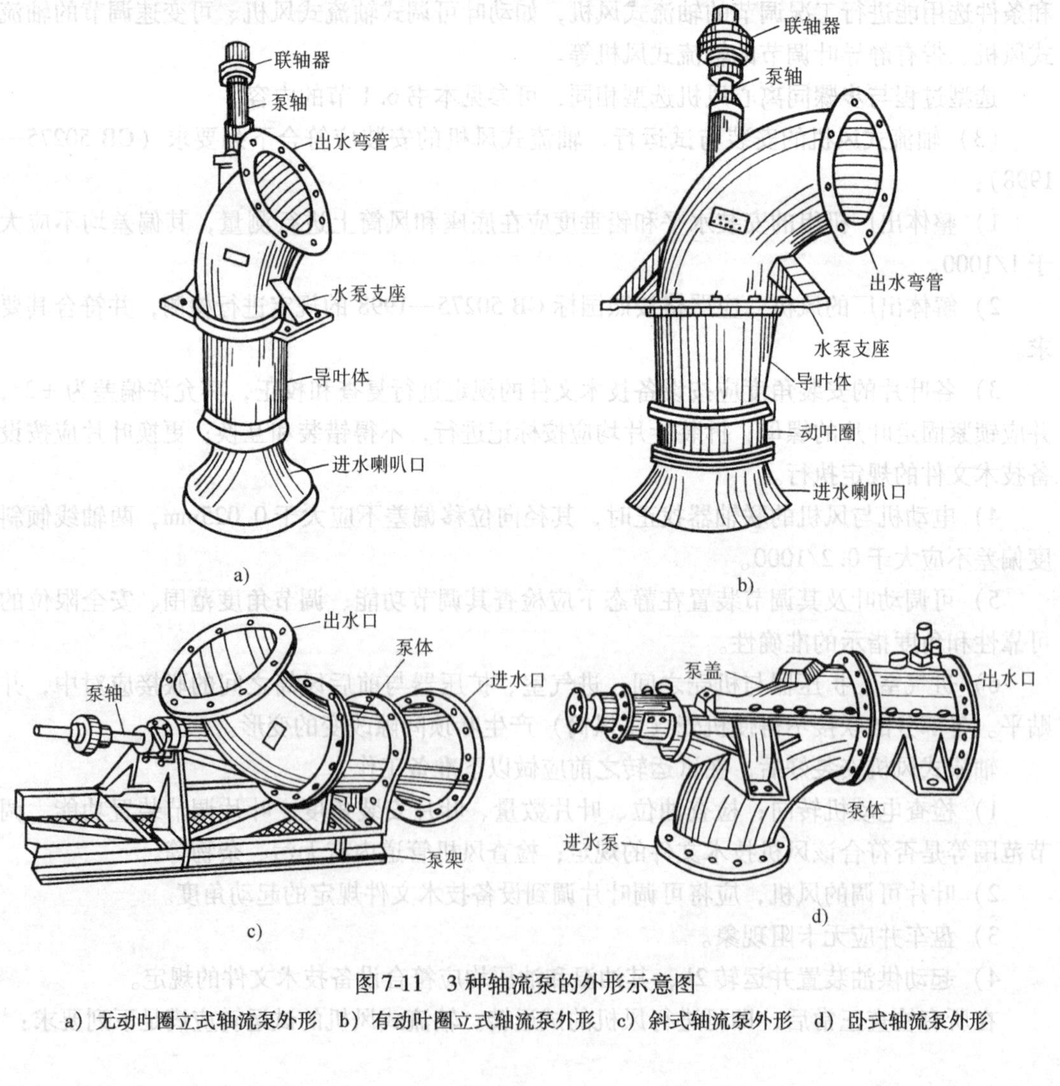

图7-11 3种轴流泵的外形示意图

a）无动叶圈立式轴流泵外形 b）有动叶圈立式轴流泵外形 c）斜式轴流泵外形 d）卧式轴流泵外形

或倾斜安装。根据安装方式的不同，轴流泵通常分为立式、卧式和斜式3种。图7-11所示为3种轴流泵的外形示意图。图7-12所示为立式轴流泵的工作示意图。图7-13给出了叶

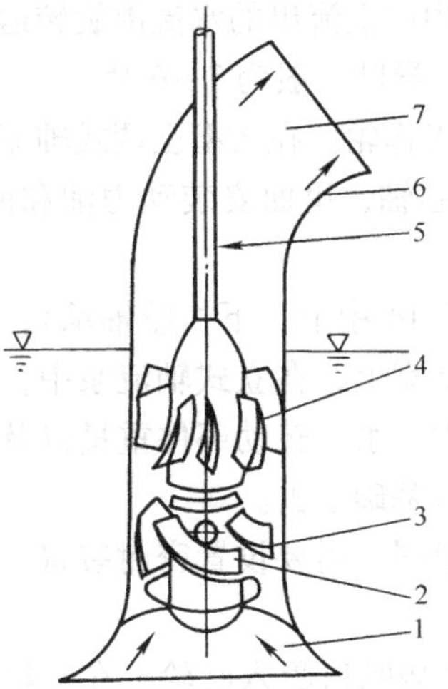

图7-12 立式轴流泵的工作示意图

1—吸入管 2—叶片 3—叶轮 4—导叶 5—轴 6—机壳 7—出水弯管

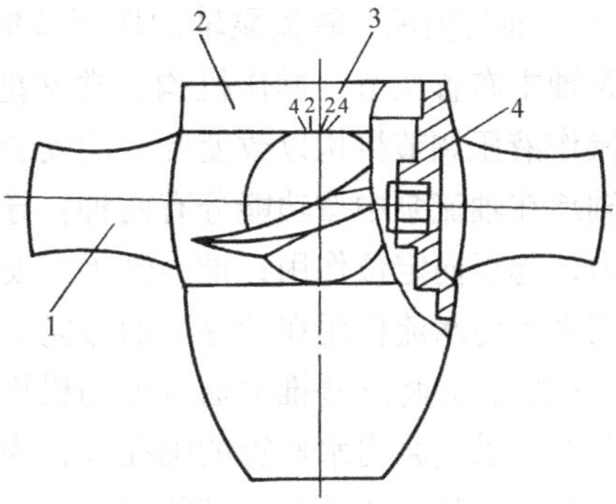

图7-13 半调式叶片

1—叶片 2—轮毂体 3—角度位置 4—调节螺母

轮叶片部分可调的位置。立式轴流式泵主要由吸入管（进水喇叭口）、叶轮、导叶、轴和轴承、机壳、出水弯管及密封装置等组成，其构造如图7-14所示。

（1）吸水管 吸水管的形状如流线型的喇叭管，以便汇集水流，并使其得到良好的水力条件。

（2）叶轮 叶轮是轴流泵的主要工作部件。叶片的形状和安装角度直接影响到泵的性能。叶轮按叶片安装角度调节的可能性分为固定式、半调式和全调式3种。固定式轴流泵的叶片与轮毂铸成一体，叶片的安装角度不能调节。半调式轴流泵的叶片是用螺栓装配在轮毂体上的，叶片的根部刻有基准线，轮毂体上刻有相应的安装角度位置线（见图7-13）。根据不同的工况要求，可将螺母松开，转动叶片，改变叶片的安装角度，从而改变水泵的性能曲线。全调式轴流泵可以根据不同的扬程与流量要求，在停机或不停机的情况下，通过一套油压调节机构来改变叶片的安装角度，从而改变泵的性能，以满足

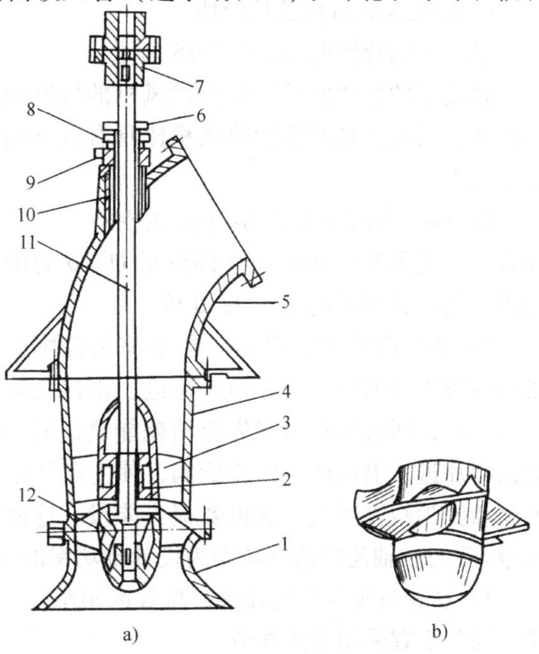

图7-14 立式轴流泵的构造

a）立式轴流泵的构造 b）立式轴流泵的叶轮外形

1—进水喇叭 2—橡胶轴承 3—导叶体 4—导水器 5—出水弯管 6—填料压盖 7—联轴器 8—填料 9—填料盒 10—橡胶轴承 11—泵轴 12—叶轮

用户的使用要求。全调式轴流泵的调节机构比较复杂，对检修维护的技术要求较高，一般应用于大型轴流泵。

（3）导叶 导叶固定在泵壳上，其作用是把叶轮中向上流出的水流由旋转运动变为轴向运动，把旋转的动能变为压力能，并减少水头损失。导叶一般为3~6片。

（4）轴与轴承 轴流泵轴的作用是把转矩传递给工作轮。在大型全调式轴流泵中，为了在泵轴中布置调节、操作机构，常常把泵轴做成空心轴，里面安装动力油和回油管路，用来操作液压调节机构以改变叶片的安装角。

轴承在轴流泵中按功能分有两种：导轴承（如图7-14中上、下橡胶轴承），用来承受径向力，起径向定位作用；推力轴承，安装在电动机基座上，在立式轴流泵中，其主要作用是用来承受水流作用在叶片上的方向向下的轴向推力、水泵转动部件重量以及维持转子的轴向位置，并将这些推力通过电动机机座传到电动机基础上去。

此外，轴流泵出水弯管的轴孔处，为防止压力水泄漏，需要设置密封装置。目前，常用的密封装置仍为压盖填料型的填料盒。

轴流泵的工作原理为（见图7-12）：水流通过进水喇叭口吸入叶轮，在叶轮里由高速旋转的叶片对其增速增压，然后通过装在叶轮之后的导叶使水流由回转上升运动变为轴向运动，并使其动能的一部分转变为压力能而使水流压力进一步提高，最后通过出水弯管排出去。

2. 轴流泵的特性及其应用

轴流泵的特性曲线如图7-15所示。

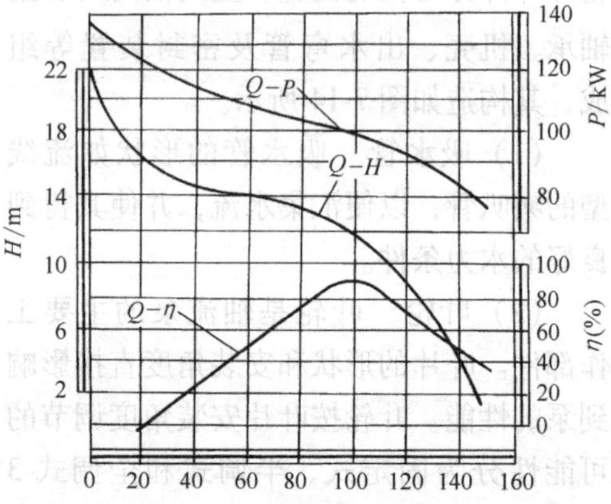

图7-15 轴流泵的特性曲线

轴流泵的特性曲线与轴流式风机的特性曲线类似，与离心泵的特性曲线相比具有以下明显的特点：

1）*Q-H*曲线为陡降型并存在拐点。一般而言，轴流泵的空转扬程（即流量$Q=0$时的扬程）为设计扬程的1.5~2.0倍。

2）*Q-N*曲线为陡降型。在小流量范围内轴功率较大是因为：一方面叶轮进、出口之间产生回流，回流内水力损失要消耗能量；另一方面叶片进、出口产生回流旋涡，使主流从轴向流动变为斜流形式，这也要损失能量。这使得$Q=0$时，轴流泵的轴功率为设计轴功率的1.2~1.4倍，因此轴流泵一般要开阀起动。

3）*Q-η*曲线为单驼峰形，高效区很窄。一旦运行工况偏离设计工况时，效率下降很快，因此不宜采用节流调节。

图7-16a所示为500ZQB—100型轴流泵的通用特性曲线。所谓通用特性曲线是在一台恒定转速、叶片具有不同安装角度的泵的*Q-H*特性曲线上，加绘等功率特性曲线、等效率特性曲线而成。根据通用特性曲线图，可以比较方便地按所需流量和扬程来选择水泵和叶片的安装角度（具体过程可自己分析）。

轴流泵的主要应用有：输送清水或物理、化学性质类似于清水的液体（不同类型的轴

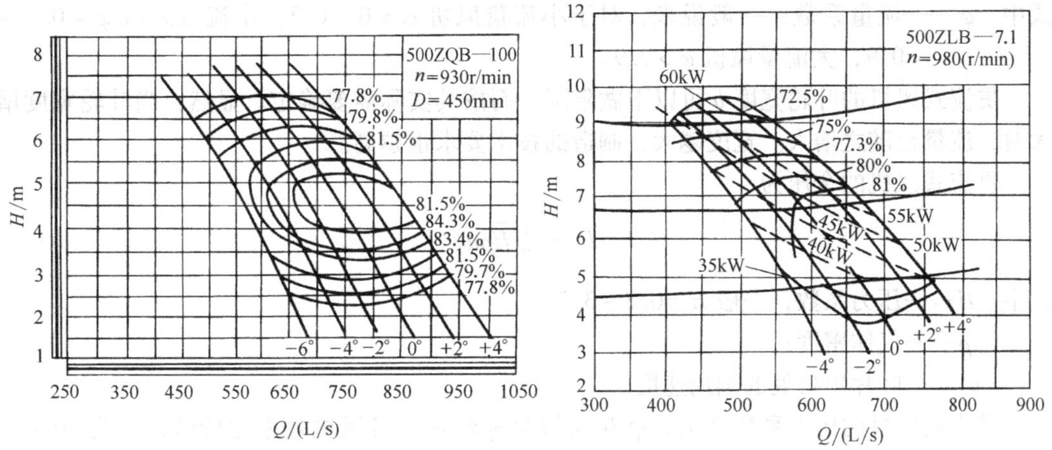

a) b)

图 7-16 500ZQB—100 型与 500ZLB—7.1 型轴流泵的通用特性曲线图

a）500ZQB—100 型轴流泵的通用特性曲线 b）500ZLB—7.1 型轴流泵的通用特性曲线

流泵对所输送液体温度的要求不同，如 ZLB 型、QZW 型等要求液体温度不超过50℃），可供电站循环水、城市给水、农田排灌等之用。

轴流泵的选用、安装与运行可参考轴流式风机执行（但要考虑介质为液体所带来的影响）。

7.2 贯流式风机及其应用

贯流式风机也称横流式风机，是莫蒂尔于 1892 年发明的一种特殊的风机。

如图 7-17 所示，贯流式风机有一个圆筒形多叶轮转子，转子上的叶片互相平行且按一定的倾角沿转子圆周均匀排列，呈前向叶型，转子两端面是封闭的。气流沿径向从转子一侧的叶栅进入叶轮，然后穿过叶轮转子内部，从转子另一侧叶栅沿径向排出，使气流两次横穿叶片。

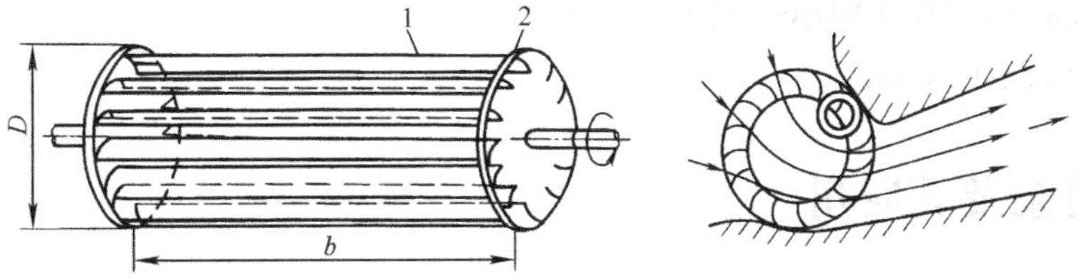

a) b)

图 7-17 贯流风机示意图

a）贯流式风机叶轮结构示意图 b）贯流式风机中的气流

1—叶片 2—封闭端面

贯流式风机叶轮内的速度场是非稳定的，流动情况较为复杂。

贯流式风机的流量 Q 与叶轮直径 D_2、叶轮圆周速度 u 及叶轮宽度 b 成正比，即

$$Q = \varphi b D_2 u$$

式中 φ——流量系数；一般说来，对于小流量风机 $\varphi=0\sim0.3$，中流量风机 $\varphi=0.3\sim0.9$，大流量风机 $\varphi>0.9$。

贯流式风机的叶轮宽度 b 可以不做限制，而按其实际需要确定。显然，当叶轮宽度增大时，流量也随之增大。宽度越大，制造的技术要求也越高。

贯流式风机的全压为

$$H=\frac{1}{2}\overline{H}\rho u_2^2$$

式中 $\overline{H}$——压力系数，一般 $\overline{H}=0.8\sim3.2$；

ρ——气体密度；

u_2——叶片出口处的圆周速度。

贯流式风机的压力系数较大，Q-H 曲线呈驼峰形，且风机效率比较低，约为 30% ~ 50%。

由于贯流式风机至今还存在许多问题有待解决，所以自它问世以来，其使用远没有离心式及轴流式风机普遍。然而，与其他风机相比，贯流式风机具有动压较高，不必改变气流流动方向，可获得扁平而高速的气流，并且气流到达的宽度比较宽等特点，再加上它结构简单，宜与各种扁平形或细长形设备相配合，使贯流式风机获得了许多用途。目前，贯流式风机广泛应用在低压通风换气、空调工程中，尤其是在风机盘管、空气幕装置、小型废气管道抽风、车辆电动机冷却及家用电器等设备上（如家用分体壁挂式空调室内机的送风机就是采用的贯流风机，见图 7-18）。

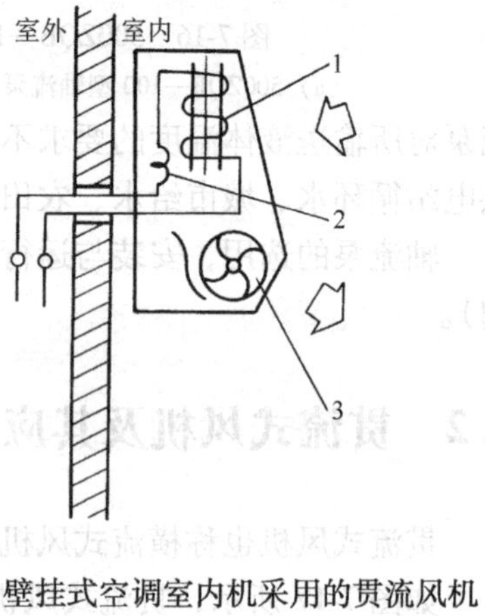

图 7-18 壁挂式空调室内机采用的贯流风机

1—蒸发器 2—毛细管 3—风扇电动机

贯流式风机的使用范围一般为：

流量 $Q<8.33\text{m}^3/\text{s}$（即小于 $500\text{m}^3/\text{min}$）；

全压 H（或 p） <980Pa。

7.3 管道泵及其应用

7.3.1 管道泵的构造及特性

管道泵也称管道离心泵。G 型管道泵是立式离心泵，G 型（GD、GR、GF 型）管道泵的结构如图 7-19 所示。G 型泵有两种结构：泵口径小于或等于 0.1m 的中、小型泵中，泵轴与电动机转子同轴，整机由泵体、盖架、叶轮、密封环、机械密封和放气阀等组成，其机械密封为单端面非平衡型；泵口径大于 0.1m 的较大型泵中，由泵体、盖架、叶轮、密封环、机械密封、联接轴、轴承、轴承盖和放气阀等主要零部件组成，电动机轴直接套入联接轴孔内，通过键带动联接轴。不论大小型泵均采用上开式结构，即只要旋开盖架上的螺母，就可把除泵体外的零部件全部取出来；其优点是不用拆卸泵体和管道便可取出转子部分进行检修。

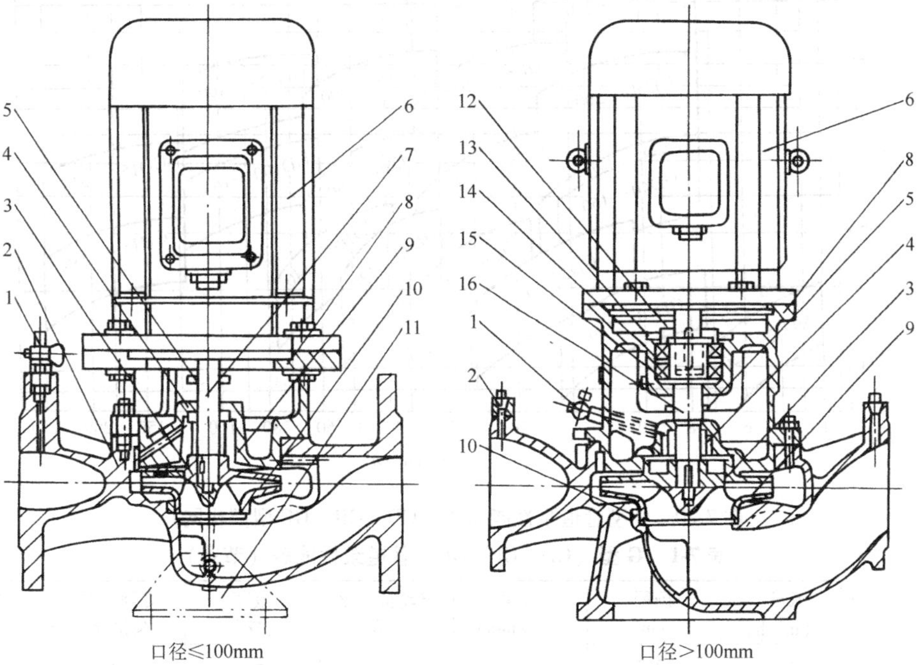

图 7-19　G 型管道离心泵的结构

1—放气阀　2—泵体　3—叶轮螺母　4—机械密封　5—挡水圈　6—电动机　7—电动机轴　8—盖架　9—叶轮　10—密封环　11—支承脚　12—轴承盖　13—轴承　14—轴承垫圈　15—弹性挡圈　16—联接轴

管道泵是一种比较适合于供暖系统应用的水泵，与普通离心泵相比具有以下特点：

1）泵的体积小、质量轻，进、出水口均在同一直线上，可以直接安装在回水干管上，不需设置混凝土基础，安装方便，占地极少。

2）采用机械密封，密封性能好，泵运行时不漏水。

3）泵的效率高、耗电小、噪声低。

常用的管道泵有 G 型（又分为 GD、GF、GR 3 种）、BG 型两类。

G 型管道泵是立式单级单吸离心泵。其中 GD 为普通型，供输送常温清水或物理化学性质类似于清水的其他介质，主要用于制冷、空调、消防和一般供水系统。GR 为热水型，供输送 120 ℃以下的热水，用于采暖和热力系统中作循环泵。GF 为耐腐蚀型，可根据所输送的不同腐蚀介质选配对应的抗腐蚀材料，主要用于石油、化工、医药、食品等行业中输送腐蚀介质或卫生介质。G 型泵可以直接安装在水平或竖直管道中，也可以多台串联或并联运行，宜作循环水或高楼供水用泵。在制冷空调工程中，管道泵主要用于中小型系统的冷却水、冷冻水的管路，为制冷空调系统提供循环的冷却水与冷冻水，便于实现制冷空调系统的热量转移。

G 型管道泵的性能曲线如图 7-20 所示，性能表见表 7-1。

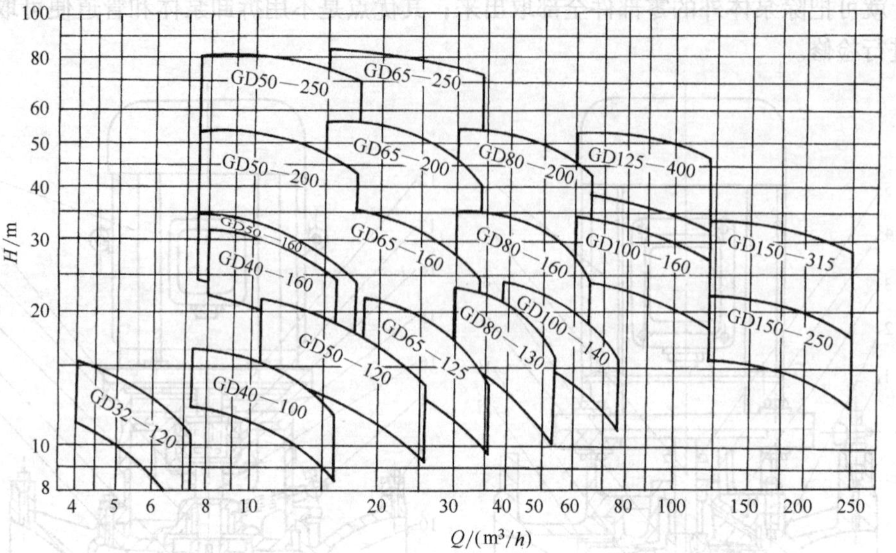

图7-20 G型管道泵性能曲线（GD、GR、GF型都相同）

表7-1 G型（GD、GF、GR）管道泵性能表（节录）

型号	流量 /（m^3/h）	扬程 /m	转速 /（r/min）	电动机功率 /kW	效率 （%）	必须气蚀余量/m	总重 /kg
GD	4	15.5			42	2.6	
GF32—120	6	13	2800	0.55	45	3.2	15
GR	7.2	11			43.5	4.2	
GD	8	30.5			49	2.2	
GF40—160	10	30	2900	2.2	54	2.6	46
GR	10.5	25			56	3.5	
GD	7.5	34			44	2.5	
GF50—160	12.5	32	2900	3	54	3.0	60
GR	17.1	22			47	4.2	
GD	7.5	52.5			38	2.5	
GF50—200	12.5	50	2900	5.5	48	3.2	88
GR	17.1	43			50	4.5	
GD	18	22			60	3.6	
GF65—125	25.2	19.5	2900	2.2	68	4.3	48
GR	36	14			66	5.8	
GD	15	53			49	2.5	
GF65—200	25	50	2900	7.5	60	2.8	116
GR	34.2	41			57	4.0	
GD	15	80.5			37	2.6	
GF65—250	25	78	2900	15	50	3.0	178
GR	34.2	72			53	4.0	
GD	30	35			61	2.6	
GF80—160	50	32	2900	7.5	73	3.0	111
GR	64.8	24			65	4.2	
GD	60	34			66	3.0	
GF100—160	100	30	2900	15	73	4.0	183
GR	120	27			72	5.2	

（续）

型号	流量 / (m^3/h)	扬程 /m	转速 / (r/min)	电动机功率 /kW	效率 (%)	必须气蚀余量/m	总重 /kg
GD GF125—400 GR	60 100 120	52 50 47.5	1450	30	53 65 66	3.0 3.6 4.5	348
GD GF150—250 GR	120 200 240	22.5 20 17.5	1450	18.5	71 81 78	3.0 4.0 5.0	230
GD GF150—315 GR	120 200 240	34 30 28	1450	30	70 76.5 77	3.0 4.0 5.0	338

7.3.2 管道泵的装配与拆卸

管道泵装配前首先要检查零件有无影响装配的缺陷，并在清洗干净后才可进行装配。管道泵装配的步骤如下（管道泵的拆卸按下述相反步骤进行）：

1）把各处的联接螺栓、丝堵等分别拧紧在相应的位置上。

2）把纸垫、油毛毡分别放在相应的位置上。

3）把挡水圈装在轴上。

4）把密封环装到泵体上或泵盖上，并将机械密封静环装到盖架上。

5）对有联接轴的泵，首先把轴承、轴承垫圈装到联接轴并用挡圈固定，然后将装好的联接轴装到盖架上，合上压盖。

6）把泵盖架装到电动机上用螺栓固定。

7）把机械密封、平键、叶轮、止动垫圈装到轴上，并用叶轮螺母拧紧。

8）把电动机、泵盖架组件装到泵体上并用螺栓、螺母拧紧，最后装放气阀。

7.3.3 管道泵的安装与运行

1. 管道泵的安装

管道泵的安装应符合以下要求：

1）设有安装基础时，泵的安装基础应平坦，以便法兰盘平面与地面垂直。

2）安装管路时，进、出水管应有自己的支承架，不得以泵作为管路的支承，以免过大的压力使法兰盘断裂。

3）在户外使用时，应在泵组上设防雨上盖。

4）泵的出口应安装压力表和闸阀，进口应视使用情况而定。

5）泵的安装高度、管路的长度、直径、流速应符合计算结果，长距离输送应取较大的管径，以减少损失。

6）使用时，如泵的进口有较大的压头，应考虑泵体的承压能力，必要时可选用承压能力较大的材料制造的泵。

2. 管道泵的起动

管道泵的起动可按以下步骤进行：

1）灌泵（设置成自灌式的可免灌泵），同时旋开放气阀，把泵内尤其是机械密封腔内的空气排除掉，以免因机械密封失水而烧毁。

2）关闭排出管路上的闸阀。

3）点动电动机，以检查旋转方向是否正确、泵的转动是否灵活。

4）接通电源起动电动机，当泵达到正常转速后，逐渐打开排出管路上的闸阀并调节到所需要的工况。要注意的是，在排出管上闸阀关闭的情况下，泵的连续运转不宜超过3min，以免水温升高导致泵的零部件损坏。

3. 运转

管道泵在运转时应注意的问题主要有：

1）泵长期运转时，应尽量在铭牌规定的流量和扬程附近工作，使泵在高效率区运行，以获得最大的节能效果。

2）口径大于0.1m的泵运行时，轴承温度不得超过周围环境温度35℃，极限温度不得大于80℃，并应定期向轴承腔内注入黄油。

3）在运转中发现有异常的噪声时，应立即停机检查。

4）热水型泵运转时应保持有充足的冷却水，用以冷却泵轴与盖架。

4. 停泵

管道泵停止运转时，应先关闭出口闸阀，再切断电源使电动机停止运转，最后关闭压力表阀。在寒冷季节短时期停泵时，应拧开泵体下部的丝堵，放净泵内存水。泵长期运转后，若流量和扬程有明显的下降时，应拆开更换已磨损的零件。长期停止用泵时，应将泵解体并擦干水分，除去锈垢，涂上防锈脂，重新组装好并妥善保存。

5. 管道泵的常见故障及处理方法

管道泵的常见故障及处理方法见表7-2。

表7-2 管道泵的常见故障及处理方法

故　障	原　因	解决方法
泵不吸水，真空表、压力表指针剧烈跳动	1）灌注引水不够 2）管路与仪表联接处漏气	1）检查吸入管路各结合处是否漏气 2）修理好后再灌足引水
水泵不吸水，真空表反映真空度高	1）用于抽吸情况时，底阀没打开或已堵塞 2）吸水管路阻力太大，吸水高度过高	1）检修底阀 2）更换吸水管，降低吸水高度
压力表有压力，但不出水	1）出水管阻力太大 2）旋转方向不对 3）叶轮堵塞 4）泵转速不足	1）检查或缩短出水管 2）检查电动机 3）清除叶轮内的杂物 4）增加泵的转速
流量低于设计要求	1）水泵堵塞 2）密封环磨损过多 3）转速不足	1）清理水泵内部及管路 2）更换密封环 3）增加泵转速
泵消耗功率过大	1）叶轮磨损或刮碰密封环 2）泵流量增大	1）检查泵轴是否弯曲，更换叶轮 2）关小出口阀门以降低流量
泵内声音异常，泵不出水	1）吸入管阻力过大 2）吸入水处有空气渗入 3）输送的液体温度过高形成汽泡	1）检查吸水管 2）堵塞漏气处，检查底阀 3）降低液体温度，或采用自灌形式
水泵振动，轴承过热	1）叶轮平衡性不好 2）轴承缺油或磨损	1）更换叶轮或重新作平衡 2）向轴承加油或更换轴承
GF型泵中过流零件腐蚀过快	对应耐腐蚀材料选用不当	重新选用合适的耐腐蚀材料制造的过流零件

7.4 屏蔽泵

在制冷空调工程中，还需要用到另一种泵，要求它具有防腐蚀、零泄漏等功能，这就是所谓的无泄漏泵。它主要有屏蔽泵和磁力泵。它们在结构上只有静密封而无动密封，因此输送液体时能保证一滴不漏。如在溴化锂吸收式制冷系统中，溶液循环泵等就是采用全封闭、无机械密封的屏蔽泵。这种泵具有低噪声、无泄漏、运行可靠、免维护、防腐蚀、结构紧凑等优点，在某些场合有着不可替代的作用。它广泛应用于暖通、制冷、空调、化工、冶金、造纸、环保、给排水、电力、建筑等多个领域。它低噪声、低气蚀、无泄露，适合于输送水或类似于水的介质，还可以用来输送压力和温度不产生结晶和凝固的液体，特别是对人体及环境有害的和不安全的液体和贵重液体等，如具有强腐蚀性、剧毒性、挥发性、放射性的介质。

7.4.1 屏蔽泵的结构与工作原理

屏蔽泵也是一种离心泵，泵和驱动电动机都被封闭在一个被泵送介质充满的压力容器内，此压力容器只有静密封。在屏蔽泵中，泵和电动机联在一起，电动机的转子和泵的叶轮固定在同一根轴上，并利用屏蔽套将电动机的转子和定子隔开，转子在被输送的介质中运转，其动力通过定子磁场传递给转子。屏蔽泵的液力端可以按照一般离心泵通常采用的结构形式和有关的标准、规范设计制造。此外，在定子与转子之间设有 0.7mm 左右的环隙。当泵工作时，泵送的部分液体经此环隙冷却电动机，从而解决了普通管道电泵因使用机械密封而导致输送介质易泄漏、污染环境、运行可靠性差、维护困难等问题。这种结构取消了传统离心泵具有的旋转轴密封装置，能做到完全无泄漏。因此，屏蔽泵结构紧凑、振动与噪声较小、泵效率高、能耗较低、无泄漏。从安全、卫生和节能方面看，对于泵送强腐蚀性、易燃、易爆或毒性液体，选用屏蔽泵能获得令人满意的效果。

屏蔽泵的组成部件主要有叶轮、泵轴、泵壳、轴承座、循环管、屏蔽套、电动机定子与转子等。其工作原理与普通离心泵的类似，不同的是动力的传递方式，即屏蔽泵是靠磁场将定子的转矩传递给转子的。某 SPG 系列管道屏蔽泵的外形及结构示意图如图 7-21 所示。

某微型屏蔽泵的外形及结构分解示意图如图 7-22 所示，其对应的特性曲线如图 7-23 所示。

（1）滑动轴承　由于转子较长，屏蔽泵需设前、后两个滑动轴承座。这两个轴承要求精确对中，如果对中不佳，轴承很容易碎裂。由于石墨材质相对较软，因此屏蔽泵的滑动轴承较多地采用石墨材质。石墨滑动轴承与表面堆焊钨、铬、钴等硬质合金或等离子喷涂氮化硅一类硬质合金制成的轴套组成摩擦副，使用寿命可达一年以上。也有些屏蔽泵厂商，由于较好地解决了前、后两个滑动轴承座的对中问题，可采用纯烧结 α 级碳化硅材质。如果使用情况良好，纯烧结 α 级碳化硅滑动轴承的寿命可达 3 年以上。

（2）屏蔽套　屏蔽泵通常有两个屏蔽套，即定子屏蔽套和转子屏蔽套。屏蔽套用来防止工作介质浸入定子线圈和转子铁心，其厚度一般为 0.4 ~ 0.7mm。由于屏蔽套的存在，使电动机定子和转子之间的间隙加大，造成屏蔽电动机的性能下降，同时在屏蔽套中还会

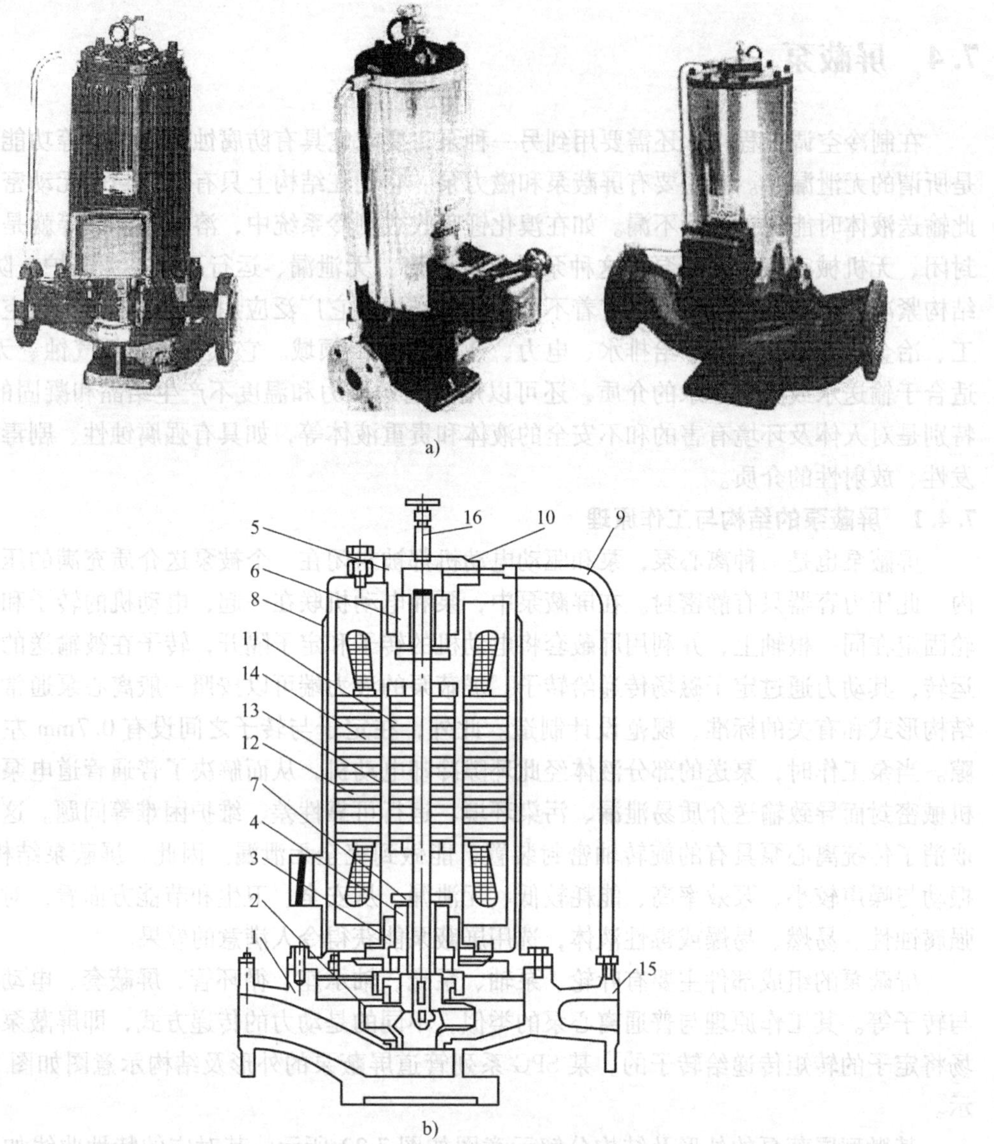

图 7-21 SPG 系列管道屏蔽泵的外形及结构示意图

a）屏蔽泵的外形 b）屏蔽泵的结构与组成

1—泵体 2—叶轮 3—平衡端盖 4—下轴承座 5—石墨轴承 6—轴套 7—推力盘 8—机座 9—循环管 10—上轴承座 11—转子组件 12—定子组件 13—定子屏蔽套 14—转子屏蔽套 15—过滤网 16—排出水阀

产生涡流，增加了功率损耗。对于屏蔽泵，其屏蔽套应选用耐腐蚀性好、强度高的非导磁材料。定子屏蔽套优先选用哈氏合金。转子屏蔽套一般选用哈氏合金或奥氏体不锈钢。

7.4.2 屏蔽泵保护系统

为提高使用寿命和运转的安全性，屏蔽泵通常都设有下列保护装置。

1. 轴承磨损监测器

轴承磨损监测器有机械式、电气式、机械电气式等型式。当屏蔽泵运转时，可以通过

a)

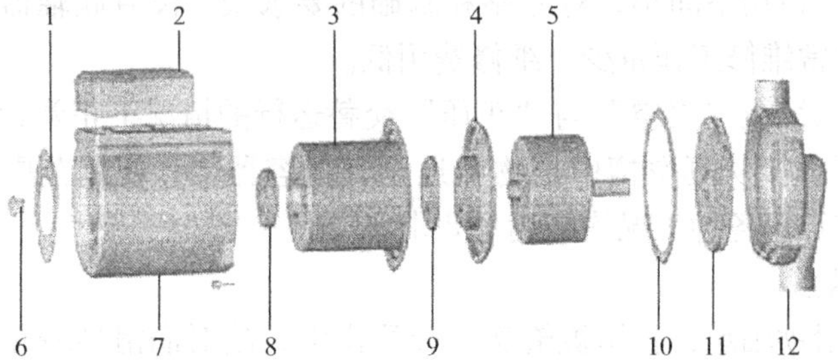

b)

图 7-22 微型屏蔽泵外形及结构分解示意图

a) 外形 b) 结构分解示意图

1—商标 2—接线盒 3—不锈钢套 4—挡板 5—转子 6—封水螺钉

7—机壳筒 8、9—陶瓷轴承 10—密封圈 11—叶轮 12—泵体

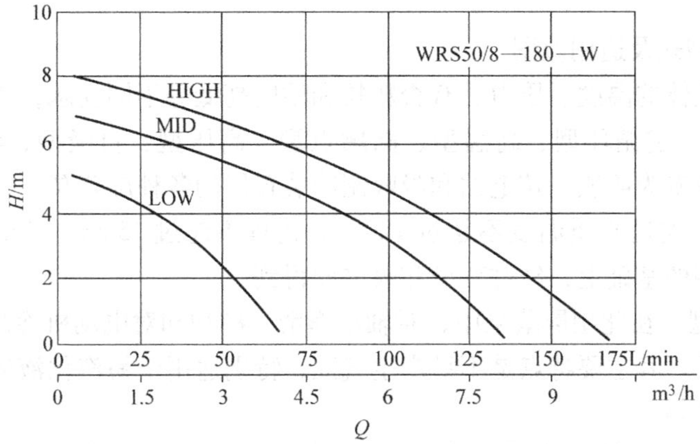

图 7-23 WRS50/8—180—W 型屏蔽泵的性能曲线

轴承磨损监测器随时监视轴承的运转情况，当轴承磨损较大时就要停车检修或更换轴承，若发生轴承损坏则立即停车。

2. 电流保护器

屏蔽泵在无液情况下空运转时，会造成轴承损坏。当流量大幅度下降时，电流也会大大降低，此时电流保护器可自动动作而停车。同样，在负载过大时，电流增加较多，电流保护器也会动作，自动切断电流，使电机停止运转，防止事故发生。

除以上两种保护装置外，屏蔽泵还可配热交换能力监测器、液面监测器或在电动机内部装内压保护器等，以满足不同用途屏蔽泵安全保护的需要。

7.4.3 屏蔽泵的特点

1. 屏蔽泵的优点

1）与有密封泵相比，省去了维修和更换密封的麻烦，也省去了联轴器，零件数量少（只有机械密封泵的30%左右），可靠性高。屏蔽泵无滚动轴承和电动机的风扇，不需要加润滑油，且运转平稳、噪声低，一般为60～65dB（A）；可配置轴承磨损监视器，检测轴承的磨损情况。

2）结构紧凑，占用空间小，对底座和基础的要求低，没有联轴器的对中问题，安装容易且费用低。日常维修工作量少，维修费用低。

3）能在真空系统或“真空”与“正压”交替运行的情况下正常运转而无泄漏；可以在高真空度情况下直接从真空槽中把物料送至其他容器中；使用范围广，对于高温、高压、极低温、高熔点等各种工况均能满足要求。

2. 屏蔽泵的缺点

1）由于采用滑动轴承，且用被输送的介质润滑，故对润滑性较差的介质就不适宜采用屏蔽泵输送。一般适合于屏蔽泵的介质粘度范围为$1\times10^{-4}\sim2\times10^{-2}$Pa·s。

2）屏蔽泵的效率通常低于有密封的离心泵。但在中、小功率的情况下，与双端面密封泵相比，由于后者增加了冷却和冲洗系统的功率消耗，故总效率相差不大。

3）离心泵运行时，要求流量应高于最小连续流量。对屏蔽泵这点尤为重要，因为在小流量情况下，泵效率较低且会导致发热，使流体蒸发而造成泵干转，引起滑动轴承的损坏。

3. 屏蔽泵的型式及适用范围

根据被输送液体的温度、压力、有否颗粒和粘度高低等不同要求，屏蔽泵一般可分为基本型（标准型）、逆循环型、高温型、高融点型、高压型、自吸型、液下型、泥浆型、高压管路型，以及专为船舶、核电站和吸收制冷装置用的各种屏蔽泵。

（1）基本型　输送介质温度不超过120℃，扬程不超过150m。其他各种类型的屏蔽泵都可以在基本型的基础上，经过变型和改进而得到。

（2）逆循环型　在此型屏蔽泵中，对轴承润滑、冷却和对电动机冷却的液体流动方向与基本型正好相反。其主要特点是不易产生气蚀，特别适用于易汽化液体的输送，如液化石油气、一氯甲烷等。

（3）高温型　一般输送介质温度最高为350℃，流量最高为300m^3/h，扬程最高为115m。它适用于热介质油和热水等高温液体。

（4）高融点型　泵和电动机带夹套，可大幅度提高电动机的耐热性。它适用于高融点液体，温度最高可达250℃。夹套中可通入蒸汽或一定温度的液体，防止高融点液体产生结晶。

（5）高压型　高压型屏蔽泵的外壳是一个高压容器，使泵能承受很高的系统压力。为了支承处于内部高压下的屏蔽套，可以将定子线圈用来承受压力。

（6）自吸型　吸入管内未充满液体时，泵通过自动抽气作用排液。它适用于从地下容器中抽提液体。

（7）多级型　装有复数叶轮，适用于高扬程流体输送，最高扬程可达400m。

（8）泥浆型　适用于输送混入大量泥浆的液体。

7.4.4 屏蔽泵选型和使用中的注意事项

一般的屏蔽泵采用输送的部分液体来冷却电机，且环隙很小，故输送液体必须洁净。对于输送多种液体混合物，若它们产生沉淀、焦化或胶状物，则此时选用屏蔽泵（非泥浆型）可能堵塞屏蔽间隙，影响泵的冷却与润滑，导致烧坏石墨轴承和电动机。

选用屏蔽泵时除考虑其工艺参数如流量、扬程、功率等之外，还应注意以下问题：

1）对于滑动轴承为石墨材质的屏蔽泵，应设轴承磨损监测仪表。监测仪表的具体型式（机械式、电气式、机械电气式等）由用户根据自己的需要确定。

2）屏蔽泵使用时，应定期检查电流、轴承磨损情况、是否渗漏、是否平稳、振动和噪声是否正常等。

3）用户应留意屏蔽泵的排气问题。重载荷屏蔽泵最好应为自排气型；中、轻载荷屏蔽泵也宜为自排气型。对于手动排气型无密封离心泵，生产商必须在泵的醒目之处粘贴“警示”标签，以提醒用户在起动前及维修前、后手动排气。

在无密封离心泵范畴内，究竟是选用磁力泵（此处不做介绍，需要了解的读者请参考其他资料）还是屏蔽泵，根据它们的特性比较，给出以下建议，供参考。

1）要求占地面积尽可能小时，可考虑选用屏蔽泵。

2）对泵效率要求较高时，屏蔽泵有一定的优势。

3）对噪声和振动要求苛刻时，屏蔽泵有一定的优势。

4）安全性要求很高时，可考虑选用屏蔽泵，或带第二层保护的磁力泵。

5）对安全性要求特别高时，应考虑选用屏蔽泵。

6）要求泵和机械密封泵能够互换时，可考虑选用磁力泵。

7）输送强腐蚀介质，且必须用非金属材料作为过流部件时，可选用磁力泵。

8）大功率或输送高温介质且现场无冷却水时，可考虑选用磁力泵；当两者皆可以使用时，应根据业主的要求以及工程公司（设计院）的习惯和经验来确定无密封泵的类型。

屏蔽泵一般均有循环冷却管，当环境温度低于泵送液体的冰点时，则宜采用伴管等防冻措施，以保证泵起动方便。

另外，屏蔽泵在起动时应严格遵守出口阀和入口阀的开启顺序。停泵时先将出口阀关小，当泵运转停止后，先关闭入口阀再关闭出口阀。

总之，采用屏蔽泵完全无泄漏，能有效地避免环境污染和物料损失，只要选型正确、操作条件没有异常变化，在正常运行情况下几乎没有什么维修工作量。屏蔽泵是输送易燃、易爆、腐蚀、贵重液体的理想用泵。

7.4.5 屏蔽泵的维护

屏蔽泵是由离心泵和三相异步屏蔽电动机同轴构成的。它不需机械密封而无泄漏，适用于输送各种有毒、有害及贵重的液体，在化工、制药、核工业、航天等装置中应用广泛。

屏蔽泵要定期检修，方能保证可靠运行。

1. 结构特点及损坏情况

屏蔽泵是泵和电动机合一的产品，在电动机的定子、转子部分各有一个特殊金属材料制成的套子，将它们各自密封，不和所输送的液体介质接触，使电动机的铁心和线圈不受腐蚀，使定子线圈保持良好的绝缘性能。屏蔽泵的结构图如图7-21所示。屏蔽泵采用石墨轴承，依靠所输送的液体来润滑。轴承的磨损情况对可靠运行十分重要。为了监视轴承磨损状况，一般都装有机械式或电磁式轴承监视器。当轴承的磨损量超过规定的允许值时，监视器表盘的指针会指向红区，即示“报警”。此时应立即停止运转，进行检查。如轴承的磨损量已超过极限值时，应更换新的石墨轴承，否则有可能造成定子、转子屏蔽套相摩擦，直至屏蔽套损坏，导致液体介质侵蚀到定子线圈等处，造成电动机损坏。化工用屏蔽泵大多使用在防爆场所，故其接线盒都制成隔爆型结构。屏蔽电机的线圈端部埋有温度继电器，当电动机线圈过热时，起到过热保护作用。根据电动机所使用的绝缘等级不同，温度继电器的动作温度也就不同。有些屏蔽泵电动机外壳部分设有热交换器，内有蛇形管，高温介质通过蛇形管冷却后再供电动机石墨轴承润滑，同时夹套内的冷却水也可对电动机起到冷却作用。

屏蔽泵主要有下面几种损坏情况：

1）石墨轴承、轴套和推力板磨损或润滑液短缺发生干磨而损坏。

2）定子、转子屏蔽套损坏。造成屏蔽套损坏的原因，主要是轴承损坏或磨损超过极限值而造成定子、转子屏蔽套相擦而损坏；其次，由于化学腐蚀造成焊缝等处产生泄漏。

3）定子线圈损坏。除和普通电动机一样过载、匝间短路、对地击穿等造成定子线圈损坏的原因外，还有因定子屏蔽套损坏而导致介质侵蚀电动机线圈使线圈绝缘损坏。

2. 屏蔽泵的定期检修

为了避免和减少屏蔽泵的突然损坏事故，屏蔽泵需要定期检修。如遇有轴承监视器“报警”时，须立即进行检修。化工装置一般是连续运行的，屏蔽泵的定期检修也只有在装置计划停车时进行。大多数屏蔽泵一年检修一次即可。

屏蔽泵的检修方法是：将屏蔽泵进行解体，对各零件先进行清理，再对它们作表观检查，是否有异常；然后，对关键部位的尺寸进行测量，对电动机线圈作电气检查。

（1）机械检查

1）测量石墨轴承的孔径和轴套的轴径，并察看它们配合面的表面粗糙度。如石墨轴承和轴套的配合间隙超过检修标准的规定（0.55～11kW配合间隙，直径差为0.4mm；15～45kW配合间隙，直径差为0.5mm）或配合面表面粗糙度不良时，需根据情况更换轴承、轴套或推力板。

2）测量检查叶轮的上、下外止口和与它们相配合的扣环及泵座内径的尺寸，这两个配合间隙是否在检修标准规定的范围内。超差时需更换零件或采取其他措施（如堆焊、镶套）使配合间隙达到规定要求，否则将影响泵的性能、流量、扬程、轴向平衡力等。

3）检查定子、转子屏蔽套的表观情况，尤其要注意焊缝处有无异常情况，必要时应作探伤、检漏检查。

经过长期运行后，转动部分的平衡情况可能有变化。因此，有必要将转子连同叶轮等旋转零件组装在一起做动平衡试验。

(2) 电气检查

1) 直流电阻检查：三相电阻的不平衡度不得超过2%。

2) 绝缘电阻检查：屏蔽泵电动机线圈的绝缘电阻一般能达到100MΩ以上。如低于5MΩ时需分析原因，如绝缘是否受潮，或屏蔽套是否有泄漏点等。如经定子屏蔽套检漏无问题，则纯属绝缘受潮，需进行干燥处理；如定子屏蔽套有问题，则需更换屏蔽套。

3. 屏蔽泵的恢复性大修

如果屏蔽泵的线圈或屏蔽套损坏，则需进行恢复性大修。损坏情况大体分为两种：一种是定子屏蔽套良好，而定子线圈发生对地、相间击穿，线圈匝间短路，过载而造成线圈烧毁；另一种是由于定子屏蔽套损坏而使介质侵入定子线圈，致使定子线圈损坏。不论哪种情况，均需更换定子线圈和屏蔽套。

由于屏蔽泵的结构特殊，更换定子线圈比较复杂，必须拆除定子屏蔽套及两端封板，才能拆除定子线圈。修复线圈后，必须重新制作新的屏蔽套和封板。其材料要求特殊，且制作精度也要求较高。

(1) 定子线圈更换　定子绕组更换和普通电机是相似的，只是绝缘等级高一些，大多采用H级绝缘。QY聚酰亚胺漆包线，槽绝缘、槽楔、绝缘套管、引接线及浸渍漆等均需采用H级绝缘的材料。更换线圈的原则是：按原样修复，尤其是线圈匝数不可随意变动(匝数变化将明显影响电机的主要性能)，线径则只要接近原总面积即可，线圈形式、线圈跨距也不要变动。

(2) 屏蔽套的更换　更换屏蔽套是修复屏蔽泵的难点和特殊之处，是保证修复屏蔽泵质量的关键。要达到原机水平，必须注意以下几个方面。

1) 屏蔽套的选材。在屏蔽泵电动机的损耗中，定子屏蔽套损耗很大，有时达到铁损耗的2~3倍。修复后的屏蔽套损耗应维持在原有水平。

定子屏蔽套损耗正比于屏蔽套厚度，反比于屏蔽套材料的电阻系数。屏蔽套材料必须是具有良好的力学性能和抗腐蚀性能的非导磁材料，为了减小涡流损耗要选用电阻率大的材料。厚度不宜过薄，过薄会影响机械强度，也不宜过厚，过厚会使屏蔽套损耗增大。进口屏蔽泵的屏蔽套大多采用一种含镍量达50%以上的称为Hastelloy-c的特种不锈钢材料，这种材料的性能能全面满足上面几项要求。而其电阻率可比一般不锈钢1Cri8Nig9Ti的大一倍，即屏蔽套损耗是普通不锈钢材料的1/2。

2) 屏蔽套的制作。屏蔽套的制作过程是屏蔽泵恢复性大修的难点和关键所在。屏蔽套的尺寸精度及形状公差要求较高，焊缝的焊接质量要求也很严格。从下料展开尺寸的计算、裁剪、直缝焊接、整圆、压装、环缝焊接、检漏等都有一定的技术难度。屏蔽电动机的定子、转子间的有效间隙一般只有0.5~1.0mm，因此要求屏蔽套不但要能顺利压入定子、转子铁心，而且要使屏蔽套紧贴铁心，只有这样才能保证定子、转子之间有足够的有效间隙。

3) 定子总体检漏。在完成定子封板和机壳的焊接，压入屏蔽套及完成屏蔽套两端的环缝焊接后，应对定子总体进行检漏检查。方法是：在机座和定子屏蔽套之间的内腔加以49kPa的压力，再将定子总体浸没在清水中。如有泄漏点时，水中会冒气泡，这是一种简单而有效的检漏方法。

（3）总装和检查性试验 在完成定、转子的修理后，备好合格的石墨轴承、轴套、推力板、密封圈等即可进行总装。装配完成后用手转动转子，转动应均匀、灵活，转子应有一定的轴向窜动量。其窜动量应在检修标准规定的范围内，见表7-3。

表7-3 屏蔽泵的轴向窜动量规定

屏蔽泵功率/kW	0.55～3.7	5.5～11	15～45
轴向窜动/mm	0.9～1.5	1.4～2.0	1.8～2.5

完成总装后再检查一下直流电阻和绝缘电阻等，确定电气性能正常后，将屏蔽泵整体浸入水箱中（接线盒要在水面上，水不可进入接线盒）做通电运转试验（此时泵出水口可盖住），观察其电流、运转声、振动等有无异常。如有试验条件，做一下泵的性能试验则更好。

本章要点

1）轴流泵与轴流式风机的构造、性能特点、用途与选用方法。

2）贯流式风机的特点与用途。

3）管道泵的构造与特点、选型、安装运行及其注意事项。

4）屏蔽泵的结构与特点、注意事项与检修。

思考题

1. 简述轴流泵、轴流式风机与离心泵、离心风机的差别有哪些。
2. 当轴流式风机叶轮反转时，其进、出风口是否反过来（即原进风口变成出风口、原出风口变成进风口）？如果离心风机叶轮反转，情况又如何呢，为什么？
3. 试比较轴流式泵与风机和离心式泵与风机的优、缺点。
4. 简述轴流式泵与风机的工作过程，并说明其工作原理与离心式泵与风机有何不同。
5. 轴流泵与风机有哪几种基本型式？它们各有何特点、适用于什么场合？
6. 轴流泵与轴流式风机分别有哪些组成部件，各部件有什么作用？各部件的几何参数对泵与风机的性能有何影响？
7. 轴流泵与风机的性能曲线有何特点？Q-H（p）性能曲线出现驼峰形的原因是什么？
8. 为什么说动叶可调的轴流泵与风机的变工况性能好？
9. 简述贯流式风机的特点和用途。
10. 管道泵有何特点？如何选用？
11. 管道泵拆装时有哪些要求？
12. 简述管道泵的常见故障与原因。
13. 简述屏蔽泵的特点和选用注意事项。

实训9 轴流泵、轴流式风机与管道泵的拆装

1. 实训目的

1）掌握轴流泵、轴流式风机及管道泵的拆装方法、工艺要求与步骤。

2）熟悉常用工具的使用。

3）熟悉常用轴流泵、轴流式风机及管道泵的构造、性能、特点。

4）培养维修操作的规范意识。

2. 实训要求

1）拆装之前，先要了解设备的外部结构特点，分析出拆装的次序（即先拆哪部分、再拆哪部分）、如何安装等。

2）拆装过程中要严格按工艺要求操作，拆下的零部件要摆放有序，应注意某些部件的方向性。如有必要，应做标记并画草图。

3）拆泵之后，重点了解以下内容并做相应的记录：

① 所拆设备的型号、性能参数。

② 构成部件名称。

③ 泵的轴封装置形式与构造。

④ 叶轮的结构形式与叶型。

⑤ 吸入口、排出口、转向等的区分，有无导叶及导叶的形式。

⑥ 有无减漏环及其形式。

⑦ 有无轴向力平衡装置及其形式。

⑧ 与电动机的联接方式。

⑨ 立式轴流泵与卧式轴流泵的差异。

4）提出问题并讨论

5）按顺序将泵安装复原

6）提交实训记录与实训体会

3. 实训器材与设备

主要有：活扳手、呆扳手、梅花扳手、一字或十字旋具、锤子、木板（条）、拉马、黄油、机油，常用轴流泵、轴流式风机及管道泵。

实训10　轴流泵、轴流式风机与管道泵的运行调节

1. 实训目的

1）熟悉制冷空调中轴流泵、轴流式风机与管道泵的形式和布置方式；

2）熟悉轴流泵、轴流式风机与管道泵的运行管理内容和要求；

3）了解轴流泵、轴流式风机与管道泵运行中常见故障的分析与处理方法；

4）熟悉企业中有关轴流泵、轴流式风机与管道泵的操作规程。

2. 实训要求

1）深入现场，仔细观察轴流泵、轴流式风机与管道泵的运行情况。

2）严格遵守实训场所的规章制度，按操作规程操作。

3）虚心向工人师傅请教。

4）发现问题要及时上报并提出解决问题的建议，获得许可后方能操作，并做好记录。

5）实训结束后要提交实训报告，要求包括：泵与风机的服务对象概况、泵与风机的布置方式、泵与风机的运行方式、泵与风机的调节方式、运行中常见问题及其解决办法、运行中要特别注意的地方、合理化建议等。

3. 实训场地与安排

（1）实训场地 具体地点由指导教师根据实际情况安排。

（2）实训安排 时间为3～4小时；人员以3～4人为一组，由指导老师落实。

（3）其他 根据实际情况再做安排。

第8章

消防用泵与风机

8.1 消防泵
8.2 消防用风机

8

8.1 消防泵

随着我国科技生产水平的不断提高，各种高层建筑数量也呈迅速上升趋势。在这些高层建筑中，消防设施与消防工作的好坏对建筑物及活动于其中的人员的安全起着决定性的作用。从高层建筑的火灾特点看，主要表现为：火势蔓延途径多、速度快；安全疏散困难；扑救难度大；功能复杂，起火因素多。由于扑救高层建筑火灾主要立足于室内消防给水设施，因此，消防给水设施的质量如何，对高层建筑的火灾扑救工作有着重大的影响。

根据火灾统计，造成高层建筑火灾扑救失败，从而酿成大火的主要原因是消防用水缺乏与水压偏低。建筑的消防给水系统主要包括室外消防给水系统与室内消防给水系统。室外消防给水系统又分为生活、生产、消防合用的室外消防给水系统与独立的室外消防给水系统。前者由取水、净水、储水、输配水和火场供水5部分组成，是目前建筑小区采用的比较普遍的一种室外消防给水系统形式；后者由取水、储水、输配水和火场供水4部分组成。室内消火栓给水系统主要由消防供水水源、消防供水设备（主要是水泵）、室内消防给水管网、室内消火栓等部分组成。可见，无论是室内还是室外的消防给水系统，其中都少不了主要的供水设备——水泵。专用于消防供水的水泵，称之为消防水泵或消防泵。

8.1.1 消防泵的要求与特点

1. 消防泵的性能要求

为适应消防的需要，消防泵应在结构、抗腐蚀性能、机械性能、真空密封性能、连续运转性能、引水装置等方面满足要求，具体有：

1）消防泵特性曲线应平缓，以避免小流量高扬程、大流量压力降低的现象。

2）泵体上应有表示旋转方向的箭头或有明显的标牌显示。

3）泵的过流表面应对介质具有抗腐蚀的性能。

4）泵应进行密封试验。试验过程中，泵壳不得有渗漏、冒汗等缺陷。

5）泵过流部件应进行水压试验。试验过程中，泵壳不得有裂纹和变形等影响性能的缺陷。

6）泵应有良好的真空密封性能，要求1min内的真空降落值不得大于2.6MPa。

7）引水装置应符合以下规定：引水装置的最大真空度不得小于80kPa；泵应进行引水时间试验，引水时间应符合表8-1的规定。

表8-1 消防泵按额定流量引水时间规定

额定流量/($\times 10^{-3}m^3/s$)	$Q_n<50$	$50\leqslant Q_n<80$	$Q_n\geqslant 80$
引水时间/s	≤35	≤50	≤80

8）消防泵组所采用的泵均应经过省、部级单位组织的定型鉴定，并符合有关标准的规定。

9）所选用的原动机均应经过定型鉴定，并符合有关标准。原动机安装后的性能应符合原来的要求。

10）发动机应有良好的常温起动性能，应保证5s内顺利起动。引上水后20s内应能使泵达到额定工况。

11）消防泵组在6m 吸深、压力在额定压力时，其流量应能达到额定流量的50%以上。

2. 消防泵的安装技术要求

一般情况下，消防泵的安装应满足如下要求：消防泵的紧固件及自锁装置不得因振动等原因而产生松动；在决定消防泵的吸水方式时，对于低层建筑宜采用自灌式吸水，而对于高层建筑一定要采用自灌式吸水；对于高层建筑，要对消防给水系统采取防超压措施，如在水泵出水管上设置水锤消除器、安全阀或其他泄压装置；水泵吸水管、出水管路应按以下要求布置：

1）一组消防水泵吸水管不应少于两条，以确保其中 1 条损坏时，其余吸水管仍能通过全部用水量。

2）每台消防工作泵应设独立吸水管；当设有两台及两台以上工作泵时，备用泵可与工作泵共用一根吸水管。此时，吸水管上应装阀门，以便于实现分别控制。

3）自灌式吸水管上应设阀门，当水质较差时，还应装设过滤器。

4）消防水泵组应设不少于两台出水管与环状管网联接，当其中一条出水管检修时，其余出水量应仍能供应全部用水量。

5）出水管上应装设止回阀、闸阀、试验和检查用的放水阀和压力表。

3. 消防泵的试运行要求

消防泵在安装完成之后，应进行连续运转试验，试验时应达到以下要求：

1）泵的出口压力不得低于规定出口压力，流量必须符合规定的要求。

2）轴承座外表面温度不得超过 75 ℃，温升不得超过 35 ℃。

3）轴封处密封良好，无线状泄漏现象。对于填料密封，允许调整。

4）泵的振动应符合有关规定（如 GB 10889）。

当消防泵组进行连续运转试验时，还要求原动机和功率输出装置应满足：工作正常，无漏水、漏油现象；发动机出水温度和润滑油温度应符合原机的要求；功率输出装置的润滑油温度应低于润滑油的最高允许工作温度；功率输出装置的输出轴承座温度不得超过 100 ℃；电动机的工作电压、电流及轴承座温度等均应在允许的工作范围之内。

此外，以发动机为原动机的消防泵组应进行 10min 的超负荷试验。试验过程中，泵组应工作正常，无过度振动、漏油、漏水等现象。

消防泵的性能试验结果应符合表 8-2 的要求。

表 8-2 消防泵的性能试验结果

类别	主参数	单位	代号	额定工况
低压	流量	$\times 10^{-3} m^3/s$	Q_n	15、20、25、30、10、50、60、70、80、100、120
	额定压力	MPa	p_n	≤1.4
中压	流量	$\times 10^{-3} m^3/s$	Q_n	10.0、12.5、15.0、20.0、25.0、30.0
	额定压力	MPa	p_n	1.5~3.0
高压	流量	$\times 10^{-3} m^3/s$	Q_n	5.0、6.0、7.0、8.0、9.0、10.0
	额定压力	MPa	p_n	≥3.5
吸　深		m		3.0

8.1.2 常用消防泵及其特点

1. XD 型卧式多级节段式离心消防泵

XD 型卧式多级节段式离心消防泵供输送清水或物理化学性质类似于水的液体，其进口水流为水平方向，出口垂直向上。其外形如图 8-1 所示。从电动机方向看，泵为顺时针方向旋转。XD 型卧式多级节段式离心消防泵适用于高层建筑、民用住宅楼群、宾馆及各种其他建筑群的消防给水，也可用于变流量而需恒定出口压力的场合。其性能参数见附录 I。

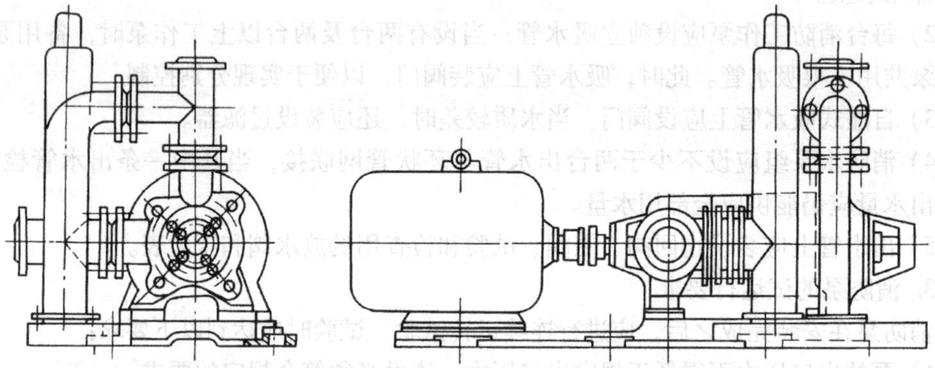

图 8-1 XD 型卧式多级节段式离心消防泵的外形

2. MP、MPV 型多级多出口离心消防泵

MP、MPV 型多级多出口离心消防泵供输送清水或物理化学性质类似于水的液体，液体温度不超过 80 ℃。其中，MP 为卧式泵，MPV 为立式泵。MP、MPV 型多级多出口离心消防泵可呈水平或垂直方向布置多个出口，轴向力平衡采用背叶片结构，其余轴向力由向心推力球轴承承担。其外形如图 8-2 所示，性能参数见表 8-3。它适用于高层建筑不同层高消防喷淋以及工厂等的给水排水。

3. LGX、DLX 型立式多级消防泵

LGX、DLX 型立式多级消防泵供输送温度不超过 80 ℃的清水或物理化学性质类似于水的清洁液体。其外形如图 8-3 所示。其进口位于泵座上，出口位于后段上，呈 0°、90°、180°、270°方向布置。泵由安装在上端的立式电动机，通过爪型联轴器来驱动。从电动机端看，泵为逆时针方向旋转。该类型的泵可根据用户需要而增加多个出口。

LGX、DLX 型立式多级消防泵适用于建筑消防给水等。其性能见表 8-4。

4. LS 型立式双出水口消防泵

LS 型立式双出水口消防泵同以上其他消防泵一样，供输送温度不超过 80 ℃的清水或物理化学性质类似于水的清洁液体。其外形如图 8-4 所示。它特别适用于高层建筑消防系统的分层、分压给水。LS 型消防泵进口和出口位于泵体的上、下两端，设有两个出水口，从电动机侧看，泵为逆时针方向旋转。其性能曲线如图 8-5 所示。

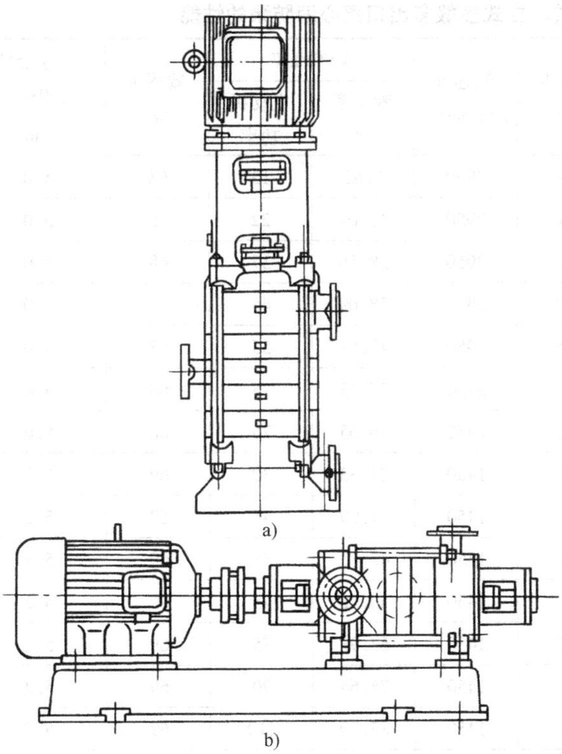

图 8-2 MP、MPV 型多级多出口离心消防泵的外形
a) MPV 型（立式） b) MP 型（卧式）

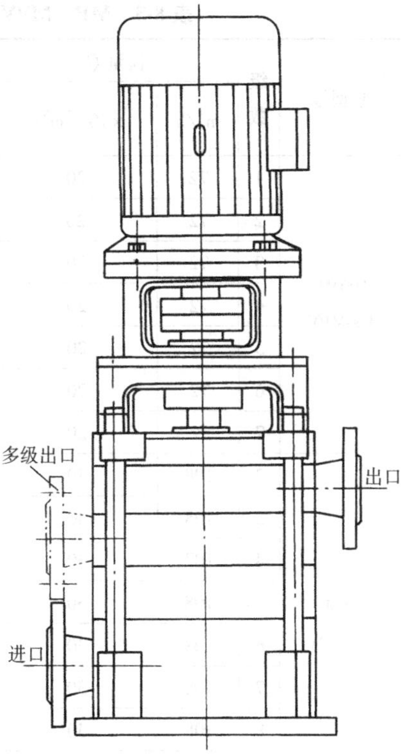

图 8-3 LGX、DLX 型立式多级消防泵的外形

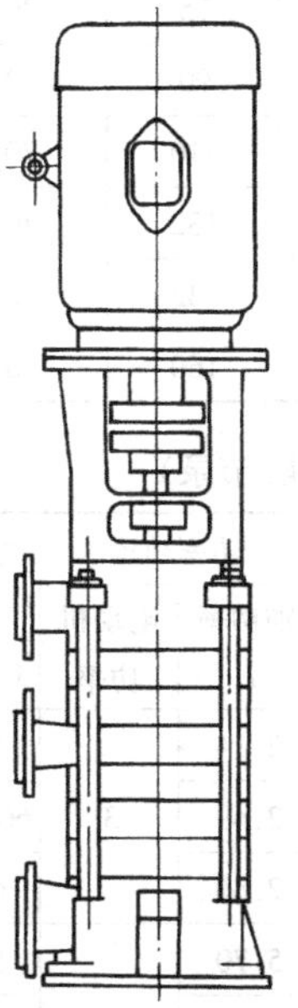

图 8-4 LS 型立式双出水口消防泵的外形

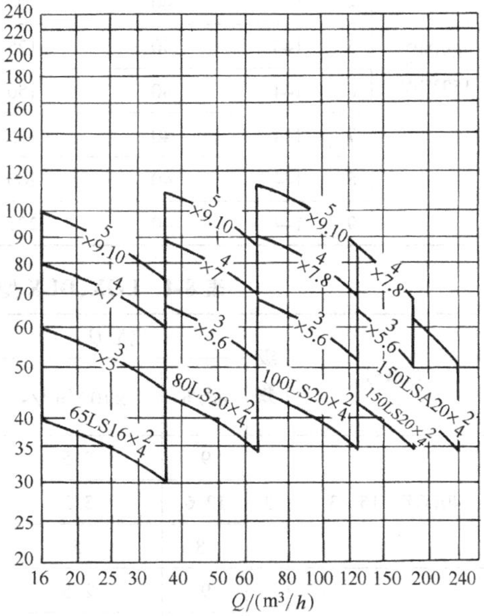

图 8-5 LS 型消防泵的性能曲线
（$n=1480\text{r/min}$）

表 8-3 MP、MPV 型卧式、立式多级多出口离心消防泵的性能

泵型号	级数	流量 Q m³/h	流量 Q ×10⁻³m³/s	扬程 H /m	转速 n /(r/min)	功率/kW 轴功率 P	功率/kW 电动机功率	效率 η (%)	气蚀余量 $NPSH_r$ /m
100MP 100MPV	1	72	20	33	2950	9.52	15	68	5.0
	2	72	20	66	2950	19.04	22	68	5.0
	3	72	20	99	2950	28.56	37	68	5.0
	4	72	20	132	2950	38.09	45	68	5.0
	5	72	20	165	2950	47.61	55	68	5.0
	6	72	20	198	2950	57.13	75	68	5.0
	7	72	20	231	2950	66.65	75	68	5.0
125MP 125MPV	2	108	30	50	1450	21.33	30	69	5.2
	3	108	30	75	1450	31.99	45	69	5.2
	4	108	30	100	1450	42.65	55	69	5.2
	5	108	30	125	1450	53.32	75	69	5.2
	6	108	30	150	1450	63.98	75	69	5.2
	7	108	30	175	1450	74.64	90	69	5.2
	8	108	30	200	1450	85.30	110	69	5.2
	9	108	30	225	1450	95.97	110	69	5.2
150MP 150MPV	2	144	40	50	1450	28.03	37	70	5.8
	3	144	40	75	1450	42.04	55	70	5.8
	4	144	40	100	1450	56.06	75	70	5.8
	5	144	40	125	1450	70.07	90	70	5.8
	6	144	40	150	1450	84.09	110	70	5.8
	7	144	40	175	1450	98.1	132	70	5.8
	8	144	40	200	1450	112.1	132	70	5.8
	9	144	40	225	1450	126.1	160	70	5.8

表 8-4 LGX、DLX 型立式多级消防泵的性能(节录)

泵型号	级数	流量 Q m³/h	流量 Q ×10⁻³m³/s	扬程 H /m	转速 n /(r/min)	功率/kW 轴功率 P	功率/kW 电动机功率	效率 η (%)	气蚀余量 $NPSH_r$ /m
40LGX—15×3	3	9	2.5	48	2900	2.14	3	55	2.5
		12.6	3.5	44.1		2.49		60.77	3
		18	5	36		2.80		63	4.4
40LGX—15×8	8	9	2.5	128		5.70	7.5	55	2.5
		12.6	3.5	117.6		6.64		60.77	3
		18	5	96		7.47		63	4.4

（续）

泵型号	级数	流量 Q		扬程 H /m	转速 n /(r/min)	功率/kW		效率 η (%)	气蚀余量 $NPSH_r$ /m
		m^3/h	$\times 10^{-3} m^3/s$			轴功率 P	电动机功率		
50LGX—20×5	5	18	5	110	2950	8.05	11	67	2.85
		25.2	7	97.5		9.55		70	3
		32.4	9	85		11.53		65	3.7
65LGX—20×5	5	25.2	7	115	2950	11.43	18.5	69	2.5
		36	10	100		13.71		72.5	3.8
		46.8	13	77.5		15.7		63	4.85
80LGX—20×5	5	46.8	13	105	2950	17.88	22	74.85	3.4
		54	15	100		19.88		74	4.12
		72	20	80		22.43		70	5.5
50DLX—12×5	5	9	2.5	66	1450	2.95	5.5	55	1.8
		12.6	3.5	62.5		3.78		57	1.86
		18	5	55		4.5		60	2
		25.2	7	47.5		5.93		55	2.3
100DLX—35×2	2	72	20	74	1450	23	37	63	3.2
		90	25	72		26.33		67	3.7
		108	30	68		29.84		67	3.7
		126	35	60		31.16		64	4

8.1.3 消防泵的选型

在选取消防泵时，主要考虑消防所需的水量、水压（消防泵的扬程）、消防系统的类型（如属消防栓给水系统还是自动喷水灭火系统）、消防分区情况、消防泵串联或并联形式及泵房的环境特点等因素，然后根据实际需要参照前述4.1.2中离心泵的选型步骤，选定消防泵的具体型号。

1. 消防水量的确定

消防用水量随消防场所的不同而不同，与建筑的高度、燃烧面积、空间大小、火势蔓延速度、可燃物质、人员情况、经济损失等有密切的关系。普通高层塔式住宅建筑的每层燃烧面积小，可燃物质少，居民固定，对建筑熟悉，火源容易控制，因此其消防水量可以少些。对于高级的高层旅馆、办公楼等公共建筑，每层的燃烧面积大，会议室、餐厅等空间体积大，可燃装饰材料多，空调系统多、火势蔓延速度快、人员复杂，容易发生火灾，其消防用水量要求大些。

按《民用建筑给水排水设计技术措施》规定，城镇、居住区室外消防用水量，应按同一时间内的火灾次数和一次灭火用水量确定，且同一时间内的火灾次数和一次用水量不应小于表8-5的规定。工厂、仓库和民用建筑等非高层建筑物的室外消防用水量，不得小于表8-6的规定。

表 8-5 城镇、居住区室外消防用水量

人数/万人	同一时间内的火灾次数/次	一次灭火用水量/($\times10^{-3}m^3/s$)
≤1.0	1	10
≤2.5	1	15
≤5.0	2	25
≤10.0	2	35
≤20.0	2	45
≤30.0	2	55
≤40.0	2	65
≤50.0	3	75
≤60.0	3	85
≤70.0	3	90
≤80.0	3	95
≤100.0	3	100

注：城镇室外消防用水量包括居住区、工厂、仓库（包括堆场、储罐）和民用建筑的室外消火栓用水量。如果工厂、仓库和民用建筑的室外消火栓用水量按表 8-6 计算的值与按本表计算的值不一致时，应取其较大值。

表 8-6 非高层民用建筑物的室外消火栓用水量

耐火等级	建筑物名称		一次灭火用水量/(L/s)　建筑物体积/m^3 ≤1500	1501～3000	3001～5000	5001～20000	20001～50000	>50000
一、二级	厂房	甲、乙	10	15	20	25	30	35
		丙	10	15	20	25	30	40
		丁、戊	10	10	10	15	15	20
	库房	甲、乙	15	15	25	25	—	—
		丙	15	15	25	25	35	45
		丁、戊	10	10	10	15	15	20
	民用建筑		10	15	15	20	25	30
三级	厂房或库房	乙、丙	15	20	30	40	45	—
		丁、戊	10	10	15	20	25	35
	民用建筑		10	15	20	25	30	—
四级	丁、戊类厂房或库房		10	15	20	25	—	—
	民用建筑		10	15	20	25	—	—

注：1. 室外消火栓用水量应按消防需水量最大的一座建筑物或一个防火分区计算。成组布置的建筑物应按消防需水量较大的相邻两座计算。

2. 火车站、码头和机场的中转库房，其室外消火栓用水量应按相应耐火等级的丙类物品库房确定。

3. 国家级文物保护单位的重点砖木、木结构的建筑物室外消防用水量，按三级耐火等级民用建筑消防用水量确定。

4. 在工业建筑耐火等级选定时，把生产的火灾危险性和储存物品的火灾危险性划分为甲、乙、丙、丁、戊5类（具体规定可参考由王学谦、岳庚吉主编，中国机械工业出版社出版的“工程建设百问丛书”之《建筑消防百问》中的第63、64问）。

高层建筑的消防用水总量应按室内、外消防用水量之和计算。如果高层建筑内设有消火栓、自动喷水、水幕、泡沫等灭火系统时，其室内消防用水量应按需要同时开启的灭火系统用水量之和计算。

非高层民用建筑、厂房、库房的室内消火栓用水量，应根据同时水枪数量和充实水柱长度，由计算决定，但不得小于表 8-7 的规定。

表 8-7 非高层民用建筑物室内消火栓用水量

建筑物名称	建筑特征			消防用水量/(L/s)	同时使用水枪数量/支	每根竖管最小流量/(L/s)	每支水枪最小流量/(L/s)
	高度/m	体积/m³	层数或座位数				
厂房	≤24	≤10000	—	5	2	5	2.5
	≤24	>10000	—	10	2	10	5
	>24~50	—	—	25	5	15	5
	>50	—	—	30	6	15	5
科研楼 试验楼	≤24	≤10000	—	10	2	10	5
	≤24	>10000	—	15	3	10	5
库房	≤24	≤5000	—	5	1	5	5
	≤24	>5000	—	10	2	10	5
	>24~50	—	—	30	6	15	5
	>50	—	—	40	8	15	5
车站、码头、机场、展览馆等	—	5001~25000	—	10	2	10	5
	—	25001~50000	—	15	3	10	5
	—	>50000	—	20	4	15	5
商店、病房楼、教学楼等	—	5001~10000	—	5	2	5	2.5
	—	10001~25000	—	10	2	10	5
	—	>25000	—	15	3	10	5
剧院、电影院、俱乐部、体育馆等	—	801~1200 座	—	10	2	10	5
	—	1201~5000 座	—	15	3	10	5
	—	5001~10000 座	—	20	4	15	5
		>10000 座	—	30	6	15	5
住宅	—		7~9 层	5	2	5	2.5
其他建筑	—	≥10000	≥6 层	15	3	10	5
国家级文物保护单位的主要砖木、木结构的古建筑	—	≤100000	—	20	4	10	5
	—	10000	—	25	5	15	5

注：丁、戊类高层工业建筑室内消火栓用水量可按本表减少 10L/s；同时使用水枪数量可按本表减少 2 支。

所谓充实水柱长度，是指水枪喷出的射流总长度中，具有较好灭火能力的一段射流长度。如手提式水枪的充实水柱的规定为：从水枪喷嘴起至射流 90% 的水量穿过直径 0.38m 圆圈的一段射流长度。根据防火规范，一般的高层建筑中，水枪的充实水柱不应小于

10m；对高度超过50m的百货大楼、展览楼、高级旅馆、重要的科研楼等，水枪的充实水柱不应小于13m。如果充实水柱太小，由于火灾辐射热的影响，往往造成灭火人员伤亡和扑救火灾的失败。若充实水柱超过17m，由于射流的反作用力，一个人又难以灵活地把握住水枪。

高层民用建筑室内、外消火栓给水系统的用水量，不应小于表8-8的规定。其他未包括进来的消防用水量，如有需要可根据相关消防设计手册查找确定。

表8-8 高层民用建筑物消火栓给水系统的用水量

高层建筑类别	建筑高度/m	消火栓用水量/(L/s)		每根竖管最小流量/(L/s)	每支水枪最小流量/(L/s)
		室外	室内		
普通住宅	≤50	15	10	10	5
	>50	15	20	10	5
1. 高级住宅 2. 医院 3. 二类建筑的商业楼、展览楼、综合楼、财贸金融楼、电信楼、商住楼、图书馆、书库 4. 省级以下的邮政楼、防灾指挥调度楼、广播电视楼、电力调度楼 5. 建筑高度不超过50m的教学楼和普通的旅馆、办公楼、科研楼、档案楼等	≤50	20	20	10	5
	>50	20	30	15	5
1. 高级旅馆 2. 建筑高度超过50m或每层建筑面积超过1000m²的商业楼、展览楼、综合楼、财贸金融楼、电信楼 3. 建筑高度超过50m或每层建筑面积超过1500m²的商住楼 4. 中央和省级(含计划单列市)广播电视楼 5. 网局级和省级(含计划单列市)电力调度楼 6. 省级(含计划单列市)邮政楼、防灾指挥调度楼 7. 藏书超过100万册的图书馆、书库 8. 重要的办公楼、科研楼、档案楼 9. 建筑高度超过50m的教学楼和普通的旅馆、办公楼、科研楼、档案楼等	≤50	30	30	15	5
	>50	30	40	15	5

注：建筑高度不超过50m，室内消火栓用水量超过20L/s，且设有自动喷水灭水系统的建筑物，其室内、外消防用水量可按本表减少5L/s。

2. 消防水压的确定

消防水压的大小对消防效果的影响也相当重要。如果水压太小，消防用水就达不到需要的高度，从而给灭火带来很大的困难。

室外消防水压应按以下规定计算确定：

1）高度不超过24m的建筑室外消防用水采用高压或临时高压给水系统时，管道的供水压力应保证用水总量达到最大；且水枪布置在任何建筑物的最高处时，水枪的充实水柱仍不小于98kPa。

2）室外消防用水采用低压给水系统时，管道的供水压力应保证用水总量达到最大时，最不利点处的消火栓的水压不小于98kPa（从地面算起）。

3）高压及临时高压给水管道的供水压力，应以喷嘴口径为19mm的水枪和直径为65mm、长度为120m麻质水带、每支水枪的计算流量不应小于$5\times10^{-3}m^3/s$（即5L/s）为基础进行计算。

建筑物内的消火栓栓口处所需水压应按下式计算：

$$H_{xh}=h_d+h_g+h_s \tag{8-1}$$

式中 H_{xh}——消火栓栓口处所需水压（kPa）；

h_d——水带的水头损失（kPa）；

h_g——水枪喷嘴造成一定长度的充实水柱所需水压（kPa）（见表8-9）；

h_s——消火栓水头损失，一般$h_s=20kPa$。

表8-9 不同类型建筑消火栓充实水柱

建　筑　类　型	充实水柱 /kPa(括号内数值的单位为 mH_2O)
不超过6层的民用建筑 不超过4层的厂房和库房	≥70(7)
超过6层的民用建筑 超过4层的厂房、库房 甲、乙类厂房 建筑高度不超过100m的高层建筑	≥100(10)
高层工业建筑 高架库房 建筑高度超过100m的高层建筑	≥130(13)

3. 消防泵的选型

消防泵因其用途的特殊性，要求在选型时注意与普通水泵之间存在的差异。选型的步骤与普通离心泵相同，即先确定消防所需的水量、水压，然后根据消防的特点按水泵的特性曲线图或性能参数表来选择合适的水泵。通常，消防水泵可按以下要求选定：

1）水泵的出水量应满足消防水量的要求。

2）水泵的扬程应在满足消防流量的条件下，保证最不利点消火栓的水压要求，可按下式计算：

$$H=H_{xh}+\sum h+h_z \tag{8-2}$$

式中 H——消防水泵的扬程（m）；

H_{xh}——消火栓栓口所需工作水头（m）；

$\sum h$——消防管网的水头损失（m）。一般管道的局部水头损失按沿程水头损失的

10%计算；

h_z——消防水池最低水位与最不利消火栓的几何高差（m）。

当消防水泵直接从市政管网吸水时，应扣除市政管网的最低水位，并以市政管网的最高水压校核，以防系统超压。

3）最好是选择 Q-H 特性曲线平缓的水泵。

4）消防水泵一般均不应少于两台，1 台工作，1 台备用。单台泵的流量均按消防流量选择。当消防流量为 $0.04m^3/s$（即 40L/s）时，宜选 3 台水泵（二用一备），每台泵的流量按消防流量的 1/2 选择，以减少消防泵的起动电流和减轻初起火灾时消火栓处超压超流量的现象。但要注意，符合以下情况之一者可不设消防备用泵：耐火等级不低于二级的丁、戊类厂房或库房；室外消防用水量不超过 $0.025m^3/s$（即 25L/s）的工厂或仓库；7 层 ~9 层的单元式住宅；高度不超过 24m 且体积不超过 $5000m^3$ 的库房。

按照消防的有关规定，临时高压消防给水系统中如采用稳压泵来代替高位消防水箱，稳压泵可按下列要求选定：

1）稳压泵出水量可按消防水泵流量的 2% ~5% 确定，一般可为 $0.001m^3/s$（即 1L/s）。

2）稳压泵的扬程要求与消防泵的扬程要求相同。

3）稳压泵宜设两台，一用一备。

例：某建筑物消防系统需要的用水量为 20.94L/s，从消防水泵吸水管到消防管道最不利点的总水头损失为 9m，水池中消防最低水位至最不利点消火栓的标高差为 44m，最不利点消火栓所需的水头为 18m，试选择合适的消防泵。

解：1）消防水量为 20.94L/s。

2）所需水泵的扬程为：

$$H = H_{xh} + \sum h + h_z$$
$$= (18+9+44)\ m = 71m$$

由于消防水量小于 40L/s，故只需选用两台水泵即可，其中 1 台备用。经查表 8-10，可选用两台型号为 100TSW ×5 的多级水泵，每台泵的流量为 17.2 ~22.2L/s，扬程为 70 ~81m。当水泵流量在 20.94L/s 时，对应的扬程为 72m，可以满足要求。

如果在建筑物顶上设置两个试验消火栓，试验时只需一股或两股水柱工作，流量减小，水泵扬程提高，完全能满足屋顶试验消火栓有 10m 以上的充实水柱，不再进行校核计算。

此例中，也可以选用其他类型的消防泵，其选泵过程可由读者自己进行。

8.1.4 消防泵的运行与管理

1. 消防泵的控制与监测

供消防水泵运转的电源应为专用供电回路，应有在火场断电时仍能保证水泵正常运转的动力供应。消防水泵应采用自动控制与手动控制的措施，而消防水泵的关闭只能手动。

（1）机房内自动控制与监测的内容　消防水泵的自动开启；消防水泵运行故障时自动切换，要求备用泵在 5s 内投入运行；消防水泵投入工作后自动关闭增压泵；消防水泵的运行状态自动显示；设备总出水管上供水压力显示；当增压设施同消防水泵一起时，消防水池的消防水位、低水位、溢流报警水位显示，并具有低水位停泵、溢流水位报警的功能等。

稳压泵的开启与关闭应采用自动控制。

(2) 机房手动控制的内容　消防水泵等的手动开启与关闭。消防水泵房内须设手动开启与关闭水泵的装置。

2. 消防水泵的运行与维护保养

由于消防水泵的功能要求在火灾初发时能及时正常地自动投入运行，因此，平时对消防水泵的维护保养工作就显得特别重要。要通过精心维护，保证消防泵的状态正常，并能随时投入工作。

消防水泵应定期运转检查，以检验电控系统和水泵机组本身是否正常，能否迅速起动。检验时应测定水泵的流量和压力。

其他涉及消防水泵运行、维护保养的内容与普通离心泵的维护保养相同，可参见4.3节的有关内容。

表 8-10　TSW 多级泵性能参数

TSW　型离心泵的表示方法：

例:100TSWA ×4

100——泵的吸入口直径(mm)；

T——透平式；

S——单吸泵；

A——第一次更新；

4——泵的级数(即泵的叶轮数)。

泵型号	级数	流量 Q /(m^3/h)	流量 Q /(L/s)	扬程 H /m	转速 n /(r/min)	功率 P 轴功率 /kW	功率 P 电动机功率 /kW	效率 η (%)	允许吸上真空高度 H_s/m	叶轮直径 D_2 /mm	泵重量 W /kg
50TSW	2	15 18 22	4.17 5 6.1	20 18.4 14	1450	1.48 1.58 1.68	3	55 57 50	7.6 6.8 5	182	122
	3	15 18 22	4.17 5 6.1	30 27.6 21	1450	2.22 2.37 2.52	5.5	55 57 50	7.6 6.8 5	182	140
	4	15 18 22	4.17 5 6.1	40 36.8 28	1450	2.96 3.16 3.36	5.5	55 57 50	7.6 6.8 5	182	158
	5	15 18 22	4.17 5 6.1	50 46 35	1450	3.7 3.95 4.2	7.5	55 57 50	7.6 6.8 5	182	177
	6	15 18 22	4.17 5 6.1	60 55.2 42	1450	4.44 4.74 5.04	7.5	55 57 50	7.6 6.8 5	182	194

（续）

泵型号	级数	流量Q /(m³/h)	流量Q /(L/s)	扬程 H /m	转速 n /(r/min)	功率P 轴功率 /kW	功率P 电动机功率 /kW	效率 η (%)	允许吸上真空高度 H_s/m	叶轮直径 D_2 /mm	泵重量 W /kg
50TSW	7	15 18 22	4.17 5 6.1	70 64.4 49	1450	5.18 5.58 5.88	7.5	55 57 50	7.6 6.8 5	182	215
	8	15 18 22	4.17 5 6.1	80 73.6 56	1450	5.92 6.32 6.72	11	55 57 50	7.6 6.8 5	182	234
	9	15 18 22	4.17 5 6.1	90 82.8 63	1450	6.66 7.11 7.56	11	55 57 50	7.6 6.8 5	182	251
75TSW	2	30 36 42	8.33 10 11.65	25 22.9 19	1450	3.14 3.36 3.46	5.5	65 66 63	7 6.7 6.2	206	162
	3	30 36 42	8.33 10 11.62	37.5 33.9 28.5	1450	4.71 5.04 5.19	7.5	65 66 63	7 6.7 6.2	206	179
	4	30 36 42	8.33 10 11.65	50 45.2 38	1450	6.28 6.72 6.92	11	65 66 63	7 6.7 6.2	206	214
	5	30 36 42	8.33 10 11.65	62.5 56.5 47.5	1450	7.85 8.4 8.65	11	65 66 63	7 6.7 6.2	206	240
	6	30 36 42	8.33 10 11.65	75 67.8 57	1450	9.42 10.08 10.38	18.5	65 66 63	7 6.7 6.2	206	265
	7	30 36 42	8.33 10 11.65	87.5 79.1 66.5	1450	10.99 11.76 12.11	18.5	65 66 63	7 6.7 6.2	206	281
	8	30 36 42	8.33 10 11.65	100 90.4 76	1450	12.56 13.44 13.84	22	65 66 63	7 6.7 6.2	206	315
	9	30 36 42	8.33 10 11.65	112.5 101.7 85.5	1450	14.13 15.12 15.57	22	65 66 63	7 6.7 6.2	206	344

（续）

泵型号	级数	流量 Q /(m³/h)	流量 Q /(L/s)	扬程 H /m	转速 n /(r/min)	功率 P 轴功率 /kW	功率 P 电动机功率 /kW	效率 η (%)	允许吸上真空高度 H_s/m	叶轮直径 D_2 /mm	泵重量 W /kg
100TSW	2	62 69 80	17.2 19.2 22.2	32.4 31.2 28	1450	8 8.4 8.8	11	68.5 70 69	7 6.6 6	228	280
	3	62 69 80	17.2 19.2 22.2	48.6 46.8 42	1450	12 12.6 13.2	22	68.5 70 69	7 6.6 6	228	328
	4	62 69 80	17.2 19.2 22.2	64.8 62.4 56	1450	16 16.8 17.6	22	68.5 70 69	7 6.6 6	228	371
	5	62 69 80	17.2 19.2 22.2	81 78 70	1450	20 21 22	30	68.5 70 69	7 6.6 6	228	417
	6	62 69 80	17.2 19.2 22.2	97.2 93.6 84	1450	24 25.2 26.4	37	68.5 70 69	7 6.6 6	228	491
	7	62 69 80	17.2 19.2 22.2	113.4 109.2 98	1450	28 29.4 30.8	37	68.5 70 69	7 6.6 6	228	536
	8	62 69 80	17.2 19.2 22.2	129.6 124.8 112	1450	32 33.6 35.2	45	68.5 70 69	7 6.6 6	228	583
	9	62 69 80	17.2 19.2 22.2	145.8 140.4 126	1450	36 37.8 39.6	55	68.5 70 69	7 6.6 6	228	624
125TSW	2	105 124 142	29.2 34.5 39.5	44 42 36.4	1450	17.74 19.44 20.2	22	71 73 70		268	435
	3	105 124 142	29.2 34.5 39.5	66 63 54.6	1450	26.61 29.16 30.3	30	71 73 70		268	520
	4	105 124 142	29.2 34.5 39.5	88 84 72.8	1450	35.48 38.88 40.4	45	71 73 70		268	605

（续）

泵型号	级数	流量Q /(m³/h)	流量Q /(L/s)	扬程 H /m	转速 n /(r/min)	轴功率 /kW	电动机功率 /kW	效率 η (%)	允许吸上真空高度 H_s/m	叶轮直径 D_2 /mm	泵重量 W /kg
125TSW	5	105	29.2	110	1450	44.35	55	71		268	690
		124	34.5	105		48.6		73			
		142	39.5	91		50.5		70			
	6	105	29.2	132	1450	53.22	75	71		268	775
		124	34.5	126		58.32		73			
		142	39.5	109.2		60.6		70			
	7	105	29.2	154	1450	62.09	75	71		268	860
		124	34.5	147		68.04		73			
		142	39.5	127.4		70.7		70			
	8	105	29.2	176	1450	70.96	100	71		268	945
		124	34.5	168		77.76		73			
		142	39.5	145.6		80.8		70			
	9	105	29.2	198	1450	79.83	100	71		268	1030
		124	34.5	189		87.48		73			
		142	39.5	163.8		90.9		70			
150TSW	2	126	35	58	1450	28.4	45	70	6.9	302	595
		162	45	52		32.2		71	6.4		
		180	50	47		34.4		67	5.7		
	3	126	35	87	1450	42.6	75	70	6.9	302	710
		162	45	78		48.3		71	6.4		
		180	50	70.5		51.6		67	5.7		
	4	126	35	116	1450	56.8	90	70	6.9	302	825
		162	45	104		64.4		71	6.4		
		180	50	94		68.8		67	5.7		
	5	126	35	146	1450	71	110	70	6.9	302	940
		162	45	130		80.5		71	6.4		
		180	50	117.5		86		67	5.7		
	6	126	35	174	1450	85.2	115	70	6.9	302	1055
		162	45	156		96.6		71	6.4		
		180	50	141		103.2		67	5.7		
	7	126	35	203	1450	99.4	135	70	6.9	302	1170
		162	45	182		112.7		71	6.4		
		180	50	164.5		120.4		67	5.7		
	8	126	35	232	1450	113.6	155	70	6.9	302	1285
		162	45	208		128.8		71	6.4		
		180	50	187		137.6		67	5.7		
	9	126	35	261	1450	127.8	180	70	6.9	302	1400
		162	45	234		144.9		71	6.4		
		180	50	210.5		154.8		67	5.7		

8.2 消防用风机

消防用风机是指在建筑物中用来防烟与排烟的风机。在高层建筑和地下建筑发生火灾时，烟气的危害很严重。据建筑火灾统计，有50%以上的人员是因烟气中毒而死亡。火灾发生时，烟气中的一氧化碳、醛类和氢氧化合物会使人中毒死亡；室内严重缺氧、吸入高温烟气都会使人窒息。为了及时排除有害烟气，确保建筑物内人员顺利疏散、安全避难，为火灾扑救创造有利条件，在一些高层建筑和地下建筑内必须设置周密可靠的防烟、排烟系统和设施。

《高层民用建筑设计防火规范》规定：高层建筑的防烟设置应分为机械加压送风的防烟设施和可开启外窗的自然排烟设施；高层建筑的排烟设施应分为机械排烟设施和可开启外窗的自然排烟设施。本书只涉及机械防烟、排烟设施中的风机及其相关知识。

设置机械加压送风防烟系统的目的，是为了在建筑物发生火灾时提供不受烟气干扰的疏散路线和避难场所。因此，加压部位在门关闭时，必须与着火楼层保持一定的正压差；同时，在打开加压部位的门时，在门洞断面处能有足够大的气流速度，以有效阻止烟气的入侵。

机械排烟则可分为局部排烟和集中排烟两种方式。局部排烟方式是在每个需要排烟的部位设置独立的排烟风机，直接进行排烟；集中排烟方式是将建筑物划分为若干个区，在每个区内设置排烟风机，通过排烟风道排烟。因局部排烟方式投资大，而且排烟风机分散，维修管理麻烦，所以较少采用。

用于机械加压送风防烟的风机主要有轴流式风机和中、低压离心风机。用于排烟的风机主要有离心风机或排烟轴流式风机，还有自带电源的专用排烟风机。风机消防排烟布置示意图如图8-6所示。

8.2.1 消防用风机的要求与特点

为了在发生火灾时能及时有效地将烟气隔离与排放掉，消防用风机应能连续工作，因此消防用风机要求有备用电源，并应有自动切换装置；排烟风机应耐热、变形小，使其在排送280℃烟气时连续工作30min仍能达到设计要求。

在机械排烟系统中，当任一排烟口或排烟阀开启时，排烟风机应能自动起动运行。

1. 消防用风机的风压与风量

要使消防用风机在火灾发生时能起到有效的作用，其风压和风量是两个关键的参数。下面就对排烟风机与机械加压送风防烟风机分别进行介绍。

按照我国消防的有关规定，排烟风机的风量应符合：

1）担负一个防烟分区排烟或净空高度大于6m的不划分防烟分区的房间时，应按每平方米不小于$60m^3/h$计算（单台风机最小排烟量不应小于$7200m^3/h$）。

2）担负两个或两个以上防烟分区排烟时，应按最大防烟分区每平方米不小于$120m^3/h$计算。

3）建筑物中庭体积小于$17\,000m^3$时，其排烟量按其体积的6次/h换气计算；中庭体积大于$17\,000m^3$时，排烟量按其体积的4次/h换气计算；但最小排烟量不应小于

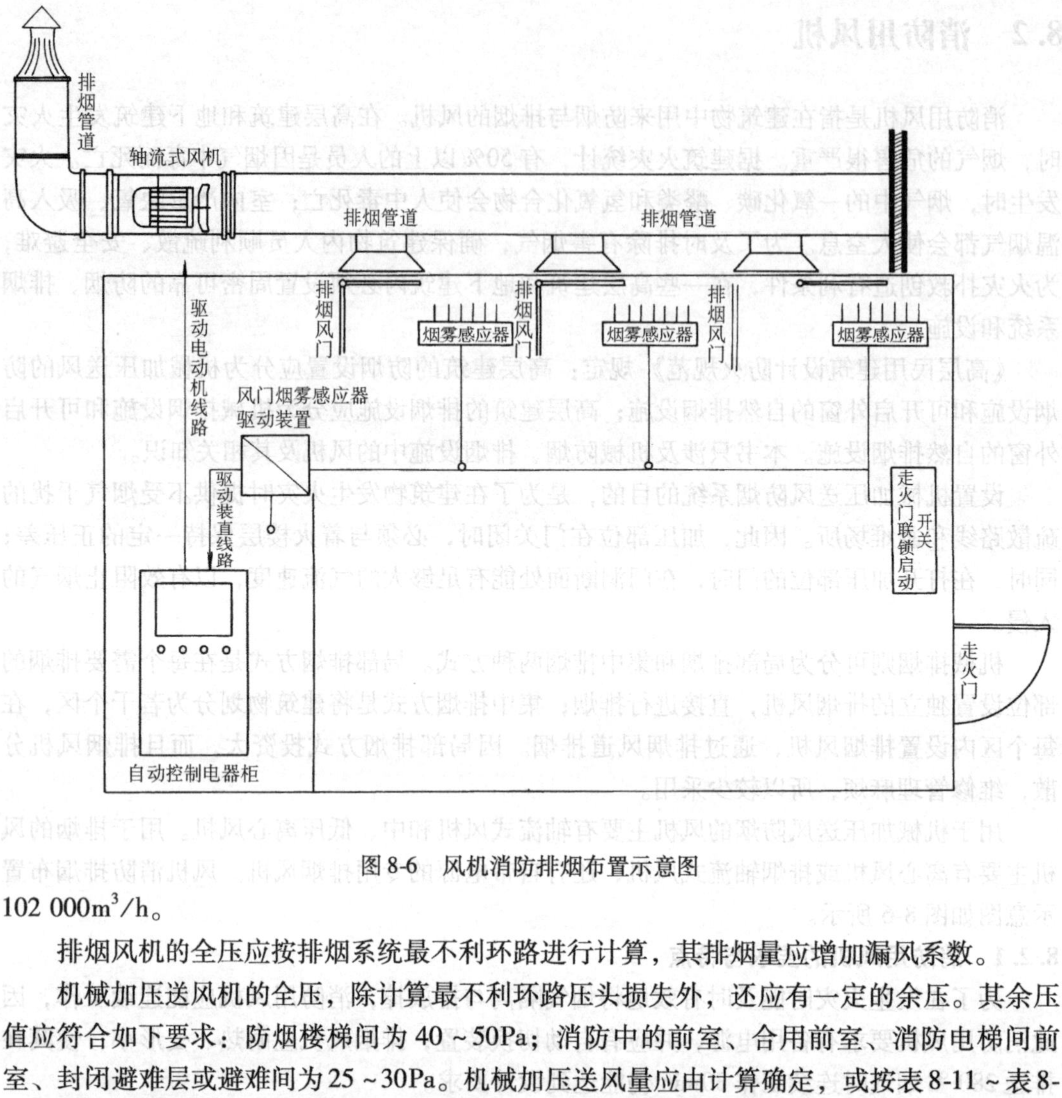

图 8-6 风机消防排烟布置示意图

102 000m³/h。

排烟风机的全压应按排烟系统最不利环路进行计算，其排烟量应增加漏风系数。

机械加压送风机的全压，除计算最不利环路压头损失外，还应有一定的余压。其余压值应符合如下要求：防烟楼梯间为 40 ~ 50Pa；消防中的前室、合用前室、消防电梯间前室、封闭避难层或避难间为 25 ~ 30Pa。机械加压送风量应由计算确定，或按表 8-11 ~ 表 8-14 确定。当计算值与表中的结果不一致时，应按两者中较大值确定。封闭避难层或避难间的机械加压送风量应按避难层净面积每平方米不小于 30m³/h 计算。

2. 典型消防用风机及其特点

(1) DG、DGS 系列低噪声柜式消防排烟与通风两用离心风机 DG、DGS 系列低噪声柜式多翼式离心风机是一种两用风机，既可用于普通的通风，又可用于消防排烟。该系列产品具有风量大、转速低、运行平衡可靠、噪声小、结构紧凑、保养容易、安装方便等优点。其中，DGS 系列还具有双级调速功能，能在一定范围内根据需要改变风机的风压和风量大小。按风机电动机位置的不同，可将 DG、DGS 系列风机分为电动机外置式（A 型）和电动机内置式（B 型）两种，如图 8-7 所示。A 型系列经国家固定灭火系统和耐火构件质量监督检验中心高温检验，能在 280 ℃左右的环境温度中正常运行 40min，符合国家消防安全要求，可用于消防排烟。B 型系列则只适用于宾馆、饭店、车间、办公楼等需要通风换气的场合，或用作空气处理装置等的配套设施。

表 8-11 防烟楼梯间（前室不送风）的加压送风量

系统负担层数	加压送风量/(m^3/h)
<20 层	25000~30000
20 层~32 层	35000~40000

表 8-12 防烟楼梯间及其合用前室的分别加压送风量

系统负担层数	送风部位	加压送风量/(m^3/h)
<20 层	防烟楼梯间	16000~20000
	合用前室	12000~16000
20 层~32 层	防烟楼梯间	20000~25000
	合用前室	18000~22000

表 8-13 消防电梯间前室的加压送风量

系统负担层数	加压送风量/(m^3/h)
<20 层	15000~20000
20 层~32 层	22000~27000

表 8-14 防烟楼梯间采用自然排烟，前室或合用前室不具备自然排烟条件时的送风量

系统负担层数	加压送风量/(m^3/h)
<20 层	22000~27000
20 层~32 层	28000~32000

注：1. 表 8-11~表 8-14 中的风量按开启面积为 2.00m×1.60m 的双扇门确定。当采用单扇门时，其风量可乘以 0.75 系数计算；当有两个或两个以上出入口时，其风量应乘以 1.50~1.75 系数计算。开启门时，通过门的风速不宜小于 0.70m/s。

2. 风量下限选取应按层数、风道材料、防火门漏风量等因素综合比较确定。

3. 层数超过 32 层的高层建筑，其送风系统及送风量应分段设计。

图 8-7 DG、DGS 系列风机的外形

DG、DGS系列风机的排、吸风口形式多样，共有12种不同的组合类型，如图8-8所示。DG、DGS系列离心风机性能参数见表8-15、表8-16。

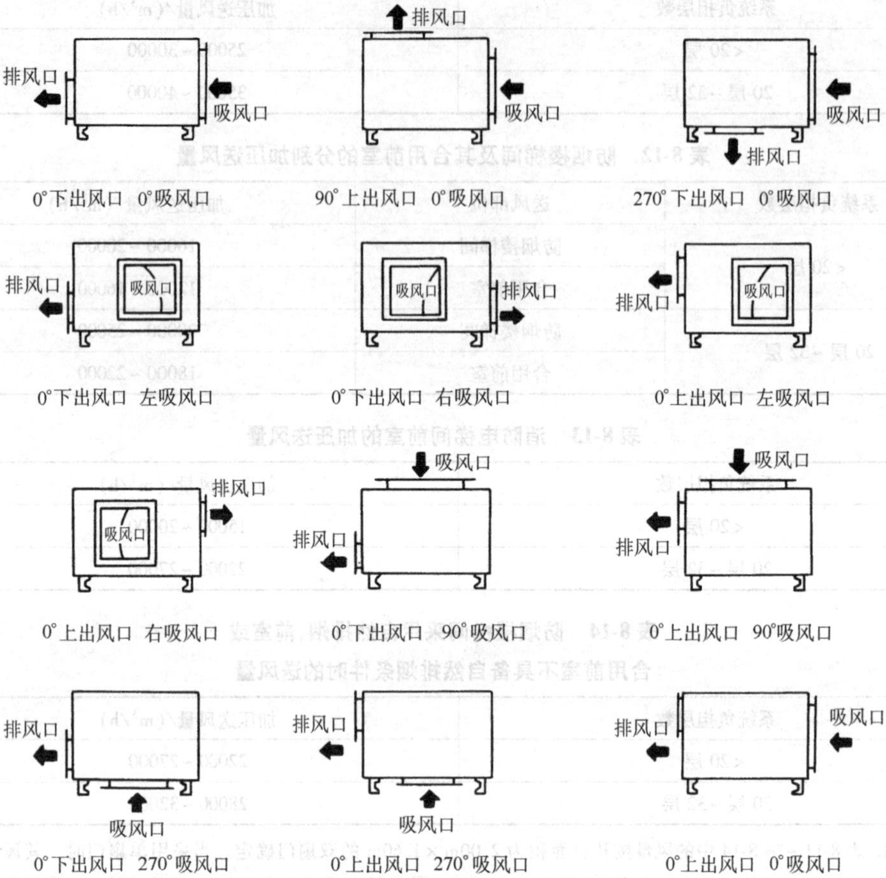

图8-8 DG、DGS系列风机排、吸风口对照图

表8-15 DG系列消防、通风两用离心机性能参数表（节选）

型号	序号	风量/(m^3/h)	全压/Pa	风机转速/(r/min)	装机容量/kW	噪声/dB(A)
DG2.80	1	2800	200	900	0.55	≤59
		3000	180			
		3300	150			
	2	3200	280	1100	0.75	≤61
		3600	260			
		4000	236			
	3	4300	360	1300	1.1	≤64
		4600	340			
		4800	330			

（续）

型号	序号	风量 /(m^3/h)	全压 /Pa	风机转速 /(r/min)	装机容量 /kW	噪声 /dB(A)
DG4.00	1	6000	390	700	2.2	≤61
		7240	370			
		8480	350			
	2	7700	450	800	3	≤63
		8500	430			
		9700	410			
	3	8500	560	900	4	≤64
		9800	540			
		11000	520			
DG5.00	1	10000	280	500	3	≤67
		12000	240			
		13000	200			
	2	13000	330	600	4	≤68
		14000	310			
		15600	290			
	3	14600	450	700	5.5	≤70
		17100	420			
		18300	400			
DG8.00	1	31000	300	400	11	≤67
		33000	280			
		35000	260			
	2	35400	450	500	15	≤68
		38600	430			
		41600	410			
	3	43700	640	600	22	≤70
		47000	620			
		50000	600			

表 8-16 DGS 系列消防、通风两用离心机性能参数表

型号	序号	风量 /(m^3/h)	全压 /Pa	风机转速 /(r/min)	装机容量/kW	电动机型号	质量/kg	
							A 型	B 型
DGS4.00	1	8300～10400	520～650	900	4/3	YD132S—6/4	162	140
	2	5600～7000	230～300	600				
DGS4.50	1	12000～16000	416～480	800	3.7/1.8	YDT132M—8/6	228	199
	2	9000～12000	230～300	600				

（续）

型号	序号	风量/(m³/h)	全压/Pa	风机转速/(r/min)	装机容量/kW	电动机型号	质量/kg	
							A型	B型
DGS5.00	1	15900～18300	400～450	700	6/2.6	YDT160M—8/6	379	330
	2	12500～14400	345～382	550				
DGS5.60	1	20000～23000	560～580	700	8/3.7	YDT160L—8/6	460	400
	2	15700～18100	345～382	550				
DGS6.30	1	26000～35000	670～710	650	12/5.5	YDT180—8/6	540	470
	2	20000～27000	400～450	500				
DGS8.00	1	45000～50000	600～640	600	25/12	YDT225M—8/6	680	592
	2	34000～40000	350～380	450				

（2）HTF系列高温消防排烟风机　HTF系列高温消防排烟风机分为P型、D型、H型3个小系列。其中，P型为普通型轴流式消防排烟风机，D型为子午加速型消防排烟风机，H型为低噪声子午加速型消防排烟风机。子午加速型高温消防排烟风机（D型、H型）是一种风压、风量介于轴流式和离心式风机之间的新型混流式风机。其风量比离心式的大，而压力比离心式的高，具有效率高、噪声低、安装方便等特点，是较为理想的消防配套产品。

HTF系列风机的组成主要有叶轮、机壳、集流器、后导流片、内筒（芯筒）、电动机等，其结构示意图如图8-9所示（图中未画出集流器与后导流片）。D型、H型的叶轮具有子午加速特征的轮毂和集流器，在高层建筑中可替代离心风机。

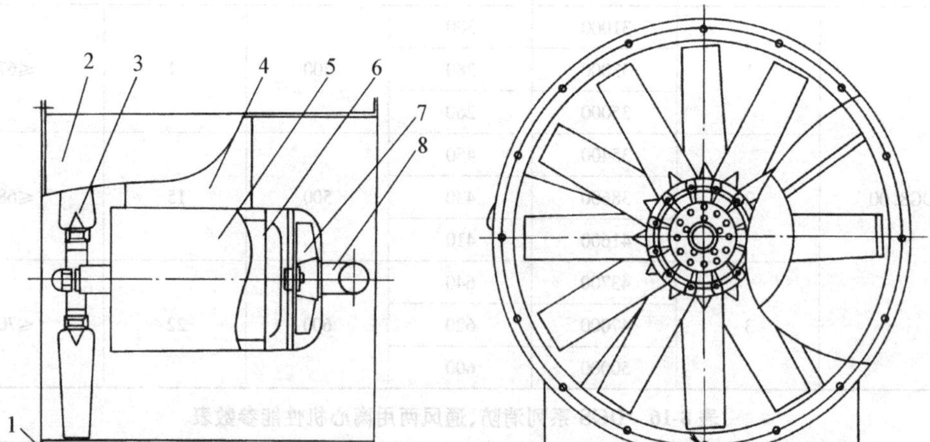

图8-9　HTF系列高温消防排烟风机结构示意图

1—风筒支脚　2—风筒　3—叶轮　4—芯筒支脚　5—芯筒　6—电动机　7—叶轮　8—冷却管

HTF系列风机各项性能符合《高层民用建筑设计防火规范》的要求，能在介质温度小于150℃的情况下长期运转，在300℃左右的介质中连续正常运转40min。HTF—P型系列双速排烟风机的性能参数见表8-17。

表8-17 HTF—P型系列双速排烟风机性能参数（节选）

机号	转速/(r/min)	序号	风量/(m^3/h)	全压/Pa	电动机功率/kW	质量/kg
5	2900	1	9800	510	3	150
		2	8800	540		
		3	8000	568		
	1450	1	4900	127.5	0.8	
		2	4400	135		
		3	4000	142		
6	2900	1	16000	510	5.5	175
		2	15000	570		
		3	13000	620		
	1450	1	8000	128	0.75	
		2	7500	145		
		3	65000	155		
7	1450	1	24000	620	7	205
		2	22000	630		
		3	18000	650		
	960	1	15889	271	3	
		2	14564	276		
		3	11910	285		
8	1450	1	31000	600	9	280
		2	28000	661		
		3	26000	723		
	960	1	20522	263	3	
		2	18536	289		
		3	17212	317		
9	1450	1	33000	560	12	360
		2	32000	620		
		3	30000	720		
	960	1	21846	246	4	
		2	21184	272		
		3	19860	315		
10	1450	1	45000	630	12	380
		2	42000	690		
		3	40000	770		

（续）

机号	转速/(r/min)	序号	风量/(m^3/h)	全压/Pa	电动机功率/kW	质量/kg
10	960	1	29790	276	4	380
		2	27804	303		
		3	26480	338		
11	1450	1	51000	580	17	450
		2	50000	600		
		3	48500	690		
	960	1	33762	255	5.5	
		2	33100	264		
		3	32107	303		

HTF系列高温消防排烟风机结构合理，进风口与出风口方向位于同一轴线上，进、出口直径相同，可直接垂直或水平地与风管连接。它具有耐高温性能优良、效率高、占地比离心风机少、安装方便等优点；其特性曲线比较平坦，有利于节能，在高层民用建筑中得到广泛地应用。同时，其适用范围广，可根据高层民用建筑的不同要求采用双速或多速的驱动形式，以达到一机二用的目的，即平常低速时用于通、排风，高速时用于消防时高温排烟。因此，HTF系列高温消防排烟风机适合于各种建筑物的消防排烟，地铁、隧道、矿井、涵洞等的排风与排烟，也可用于正压送风。

（3）ZZK系列正压送风口装置　ZZK系列自动正压送风口主要用于高层建筑走道送风，其外形如图8-10所示。它由4部分组成：铝合金单向进风口，用来保证气流只能由竖井向楼梯口送风；高效低噪声轴流风机；铝合金格栅出风口；本地和远距离操作按钮以及温控断路控制器。控制部分能使正压送风口在楼梯口及消防控制中心都可以开启或关闭送风机，并通过温控断路器使其在一定的温度下能自动切断电源，关闭风机送风口，使烟气不能向竖井扩散。

图8-10　ZZK系列正压送风口装置外形示意图

这种装置具有效率高、噪声低、风量大的特点，可以满足风口风量不足的补风需要。其性能参数见表8-18。

表8-18　ZZK系列正压送风口主要性能参数

型号	转速/(r/min)	全压/Pa	流量/(m^3/h)	电动机功率/kW	电动机型号	电压/V
ZZK5.6Ⅰ	960	83	7700	0.25	YYWD250—6	220
ZZK5.6Ⅱ	960	103	8470	0.37	YYWD370—6	220
ZZK6.3Ⅰ	960	86	6220	0.25	YYWD250—6	220
ZZK6.3Ⅱ	960	96	8173	0.37	YYWD370—6	220

（续）

型号	转速 /(r/min)	全压 /Pa	流量 /(m^3/h)	电动机功率 /kW	电动机型号	电压 /V
ZZK6.3Ⅲ	960	98	10128	0.37	YYWD370—6	220
ZZK6.3Ⅳ	960	106	11000	0.45	YYWD450—6	220
ZZK7.1Ⅰ	960	110	8900	0.45	YYWD450—6	220
ZZK7.1Ⅱ	960	122	11700	0.55	YYWD550—6	220

8.2.2 消防用风机的选型

消防用风机的选型与前述离心风机等的选型过程相似，也是分为：确定风机的类型，确定选用的依据，根据要求的性能参数按性能表或性能曲线选用风机的具体型号和台数。

1. 确定风机的类型

应先根据用途及使用的环境、特殊要求和具体条件等确定所选风机的类型，如是用于机械加压送风，还是用于消防排烟；是用离心风机合适，还是用轴流式风机或混流式风机合适等。一般而言，在满足同样要求的情况下，离心风机的体积会比轴流式风机、混流式风机的大，对于安装位置有限制的场所，在选用风机时应考虑到这一点。

2. 确定选用的依据

定下风机的类型后，就可根据消防系统的设计参数与要求，按8.2.1中的规定求出机械加压送风防烟风机或消防排烟风机所需要的风量与风压。计算所得的风量与风压就是风机选型时的主要依据。

3. 选择风机的型号和台数

根据计算所得的风量与风压，查相应类型的消防风机性能参数表或特性曲线，按照高效与节约的原则，选定最合适的风机型号及所需要的风机台数。

需要说明的是，风机性能参数表或特性曲线图中给出的是风机在标准状态（即101325Pa、温度为20℃、相对湿度为50%时）的空气状态下的性能，当实际使用条件与此不相符时，应按有关公式进行换算（参见6.1.2），并根据换算后的参数进行选型。

8.2.3 消防用风机的使用与管理

确定消防用风机的具体型号后，应确保其安装、控制、运行管理与维护能满足要求，使其在发生火灾时能及时自动投入运行，以及时排放有毒的烟气，保证人员的安全和火灾扑救工作的顺利进行。

1. 安装

安装消防用风机前，应做到：

1）了解风机的规格、形式、相应的安装尺寸、配用电动机的动力要求、地脚螺栓孔径及中心距。

2）认真检查机件是否完整，叶轮及机壳有无因运输而损坏、变形，检查联接的螺钉是否紧固。

3）安装风机的基础应有足够的强度、稳定性和耐久性。

风机安装时应注意保持风机的水平位置，对风机与地基的结合面和出风管道的联接等，应调整使之自然，不得有强行联接的现象，更不允许将管道的重量加在风机的部件上。风机吊顶安装应紧固牢靠。

排烟风机应设置在该排烟系统最高排烟口的上部；为了方便维修，排烟风机外壳与墙壁或设备之间的距离不应小于60cm。排烟风机应设在混凝土或钢架基础上，但可不设置减振装置；风机吸入口管道上不应设有调节装置。

2. 电源与控制

当利用插座供电时，风机电源线应配接符合安全标准的插头。当风机的电源线直接与供电线路联接时，供电线上要有触点开距至少为3mm的全极电源开关。配电时应安装电动机保护装置，7.5kW以上的电动机应有降压起动装置。

机械加压送风机的控制包括起动控制和关闭控制。风机的起动由烟感、温感探头或自动喷水系统自动控制起动；风机的关闭则由消防控制中心及建筑物防烟楼梯出口处的手动关闭装置来控制。排烟风机应与排烟口设有联锁装置，以使当任一个排烟口开启时，排烟风机能自动起动。

3. 使用

在使用消防风机前，应保证满足以下要求：

1）检查风机机组各部分之间的间隙大小，转动部分不允许碰撞，固定件的螺栓应紧固。

2）检查电气线路，看风机电气控制能否满足要求。

3）风机及管道内不得有妨碍风机转动的物品。

4）叶轮旋转方向必须与旋向箭头标记一致。

4. 维护保养

消防用风机应定期进行维护保养，消除风机内部的灰尘、污垢等，防止锈蚀，紧固联接螺栓并调整有关间隙。同时，还要检查各种仪表的准确度和灵敏度，还要检查风机的联锁控制是否正常。如果风机停用时间过长，应充分注意防止电动机及其他电气部件受潮。风机在露天使用时，应有防雨措施。

实例：某空调系统中的送、回风机在正常情况下无法起动。

在空调系统的送风管路和回风管中一般都安装有防烟防火阀，而且防烟防火阀与送、回风机实行联锁控制，即防烟防火阀只有处于开启状态，风机才有可能起动运转；而一旦防烟防火阀处于关闭状态时，风机将无法起动。而且风机在运行中，如果风管中的防烟防火阀自动关闭，则空调系统中的风机将会自动停止运转。

在空调系统的运行中，当通过防烟防火阀的空气的温度超过70℃时，防烟防火阀中的易熔元件断开，使拉力弹簧脱开而使阀门自动关闭。但在实际使用中，尽管通过防烟防火阀的空气温度并未超过70℃，而由于其他的一些原因，拉力弹簧与温度易熔元件脱开，导致防烟防火阀的自动关闭。此时，串接在风机控制回路中的中间继电器（用于防火报警的中间继电器）的动断触头（即常闭触头）断开，处于运行状态的风机便会自动停机，处于停机状态的风机将无法起动。

因此，在送风总管和回风总管上装有防烟防火阀的空调系统，在供电及负荷正常的情况下，风机供电主回路中的熔断器、热继电器等无异常，同时又无超温报警信号。正常运转的风机突然停止运转，或处于停机状态的风机无法起动时，一般为防烟防火阀自动关闭所致。遇到这种情况时，应进行认真、细致的检查，在确认不是由于产生烟雾、火警所致时方可使防烟防火阀复位，使风机继续投入运行。

本章要点

1）对消防泵性能特点的要求与普通水泵有不同之处，明确这一点是选择和使用消防泵的前提条件。

2）消防用水量以及消防水压的正确计算与确定是选择消防泵的主要依据，其计算与确定应严格按照我国有关消防规范的要求执行。

3）消防泵的选用可在充分考虑使用的特殊要求情况下，按照普通离心泵的选型步骤来进行，在确定泵的台数时，要根据实际情况考虑是否必须设置备用泵。

4）消防泵的使用与维护管理应以保证水泵状态完好、能随时起动投入运行为主要目标，同时要求消防泵的电气控制功能完好。

5）在高层建筑的消防系统中，消防用风机必不可少。消防用风机按机械加压送风防烟风机与消防排烟风机的不同，而有不同的风量与风压要求，选用时应充分考虑到风机的风量与风压是否满足相关规范的要求。

6）消防用风机的选型过程与通用离心风机等的选型过程相同。

7）消防用风机的使用与维护管理的主要内容与其他风机类似，但要特别注意对其电气控制方面的要求。

思考题

1. 消防泵的作用是什么？
2. 对消防泵的要求与对普通水泵的要求有何不同之处？有何相同之处？
3. 试根据所学知识说明是否只有专用的消防泵才能用于消防？为什么？
4. 消防泵的电气控制有哪些要求？其目的是什么？
5. 消防泵的扬程应满足哪些要求？水量应满足什么要求？
6. 选用消防泵时应考虑哪些方面的问题？
7. 简述消防泵的运行与管理的主要内容。
8. 消防用风机在消防系统中有何作用？为什么说它在高层建筑的消防设施中不可缺少？
9. 什么是防烟风机？什么是排烟风机？两者有何差别？
10. 机械加压送风防烟风机与消防排烟风机的风量与风压分别有什么要求？
11. 简述如何正确选用消防用风机。
12. 消防用风机的使用与维护管理与通风用风机有何相同之处与不同之处？

第 9 章

泵与风机的消声与防振

9.1 噪声的基础知识

9.2 泵与风机的消声

9.3 泵与风机的防振

9

9.1 噪声的基础知识

9.1.1 噪声的产生

物体振动使周围空气质点交替产生压缩、稀疏的状态而形成波动。当频率范围 20～20 000Hz 的波动传动人耳被接受时，就成为声音。

各种不同频率和声强的声音无规律地组合，就称为噪声。广义地说，对某项工作来说是不需要或有妨碍的声音称为噪声。噪声是一种声波，具有声波的一切特性。噪声对人体健康有很大的危害，如对听觉的损害，影响人们正常的生活和工作等。

1. 噪声的声源

噪声的发生源很多，主要有下面几种。

(1) 空气动力噪声　它是由于空气振动而产生的。当空气中有涡流或发生压力突变时，就会引起空气的扰动而产生噪声。在空调中，如压缩机的吸、排气噪声，风机的吸、排气噪声等。

(2) 机械噪声　它是由于固体振动而产生的。在撞击、摩擦、交变的机械应力作用下，机械的金属板、轴承、齿轮等发生振动而产生噪声。在空调中，如压缩机运动部件的运转、气阀阀片的运动、支架的振动等都会产生噪声。

(3) 电磁性噪声　它是由于磁场脉动，引起电气部件振动而发生的噪声，如压缩机、风机的驱动电动机所引起的噪声等。

2. 噪声大小的度量

(1) 声强与声压　描述声音强弱的物理量称为声强。声强是通过一与传播方向垂直的表面的声功率除以该表面的面积，以符号 I 表示，单位为 W/m^2。

声压为有声波时媒质中的瞬时总压力与静压之差，以符号 p 表示，单位为 Pa。

(2) 声强级与声压级　声强级 L_I 与声压级 L_p 的单位通常用 dB。对应于人耳刚刚能听到的与致人耳膜疼痛时的声压级定为 0dB 与 120dB。

人耳刚刚能听到的 1000Hz 声音的声压为 2×10^{-5}Pa，称为基准声压 p_0。此时单位时间内通过单位面积的声能 $I_0=10^{-12}W/m^2$ 称为基准声强。声强 I 与基准声强 I_0 之比的对数的 10 倍称为声强级 L_I（dB），即

$$L_I = 10\lg\frac{I}{I_0} \tag{9-1}$$

式中　I_0——基准声强，$I_0=10^{-12}W/m^2$。

声压 p 与基准声压 p_0 之比的对数的 20 倍称为声压级 L_p（dB），即

$$L_p = 20\lg\left(\frac{p}{p_0}\right) \tag{9-2}$$

式中　p_0——基准声压；在空气中 $p_0=20\mu Pa$，在水中 $p_0=1\mu Pa$。

(3) 声功率与声功率级　声功率是指声波辐射的、传输的或接收的功率，以符号用 W（或 P）表示，单位为 W。

声功率 W 与基准声功率 W_0 之比的对数的 10 倍称为声功率级 L_{W_0}，即

$$L_{W_0} = 10\lg \frac{W}{W_0} \tag{9-3}$$

式中 W_0——基准声功率，$W_0 = 10^{-12}$W。

3. 噪声的频谱特性

噪声是由很多不同频率的声音所组成的。人耳可闻的声音频率为 20 ~ 20 000Hz，有 1000 倍的变化范围，为此，可以把声频范围划分为几个有限的频率，即频程和频带。

通风消声计算中常用倍频程和 1/3 倍频程。倍频程是两个频率之比为 2∶1 的频程。通用的倍频程中心频率为 31.5、63、125、250、500、1 000、2 000、4 000、8 000、16 000 Hz。在一般噪声的现场测试中，一般只用 63 ~ 8 000Hz 8 个倍频程。至于 1/3 倍频程的中心频率更密，大多应用于更详细的分析。

9.1.2 噪声的测量

1. 噪声的主观评价

人耳对声音的感受不仅和声音大小有关，而且也和频率有关。根据人耳的特性，人们引出了一个与频率有关的响度级。响度级的物理量符号为 L_N，单位为 phon（方），定义为

$$L_N = 20\lg(p/p_0)_{1\text{kHz}} \tag{9-4}$$

式中 p——正常测听条件下，正常听者判断一个声音与 1kHz 纯音等响的有效声压（Pa）；

p_0——基准声压，$p_0 = 20\mu$Pa。

响度级是根据人耳的频率响应特性，以 1 000Hz 的纯音作为基准声音，若某频率的纯音听起来与基准声音有同样的响度，则该频率纯音的响度级 phon 值就等于基准纯音的声压级 dB 值。也就是说，响度级是把声压级和频率综合起来评价声音大小的一个主观感觉量。

利用与基准声比较的方法，通过大量试验，可以设制多个可听范围的纯音的响度线，即如图 9-1 所示的等响度曲线。每条等响度曲线表示在相同响度下，声音的频率与声压级的关系。以此来评价人对噪声大小的感觉。

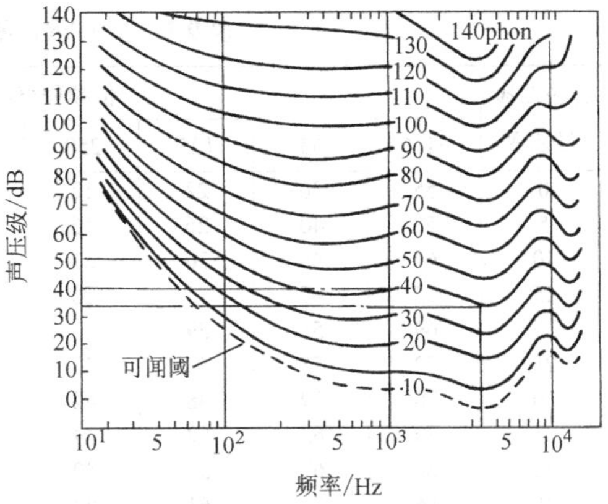

图 9-1 等响度曲线

2. 噪声的测量

（1）声压测量　噪声测量常用的仪器是声级计。它的工作原理是声信号通过传声器，把声压转换成电压信号，经放大后通过计数网络，在声级计和表头上显示出分贝（dB）值。

在声级计上设有 A、B、C 3 种不同的计数网络，它们对不同频率的声音进行不同程度的滤波。C 网络是模拟人耳对 100phon 纯音的响应，对所有频率的声音滤过的程度几乎一样，因此它的读数可代表总声压级。B、A 网络是分别模拟人耳对 70phon 和 40phon 纯音的响应，B 网络对低频段有一定的衰减，A 网络对 500Hz 以下低频段有较大衰减。A 网络对高频敏感、对低频不敏感，这正好与人耳对噪声的频率响应特性相一致，因此，常以 A 网络测得的声级来代表噪声的大小，称为 A

声级，并记作 dB（A）。

从声级计 A、B、C 3 档的读数可粗略地估计噪声的频率特性。当 A、B、C 3 档的读数十分接近时，说明该种噪声的频率以高频为主；如果 B、C 档读数接近且大于 A 档读数，表示噪声的频谱以中频声为主；如果 C 档读数大于 B 档读数，B 档读数又大于 A 档读数，则表示噪声的频谱以低频为主。

1）噪声评价曲线。A 声级是单一的数值，是噪声的所有频率的综合反映。如果要较详细地评价各倍频程的噪声，就须采用噪声评价曲线，即 *NR* 曲线。

噪声评价曲线按噪声级由低到高的顺序进行编号，它的号数 *NR* 称为噪声评价数，且规定 *NR* 值等于中心频率为 1 000Hz 的倍频程声压级的分贝整数。噪声评价数 *NR* 与 A 声级 L_A 值之间有一定的相关性，$L_A = 0.8NR + 18\text{dB}$。由于实际问题中，声源产生的噪声频谱不会刚好与评价曲线相一致，通常规定在保证噪声频谱不超出评价曲线的条件下，以最靠近噪声频谱的评价曲线来决定噪声的评价数。

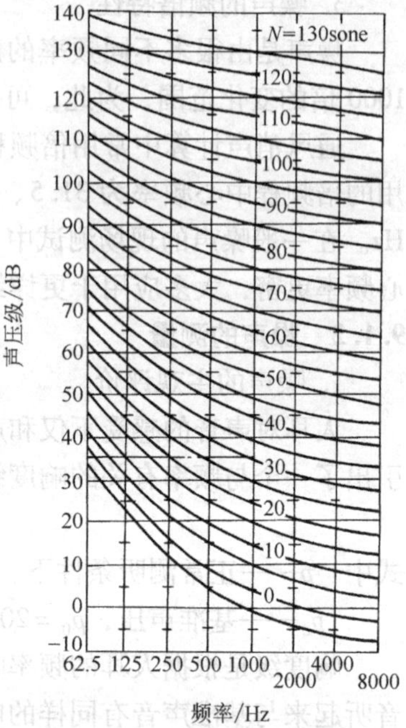

图 9-2 噪声评价 *N*（*NR*）曲线

图 9-2 为国际标准化组织（ISO）提出和推荐各国最常采用的标准曲线。图中"sone（宋）"是响度的单位，指 1 000Hz 的纯音声压级在闻域上 40dB 时的响度。表 9-1是它的各倍频程声压级的对应值。

表 9-1 *N*（*NR*）噪声评价曲线倍频程声压级

评价曲线号数 *N*	倍频程声压级对应值（dB）									[dB（A）]
	31.5	63	125	250	500	1000	2000	4000	8000	0.8N + 1B
0	55	36	22	12	5	0	−4	−6	−7	18
5	58	40	26	16	9	5	1	−1	−2	22
10	62	48	30	21	14	10	6	4	3	26
15	65	47	35	26	19	15	11	9	8	30
20	69	51	39	30	24	20	16	14	13	34
25	72	55	43	35	29	25	21	19	18	38
30	76	59	48	40	34	30	26	25	23	42
35	79	63	52	44	39	35	32	30	28	46
40	82	67	57	49	44	40	37	35	33	50
45	86	71	61	54	48	45	42	40	38	54
50	89	75	65	58	53	50	47	45	44	58
55	93	79	70	63	58	55	52	50	49	62
60	96	83	74	68	63	60	57	55	54	66
65	100	87	78	72	68	65	62	60	59	70
70	103	91	83	77	73	70	67	65	64	74
75	106	95	87	82	78	75	72	70	69	78
80	110	99	92	86	82	80	77	76	74	82
85	113	103	96	91	87	85	82	81	79	86
90	117	107	100	96	92	90	87	86	84	90
95	120	111	105	100	97	95	92	91	89	94

2）声级计及其使用。声级计主要由传声器、放大器、计数网络、检波线路和指示电表、电源等部分组成。

根据测量精度和稳定性把声级计分为0、Ⅰ、Ⅱ、Ⅲ4种类型。0类型声级计用作实验室参数标准。Ⅰ类型声级计除专供实验室使用外，还供在符合规定的声学环境或需严加控制的场合使用；Ⅱ类型声级计适合于一般室外使用；Ⅲ类型声级计主要用于室外噪声调查。按习惯称0和Ⅰ类型声级计为精密声级计，Ⅱ和Ⅲ型声级计为普通声级计。

在决定选用某种声级计后，应首先熟悉它的特性和使用方法（可按声级计使用说明书的要求进行），否则将会产生不应出现的测量误差，甚至可能因为使用不当而损坏仪器。

① 声级计的校准。声级计是一种计量仪器。一般声级计能产生一个标准的电信号用于标准放大器等电子线路的增益。仅进行电校准往往达不到要求，因为声级计的关键部件传声器有时性能不稳定，或受环境条件的影响使声级计读数产生偏差（小则1~2dB，多则可达3~5dB）。为了减少这种偏差，必须在测量前对传声器或声级计整机进行校准，校准时可使用发声器来进行。电容式传声器常用的校准器有活塞发声器、落球发声器等。如国产NX6型活塞发声器，其校准精度在±0.2dB以内，专门用来校准ND_2型精密声级计。

② 声级计的读数。用声级计测量噪声时，测量值应取输入衰减器、输出衰减器的衰减值与电表读数之和。一般情况下为获得较大的信噪比，尽量减小输入衰减器的衰减，使输出衰减器处于尽可能大的衰减位置，并使电表指针在0~10dB的指示范围内。有的声级计具有输入与输出过载指示器，指示器一亮就表示信号过强，进入相应的放大器后将产生削波而失真。为避免失真放大，必须适当调节相应的衰减器；有时为避免输出过载，电表指针不得不在负数范围内指示读数。为了获得较小的测量误差，避免失真放大，有时必须采取牺牲信噪比的权宜措施。

③ 声级计电表的读数。对于稳定的或随时间变化较小（能在观测时间读出）的稳定噪声，应以观测时间内电表指针的平均偏转位置取值，观测时间视噪声的稳态程度可长可短（一般观测2~5s即可）。测量一般使用“快”档，但当声压级波动范围大于±2dB而小于±5dB时，可换用“慢”档。

④ 传声器的取向。通常将传声器直接连到声级计上，声级计的取向决定传声器的取向。一般噪声测量中常用是的场型传声器，如国产的CH_{11}、CH_{13}，丹麦的4133、4145、4135等。这种传声器在高频端的方向性较强，在0°入射角时具有最佳频率响应。

（2）声强的测量　如前述利用测量声压来测噪声。但测量声压的方法在精度上受到限制，因为声压受到被测环境的影响极大，要想达到较理想的测量效果，往往需要修正，甚至需要设置特殊的声学环境（例如消声室），用来模拟自由场声学环境；或者需要在距噪声源较远的声场中进行测量。这种方法效率低，经济效果差。尤其对于一些尺寸相当大的噪声源，测量时要有一个规模大而价格高的消声室就很不经济。

声强的测量则大大地降低了外部干扰及混响声的干扰，不用设置特殊的声学环境，可以现场测量，不但经济、精确，而且提高了测量效率。例如，确定一台发动机不同表面的面积上的声功率，用传统的铅覆盖法需要几周的时间，但是采用声强测量方法进行同样一台发动机的测量则只需要几个小时。

1）声强测量原理。声强是在声场中的某点上与声波传播方向垂直的一个单位面积上单位时间内通过的声能。

在平面波的情况下，声压与质点运动速度同相，声强与该点的声压的平方成正比，其关系式为

$$I = \frac{p^2}{\rho c} \tag{9-5}$$

式中 ρ——空气密度。

如果测量出某点的声压 p 与质点速度 c，就可以计算出声强 I。虽然声压可以简单地由传声器测量，但该点的质点速度是无法用一个传声器测得的。如果采用两个以上的传声器测出波线上的声压梯度，却能得到质点速度的近似值。现有条件下所测得的并不是梯度 $\frac{\partial p}{\partial r}$，而是一个近似值 $(p_2 - p_1)/\Delta r$，即

$$\frac{\partial p}{\partial r} \approx (p_2 - p_1)/\Delta r \tag{9-6}$$

式中 p_2、p_1——分别为波线上相距为 Δr 的两点的声压（Pa）。

由此可以确定沿 r 方向的质点速度和两传声器中点处声压 p 的近似值：

$$Ur \approx \frac{1}{\rho_0 \Delta r}\int (p_2 - p_1)\,\mathrm{d}t \tag{9-7}$$

$$p = (p_1 + p_2)/2$$

从而可以得到沿 r 方向作用的声强分量近似值：

$$I_r = \frac{p_1 + p_2}{2\rho_0 \Delta r}\int (p_2 - p_1)\,\mathrm{d}t \tag{9-8}$$

由此可见，只要测得两点声压 p_1 及 p_2，并测得两点间距离 Δr，就可以计算出平均声压和声压梯度。声压梯度积分得到质点速度 u_r，平均声压和速度相乘便可得到声强。

2）声强测量仪及声强测量系统。按照上节分析的基本原理可以制造出声强计。图9-3所示为声强测量系统。它使用了两个1/3倍频程滤波器双路数字滤波器组。由两个传声器组成的探头是声信号的接收部分。信号通过前置放大器、衰减器、模数转换器输入到1/3倍频程数字滤波器，经滤波的两通道信号互相交换，再经两路运算放大器后分别获得 $(p_2 + p_1)$ 及 $(p_2 - p_1)$。其中，$(p_2 - p_1)$ 进入积分电路，输出信号 u_r，它与信号 $(p_2 + p_1)/2$ 进入乘法器，便得声强 I_r。

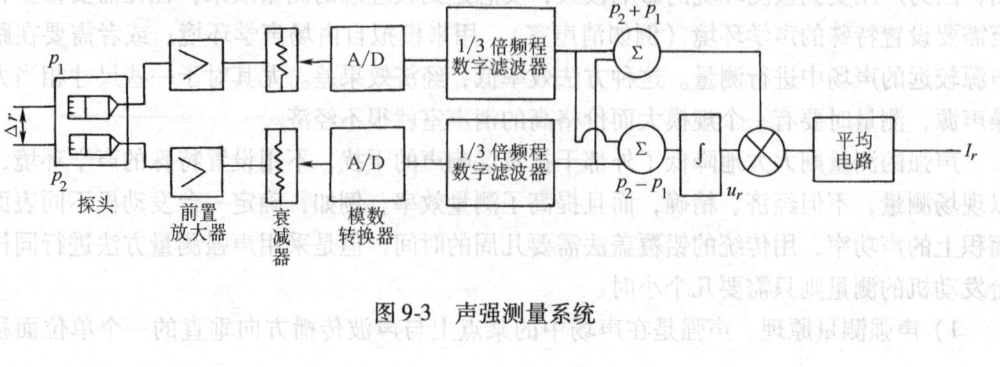

图9-3 声强测量系统

3）声强测量用于测量噪声源的声功率。声功率是一个重要的物理量，它可以排除测量距离的声学环境的影响，是表示机械性能的一个不变参量，也可表示出噪声的辐射特性。但是声功率不能直接测出，用声强却能计算出声功率，其关系式为

$$L_W = 10\lg(I/I_0) + 10\lg(S/S_0) - 10\lg N - C \tag{9-9}$$

式中 L_W——声功率级（W）（声功率参考值为 10^{-12}W）；

I——测出的平均声强（W/m^2）；

I_0——声强的参考值即 $10^{-12}W/m^2$；

S——测试半球面的面积，$S = 2\pi r^2$（m^2）；

S_0——参考面积，$S_0 = 1m^2$；

N——测点数目；

C——修正值。

通过声强测定声功率而不被环境噪声干扰的方法可用图 9-4 说明。图中，1 为被测声源，2 为干扰声源，3 为包围被测声源的封闭面积。声强计即在该圆面上测量。声强乘以此圆面积就是声功率。在测量表面外有干扰声源 2，其干扰信号两次穿过测量圆面，方向相反，所以干扰噪声的声功率为零。显然这样测量声功率适合于现场测定，不需要考虑环境噪声的影响，其误差要比用声压级测定再换算要小得多。

4）声功率的测量。环绕产生噪声的设备的声场是随方向、时间、环境、工作条件及安装条件而变化的，其影响因素主要有：

① 声源的表面是由不同形状及不同尺寸的构件组成，而且形状往往是不规则的。

② 各种设备常具有几个声源，有结构发声的、空气动力的、电磁的等不同性质，不同的声源以不同的模态振动，辐射出不同的噪声。

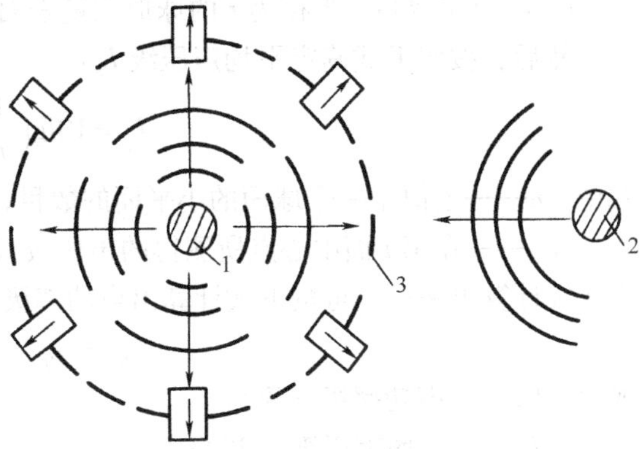

图 9-4 声场与声功率

1—被测声源 2—干扰声源 3—包围被测声源的封闭容积

③ 在声源附近如果有一个或多个反射面，声场将更为复杂。从这些面反射回来的声波干扰直射声波。如果在某些点直射声波与反射声波同相，则这些点的声压便增强；如果相位相反，则声压就减弱。反射面对原声场的影响主要取决于噪声的波长与反射面对声源的距离。

④ 有些声源发射出不稳定噪声或脉动噪声。它与其他声源发射的噪声组合在一起，就使声场中每个测点每瞬间都可能有不同的声压。

⑤ 机械设备等的安装条件将影响其固有频率及结构发声情况。如果安装点与一个薄壁形结构相联接，则可能将振动传播到薄壁结构转而发出强烈的附加噪声。尤其当噪声频率与薄壁结构的固有频率相等或接近时，此问题更为严重。

由于以上这些原因，用一个位置所测出的声压级来描述这台设备的噪声大小是不确切的，而且在现实工作中不可能都在一个比较理想的声场（如消声室）中测量噪声。正如上

一节所述，以声功率级来表示声源的噪声大小有其优越性，所以近年来越来越多地采用声功率测量。

声功率本身仍然不能直接测量，例如上一节是用声强计先测出声强而后换算成声功率的。当前，以声功率为单位来衡量一台设备噪声的大小时，多数是通过平均声压级来计算的。当考虑了一切因素，恰当地布置测点位置及测点数目，测算出符合实际的平均声压级时，即能正确地计算出该设备的噪声声功率。以下对自由声场及半混响空间中的声功率测量进行介绍。

在自由声场中测量声功率时，如果在包围设备的一个封闭表面上许多点作声压级测量，就可能在具体的工作条件及安装条件下，找出这台设备发射出每一频带的声功率值。按照封闭表面的特征可将其分为球形表面、半球形表面和适应声源形状的表面的声功率测量。

① 球形表面测量。当需要精确地知道一台设备发出的声功率时，将此设备放置在自由声场中（例如在消声室中或无反射声波的空旷场地中）悬挂起来，在包围此设备的球形表面上作多点测量。计算时需要作如下假设：

a. 测量装置的误差及人的读出误差可不计。

b. 测量点的数目 n 是很大的。

c. 在远场中进行测量，即声压和质点运动速度基本是相同的。

d. 声源在球心，半径为 r 的球形测量表面与声传播的方向垂直，即为波阵面。

然后，按照下式确定平均声压级 L_p：

$$L_p = 10\lg\left(\frac{1}{n}\sum 10^{\frac{L_{pi}}{10}}\right) \tag{9-10}$$

式中 n——近似于一个球面的小平面的数目，即等边多面体面数；

L_{pi}——在第 i 面中心点所测得的声压级（dB）。

声压级计算出来后，可按下式计算出声功率级：

$$L_W = L_p + 10\lg 4\pi r^2 \tag{9-11}$$

式中 L_W——声功率级（W）；

L_p——平均声压级（dB）；

r——测量球面的半径。

根据 ISO3745，测量球面的半径应等于或大于声源长轴的二倍而且不小于1m。如果半径单位是m，则此式可简化为

$$L_W = L_p + 20\lg r + 10.82 \tag{9-12}$$

如果 r 的单位是 in（英寸），则为

$$L_W = L_p + 20\lg r + 0.5 \tag{9-13}$$

② 半球表面测量。这是将设备放在半消声室的地面上，即在一个具有硬地面的消声室中。根据 ISO3745，半球面的半径应等于或大于噪声源主尺寸的二倍，或者是声源距反射地面的平均距离的4倍，而且不可小于1m。按照前节所述布置各测量点，测出各点声压级后计算平均声压级 L_p，然后按下式计算声功率级 L_W：

$$L_W = L_p + 10\lg 2\pi r^2 \tag{9-14}$$

③ 适应声源形状的测试表面上测量。对于长的薄的或者很大的设备，就很难采取球

面或半球面表面测量法。ISO1680 建议使用沿着水平面（见图 9-5）及垂直平面（见图 9-6）与机器表面等距离地在许多点测量声压级的方法。这时声功率为

$$L_W = L_p + 10\lg 2\pi r_{eq}^2 \quad (9\text{-}15)$$

式中 r_{eq}——等效半径；有

$$r_{eq} = \left[\frac{a(b+c)}{2}\right]^{1/2}$$

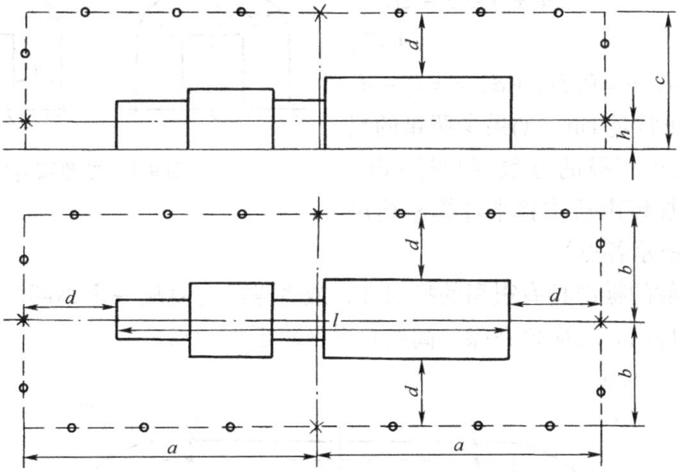

图 9-5 卧式机器的测点布置

a、b、c 表示于图 9-5 及图 9-6 中。图中，h 表示机器的主轴高度，一般不小于 0.25m；“×”为关键测点；“○”为距关键测点 1m 处的其他测点；d 为测点与设备表面的距离。

上式中，r_{eq}是假设被测设备近似矩形的，因而测量表面也作矩形，在两端角部的测点距离 d 就离设备的表面远了些。此法与半球面法作比较就可以看出：其差是不可忽视的。如果考虑了角部的半圆形等距离，则等效半径 r_{eq}就成为

$$r_{eq} = \left[\frac{b+c}{2}\left(a+\frac{b+c}{4}\right)\right]^{1/2}$$

产生噪声的工业设备并不都具有矩形的外形，而且常常有不规则的曲面。按照 ISO3744 的方法，首先要为声源建立一个参照箱。参照箱是刚好把声源包围起来的、尽可能小的一个想象的箱体，如果此箱的尺寸 l_1、l_2、l_3（见图 9-7）小于 1m 就适合采用半球面为测量面。如果箱子尺寸超过 1m 而参照箱不近似为一个立方体，就应采用适应声源形状的表面作测点位置。所谓适应的形状是指其表面上每一点与参照箱上的最近点的距离都是 d。这是一个圆角圆

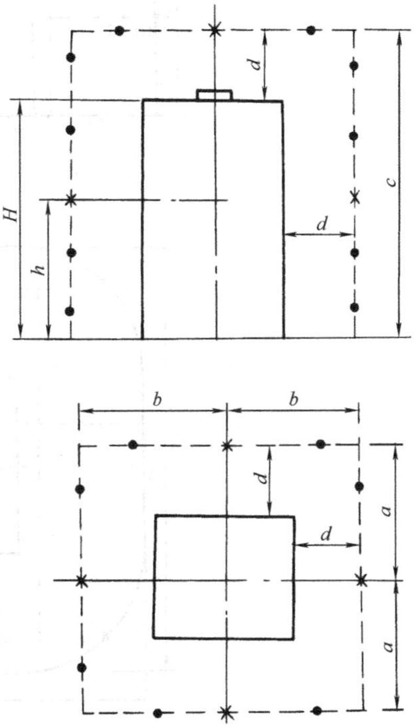

图 9-6 立式机器的测点布置

边的矩形箱，其角部是圆柱形或球形。测量距离 d 是对参照箱面的垂直距离。8 个关键测点表示于图 9-8 中。其声功率级为

$$L_W = L_p + 10\lg S \tag{9-16}$$

S 是适应的形状的表面积，它近似于：

$$S = 4(ab + bc + ca) \times \frac{a + b + c}{a + b + c + 2d} \tag{9-17}$$

式中 $a = 0.5l_1 + d$，$b = 0.5l_2 + d$，$c = l_3 + d$。d 为测量距离，正常是 1m。如果参照箱的尺寸大于 $2d$，或者声压级的分散度超过 8dB，就应采用 8 个附加传声器位置来计算平均声压级（如图 9-6 所示各点）。

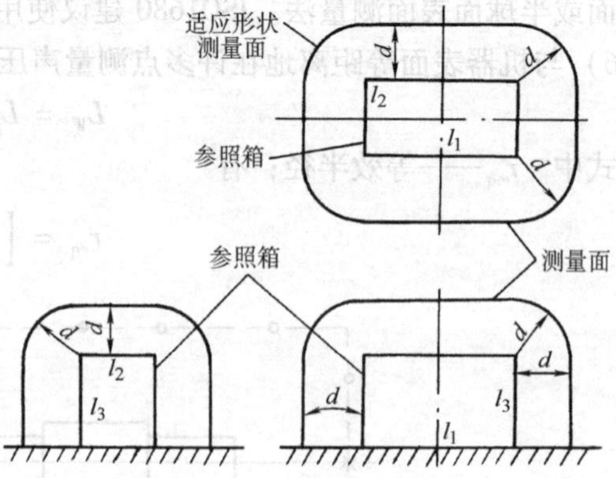

图 9-7 参照箱的尺寸

如果声源辐射的噪声具有很高的指向性，或者噪声主要从一个小部分发出，例如从一个封闭罩的缺口传出，就应该在噪声高度辐射区附近加测点。

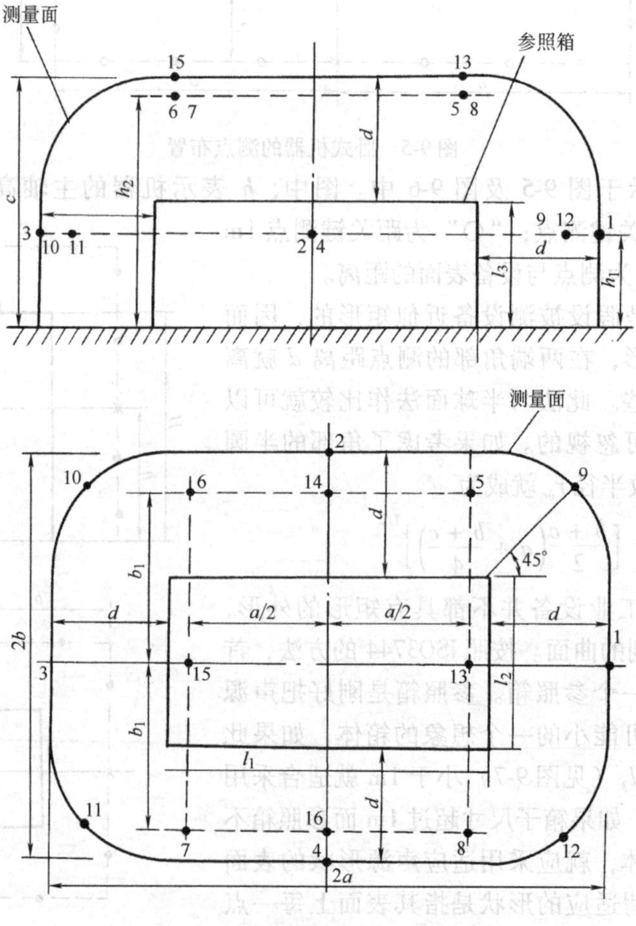

图 9-8 适应表面上的传声器位置

下面讨论对半混响空间进行的声功率测量。

当消声室及混响室对于一个大的设备不方便，甚至没法放进去时，声压测量就必须在半混响空间进行，即在一般房间内，它既非无回声也非扩散声场，而且其中常常有些其他东西在附近。于是在确定声功率时，就须因室内反射作用而作一些校正。下面叙述在半混响空间如何确定一台机器的声功率。

① 参照声源代替法。一个在各频带中声功率级为已知的参照声源，可以用来标定在半混响空间的室内反射。对于一具体测量表面的声源，其实际功率与在半混响空间中的测量功率之差，就用作此测量面的室内反射校正数。如果对一台测试中的机器和放置于同一位置的参照声源都在规定的测量表面作声压级测量，此待测试的机器的声功率级为

$$L_W = L_{WR} + L_p - L_{pR} \tag{9-18}$$

其中 L_W——在一个频带中的所测机器的声功率级；

L_{WR}——在同一频带中参照声源的已知声功率级（在自由声场中标定出）；

L_p——所测机器的同一测量表面上的平均声压级；

L_{pR}——对参照声源在半混响室中同一测量表面测得的平均声压级。

这个方法在大多数场合能提供满意的结果，而且并不需要表明声吸收的房间常数或混响时间等特性参数，但是在应用前还要在自由声场标定参照声源。其最精确的条件是参照声源的噪声频谱形状与所测试机器的频谱形状大致相似，机器的尺寸与参照声源的尺寸也应该同阶。这些必要条件严重地约束了参照声源代替法的应用。

例 9-1：在半混响空间中 2 000Hz 倍频程中的声压级，用包围机器的测点半球面阵测得为 80、84、86、88、89、92、94 及 95dB。在同一位置以参照声源代替机器后，在同测量点测得 2 000Hz 倍频程的声压级为 74、78、79、82、83、86、88 及 89dB。在消声室对参照声源作测量得 2 000Hz 频带中的声功率级为 83dB。计算出在此倍频程内的机器的声功率级。

解：半球面上的平均声压级为

$$L_p = 10\lg\left[1/n\left(\sum 10^{0.1L_{pi}}\right)\right]$$

即 $$L_p = 10\lg\left(1/8\sum 10^{0.1L_{pi}}\right) = 10\lg\left[1/8\left(9.42\times10^{9}\right)\right]\ \text{dB} = 90.7\text{dB}$$

在同一表面上参照声源的平均声压级为

$$L_{pR} = 10\lg\left(1/n\sum 10^{0.1L_{pi}}\right) = 10\lg\left[1/8\left(2.36\times10^{9}\right)\right]\ \text{dB} = 84.7\text{dB}$$

于是得出机器在 2 000Hz 频带中的声功率级为

$$L_W = L_{WR} + L_p - L_{pR} = (83 + 90.7 - 84.7)\text{dB} = 89\text{dB}$$

② 近场测量法。在大房间内安装一台小机器时，其房间反射对声压级影响一般是不大的。据此，A. J. King 建议，在普通车间内，一台小机器发出的噪声可用在靠近此机器的表面测量声压级来确定。对于直径约 0.3m 的机器，King 找出在距机器表面 0.3m 处，在 10m×4m×5m 的较大半混响室内的反射声波的影响可以忽略不计。进一步的研究表明，在一个普通实验室中距一台小电动机表面 0.3m 处，由近场法测量的 1/3 倍频程中的声功率级，大致与在消声室中测量200Hz 以上频率的声功率相同（见图9-9）。此图也表示了在频率低于 200Hz 时，两种测量所得的声功率之差还是不可忽视的。

③ 反射校正法。此法既不需要一个参照声源，也不用作近场测量，而是对半混响空

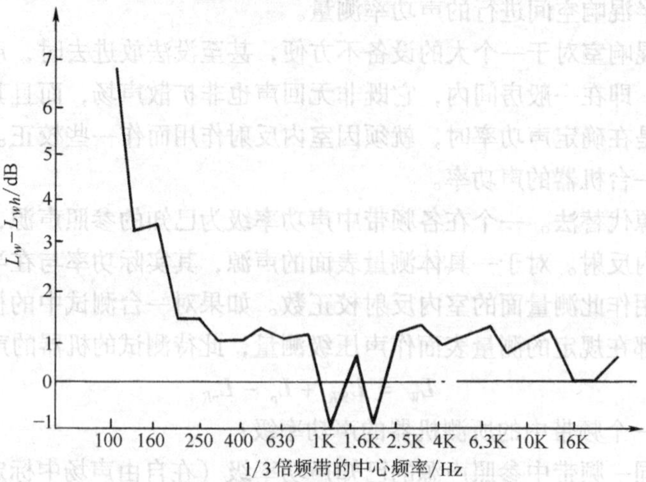

图 9-9 半混响空间中（$d=0.3\text{m}$）与消声空中半球面测量的声功率级之差 L_W-L_{Wh}

间的测试作反射校正。在包围机器的 5 个不同半径的同心半球面上，取 24 个点作 1/3 倍频程的 A 计权测量。每次测量计算出此表面的平均平方声压级，并在能量基础上作背景噪声校正。将不同频程中的平均平方声压级相对于半球面的半径作图，横坐标用对数格式。与画出的曲线相切有一条直线，其斜率表示半径每增一倍便差 6dB。在任何距离上，曲线与 6dB 直线间的差，就是由于室内反射导致在这个距离上的误差。应用此法时，在所测试的半径内，任何距离上房间反射的影响都可以确定下来。任何距离处由于房间反射而产生的误差，应该从该点测出的平均平方声压级中减去。对一台电动机而言，在普通实验室中各个半径的半球面上，测得的 1/3 倍频程中平均平方声压级的变化如图 9-10 所示。图 9-11 中的 a 线表示了在没有校正的半混空间作半球面测量 L_{Wh} 与在自由场作球面测量 L_{Ws} 的这台电动机的声功率级之差，而自由场中球面测量是认为能反映实际情况的。图 9-11 中的 b 线是作了对反射校正后的曲线的。可以看出除了频率高于 6 300Hz 外，此差虽然在图 9-10 中用了 5 个不同半径的半球面测量，但是对于多数实际场合只用 3 个或 4 个距离就可以得到精确的数据。如果要测量相似尺寸的许多机器所辐射的声功率，则校正法特别有用，因为它不需要昂贵的标定装置，而且其计算的步骤也很简单。如果将图 9-10 中声压级相对于测量半球面的表面面积作对数，则所得曲线的切线斜率表示面积每增加一倍就减小 3dB，此法也就可以应用于其他形状的测量表面。此法与参照声源代替法具有

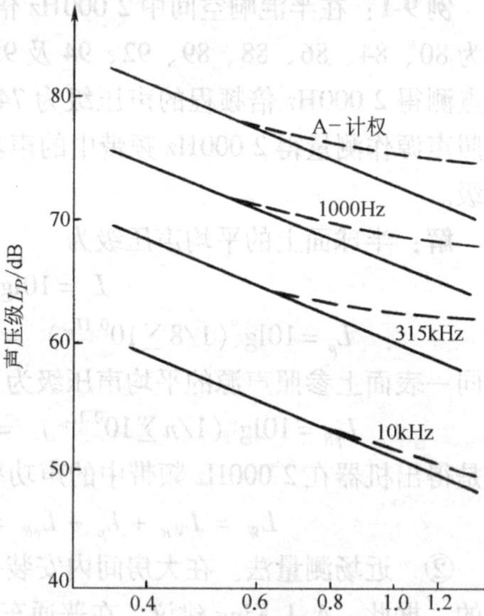

图 9-10 半球表面上平均平方声压级与半径变化的关系

相同的优点，即它们不需要用房间常数可混响时间来表示房间特性。

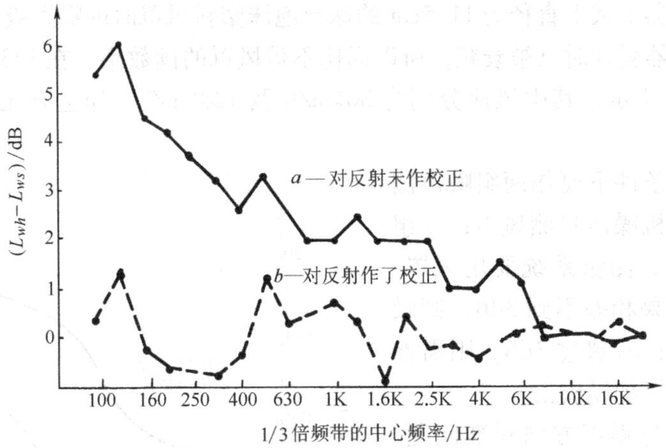

图 9-11 两种测得声功率之差

5）声功率的测量误差。由于机器的噪声场随条件的不同而各点不同，上述的测量中包含了许多误差因素。这些误差来自：测点数是有限的，地面有声波反射，计算中作了远场假设，有风噪声及环境温度等。

① 由于测点数是有限的而引起的误差。在包围着发声体的给定测量表面上，只有当取了极多测点才可能得到接近真实的平均声压级。因为在不同测点上声压级的数值是不同的，但是实践中只能取有限数量的测点，就须估算出其误差而作校正（校正方法可查阅有关文献）。

② 由于远场假设引起的误差。所有计算声功率的公式都是假设在远场中测量的，即假设：

a. 在测点的瞬时声压与质点运动速度同相。

b. 测量表面上每点都垂直于声传播的方向。

c. 通过单位面积的能流的平均量即声强是等于 $p^2/(\rho c)$。

然而除了正在前进的平面波或球面波，声压方向与质点运动速度（即 c）方向一般夹一个相位角，而且声强并不恰好等于 $p^2/(\rho c)$。因此，在远场假设下声功率的计算结果中存在着一个先天的误差。

③ 地面反射引起的误差。当声源装置在硬质地面（例如混凝土）上，则噪声测量是直接噪声和反射噪声之和。一个硬质面将入射波反射出去时，不会改变声波的相位及频谱，所以假想在地面以下与地面上真声源等距离的一个想象的声源发射出声波，如图 9-12 所示。当地面是软的或多孔的（例如砂地、草地等），其地面反射较弱而且反射波方向零乱。Hubner 与 Meurers 作试验得知这类地面由反射声波引起的误差不大于 0.4dB。

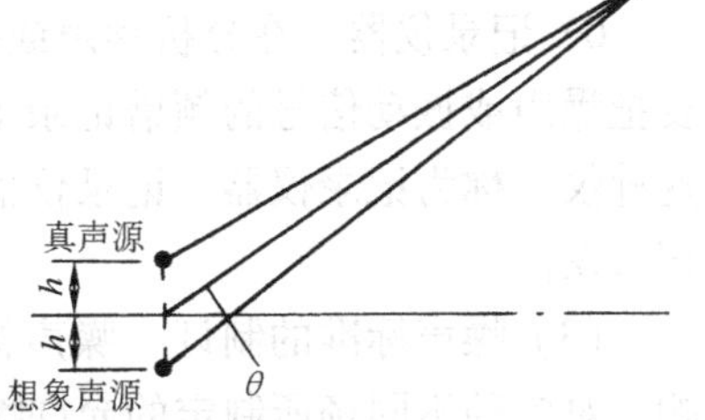

图 9-12 直射波与反射波

④ 风噪声。室外测量时，应考虑风噪声随风速而增大，如图9-13所示。图中还表示了在普通传声器上戴上直径为11.5cm的球形泡沫塑料风罩时的噪声级。当采用风罩时，气流声到达传声器膜片时已被衰减，所以远比不戴风罩的读数小。在1/3倍频程中风噪声的测值如图9-14所示，其中风速分别为30km/h及120km/h，加上有无风罩共有4种状态。

在室外有风条件下要作两组噪声测量：一组是没有机噪声只测风声；一组是风声加机器声，测量系统要用风罩。如果两组测试结果相差不到3dB，则噪声很小，可忽略；若超过3dB，则需参看参考文献［25］加以校正。

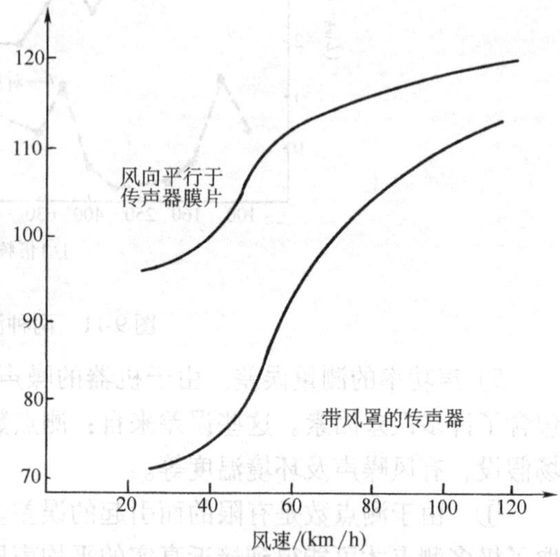

图9-13 风噪声与风速的关系

⑤ 传声器与噪声方向对准问题。传声器对准问题对噪声测量的影响通常是忽略不计的。但是以2.54cm（1in）为直径的电容式传感器在自由声场中的响应，当噪声入射角与传声器膜片的垂线成90°时，在3 000Hz频带有1.7dB的误差，在4 000Hz频带则有2.9dB的误差。所以，如果没有把传声器对准噪声源的中心，则在3 000Hz以上的频率处将对声功率的测量结果带入较大的误差。

⑥ 环境温度及气压。以上所有的关系式都是在标准的室内温度及标准大气压（即在20°C及1.013×10^5Pa的压力）时才是正确的，如在其他温度及其他气压下，则需对测量结果作校正。按照ISO3745，环境温度及压力对声功率测定结果的校正值为

$$\Delta = 10\lg\left(\frac{B}{1\,000}\sqrt{\frac{293}{273+\theta}}\right) \tag{9-19}$$

式中 Δ——加到测量结果上的校正值；

B——气压表读数（Pa）；

θ——温度（°C）。

还可以利用图9-15，先将平均声压级加上图中校正值后再代入计算声功率级的公式。

6）记录仪器。在分析噪声或振动时，为了寻找声源或振源以及分析其特性，常常需要把噪声或振动信号的频谱记录下来，并且在原始信号消失很久后，仍然可以重新观察，这种仪器称为记录仪器。记录仪器的种类很多，常用的有电平记录仪、磁带记录仪和x-y记录仪。

（3）噪声标准的制订 噪声标准是指为满足生产的需要和消除噪声对人体的不利影响，对各种不同场所制定的允许噪声级。制定噪声标准时，要考虑技术上的可行性及经济上的合理性。

由于在实际问题中，噪声的频谱不会刚好与评价曲线一致，通常规定在保证噪声频谱

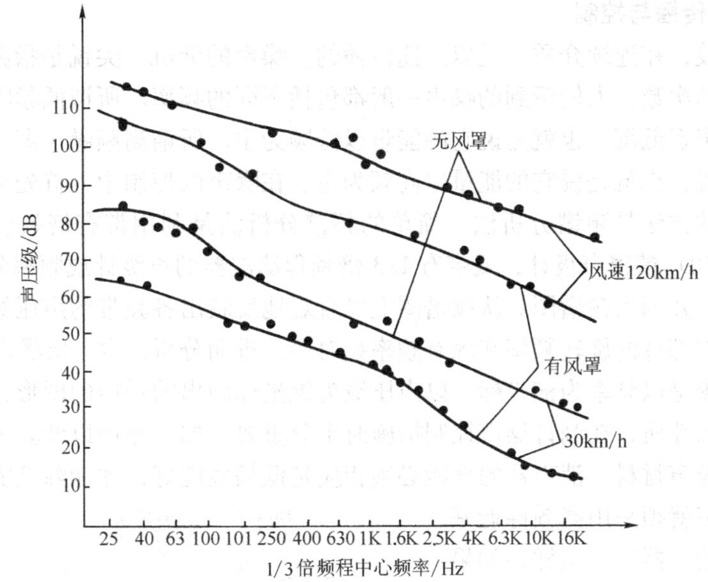

图 9-14 风噪声的频谱

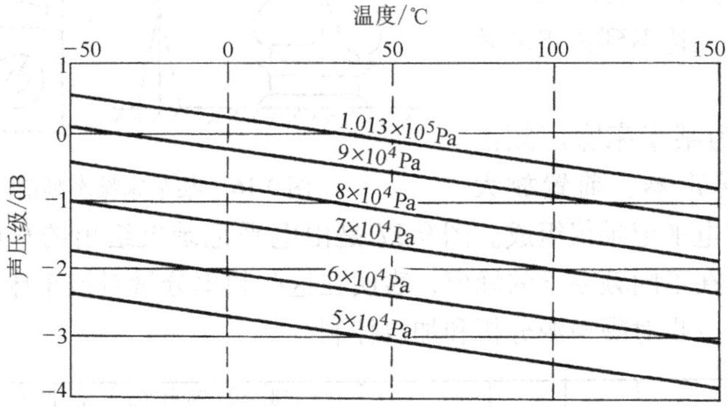

图 9-15 温度及压力的校正值

不超出评价曲线条件下，以最靠近噪声频谱的评价曲线决定该噪声的噪声评价数。

在制冷空调工程中，有消声要求的空调房间一般可分两类，一类是生产或工作过程对噪声有严格要求，如广播电台和电视台的演播室、录音室，这类房间的噪声一般要求控制标准较高；另一类是在生产或工作过程中要求给操作人员创造适宜的工作环境。民用建筑室内噪声允许标准见表 9-2，生产厂房及辅助建筑允许噪声标准见表 9-3。

表 9-2 民用建筑室内噪声允许标准

建筑类别	建筑等级		
	高级	中级	普通
音乐厅、剧院等	30	35	40
医院等卫生建筑	35	40	45
住宅、办公室	40	45	50
大会堂、会议室	45	50	55

表 9-3 生产厂房及辅助建筑允许噪声标准

建筑类别	噪声级/dB	
	不宜大于	不得大于
一般生产厂房	85	90
精加工、轻作业厂房	65	70
控制室、计算机房	55	65
厂房办公室	65	70
实验室、化验室	50	60

9.1.3 噪声的传播与控制

噪声是声波，在连续介质中是以声速传播的。噪声的低沉、尖锐是指频率的高低，即声波每秒振动的次数。人们听到的噪声一般都包括不同的频率。所谓低频噪声即它的频率低、音调低、声音低沉，也就是说它的能量以低频为主。所谓高频噪声即它的频率高、音调高、声音尖锐，也就是说它的能量以高频为主。在噪声的控制中，首先要识别出噪声的类别，最常用的方法是频谱分析法。简单的频谱分析法是利用带有倍频程滤波器的声级计，如国产的 ND_2 精密声级计，或带有1/3倍频程滤波器的声级计或频率分析仪，测出各频程的声压级，并画出频谱图。从频谱图上可直观地反映出各频带的声压级分布状况，并与机械中有关零部件的旋转频率和固有频率相对照，进而分析出主、次噪声类别。

噪声频谱图是以频率为横坐标、以声压级为纵坐标画出的噪声的图形，它清楚地表明该噪声的成分和性质，在制订噪声控制措施时十分重要。如一噪声以低频为主，那么采用的隔声构造、吸声材料、消声器的性能必须相应是低频性能好，才能降低噪声。反之，以高频为主的噪声就须采用高频性能好的吸声材料、消声器等。同样，如果是宽频带的噪声，则应选用宽频带的隔声构造、吸声材料和消声器。否则，既浪费投资，又达不到预想的效果。

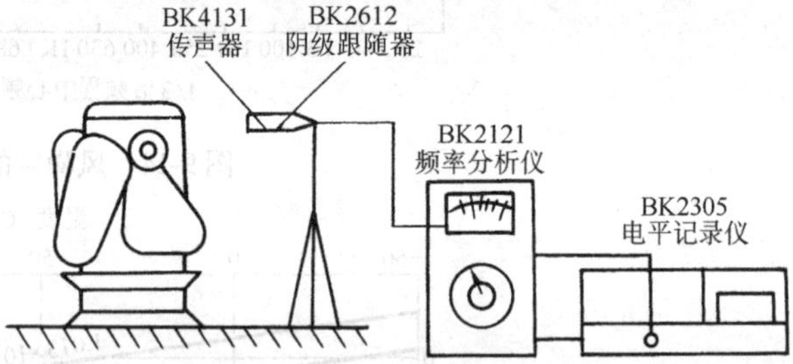

图9-16 某车床噪声频谱测量系统

图9-16所示为某车床噪声频谱测量系统。它由传声器、前置放大器、频谱分析仪和电平记录仪组成。图9-17是由电平记录仪绘出的车床噪声频谱图。从频谱图上可以看出在不同频率下的峰值，表明在这些频率分量对该车床的整机噪声都有较大贡献，这便于进一步对噪声源分析和加以控制。

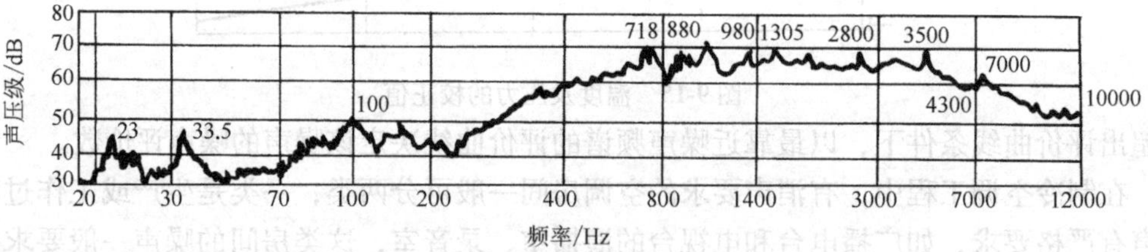

图9-17 车床整机噪声频谱（$n=1500r/min$）

9.2 泵与风机的消声

9.2.1 泵与风机的噪声来源

1. 风机噪声的产生

风机的空气动力噪声主要由两部分组成：旋转噪声和涡流噪声。如果风机出口直接排入大气，还有排气噪声。旋转噪声是由于工作轮上均匀分布的叶片打击周围的气体介质，引起周围气体压力而产生的噪声。旋转噪声与工作轮圆周速度的10次方成比例。涡流噪声又称为旋涡噪声。它主要是由于气流流经叶片时产生紊流附面层及旋涡与旋涡分裂脱体，从而引起叶片上压力的脉动所造成的。涡流噪声与工作轮圆周速度的6次方成比例，因此，风机圆周速度越高，其噪声也就越大。图9-18给出了型号为4—70No. 6. 3型离心式风机在不同转速下的噪声特性。

对于同一系列、同一转速但型号不同的风机，其噪声值随着叶轮直径的增加而增大。

风机排气器械的声功率级与通风机出口排入大气的速度的8次方成正比。通常，若排气速度很低，则排气噪声可以不考虑。

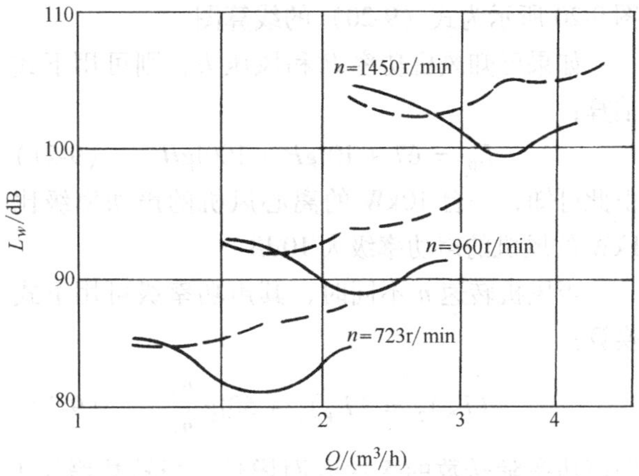

图9-18 4—70No. 6. 3型离心式风机的噪声特性（L_W -Q 曲线）

此外，由于回转体的不平衡及轴承磨损、破坏等原因所产生的机械振动性噪声，因叶片刚性不足、气流作用使叶片振动产生的噪声，以及电动机铁心电磁振动产生的噪声等，都可能通过建筑结构传入室内。

风机噪声按其产生部位和声级大小的不同可以分为5种：出口噪声、进口噪声、电动机噪声、机壳噪声和管道辐射噪声，如图9-19所示。图中，“※”表示声源的部位。

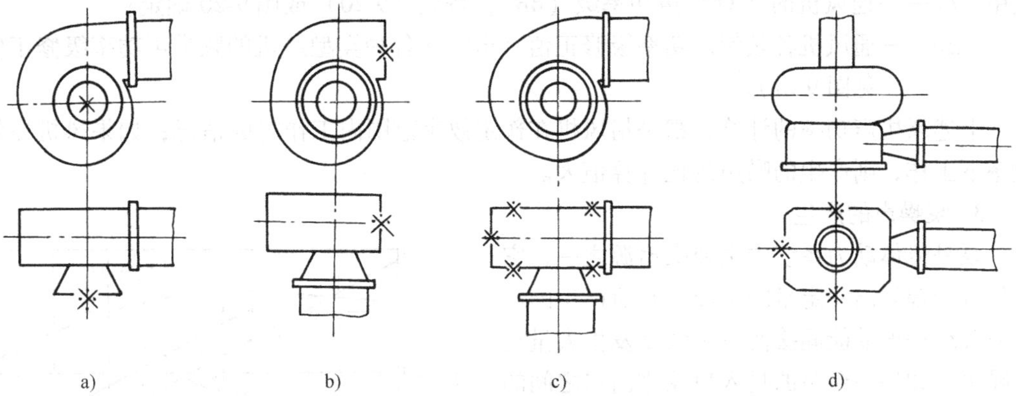

图9-19 风机噪声源部位

a）进口噪声源 b）出口噪声源 c）机壳噪声源 d）管道辐射噪声源

2. 风机声功率的估算

风机制造厂应该提供其产品的声学特性资料，当缺少这项资料时，在工程设计中最好能对选用风机的声功率级和频带声功率级进行实测。不具备这些条件时，也可按下述比较简单的方法来估算其声功率级。某一风机的声功率级可按下式估算（与实测的误差在±4dB内）：

$$L_W = 5 + 10\lg Q + 20\lg H \tag{9-20}$$

式中 Q——通风机的风量（m^3/h）；

H——通风机的风压（全压）（Pa）。

图9-20所示为式（9-20）的线算图。

如果已知风机功率 P 和风压 H，则可用下式估算：

$$L_W = 67 + 10\lg P + 100\lg H \qquad (9\text{-}21)$$

由此可知，一台10kW的离心风机的声功率级比1kW的风机的声功率级大10dB。

当风机转速 n 不同时，其声功率级可用下式换算：

$$(L_W)_2 = (L_W)_1 + 50\lg\frac{n_2}{n_1} \qquad (9\text{-}22)$$

即声功率随转数的5次方而增长。当转数增加1倍时，声功率级约增加了15dB。

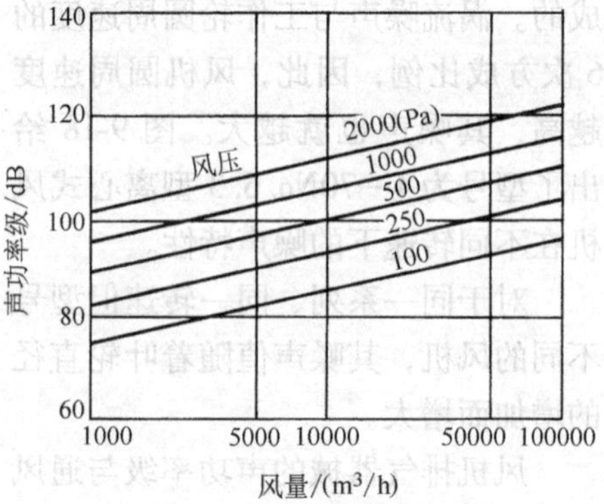

图9-20 风机声功率级线算图

当风机直径不同时，声功率级可按下式换算：

$$(L_W)_{D_2} = (L_W)_{D_1} + 20\lg\frac{D_2}{D_1} \qquad (9\text{-}23)$$

即风机直径增加一倍时，声功率级约增加了6dB。

在求出通风机的声功率级后，可按下式计算通风机各频带声功率级 $(L_W)_{Hz}$：

$$(L_W)_{Hz} = L_W + \Delta b \qquad (9\text{-}24)$$

式中 L_W——通风机的（总）声功率级（dB），按式（9-20）或图9-20确定；

Δb——通风机各频带声功率级修正值（dB）（各种类型风机的频带声功率级修正值见图9-21）。

上述风机声功率的计算，都是指风机在额定效率范围内工作时的情况；如果风机在低效率下工作，则产生的噪声远比计算值大。

3. 泵噪声的产生

泵是流体动力系统中主要噪声源之一，它不但直接辐射出一定量的声能，它所产生的压力波及结构振动能间接使一个装置发生大量空气噪声。如果一台泵的吸入口及排出口之间的流体压力变化很大或变化很快，就可能产生压力波。理想的“静”泵在入口及出口之间的过渡区域中压力是逐渐升高的，大部分噪声是由于在出口处流体以不同压力混合起来而产生的。当泵的压力腔中的压力低于出口处管道压力时，噪声最大。这时管道内的高压流体有一个冲回压力腔的趋势，从而对压力腔内的流体加压，直至压力腔内的压力达到管内的压力为止。返回的液流随之发生迅速的压力变化而产生噪声。在泵的出口处流体受压或减压，就会产生一个压力脉动。压力脉动是一个小的

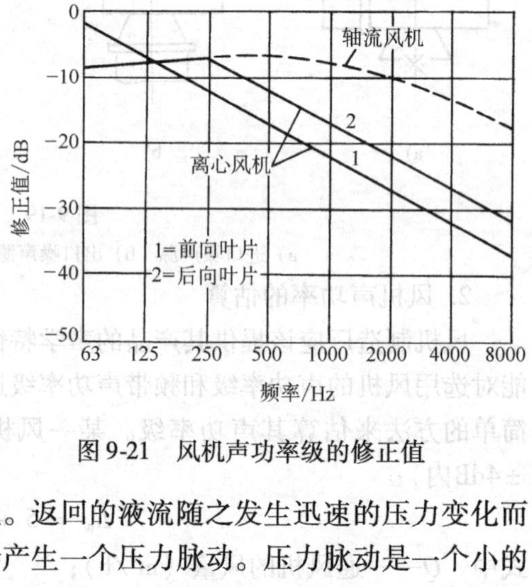

图9-21 风机声功率级的修正值

振动波，这种振动波从泵的出口向整个液压系统传播，并且很快衰减下去。实验证明，这种波动引起的噪声是不大的。凡是制造质量较高的泵，由于泵本身产生脉动而导致的声功率约在0.7dB以下。然而，这个脉动频率如果与某些机械部件发生共振，则可能引起不小的噪声。

9.2.2 泵与风机的消声途径

1. 降低风机噪声的措施

风机的噪声是以空气动力噪声为主的，叶轮圆周速度越大时，空气动力噪声所占的比例也越大。线速度是决定噪声的主要因素，因此选择风机时应特别注意降低空气动力噪声。

在不减小风量和风压的前提下，采取下列措施可以降低风机的噪声：

1）在风机叶片尾端处使气流的压力、流向和流速有较大的变化。

2）合理选择风机类型，尽可能选用低速后弯叶型的离心式风机，并使工作点接近风机最高效率点运行。

3）电动机与风机的传动方式最好是直联，其次是用联轴器联接。必须间接传动时，应采用无缝的V带。

4）风道内的空气流速不宜过大，以减少由于气流波动产生的噪声。一般说来，主风道内空气流速不得超过8m/s；对消声要求严格的系统，主风道内流速不宜超过5m/s。

5）风机的进、出口应避免急转弯，如图9-22所示，并采用软性接头。通风机、电动机都应安装在隔振基础上。

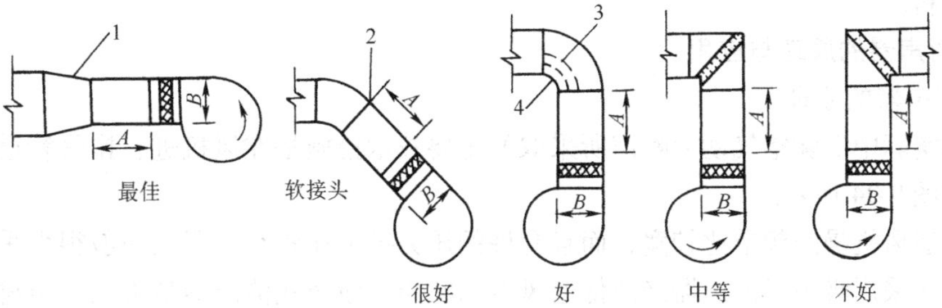

图9-22 风机排出口位置

1—优先采用1:7斜度，在低于10m/s时，容许1:4斜度 2—最小的A尺寸为1.5B（B为出风口的大边尺寸） 3—导风叶片应该扩展到整个弯头半径范围 4—最小半径为15cm

6）将声源控制在用隔声材料做成的围护结构中，防止设备运行产生的噪声传出，如设风机小室等。

7）适当缩短机房与使用房间的距离，选用风机时，压头不要留太多的余量。系统很大时设置回风机，由送回风机分担。

8）当通风系统一定时，系统阻力常数也一定，若降低风机风量，阻力也降低，从而也降低风机线速度，使噪声随之降低。具体设计时可采取：把大风量系统分成几个小系统；在计算风量满足房间使用要求的允许范围内，适当增大送风温差；用变速带或变速电动机减低转速等措施。

9）系统管路设计尽可能使气流均匀流动，避免急剧转弯产生涡流引起再生噪声，尤其是主管道与进入使用房间支管联接处，如图9-23所示。

10）风道上的调节阀会增加噪声和阻力，宜尽量少设。

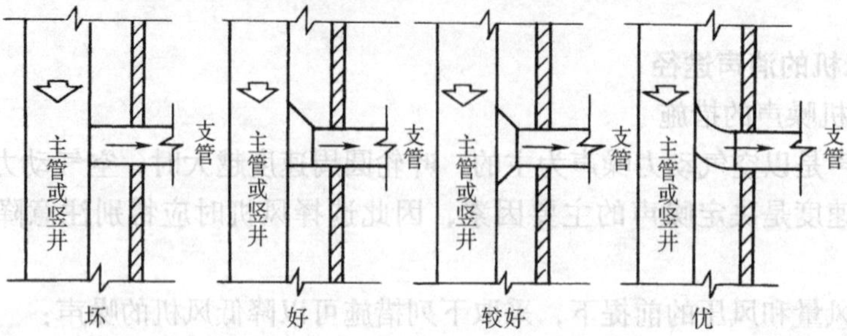

图9-23 气流从主管或竖井进入支管的连接处

降低噪声的途径一般应该注意到声源、传声途径和接收者3方面的问题，其中以通过声源处理来降低噪声最为有效，所以减噪的根本途径是从声源上治理。然而，在许多情况下，由于技术上或经济上的原因，直接从声源上治理噪声往往很困难，这就需要采取吸声材料、消声器等噪声控制技术。

2. 降低泵噪声的措施

对泵的降噪应根据噪声种类的不同、泵类型的不同采取相应的措施，主要从减小流体的流动阻力、流体的压力脉动出发改善泵的结构，使其更趋合理；其次要采用有效的隔振消声的材料。

9.2.3 消声器的原理与应用

1. 消声器的原理

工程实际中消除空气动力噪声所采取的主要技术措施是在风机进、排气管道上安装消声器，如图9-24所示。

由于通风机噪声频带比较宽，而且允许的压力损失比较小，所以一般很少采用膨胀式消声器，多采用吸声式消声器来减低通风机的噪声。吸声式消声器是采用吸声材料根据消声原理而制作的。根据其原理的不同可分为以下几类。

（1）阻性消声器 它主要是用吸声材料的吸声作用来达到消声的目的。吸声材料大多是扩散的多孔型。当声能入射到吸声材料上时，一部分声能被反射，一部分声能透过吸声材料继续传播，其余部分进入吸声材料中的小孔，由于摩擦力和粘滞力的作用，这部分声能转化为热能被吸收。材料吸声示意图如图9-25所示。

对吸声材料的要求如下：

1）吸声系数高，对低频也要有一定良好的吸声性能。

2）防火、防潮、防腐、防蛀，并且受温、湿度影响变形小，不易飞散。

3）材料均匀性好，空气流通阻力小。

4）质量轻、施工方便、使用寿命长、价格便宜。

常用的吸声材料有超细玻璃棉、开孔型聚氨脂泡沫塑料和微孔吸声砖等。

一些常用的吸声材料的吸声系数见表9-4，热工性能见表9-5。

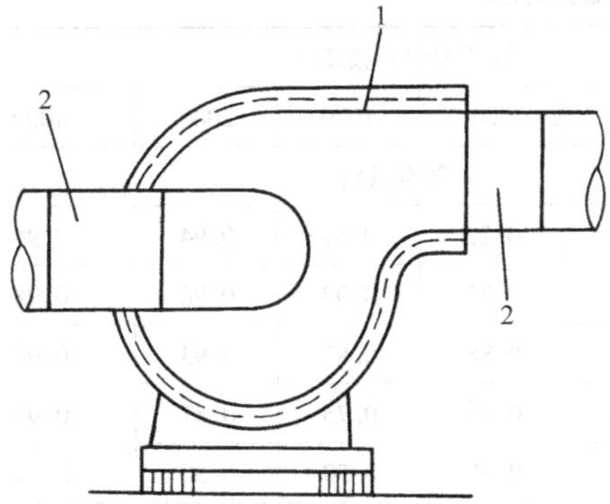

图 9-24 通风机消声器安装位置
1—隔声层 2—消声器

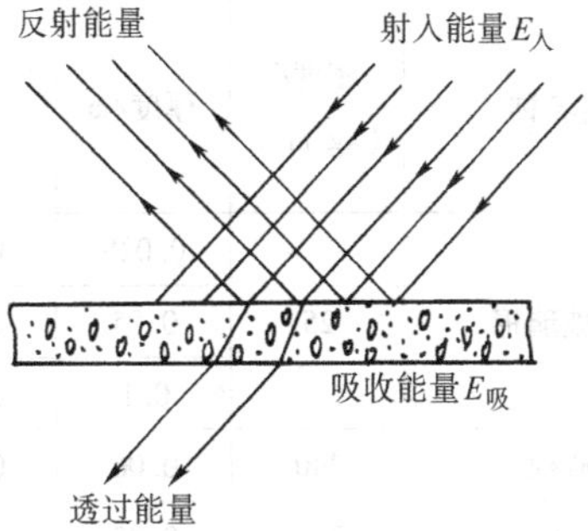

图 9-25 材料吸声示意图

阻性消声器对中、高频噪声消声效果显著，但对低频噪声消声效果较差。可以通过改变吸声材料的厚度、容量和结构形式等提高消声效果。

常见的几种吸声式消声器有：

1）管式消声器。这是一种最简单的消声器，如图 9-26 所示。按其断面形状的不同，分为矩形和圆形两种。因为这种消声器仅在管壁内周贴上一层吸声材料，故又称“管衬”。管式消声器的结构简单，制作方便、阻力小；但只适用于气流速度小于 5m/s、横断面尺寸大于 0.6m×0.3m 的较小风道；且对中、高频噪声有一定吸声效果，对低频噪声的吸声效果较差。图 9-27 给出了边长为 0.2m×0.28m 的几种不同材料的管式消声器的消声量。

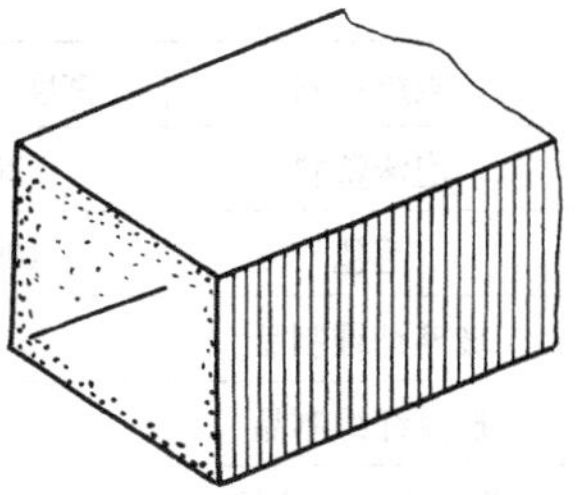

图 9-26 管式消声器

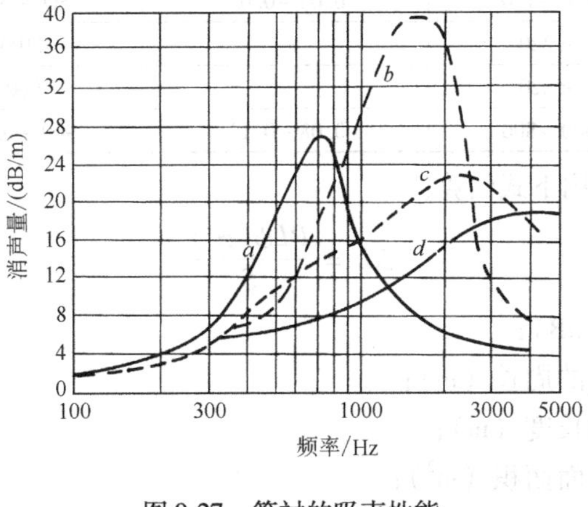

图 9-27 管衬的吸声性能
a—表面穿孔的软质纤维板，30mm 厚
b—玻璃棉板密度 160kg/m³，25mm 厚
c—矿渣棉板密度 280kg/m³，25mm 厚
d—特种吸声板材密度 320kg/m³，25mm 厚

表 9-4 吸声材料的吸声系数

材料名称	密度/(kg/m³)	厚度/m	倍频带中心频率/Hz					
			125	250	500	1000	2000	4000
			吸声系数					
超细玻璃棉	25	0.025	0.02	0.07	0.22	0.59	0.94	0.94
		0.05	0.05	0.24	0.72	0.97	0.90	0.98
		0.1	0.11	0.85	0.88	0.83	0.93	0.97
矿渣棉	240	0.06	0.25	0.55	0.78	0.75	0.87	0.91
毛毡	370	0.05	0.11	0.30	0.50	0.50	0.50	0.52
聚氨酯	30	0.03	—	0.08	0.13	0.25	0.56	0.77
泡沫塑料	45	0.04	0.10	0.19	0.36	0.70	0.75	0.80
加气微孔砖	450	0.04	0.09	0.29	0.64	0.72	0.72	0.86
	620	0.055	0.20	0.40	0.60	0.52	0.52	0.62
膨胀珍珠岩	360	0.01	0.36	0.39	0.44	0.50	0.55	0.55

表 9-5 一些常用吸声材料的热工性能

吸声材料	密度/(kg/m³)	导热系数/(W/m²·K)	最高使用温度/°C	最低温度/°C
泡沫塑料	20~50	0.03~0.04	80	-35
毛毡	100~400	0.045	100	-35
玻璃纤维制品	<130	0.03~0.04	250~350	-35
矿渣纤维制品	<130	0.04~0.05	250~350	-35
普通超细玻璃棉	10~20	0.03	450~550	-100
高硅氧玻璃棉	40~80	0.03	1000~1200	-100
矿渣棉	120~150	0.04~0.05	500~600	-100
铁丝棉	<220	—	1100	—
铜丝棉	<220	—	900	—
微孔吸声砖	300~800	0.08~0.12	900~1000	—

消声器的消声量可用下式估算：

$$\Delta L = \frac{PL\phi(\alpha_s)}{S} \tag{9-25}$$

式中 ΔL——消声量（dB）；

P——吸声材料的周长（m）；

L——消声器的长度（m）；

S——吸声器断面面积（m^2）；

α_s——吸声材料的吸声系数，α_s 与 ϕ（α_s）的关系见表 9-6。

表 9-6 吸声系数 α_s 与 ϕ（α_s）的关系

α_s	0.1	0.2	0.3	0.4	0.5	0.6~1.0
ϕ（α_s）	0.1	0.25	0.4	0.55	0.75	1~1.5

例 9-2：设计一个管式消声器，消声量为 20dB，通道直径为 0.3m，吸声系数为 0.5，问消声器需要多长？

解：查表 9-7 可知 $\phi(\alpha_s)=0.75$，由式（9-25）可得：

$$L=\frac{\Delta LS}{[P\phi(\alpha_s)]}=\frac{\Delta L\pi D^2}{4[\pi D\times\phi(\alpha_s)]}=\frac{20\times0.3}{4\times0.75}\text{m}=2.0\text{m}$$

即消声器长度应选为 2m。

2）片式和格式消声器。管式消声器对低频噪声的消声效果不好，且由于管式消声器断面较大，很容易使波长很短的高频声波发生窄声速传播而不与吸声材料接触或接触很少，以致消声量降低。为此，人们根据管式消声器随其横断面面积增加而使消声量减小的特性，将较大断面的消声器划分成几个格子，便构成了片式和格式消声器，如图 9-28 所示。

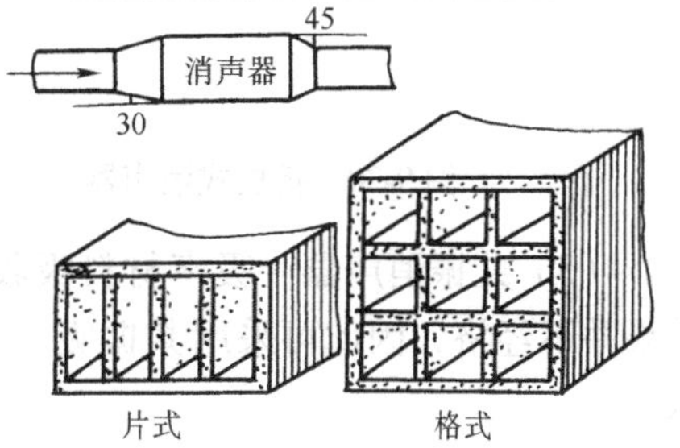

图 9-28 片式和格式消声器

片式消声器的应用比较广泛，对中、高频噪声的吸声性能较好，阻力也不大。片式消声器片间距一般取 0.1～0.2m，片材厚度根据噪声源的频率特性，取 0.1m 左右。图 9-29 是片式消声器的消声性能。其中隔片厚 0.1m，内部填充 64kg/m³ 矿渣棉。图中，S 为片距，可以看出，随着片距的增大，消声效果相应地下降。

片式消声器中的气流速度不宜过高，以防气流产生喘流噪声而使消声无效，且增加了气流阻力。为了保证有效的断面面积，这种消声器体积较大，如图 9-28 所示。格式消声器的单位通道截面控制在 0.2m×0.2m 左右。

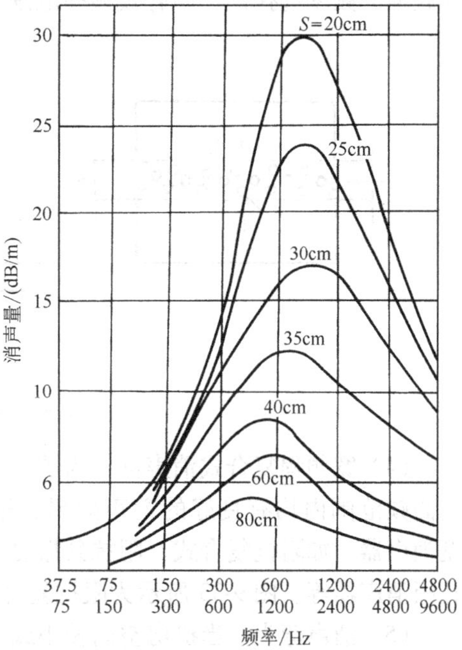

图 9-29 片式消声器的消声性能

3）折板式消声器和声流式消声器。折板式消声器如图 9-30 所示。声波在消声器内往复多闪反射，增加了与吸声材料的接触机会，从而提高了消声效果。折板式消声器一般以两端“不透光”为原则，为了减少阻力，折角不应大于 20°。

声流式消声器是由片式、折板式等消声器发展而来的。它使吸声材料的厚度按照近似正弦波的形状排列，如图 9-31 所示。这样，既可因增加反射次数而提高了吸声能力，又可使气流较为通畅地流过，减小了气流阻力。

(2) 抗性消声器　它是由管子和小室相连，利用管道截面积的变化，使沿管道传播的声波反射回声源方向而起到消声作用。这种消声器对中、低频率噪声有良好的消声效果，并且构造简单、不受高温和腐蚀性气体的影响，但缺点是消声频程窄、空气阻力大、占地空间多，一般在小尺寸的管道上使用。

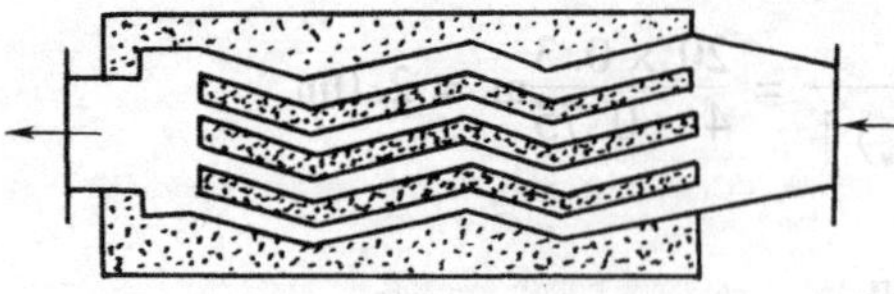

图 9-30 折板式消声器

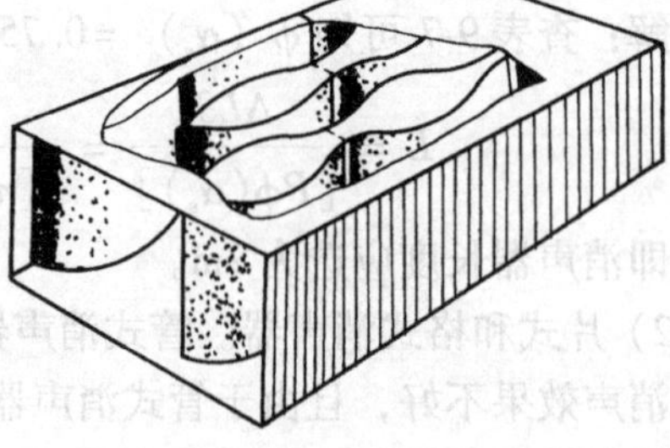

图 9-31 声流式消声器

（3）共振消声器 吸声材料吸收低频噪声的能力很低，靠增加吸声材料厚度来提高效果并不经济，因此可采用共振吸声原理的消声器。共振消声器的结构原理如图 9-32 所示。

从图 9-32a 可以看出，共振消声器是通过管道上开孔并与共振腔相联接。穿孔板小孔孔颈处的空气柱和空气构成了一个共振吸声结构，其固有频率由孔颈直径 d、孔颈厚 t 和腔深 D 决定。当外界噪声的频率和此共振吸声结构的固有频率相同时，引起小孔孔颈处空气柱强烈共振，空气柱与颈壁剧烈摩擦，从而消耗了声能，达到消声效果。此种消声器具有较强的频率选择性，即有效频率范围很窄，一般用以消除低频噪声。

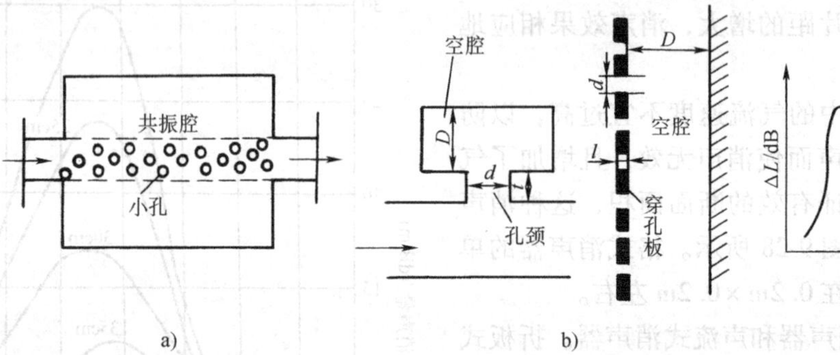

图 9-32 共振消声器的结构原理

（4）宽频程复合式消声器 为了集中阻性和共振型或抗性消声器的优点，以便在低频到高频范围内均有良好的消声效果，采用了复合型消声器。如阻抗复合式、阻抗共振复合式及微穿孔板消声器等。图 9-33 所示为阻抗复合式消声器。

（5）消声弯头 当机房空间较小或为了提高消声效果进行风管系统改造时，可以在风管弯头上进行消声处理而达到消声目的。

消声弯头有两种作法。一种是在弯头内表面贴上吸声材料，弯头内缘做成圆弧状，如图 9-34a 所示。一般要求外缘侧粘贴吸声材料的长度不应小于

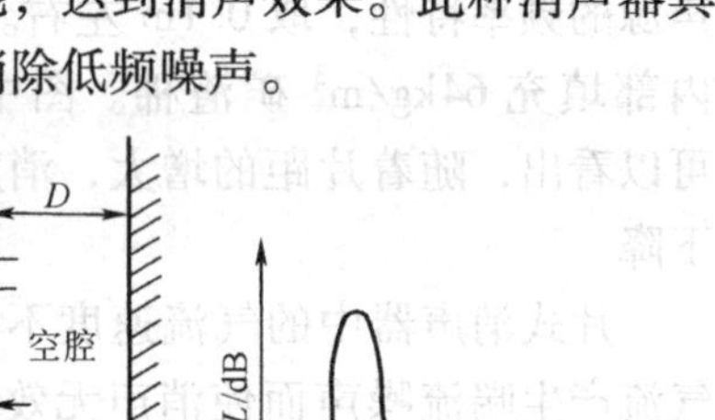

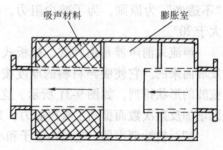

图 9-33 阻抗复合式消声器

弯头宽度 W 的4倍。图9-34b所示为内贴25mm厚玻璃纤维的消声弯头的消声性能。这种消声弯头称为普通消声弯头。

另一种作法是将弯头外缘作成穿孔板，在弯头外表面贴上吸声材料，在吸声材料侧敷设空气小腔，如图9-35a所示。这是一种改良的消声弯头，也称共振型消声弯头。图9-35b所示为这种消声弯头的消声性能。

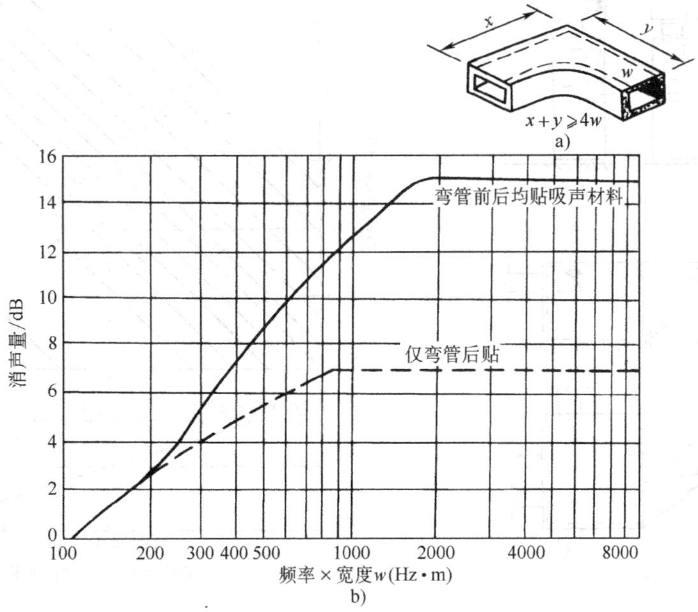

图9-34 普通消声弯头

a）普通消声弯头外形 b）普通消声弯头的性能

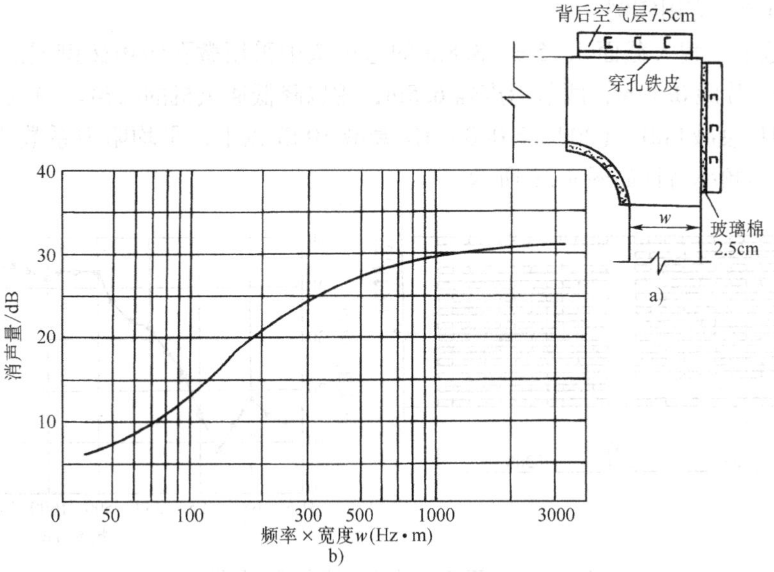

图9-35 共振型消声弯头

a）共振型消声弯头外形 b）共振型消声弯头的性能

（6）消声静压箱　在风机的出口处或在空气分布器前设置静压箱，并贴以吸声材料，既可起稳定气流的作用，又可起到消声器的作用，如图9-36所示。消声静压箱的消声量与材料的吸声能力、箱内面积、出风口风道面积等因素有关，可按图9-37所提供的线算图进行计算。

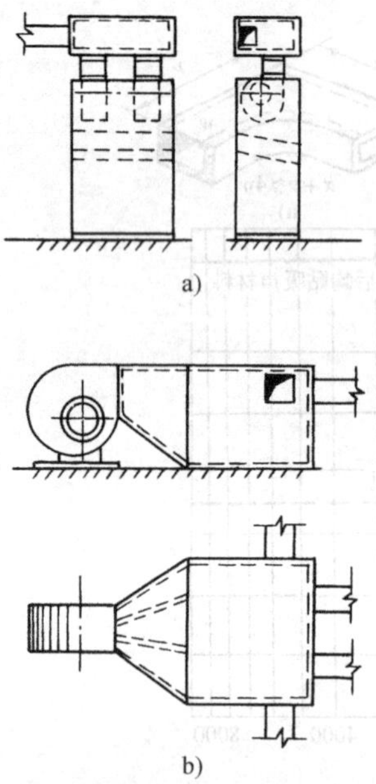

图9-36　消声静压箱（兼起分风静压箱作用）
a）立式　b）卧式

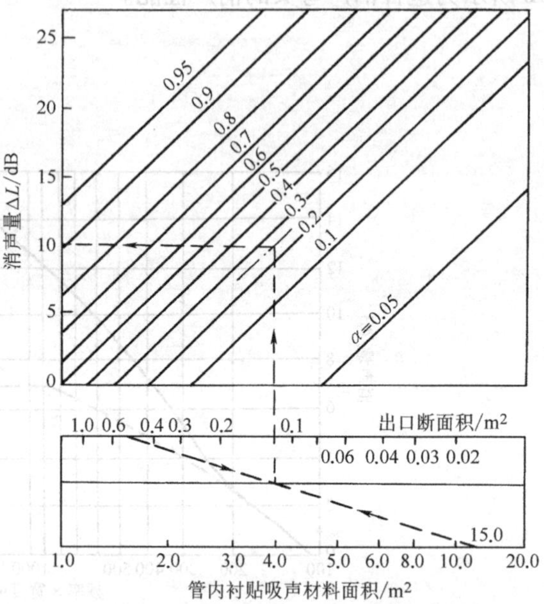

图9-37　消声静压箱的消声量线算图

2. 消声器的应用实例

1）某地下工程大截面3.15m×3.8m的通风道中采用微孔吸声砖砌成的片式消声器。片厚0.12m，片距0.15m，两节消声器6.5m，用以降低通风机的噪声。当风速为3.68m/s时，在100Hz衰减8dB，（200～5 000）Hz衰减30dB以上，平均阻力系数2.48。消声器的简图和消声频率特性如图9-38所示。

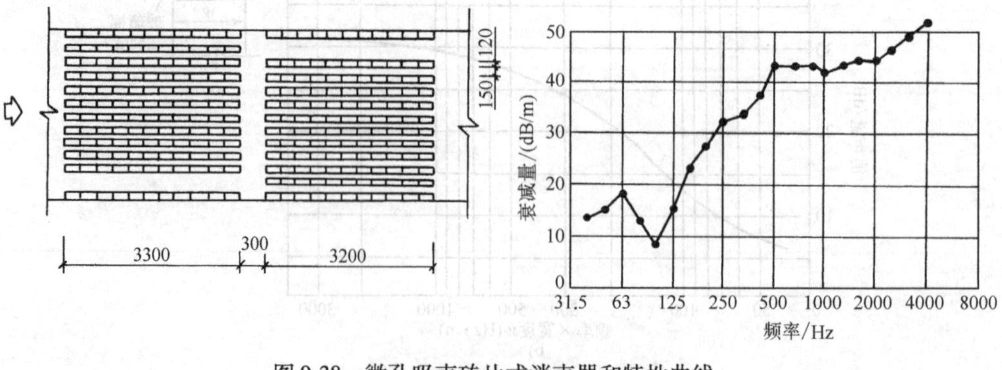

图9-38　微孔吸声砖片式消声器和特性曲线

2）超细玻璃棉双折式阻性消声器。它是由0.001m（即1mm）厚铁皮制作的单元组合而成，每立方米内填15～20kg的防潮超细玻璃棉，并用塑实窗纱和玻璃布作护面。高频消声效果很好，但低频消声量尚不理想。如在玻璃布外面，再覆一层穿孔铁皮，由不同的穿孔率和孔径组合双折式阻共复合式消声器，可以提高低频的消声效果。但穿孔铁皮遮盖了部分超细棉面积，高频消声效果略有下降。这种消声器的结构简图如图 9-39 所示。

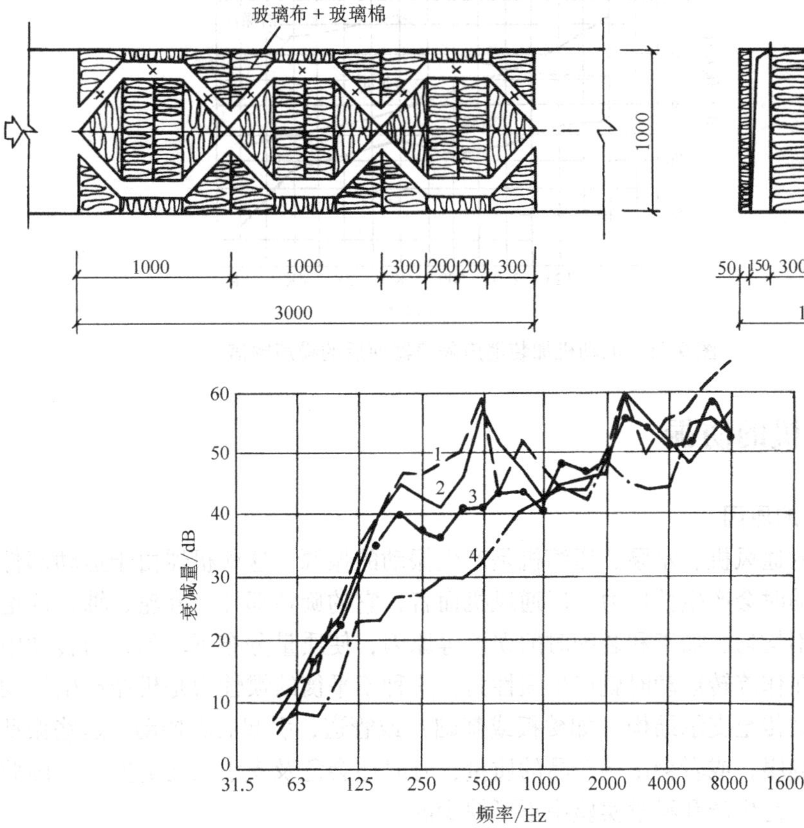

图 9-39 防潮玻璃棉双折式阻性消声器

3）沈阳噪声控制设备厂为中型电动机制作的消声隔声装置，定名为 DG 型减声器，如图 9-40 所示。因为中型电动机是半封闭式，电动机轴两端都有风扇端盖进风口吸入冷空气，以流过定子和转子的铁心和线圈，然后从中部的机座两侧排出，所以 DG 型减声器实际上有 3 个隔声腔。冷空气自两端的上部消声器吸入，在这里声波的传播方向是与气流方向相反的。冷空气经电动机两端隔声腔被风扇吸入电动机。排热风的隔声腔安排在中部，将电动机机座两侧排出的热空气汇合起来，经中间顶部消声器排出。这类消声器与封闭罩结合的装置，降噪效果可达 20dB 以上，如图 9-41 所示。同时，由于分为 3 个隔声腔，便于在现场安装。

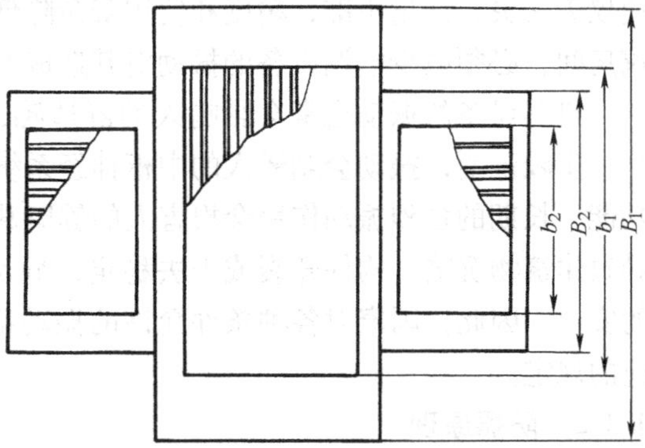

图 9-40 泵站电动机安装的消声隔声装置

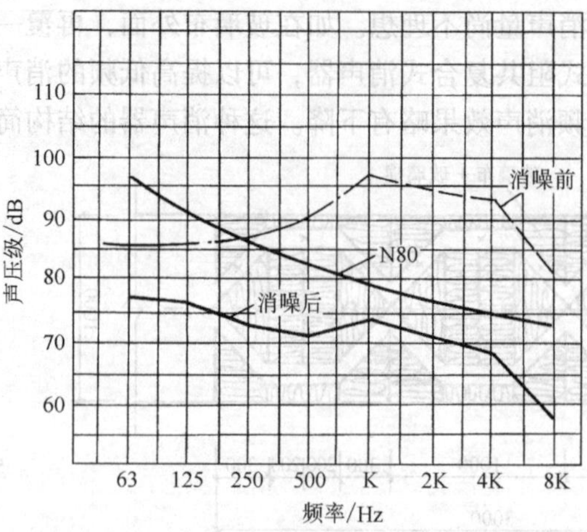

图 9-41 电动机加装消声隔声器前后的噪声频谱

9.3 泵与风机的防振

9.3.1 振动产生的原因

空调系统中的通风机、水泵、压缩机是产生振动的振源。这些机器由于运动部件的质量不平衡，在运动时会产生惯性力。以通风机而言，它的旋转部件（叶轮、轴、带轮）由于制造中的材质不均匀、加工和装配时的误差等原因，使质量分布不均匀，与转动中心之间存在着偏心，在作旋转运动时就产生惯性力，这种不平衡的惯性力是机器产生振动的原因。机器的振动又传至支承结构（如楼板或基础）或管道，引起后者振动。这些振动有时会影响人的身体健康，或者会影响产品的质量，有时还会危及支承结构的安全。因此，对振源采取减振措施是生产和科学实验中不可缺少的。

振源强烈的振动会使精密设备加工的产品质量达不到要求，成品率下降或大量报废，使仪表失灵，计量不准，精度和使用寿命降低等。因此，对于精密加工、计量、仪表类空调房间，必须减少空调设备的振动对其造成的影响。

机器设备的振动也常会影响人的舒适感，降低工作效率，有时会影响人的健康和安全。实践证明，振动会刺激人的中枢神经系统，使人烦躁不安，破坏人视觉和听觉器官的功能，长期的强烈振动作用会损害人的健康甚至使之失去劳动能力。强烈的振动还可能会导致建筑物沉陷，构件开裂或失去稳定，危及建筑物的安全。因此，国家对各种条件允许的振动都做了相应的规定。

9.3.2 防振原理

削弱由机械振动而造成的固体噪声的途径有两种，即隔振与减振。隔振与减振是两个不同的概念。隔振是采用隔振材料或隔振构件，以隔绝机器与基础之间的传播。如图 9-42 所示，在机组底部设置隔振材料或隔振器以降低机器振动的固体噪声向基础传递。

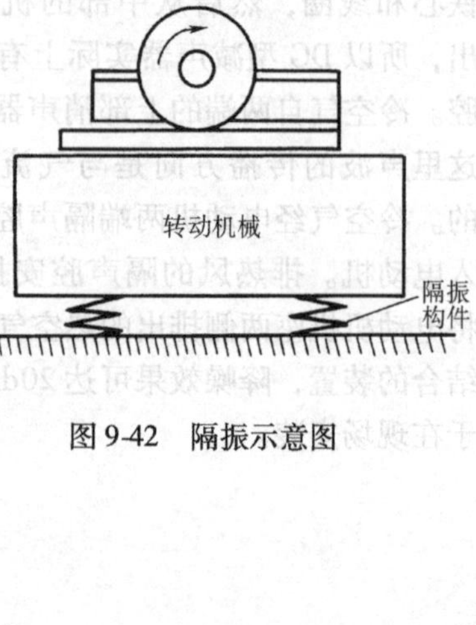

图 9-42 隔振示意图

减振又称为振动阻尼。它是采用高阻尼材料（如沥青、橡胶、阻尼浆等）涂敷在噪声辐射体表面，以减少振动表面产生的噪声辐射。此外，国内外近些年来研制成了一种新型的减振材料——减振合金。减振合金可做成片、环、塞等形状，粘贴在机器中发生振动和撞击激烈的机件表面，以降低机械振动的辐射噪声。

隔振可单独使用，也可与减振同时使用。泵与风机的噪声除了通过空气传播到室内外，还能通过建筑物的结构和基础进行传播。例如转动的风机和压缩机所产生的振动可直接传给基础，并以弹性波的形式从机器基础沿房屋结构传到其他房间去，又以噪声的形式出现，称为固体噪声。这种过程如图 9-43 所示。

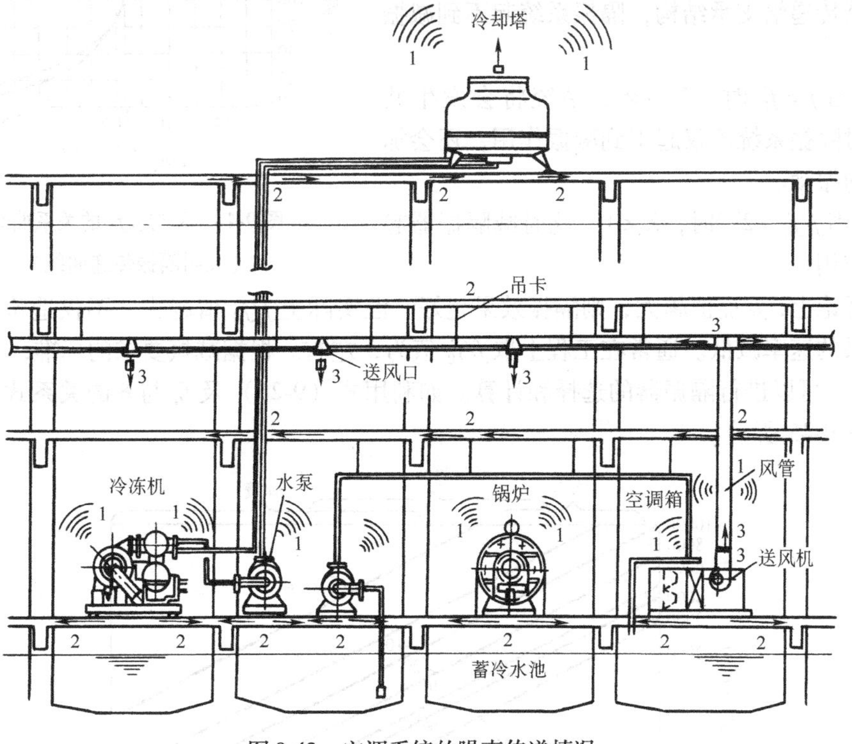

图 9-43 空调系统的噪声传递情况

削弱由机器传给基础的振动，是用消除它们之间的刚性联接来达到的。即在振源与它的基础之间安设避振构件（如弹簧减振器或橡胶、软木等），可使从振源传到基础的振动得到一定程度的减弱。

在振源和它的基础间安装弹性减振构件，可以减轻振动动力通过基础传出，这种方式称为积极隔振。如果在仪器仪表和其基础之间安装减振元件，以减轻外界振动对其影响，此种方式称为消极隔振。

评价隔振效果的物理量中，最常用的是隔振系数（又叫振动传递率）K，它表示通过减振系统传递给支承结构的传递力 F 与振源振动总干扰力 F_0 之比，即 $K=F/F_0$。如果忽略阻尼，则隔振系数为

$$K=\frac{1}{\left(\frac{f}{f_0}\right)^2-1} \tag{9-26}$$

式中 f_0——弹性减振体系（振源与减振器的组合体）的固有频率（Hz），$f_0=50/\delta^{1/2}$；

f——振源干扰力的频率（Hz），其值等于 $n/60$；

n——振源的转速（r/min）；

δ——振源不振动时，弹性构件的静态压缩量（m）。

上式也可用图 9-44 表示。从式和图均可看出：

1）当 $f<f_0$ 时，$K>1$，这时干扰力全部通过隔振器传递给支承结构，隔振系统起不到减振作用。

2）当 $f=f_0$ 时，$K\to\infty$，系统将会发生共振，这时隔振系统不仅起不到减振作用，还会加剧系统的振动。

3）当 $f/f_0>2^{0.5}$ 时，$K<1$，此时减隔振器起到减振作用。

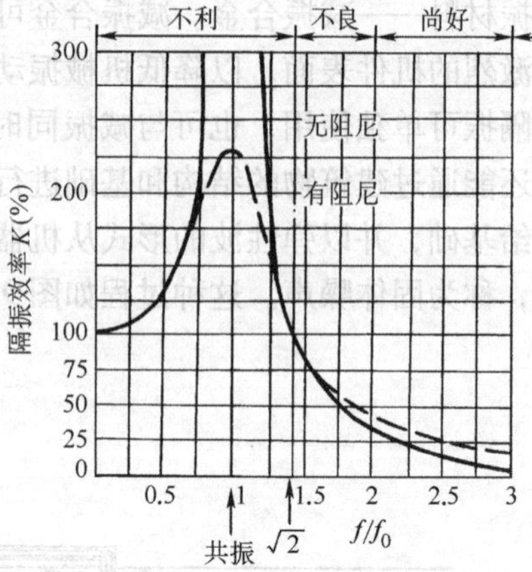

图 9-44 K 与 f/f_0 的关系曲线（又叫隔振传递曲线）

在理论上，f/f_0 值越大，则隔振效果越好。但实际上 f/f_0 值越大，不仅造价高，而且隔振效果的速率减低。通常在工程上取 f/f_0 值为 3 左右。根据减振要求的标准，利用 f_0 与 δ 的关系，可以进行隔振器的选择和计算。如利用式（9-26）及 f_0 与 δ 的关系式可制成线算图如图 9-45 所示。

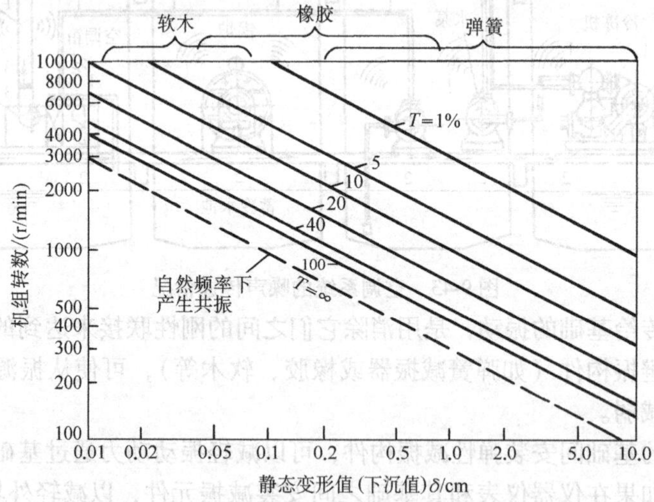

图 9-45 减振基础计算曲线（δ 值的线算图）

9.3.3 常用的隔振材料及弹性材料隔振器设计

1. 常用的隔振材料

隔振器的材料一定要选用具有弹性的材料，常用的是塑料、橡胶、软木、酚醛树脂玻璃纤维和金属弹簧等。当转速 $n>1500$r/min 时，常采用橡胶、软木衬垫；当 $n<1500$r/min 时，减振要求高者宜用弹簧避振器。图 9-46 提供了不同类型隔振器的结构示意图。

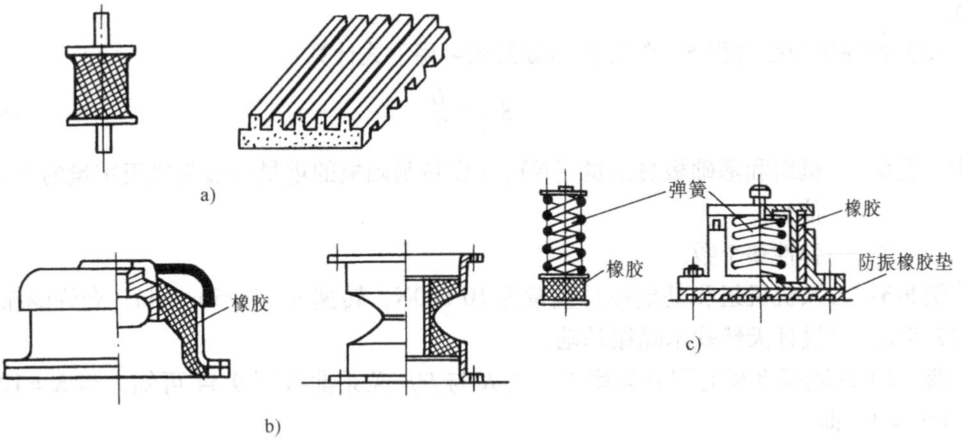

图 9-46 几种不同类型的隔振器结构示意图

a) 压缩型 b) 剪切型 c) 复合型

我国生产有橡胶剪切型减振器，有关产品目录和设计手册提供了必要的技术参数。当已知机组的重量和静态压缩量后便可选定减振器。这种减振器是采用丁腈橡胶材料，在一定的温度下硫化，并粘结在金属附件上压制而成的定型产品，其减振效果良好，使用方便，但经过一定年限后材料趋向老化，所以安设减振器时应考虑到日后更换的可能性。

2. 弹性材料隔振器的设计

弹性材料隔振器是以弹性材料为隔振构件，具有自振频率低、阻尼大、造价低、安装方便等优点，多用作转速 $n>1500\text{r/min}$ 的机器隔振。

（1）弹性垫的高度 h　弹性垫的高度可用下式计算：

$$h=\delta\frac{E}{\sigma} \tag{9-27}$$

式中　E——弹性材料的动态弹性模量（MPa）；

σ——弹性材料的允许荷载（MPa）。

弹性材料的 E 值和 σ 值见表 9-7。

表 9-7　弹性材料的 E 值和 σ 值

材料名称	允许荷载 σ/MPa	动态弹性系数 E/MPa	E/σ
硬橡胶	7.85×10^{-2}	4.904	63
中等硬度橡胶	0.294 ~ 0.392	19.614 ~ 24.518	75
天然软木	0.147 ~ 0.196	2.942 ~ 3.923	20
软木屑板	5.88×10^{-2} ~ 9.81×10^{-2}	5.884	60 ~ 100
海绵橡胶	2.94×10^{-2}	2.942	100
压制的硬毛毡	0.137	8.826	64
孔板状橡胶	7.85×10^{-2} ~ 9.81×10^{-2}	3.923 ~ 4.903	50

（2）弹性材料的静态变形值 δ　振源不振动时，弹性材料被压缩的高度称为静态变形值，以 δ 表示，单位为 m（工程中用 cm）。根据前面的公式可以求出其值并可查线算图

9-45。

（3）弹性垫的截面积 S　弹性垫的截面积可用下式计算：

$$S=\frac{\sum G}{\sigma Z} \tag{9-28}$$

式中　$\sum G$——机组和基础板总重量（N），（设备基础板的重量一般为机组重量的2～5倍）；

Z——弹性垫个数。

例9-3：某风机机组和基础板总重量为10 600N，转速 $n=1\ 450\text{r/min}$，允许隔振系数 $K=12.5\%$，试设计天然软木隔振基础。

解：1）求隔振系统的固有频率 f_0：由 K 与 f/f_0 关系曲线图9-44可知，当 $K=12.5\%$ 时，$f/f_0=3$，即

$$f_0=\frac{f}{3}=\frac{1\ 450/60}{3}\text{Hz}=8.1\text{Hz}$$

2）求弹性材料的静态变形值 δ：查 δ 线算图9-45，当 $n=1\ 450\text{r/min}$，$K=12.5\%$ 时，弹性材料软木的静态变形值 $\delta=0.5\text{cm}$。

3）求弹性垫高度 h：查弹性材料的 σ 和 E 值表9-8知天然软木的 $E/\sigma=20$，代入式（9-27）得

$$h=\delta\frac{E}{\sigma}=0.5\times 20\text{cm}=10\text{cm}$$

4）求弹性垫截面面积 S：若风机基础下面选用4个软木垫，查表9-8天然软木的允许载荷 $\sigma=17.5\times10^4\text{N/m}^2$（平均值）。由式（9-28）得每个软木垫的横截面积：

$$S=\frac{10\ 600}{17.5\times4}\text{cm}^2=151\text{cm}^2=1.51\times10^{-2}\text{m}^2$$

每个垫座可设计为 $0.15\text{m}\times0.1\text{m}\times0.1\text{m}$。

9.3.4 泵与风机的防振措施

为了控制泵与风机在运转过程中产生的强烈振动通过基础向外界传递，需要选择合适的隔振材料，并进行合理的隔振设计，如图9-47所示。

一个空调工程产生的噪声是多方面的，除了风机出口装帆布接头、管路上装消声器以及风机安装隔振装置、风管设隔振吊钩、水泵安装在混凝土台座上、设隔振装置、隔振联接器、管道隔振吊钩外，有条件时对于要求较高的工程，水泵的进、出管路处均应设有隔振软管。此外，为了防止振动由风道和水管等传递出去，在管道吊卡、穿墙处均应作防振处理。图9-48中列举了有关这方面的措施。

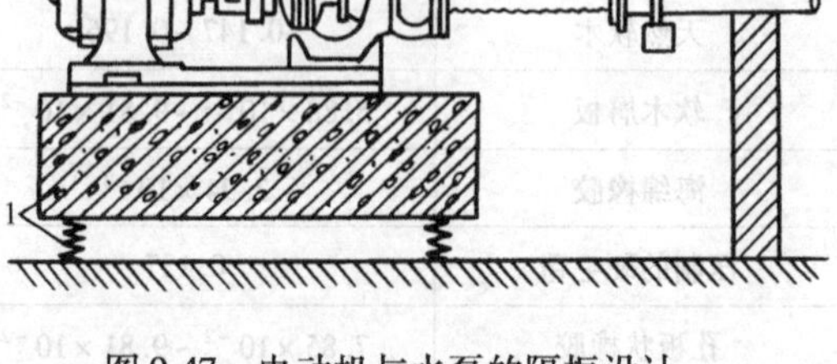

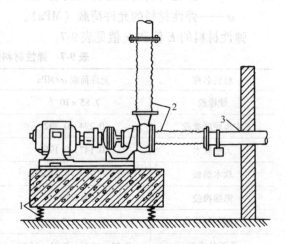

图9-47　电动机与水泵的隔振设计

1—隔振器及其上面的钢筋混凝土台座　2—管道中的联接软管　3—墙内的弹性套圈

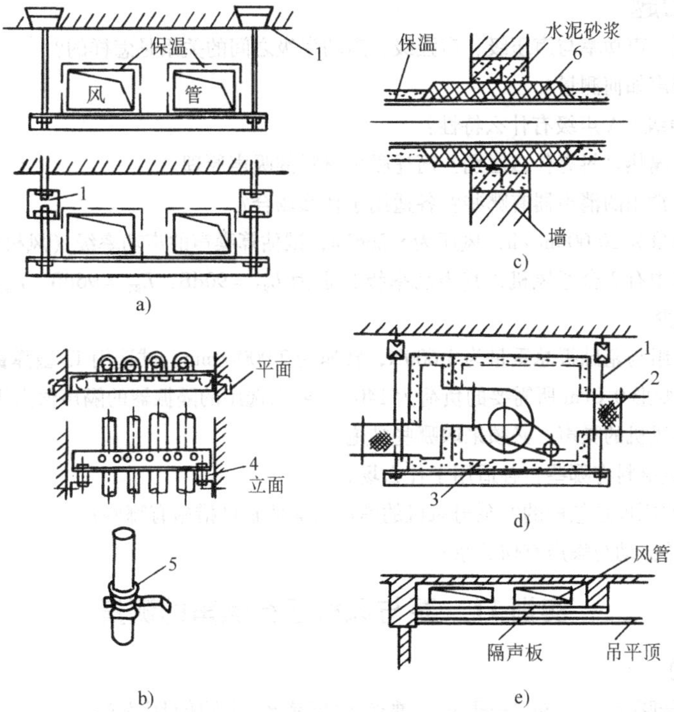

图 9-48 各种消声防振的辅助措施

a）管吊卡的防振方法 b）水管的防振支架 c）风道穿墙隔振方法

d）悬挂风机的消声防振方法 e）防止风道噪声

从吊平顶向下扩散的隔声方法

1—防振吊卡 2—软接头 3—吸声材料 4—防振支座

5—包裹弹性材料 6—玻璃纤维

本章要点

1）了解噪声的基本概念、噪声的产生、噪声的测量和噪声的传播与控制，是对泵与风机进行消声与降噪的基础。其中用较大的篇幅介绍了噪声的测量（包括声压级和声强级的测量），以便于读者对噪声进行测量时，能按精度和要求进行合理选择。

2）泵与风机的运行是动力噪声源之一，本章在阐述泵与风机的噪声的来源的同时，针对不同场合指出了泵与风机的消声途径，具有较大的实用性。

3）熟悉泵与风机的消声原理及装置，便于采取具体有效的消声与降噪措施。根据在使用泵与风机的空调系统中消声的需要，着重介绍了几种消声器的原理和应用范围，为在合适的地点、合适的频率下选择消声器提供了依据。

4）了解振动产生的原因及传播途径是进行泵与风机减振的前提，采取合适的减振方式与隔振材料是取得理想隔振效果的必然要求。振动原则上是一种固体噪声，由于这种噪声的存在，对环境、设备、工程质量等均会造成不可低估的损害。本章从振动产生的原因和原理出发，阐述了减振的目的及常用的隔振材料和应用场合，并简单介绍了泵与风机的隔振措施。

思考题与习题

1. 声压、声强、声功率与声压级、声强级、声功率级之间的关系是怎样的？
2. 声压级的噪声如何测量？
3. 什么叫A声级？A声级有什么特性？
4. 吸声材料与隔热材料有什么区别？简述吸声材料的吸声原理。
5. 空调系统中常用的消声器有哪些？各适用于什么场合？
6. 通风机的风量为20 000m^3/h，风压为8 266Pa，试估算噪声的声功率级（风机叶片为后向叶片）。
7. 某通风机房中有3台通风机，其声功率级分别为$L_{W1}=90dB$，$L_{W2}=96dB$，$L_{W3}=97dB$，求该机房的总声功率级是多少。
8. 某通风机机组与基础板总重量为3 600N，转速为2 900r/min，试选用TJ型弹簧隔振器进行隔振处理。已知该弹簧每变形0.01m所需要的负荷为140N，要求选用的隔振器的隔声值大于20dB以上。
9. 为了防止通风机的噪声，必须采取哪些措施？
10. 常用的隔振材料有哪些？各适用于什么场合？
11. 防振减噪的原理是怎样的？泵与风机的消声防振的辅助措施有哪些？
12. 泵与风机的振动与噪声有何关系？

实训11 泵与风机运行噪声的测量

1. 实训目的

1）掌握测量噪声的方法与要求，熟练掌握声级计的使用方法。

2）了解泵与风机的设计质量和工艺水平，并对产品改进工作有所认识。

3）为系统的噪声与振动控制技术提供研究分析的依据，寻找噪声源或振源，以便采取有效的控制措施。

4）监测泵与风机运行状况，判断工作是否正常，防止事故发生。

5）根据泵或风机的声级大小，对特定的系统采取合适的降噪和防振措施。

2. 泵与风机运行噪声的测量

（1）测量的原理　泵与风机运行时噪声的大小与测点位置有关。泵与风机在运行时噪声的测量一般根据所选择的位置，以声级计测定。噪声测定要注意现场反射声的影响，不应在传声器或声源附近有较大的反射面。

噪声常用的声级计的结构示意图如图9-49所示。声波使空气压力变化，传声器将这变化转化成相应比例的电压；前置放大器将信号放大，衰减器（又称范围选择器），使信号的动态范围与测量显示相匹配；经过放大了的信号送至检波器，按照一定的时间常数，给出一个与信号的均方根或峰值成比例的直流输出；或者再送至一个线性/对数转换器，并从这里送到指示仪表，直接以分贝值（dB）表示测量结果。

（2）测量步骤　测量时将传声器置于需要测量噪声的部位。对于风机或泵，应按图9-24所示风机噪声源的部位分别进行测量。

1）测量前先起动泵或风机，找准部位，将声级计的传声器面对发声方向（即0°入射角）。信号经放大器放大，多数放大器设有过载指示器，指示所选择的衰减器位置是否正确。这在测量脉冲噪声或放大器串联滤波器时特别重要。

2）从记示仪表上读出测量部位的噪声值，记在相关的实训报告册上。

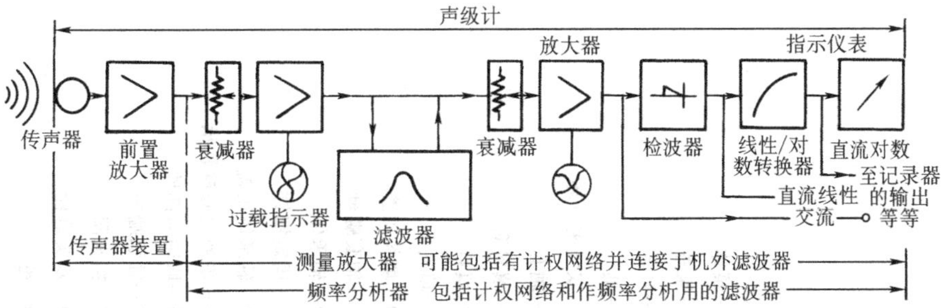

图9-49 声级计的结构示意图

3）将各个噪声源部位的噪声测量3次以后，关闭泵或风机。

4）整理数据，将3次测量的结果取平均值。若几次测量的结果相差太远，要找出原因，按上述步骤重做。

5）测量噪声时，一方面可采用声压级测量泵运行时进、出口处的噪声，另一方面可采用振动测量仪测量其固体噪声。振动测量仪的结构图如图9-50所示。测量的步骤同上。

3. 结果整理与分析

1）对测量所得数据进行整理，并进行简要的分析（与设备铭牌所标参数有无差异及其原因等）。

2）使用声级计测量噪声时应注意哪些事项？否则会带来什么影响或后果？

4. 实训设备与器材

主要实训设备与器材有：声级计、振动测量仪、泵、风机等。

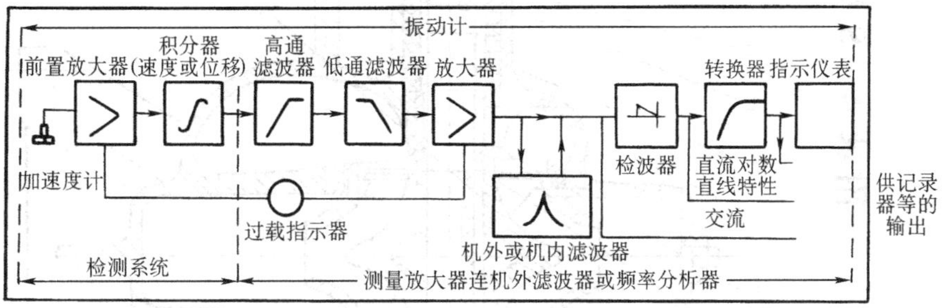

图9-50 振动测量仪的结构示意图

附　　录

附录A　S型离心泵结构图

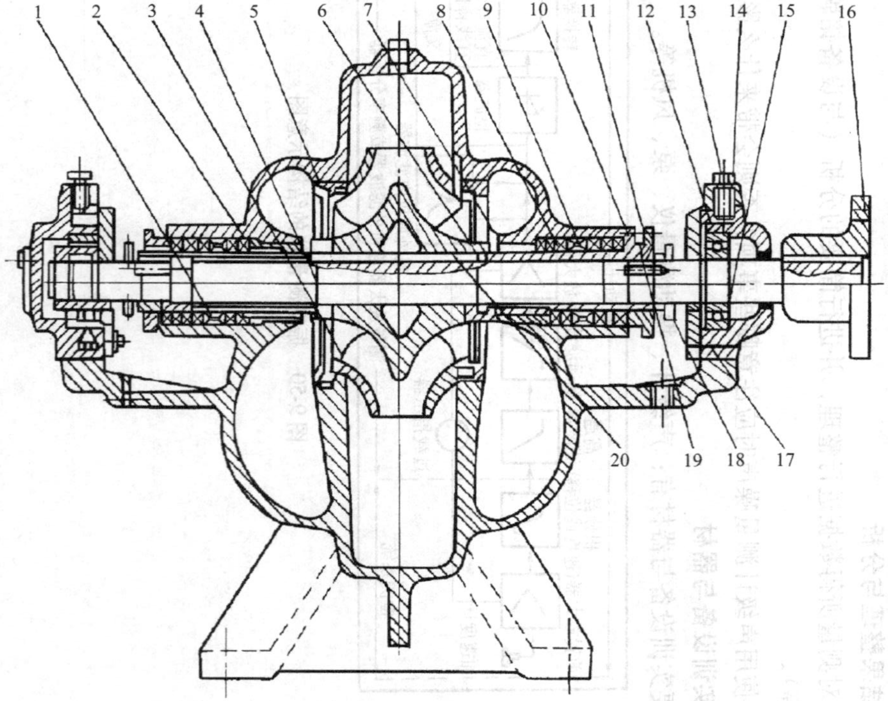

1—泵体
2—泵盖
3—叶轮
4—轴
5—双吸密封环
6—轴套
7—填料套
8—填料
9—填料环
10—填料压盖
11—轴套螺母
12—轴承体
13—固定螺钉
14—轴承体压盖
15—单列向心球轴承
16—联轴器部件
17—轴承端盖
18—挡水圈
19—双头螺栓
20—键

附录 B　SA 型离心泵结构图

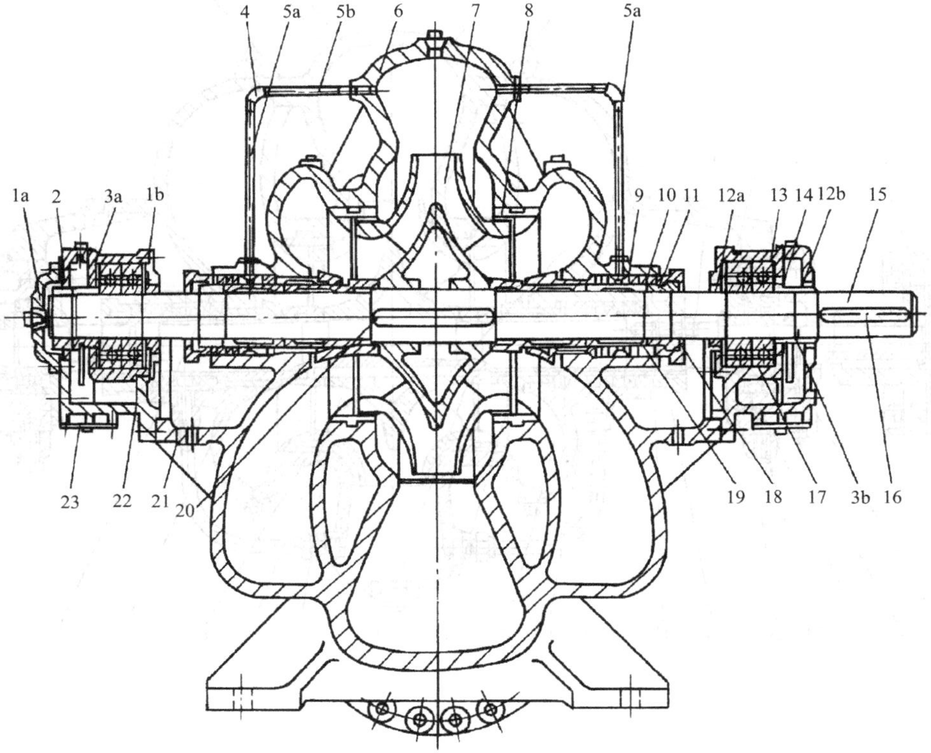

1a、1b—轴承端盖
2—(轴端)螺母
3a、3b—轴承挡圈
4—弯头
5a、5b—水封管
6—泵盖
7—叶轮
8—双吸密封环
9—填料环
10—填料
11—(轴套)螺母
12a、12b—挡油圈
13—轴承上盖
14—轴承挡套
15—轴
16—传动键
17—单列向心球轴承
18—填料压盖
19—填料轴套
20—叶轮键
21—泵体
22—轴承体
23—轴承下盖

附录 C　Sh 型离心泵结构图

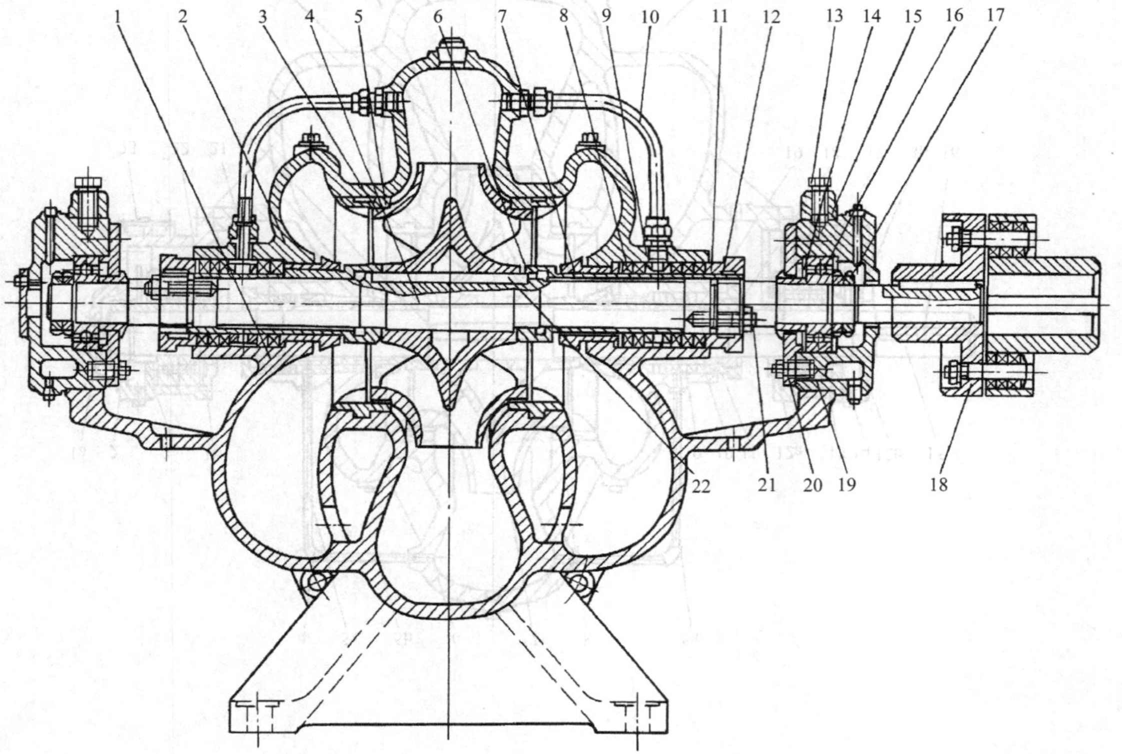

1—泵座
2—泵盖
3—叶轮
4—轴
5—密封环
6—轴套
7—填料套
8—填料
9—液封环
10—液封管
11—填料压盖
12—轴套螺母
13—固定螺钉
14—轴承体
15—轴承体压盖
16—深沟球轴承
17—固定螺母
18—联轴器
19—轴承挡套
20—轴承盖
21—压盖螺栓
22—键

附录D　D型多级离心泵结构图

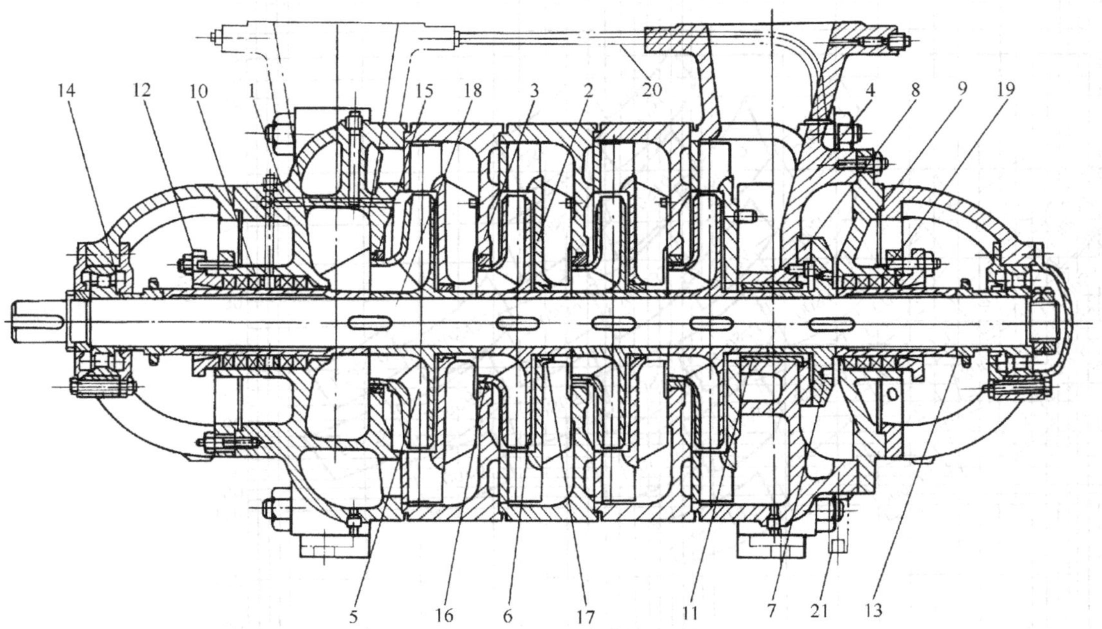

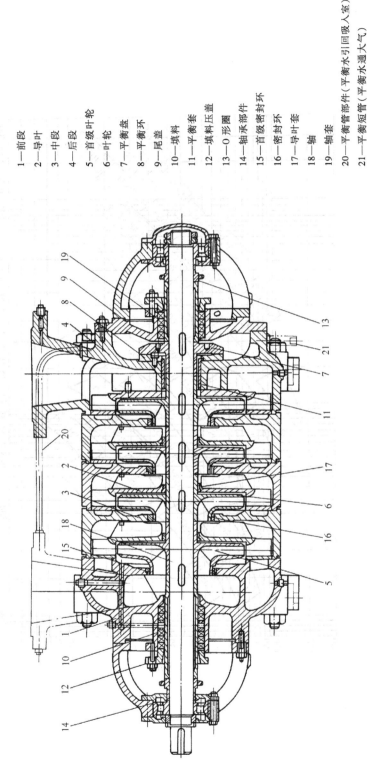

1—前段
2—导叶
3—中段
4—后段
5—首级叶轮
6—叶轮
7—平衡盘
8—平衡环
9—尾盖
10—填料
11—平衡套
12—填料压盖
13—O形圈
14—轴承部件
15—首级密封环
16—密封环
17—导叶套
18—轴
19—轴套
20—平衡管部件(平衡水引回吸入室)
21—平衡短管(平衡水通大气)

附录 E　S 型单级双吸离心泵型谱图

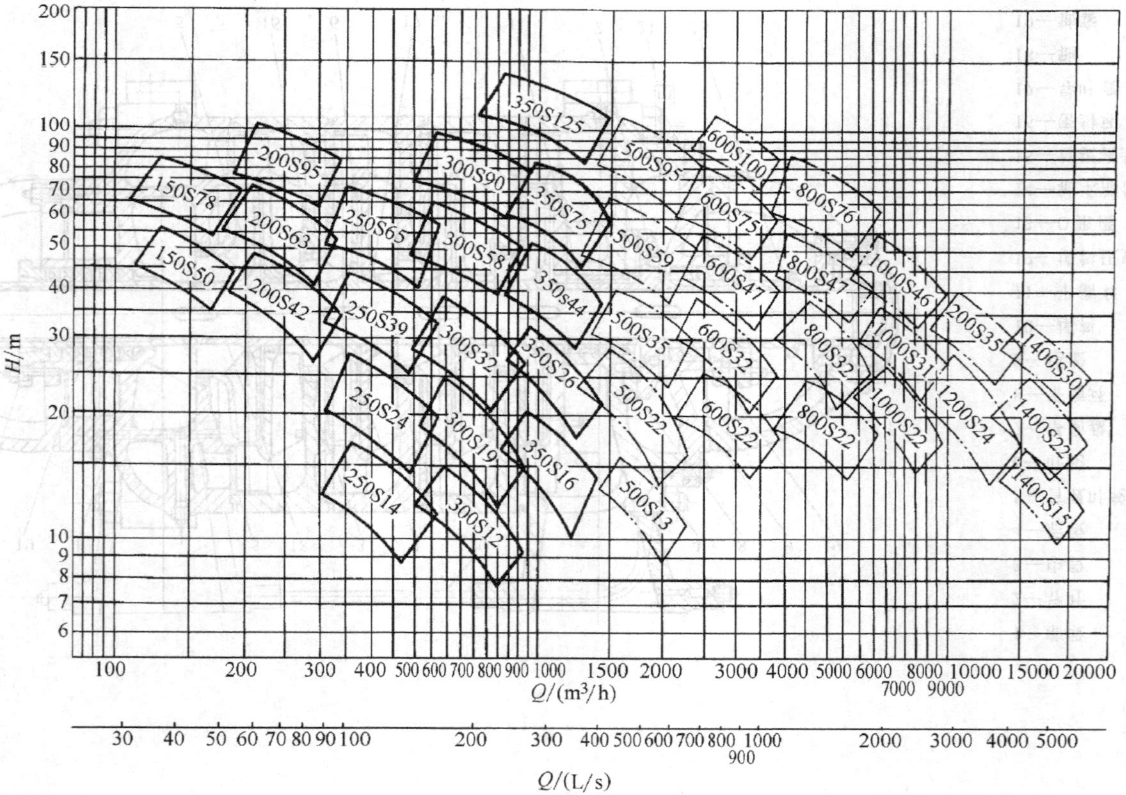

附录 F　IS 系列离心泵型谱图

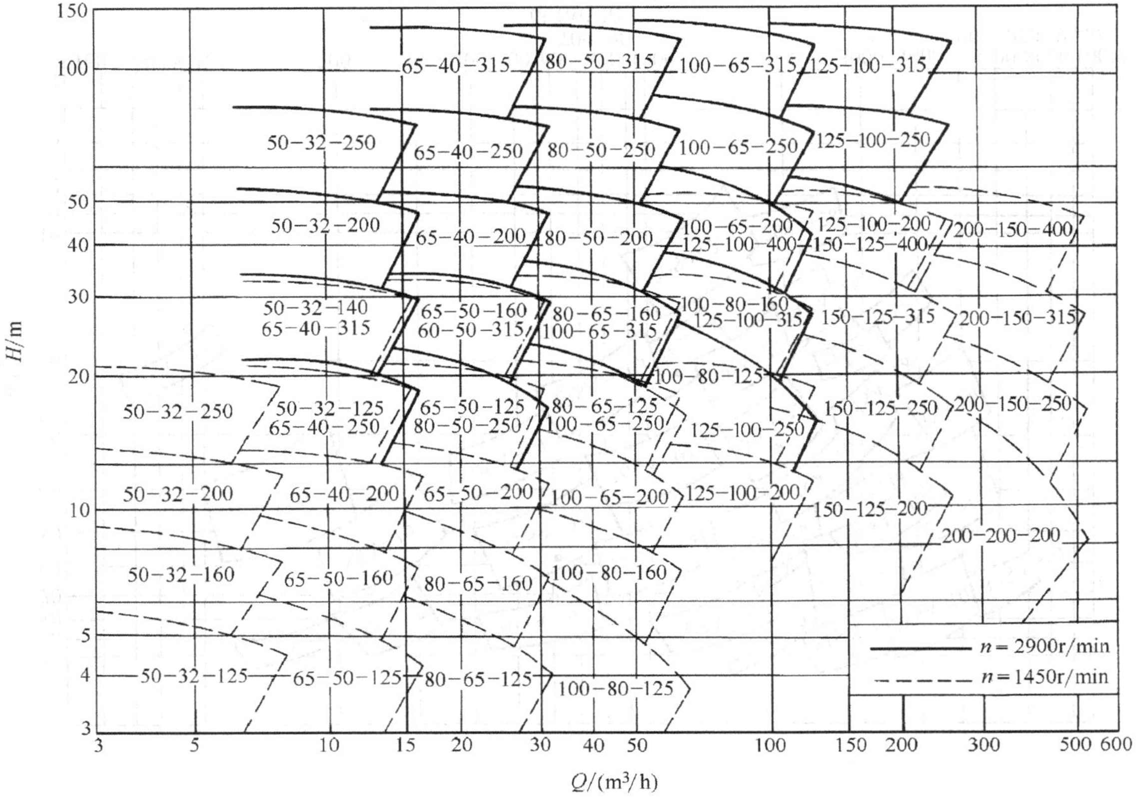

附录G SA型单级双吸中开式离心泵型谱图

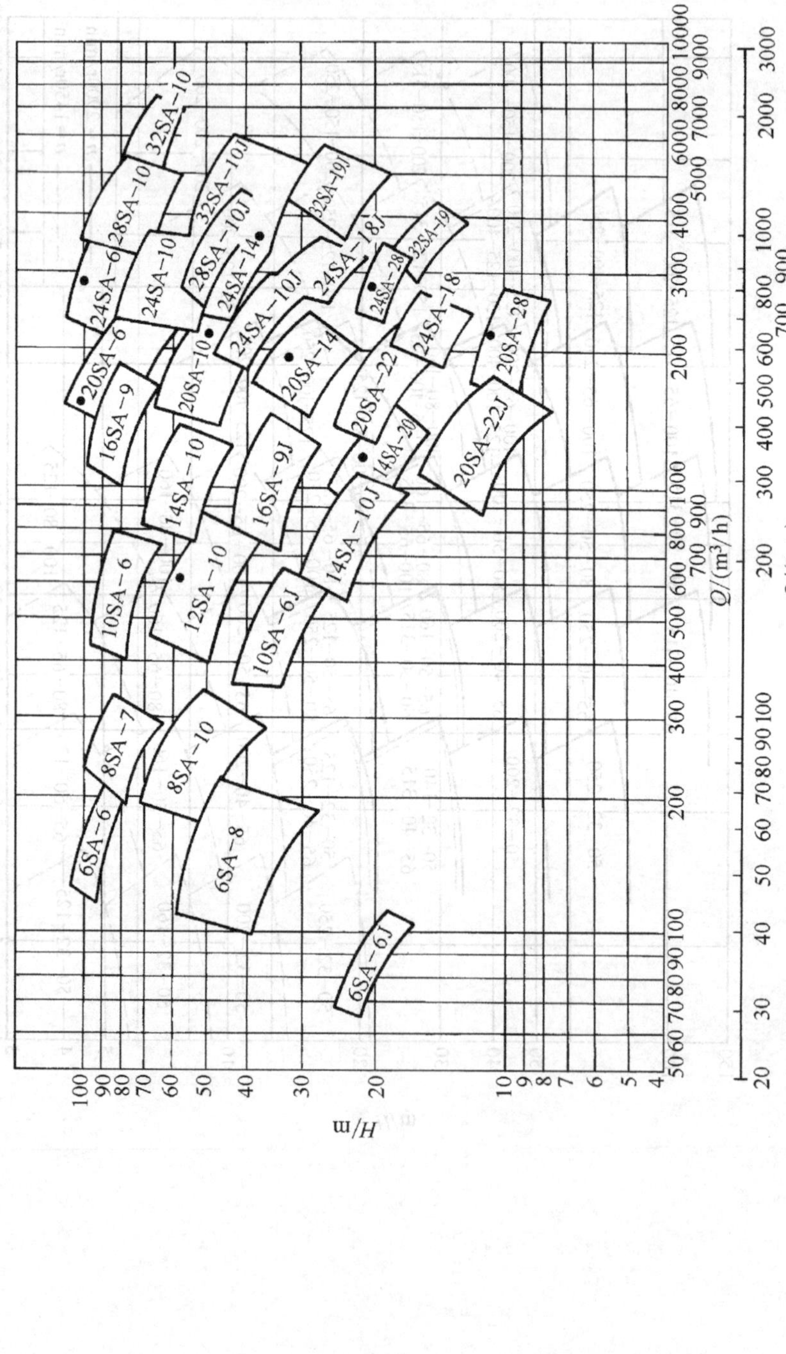

• 待试制产品

附录 H　ZLB（Q）型轴流泵型谱图

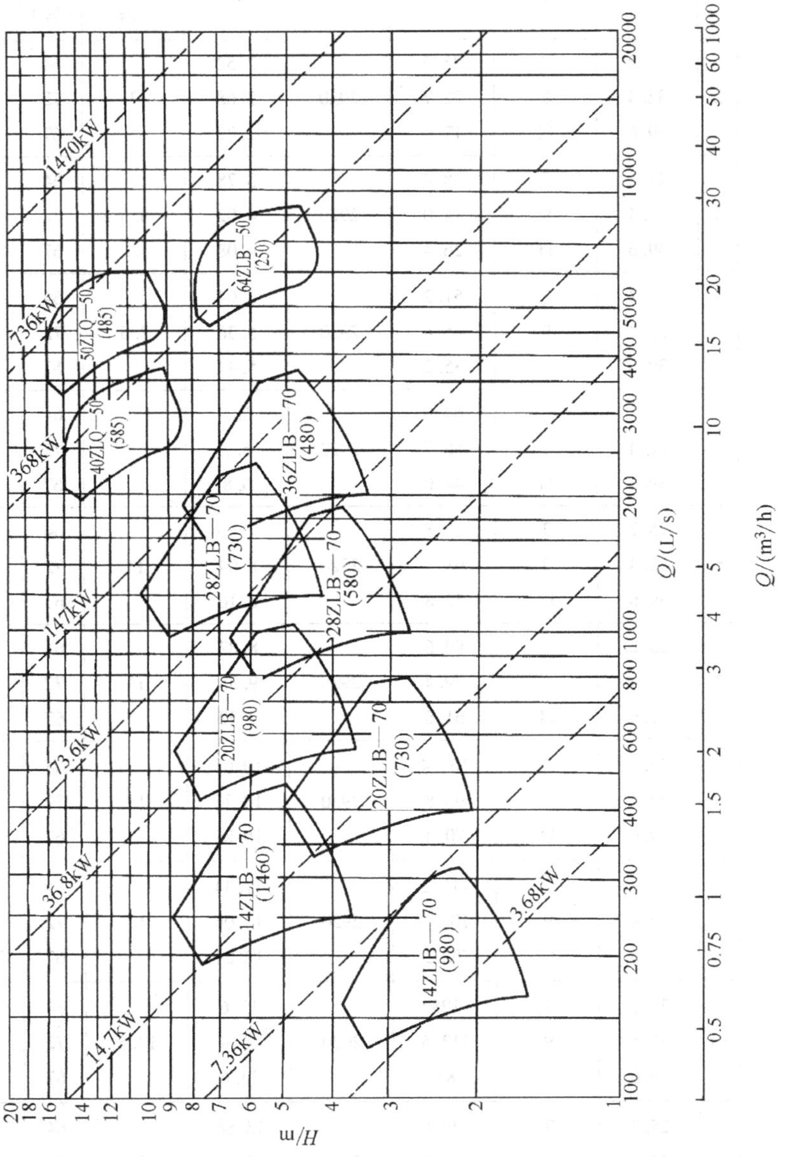

附录I XD型卧式多级节段式离心消防泵性能

泵型号	级数	流量Q/ m³/h	流量Q/ L/s	总扬程 H/m	转速n /(r/min)	功率/kW 轴功率	功率/kW 电动机功率	效率 η (%)	最大允许吸上真空高度 H_s/m
XD—80	2	25.2 32.4 39.6	7 9 11	25.6 22.7 17.6	2920	2.52 2.68 2.72	3	64 72 67	7.5
	3	25.2 32.4 39.6	7 9 11	38.4 34.0 26.4	2920	3.78 4.02 4.08	5.5	64 72 67	7.5
	4	25.2 32.4 39.6	7 9 11	51.2 45.4 35.2	2920	5.04 5.36 5.44	7.5	64 72 67	7.5
	5	25.2 32.4 39.6	7 9 11	64.0 56.7 44.0	2920	6.3 6.7 6.8	7.5	64 72 67	7.5
	6	25.2 32.4 39.6	7 9 11	76.8 68.1 52.8	2920	7.56 8.04 8.16	11	64 72 67	7.5
	7	25.2 32.4 39.6	7 9 11	89.6 79.4 61.6	2920	8.82 9.38 9.52	11	64 72 67	7.5
	8	25.2 32.4 39.6	7 9 11	102.4 90.8 70.4	2920	10.08 10.72 10.88	15	64 72 67	7.5
	9	25.2 32.4 39.6	7 9 11	115.2 102.1 79.2	2920	11.34 12.06 12.24	15	64 72 67	7.5
	10	25.2 32.4 39.6	7 9 11	128 113.5 88	2920	12.6 13.4 13.6	18.5	64 72 67	7.5
	11	25.2 32.4 39.6	7 9 11	140.8 124.8 96.8	2920	13.86 14.74 14.96	18.5	64 72 67	7.5
	12	25.2 32.4 39.6	7 9 11	153.6 136.2 105.6	2920	15.12 16.08 16.32	18.5	64 72 67	7.5

（续）

泵型号	级数	流量Q/		总扬程 H/m	转速 n /（r/min）	功率/kW		效率 η（%）	最大允许吸上真空高度 H_s/m
		m^3/h	L/s			轴功率	电动机功率		
XD—100	3	36 54 72	10 15 20	58.2 52.8 42.6	2940	9.885 10.8 11.45	15	58 71.5 73.5	7
	4	36 54 72	10 15 20	77.6 70.4 56.8	2940	13.18 14.4 15.28	18.5	58 71.5 73.5	7
	5	36 54 72	10 15 20	97 88 71	2940	16.475 18.0 19.1	22	58 71.5 73.5	7
	6	36 54 72	10 15 20	116.4 106.6 85.2	2940	19.77 21.6 22.9	30	58 71.5 73.5	7
	7	36 54 72	10 15 20	135.8 123.2 99.4	2940	23.065 25.2 26.7	30	58 71.5 73.5	7
	8	36 54 72	10 15 20	155.2 140.8 113.6	2940	26.36 28.8 30.5	37	58 71.5 73.5	7
	9	36 54 72	10 15 20	174.6 158.4 127.8	2940	29.655 32.4 34.4	37	58 71.5 73.5	7
	10	36 54 72	10 15 20	194 176 142	2940	32.9 36.0 38.2	45	58 71.5 73.5	7
	11	36 54 72	10 15 20	213.4 193.6 156.2	2940	36.245 39.6 43.7	55	58 71.5 73.5	7
	12	36 54 72	10 15 20	232.8 211.2 170.4	2940	39.54 43.2 45.9	55	58 71.5 73.5	7
XD—125	3	90 108 126	25 30 35	69 60 45	2950	22.56 23.22 21.18	30	75 76 73	6.7 6.3 5
	4	90 108 126	25 30 35	92 80 62	2950	30.03 30.96 28.24	37	75 76 73	6.7 6.3 5

（续）

泵型号	级数	流量 Q/		总扬程 H/m	转速 n /（r/min）	功率/kW		效率 η（%）	最大允许吸上真空高度 H_s/m
		m^3/h	L/s			轴功率	电动机功率		
XD—125	5	90	25	115	1950	37.6	45	75	6.7
		108	30	100		38.7		76	6.3
		126	35	75		35.3		73	5
	6	90	25	138	2950	45.12	55	75	6.7
		108	30	120		46.44		76	6.3
		126	35	90		42.36		73	5
	7	90	25	161	2950	52.64	75	75	6.7
		108	30	140		54.18		76	6.3
		126	35	105		49.42		73	5
	8	90	25	184	2950	60.16	75	75	6.7
		108	30	160		61.92		76	6.3
		126	35	120		56.46		73	5
	9	90	25	207	2950	67.68	90	75	6.7
		108	30	180		69.66		76	6.3
		126	35	135		63.54		73	5
	10	90	25	230	2950	75.2	90	75	6.7
		108	30	200		77.4		76	6.3
		126	35	150		70.6		73	5
XD—125A	3	54	15	69	2950	9.15	22	53	6.7
		72	20	60		18.38		64	6.3
		90	25	45		16.22		68	5
	4	54	15	92	2950	25.53	30	53	6.7
		72	20	80		24.51		64	6.3
		90	25	62		22.35		68	5
	5	54	15	115	2950	31.91	37	53	6.7
		72	20	100		30.64		64	6.3
		90	25	75		27.03		68	5
	6	54	15	138	2950	38.29	45	53	6.7
		72	20	120		36.16		64	6.3
		90	25	90		32.44		68	5
	7	54	15	161	2950	44.67	55	53	6.7
		72	20	140		42.89		64	6.3
		90	25	105		37.85		68	5
	8	54	15	184	2950	51.05	55	53	6.7
		72	20	160		49.02		64	6.3
		90	25	120		43.25		68	5

（续）

泵型号	级数	流量 Q/		总扬程 H/m	转速 n /（r/min）	功率/kW		效率 η（%）	最大允许吸上真空高度 H_s/m
		m³/h	L/s			轴功率	电动机功率		
XD—125A	9	54	15	207	2950	57.44	75	53	6.7
		72	20	180		55.15		64	6.3
		90	25	135		48.66		68	5
	10	54	15	230	2950	63.82	75	53	6.7
		72	20	200		61.27		64	6.3
		90	25	150		54.07		68	5
XD—150	3	126	35	90.9	2950	45.6	55	68.6	6.5
		144	40	86.7		46.8		72.7	6.4
		162	45	81.9		47.19		76.6	6.2
		180	50	73.8		47.18		76.8	6
		198	55	63.6		46.2		74.2	5.5
	4	126	35	121.2	2950	60.8	75	68.6	6.5
		144	40	115.6		62.4		72.7	6.4
		162	45	109.2		62.92		76.6	6.2
		180	50	98.4		62.88		76.8	6
		198	55	84.8		61.6		74.2	5.5
	5	126	35	151.5	2950	76	90	68.6	6.5
		144	40	144.5		78		72.7	6.4
		162	45	136.5		78.65		76.6	6.2
		180	50	123		78.6		76.8	6
		198	55	106		77		74.2	5.5
	6	126	35	181.8	2950	91.2	110	68.6	6.5
		144	40	173.4		93.6		72.7	6.4
		162	45	163.8		94.38		76.6	6.2
		180	50	147.6		94.32		76.8	6
		198	55	127.2		92.4		74.2	5.5
	7	126	35	212.1	2950	106.4	132	68.6	6.5
		144	40	202.3		109.2		72.7	6.4
		162	45	191.1		110.11		76.6	6.2
		180	50	172.2		110.04		76.8	6
		198	55	148.4		107.8		74.2	5.5
	8	126	35	242.4	2950	121.6	160	68.6	6.5
		144	40	231.2		124.8		72.7	6.4
		162	45	218.4		125.84		76.6	6.2
		180	50	196.8		125.76		76.8	6
		198	55	169.6		123.2		74.2	5.5
	9	126	35	272.7	2950	136.8	160	68.6	6.5
		144	40	260.1		140.4		72.7	6.4
		162	45	245.7		141.57		76.6	6.2
		180	50	221.4		141.48		76.8	6
		198	55	190.8		138.6		74.2	5.5

附录J 离心泵的拆装

离心泵的拆卸与装配是相辅相成的。虽然离心泵的类型多样、结构繁简有别，装配精度要求也各不相同，但每台离心泵总是由许多零部件以一定的相对位置和配合形式组合而成的。因此，在拆装离心泵的过程中，存在一些共性的原则与要求。

1 拆卸

对离心泵进行检修时，很多情况下要先拆卸泵体后才能进行，而拆卸过程的工作质量好坏对后续检修有着不可忽视的影响。因此，如何进行正确的拆卸操作，应是相关从业人员的必备技能。

一般来讲，为使拆卸工作能顺利进行，往往要注意做好以下两方面的工作：

1）拆卸前的准备。

2）掌握拆卸的一般原则。

1.1 拆卸前的准备

在拆卸离心泵之前，一定要先做好以下准备工作：

1）要仔细了解产品特点与结构，熟悉其零部件的构造与用途，了解零部件与周边零部件的相互配合关系。这些可以通过待拆泵的产品使用说明书或者相关产品资料获得。

2）根据待拆泵的结构特点，确定正确的拆卸步骤。

3）根据待拆泵的零部件结构特点与拆卸要求，选取合适的拆卸用工具、设施。

4）准备好专门的拆卸场地，以便有序放置拆下的零部件。

5）拆零部件之前，一定要先将泵中留存的润滑油排出并保存在专用容器内，以备修复后再利用；同时，要排出泵中残留的水。

1.2 拆卸的一般原则

虽然离心泵的类型多样，拆卸要求也不尽相同，但也有其共同点，即在拆卸过程中有其一般性的原则要求。

1）拆卸前，首先要了解待拆泵的机械结构，并根据其结构制订拆卸计划与程序。

2）在拆卸过程中，要注意做到可不拆的就不拆、该拆的必须拆。如果不用拆卸就能判断某个零部件的好坏时，就不用再拆卸该零部件；如果不能肯定内部零件的技术状态时，就必须拆洗检查。这样既能减少不必要的工作量，又能保证检修质量，还对零部件的使用寿命有利。

3）必须严格遵守正确的拆卸方法，如：

① 要正确使用合适的拆卸工具，避免用蛮力猛敲狠打；严禁用铁锤等在零部件的工作面上敲击。如果必须敲击时，可以用铜质或铅质锤，或在工作物与锤头之间加上软质衬垫；不允许用量具、锉刀、钳子、扳手等代替锤子。

② 要逐级拆卸，要一面拆卸一面检查，由表及里，由整机到部件再到零件。拆卸后

的零件应按顺序放好。要采取必要的措施防止零件的散乱、碰坏和受潮生锈。

4）拆卸要为装配做准备。对不可更换的零部件，拆卸前应按原来的部位或顺序做好标记，并按拆卸顺序摆放好；要按照零部件的大小、部位、存放要求等来进行分类存放，以免混杂或损伤零部件。

2　装配

装配是把多个零部件按技术要求连接或固定起来，以保证正确的相对位置和相互关系，成为具有一定性能指标的机器（如离心泵）。

离心泵修理后的质量好坏，与装配质量的高低有着密切的关系。装配工艺是一个很复杂和细致的工作。即使有高质量的零部件，如果装配不良，轻则机器性能达不到要求而造成返工，重则造成人员伤亡事故。所以在装配离心泵的过程中，必须严格按照装配的技术要求进行工作。

与拆卸一样，装配工作也要注意做好相应的准备工作，并掌握一般的装配工艺要求。

2.1　装配前的准备

要使装配工作能顺利进行，使装配后的离心泵能满足使用要求，则在装配之前应做好以下准备工作：

1）熟悉零部件的相互连接关系以及装配技术要求。

2）确定适当的装配工作场地，准备好必要的设备、仪表、工具和装配时所需要的辅助材料，如纸垫、毛毡、铁丝、垫圈、开口销等。

3）零部件装配前必须进行清洗。对于经过钻孔等机加工过的零件，一定要把金属屑清除干净。润滑油通道要保证畅通，必要时可用高压空气或高压油吹洗。对有相对运动的配合表面，尤其要注意洁净，以防存在任何的脏物加速磨损配合件的表面。

4）零部件在装配前应进行检查、鉴定，凡不符合技术要求的不得装配。

2.2　装配的一般工艺要求

离心泵的装配过程中，也有一般性的工艺要求可以遵循。

1）装配时，应注意装配方法与顺序，注意采用合适的工具与设备，遇有装配困难时，应认真参阅资料，分析原因，严禁乱敲猛打。

2）带轮、滚动轴承装配时，应在装配面上先涂润滑油脂，以利于装配并减少配合表面的初磨损。

3）装配时，应对零件的各种安装做记号或记录，以防装错。

4）对某些装配技术要求，如装配间隙、松紧度、灵活度等，应边装边检查，并随时进行调整，避免装后返工。

5）旋转的零部件（如叶轮等），修理后由于金属组织密度不匀、加工误差、本身形状不对称等原因，可能使零部件的重心与旋转中心发生偏移。在高速旋转时，会因此产生振动而加速零部件的磨损，严重时可能损坏离心泵。因此，在装配前应按要求对修理过的旋转零部件进行静平衡与动平衡试验，合格后才允许装配。

6）运动零部件的摩擦面应涂润滑油脂（一般采用与运转时所用的润滑油脂相同的油脂）。

7）所有附设零部件的锁紧、止动装置，如开口销、弹簧垫圈、保险垫片、制动铁丝等，必须按原要求配齐，不得遗漏。垫圈安装数量不得超过规定。开口销、保险垫片及制动铁丝等一般不准重复使用。

8）为了保证密封性，安装各种衬垫时允许涂抹润滑油。

9）所有皮质的油封，在装配前应浸入60℃的润滑油与煤油各半的混合液中5～8min，安装时可在其铁壳外围或座圈内涂以锌白漆。

10）装定位销时，不准用铁器强迫打入，应在其完全适当的配合下轻轻打入。

11）每一部件装配完后，必须仔细检查和清理，防止有未装或遗漏的零件；同时防止将别的或多余的零件、工具等遗忘在离心泵的腔体中。

3 常用拆装工具

离心泵的零部件众多，根据零件的精度、配合状况和技术要求的不同，采用的拆装工具也各不相同。下面介绍一些常用的拆装工具，供检修时选用与参考。

3.1 螺钉旋具

螺钉旋具又称为起子、改锥，是一种拧紧或旋松螺钉的工具。其种类多样，如按其刀口形状可分为一字形和梅花形。常用螺钉旋具如图J-1所示，特殊螺钉旋具如图J-2所示。其中，弯头螺钉旋具多用于空间受限的情况下拧紧或旋松螺钉用。快速螺钉旋具用于大批量拧紧或松开小螺钉。根据使用情况的不同，还可采用限力螺钉旋具、T形螺钉旋具和机械化螺钉旋具。

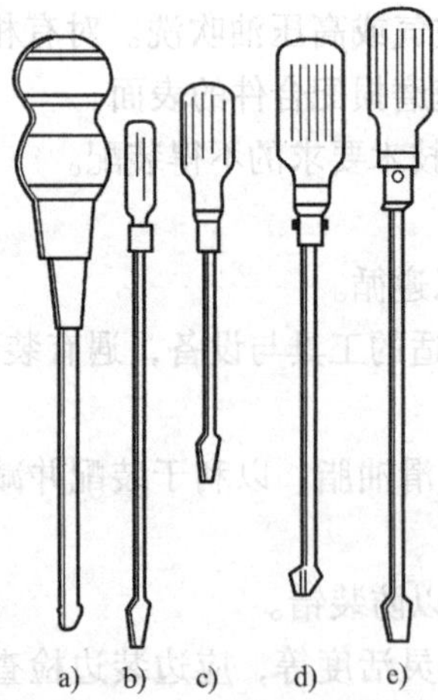

图J-1 常用螺钉旋具

a）“罗宾汉”螺钉旋具 b）仪表螺钉旋具 c）一字螺钉旋具 d）一字螺钉旋具 e）一字加长螺钉旋具

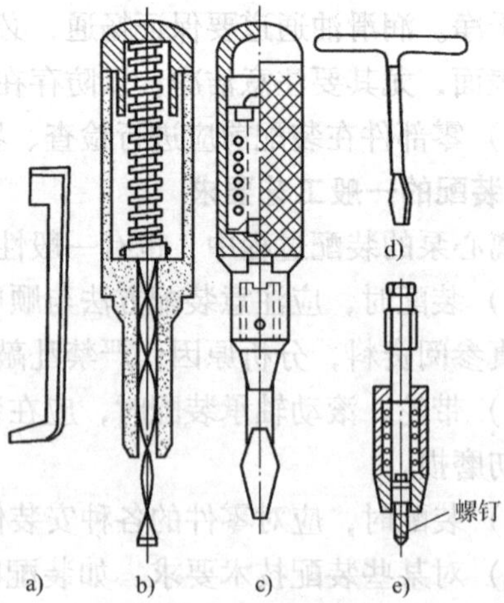

图J-2 特殊螺钉旋具

a）弯头螺钉旋具 b）快速螺钉旋具 c）限力螺钉旋具 d）T形螺钉旋具 e）机械化螺钉旋具

3.2 钳子

常用的钳子为钢丝钳，又名老虎钳、卡丝钳，是钳夹和剪切工具。它主要由钳头、钳柄和绝缘管组成，如图 J-3 所示。

对于内、外弹簧挡圈、过盈配合件、有螺纹的圆锥销、钩头键与双头螺柱等，在拆装时要使用专用的尖嘴钳，如图 J-4 所示。图 J-4b 所示为内挡圈尖嘴钳，用来拆装内弹簧挡圈。使用时将钳头两尖嘴插入内挡圈的两个小孔中（此时钳柄张开），用手把钳柄收握，则内挡圈内缩，便能将内挡圈弹簧挡圈从内腔中抽出。图 J-4d 所示为外挡圈尖嘴钳，用来拆装外弹簧挡圈。

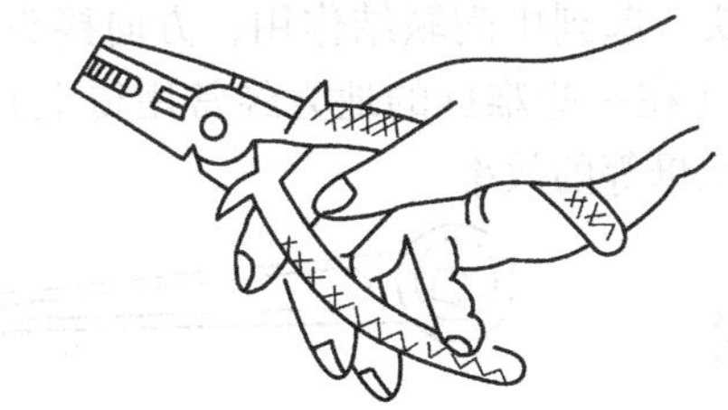

图 J-3　钢丝钳

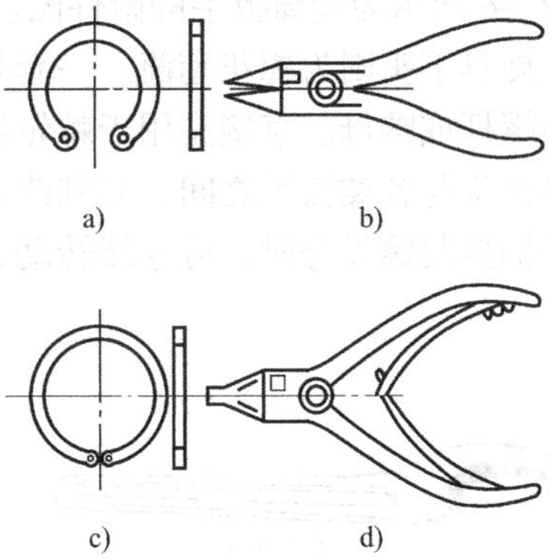

图 J-4　专用尖嘴钳

a）内挡圈　b）内挡圈尖嘴钳

c）外挡圈　d）外挡圈尖嘴钳

3.3　扳手

扳手是用来拧紧或旋出六角形、正方形等螺钉头或螺母的工具。常用的扳手有活扳手（见图 J-5）和呆扳手（见图 J-6）两种。

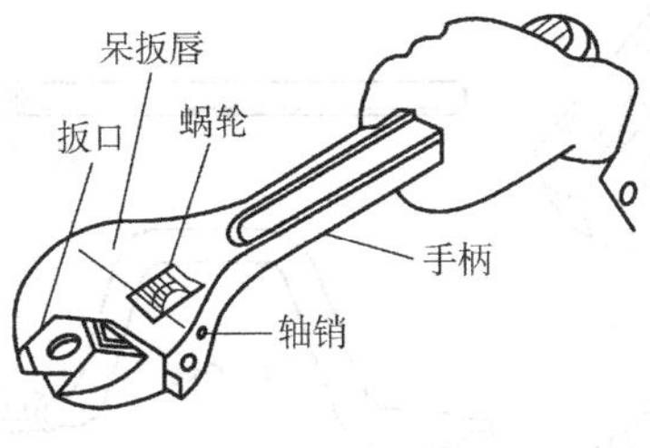

图 J-5　活扳手

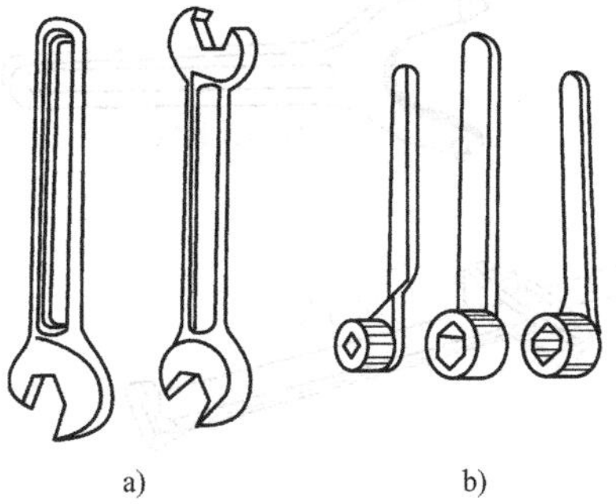

图 J-6　固定扳手

a）开口扳手　b）整体扳手

呆扳手只能扳动一种规格的螺母或螺钉。根据其工作情况和用途的不同，又分为开口扳手和整体扳手。

开口扳手有单头与双头两种。其开口尺寸常标在扳唇附近，一般是根据标准尺寸做成一套。使用时，扳手开口尺寸一定要符合螺母或螺钉头的尺寸，否则会损坏螺母或螺钉头。

整体扳手有正方形、六角形和十二角形扳手之分。其中，十二角形扳手俗称梅花扳手，只要转过30°，就可改换扳动方向，对于在狭窄地方工作较为方便。

图J-7所示是几种常见的专用扳手，是根据一些特殊形状的螺母与螺钉而设计的。其中，钩形扳手、活钩形扳手用于各种圆螺母的装拆；U形锁紧扳手用于特制圆螺母或圆盖（上有方形或圆形孔）的装拆；当要求一定数值的拧紧力或几个螺母等要求有相同的旋紧力时，需要用扭力扳手。扭力扳手有一个长的弹性杆，其一端装着手柄，另一端装有方头或六角头，在方头或六角头上套装一个可换的套筒，用钢珠卡住，在顶端还装有一个长指针以指示拧紧力的大小。

图J-8所示为套筒扳手的附件图。其旋具接头顶部为方孔，用来承插弯头扳手、活扳手等，旋具下头则为梅花套筒。一套套筒扳手中有数只大小不同的梅花套筒，以配合不同规格的螺杆或螺母。直接头用于棘轮扳手与旋具接头，起到中间联结作用；方向接头可用于旋具接头与各类扳手之间，起到改变方向的作用（在一些难拆的地方经常用得上）。使用摇手柄拆装螺母等时，可连续转动，以提高拆装螺母等的效率。

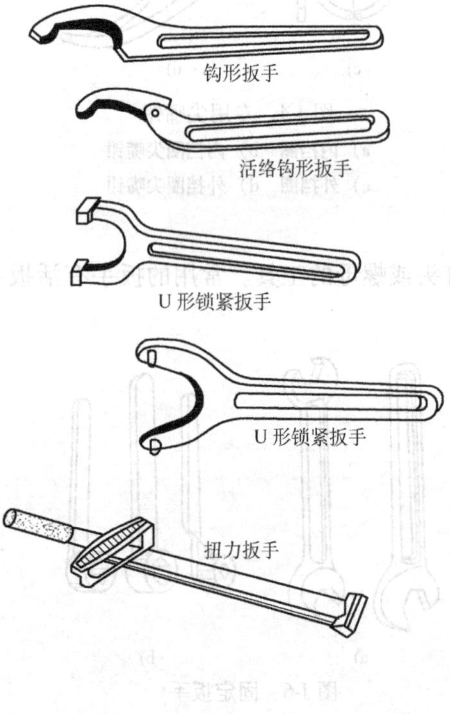

图J-7　常见的专用扳手

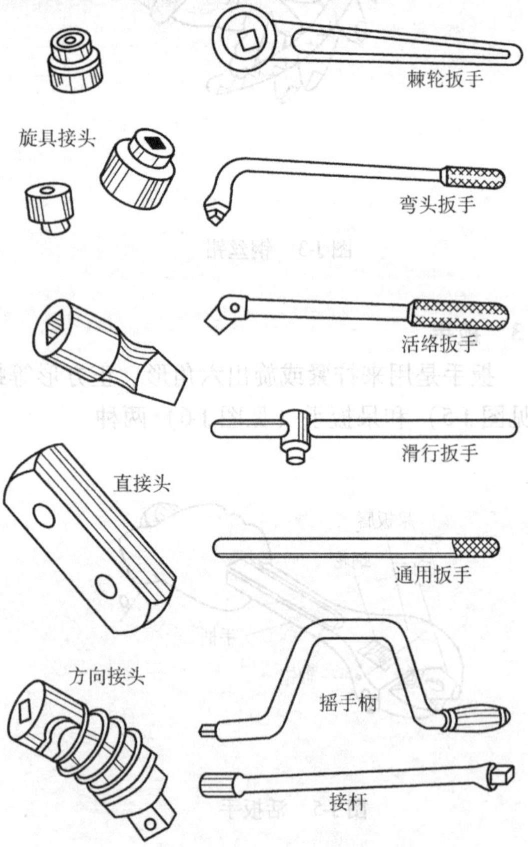

图J-8　套筒扳手的附件图

3.4　顶拔器和C形夹头

顶拔器又称为拉离器、拉头、拉马、拉拔器等，有两爪、三爪之分，如图J-9所示。顶拔器用来拆卸各种大小不同的带轮、滚动轴承等。顶拔器的开口尺寸可在一定范围内调节，以适应拆卸不同尺寸的零件。

C 形夹头专用于将销子或销钉压入孔内。压入法比用锤子敲入法要好，采用压入法时销子不会变形，工件间也不会移动。C 形夹头如图 J-9c 所示。

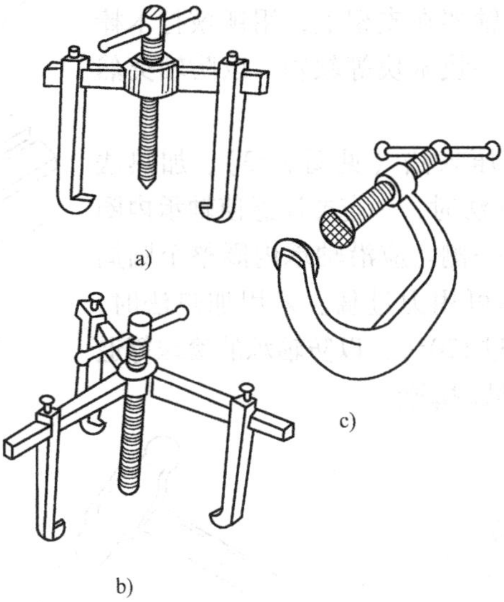

图 J-9　顶拔器与 C 形夹头

a）两爪式　b）三爪式　c）C 形夹头

3.5　轴承顶拔器

轴承顶拔器又称为拉盘，主要用来拆卸套在轴上的滚动轴承。对于小型水泵，如果没有轴承顶拔器，也可以采用敲打的方法来拆卸。

轴承顶拔器的原理与顶拔器类似，也有二爪式与三爪式两种。但普通的顶拔器仅能在拆卸普通轴承时使用，对于紧度大、轴承内侧距离小的轴承，普通的顶拔器就显得无能为力了，要么发生脱钩现象，要么损坏轴承。专为拆卸轴承而设计的轴承顶拔器的拉爪（爪钩）可极薄而拉力大，非常适合轴承的拆卸。图 J-10 所示为 I 系列轴承顶拔器的结构示意图。

用轴承顶拔器拆卸轴承的示意图如图 J-11 所示。使用时，用轴承顶拔器的钩脚紧紧扣住轴承的内圈，慢慢转动螺杆，轴承就会逐渐脱离泵轴。

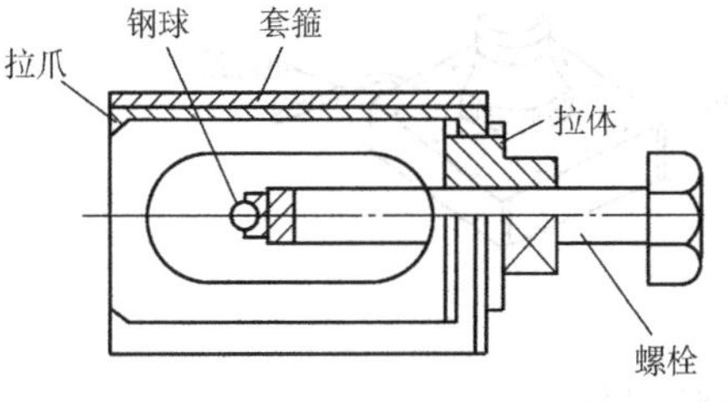

图 J-10　I 系列轴承顶拔器的结构示意图

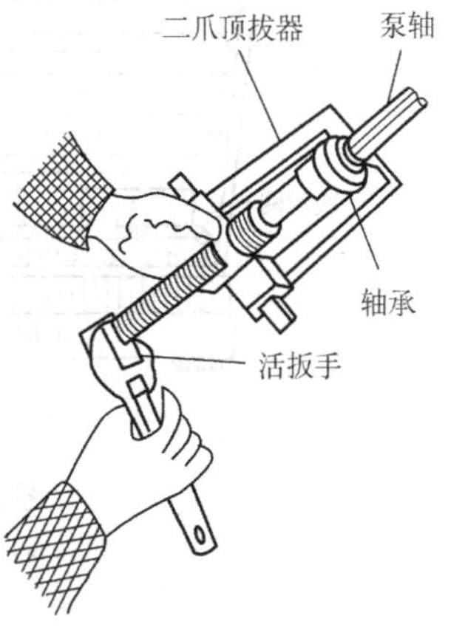

图 J-11　用轴承顶拔器拆卸轴承

如果没有轴承顶拔器或拉离器，也可采用锤打的方法来拆卸轴承，如图 J-12 所示。操作时，先用钢管或硬木等夹住转轴，将轴承与轴架在支架上，用锤敲打木棒或铁板即可。轴下方要放一块木块等软物，以防轴突然掉脱而损坏轴端。

安装轴承时，可采用压入法（见图 J-13）、加热法（见图 J-14）等。采用压入法时，一定要注意使轴承内圈四周受力均匀，切勿偏敲一侧。应沿轴承内圈整个圆周依次敲击，且每次敲击不可用力过猛。采用加热法时，加热后轴承的温度不得超过120°C，以防轴承的滚珠等退火而失去应有的硬度、降低耐磨性。

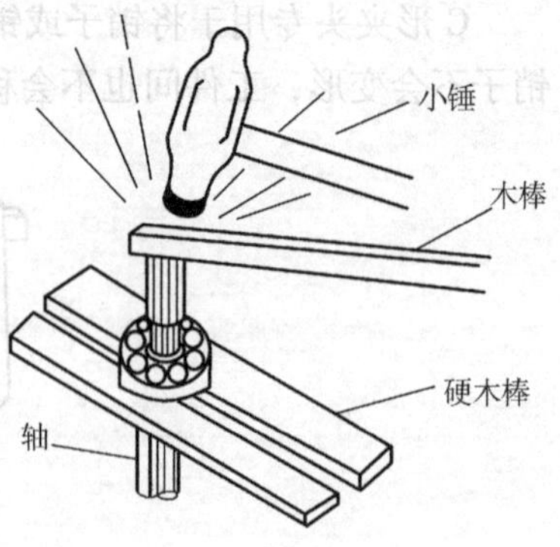

图 J-12 人力拆卸轴承

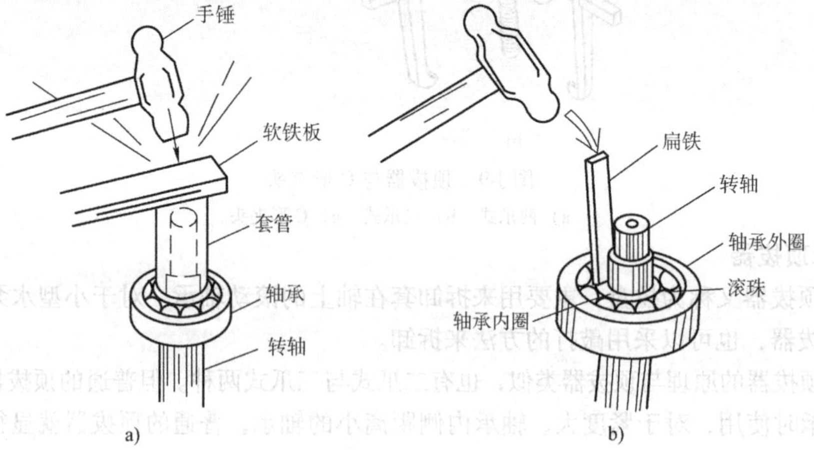

图 J-13 压入法安装轴承

a）利用钢管安装 b）利用扁铁安装

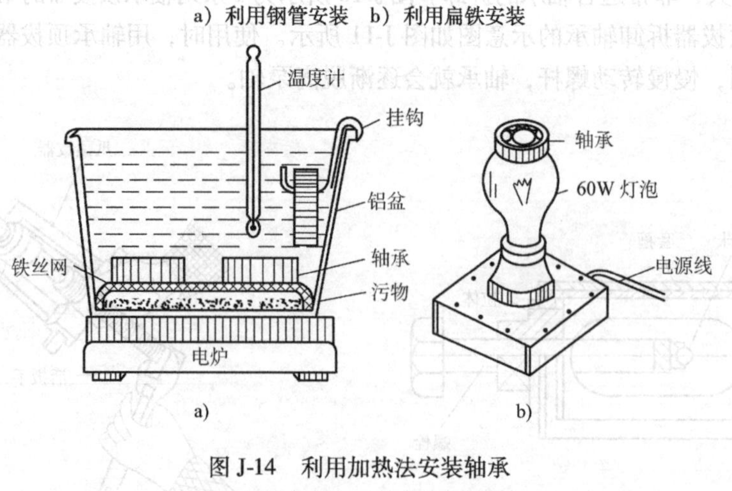

图 J-14 利用加热法安装轴承

a）油浴加热法 b）灯泡加热法

参考文献

[1] 许玉望. 流体力学 泵与风机 [M]. 北京：中国建筑工业出版社，1995.
[2] 黄兆奎. 水泵 风机与站房 [M]. 北京：中国建筑工业出版社，2000.
[3] 化工部化工设备设计技术中心站机泵技术委员会. 工业泵选用手册 [M]. 北京：化学工业出版社，1998.
[4] 任致远. 农用水泵的使用与维护 [M]. 北京：人民邮电出版社，2001.
[5] 原中华人民共和国机械工业部. GB 50275—1998 压缩机、风机、泵安装工程施工及验收规范 [S]. 北京：中国计划出版社，1998.
[6] 姜乃昌. 水泵及水泵站 [M]. 3 版. 北京：中国建筑工业出版社，1993.
[7] 离心式与轴流式通风机编写组. 离心式与轴流式通风机 [M]. 北京：水利电力出版社，1983.
[8] 杨诗成，王喜魁. 泵与风机 [M]. 北京：中国电力出版社，1990.
[9] 张世芳. 泵与风机 [M]. 北京：机械工业出版社，1996.
[10] 杨诗成. 轴流风机 [M]. 北京：水利电力出版社，1995.
[11] 黄生琪，周菊华. 浅谈风机设备运行故障诊断方法 [J]. 通风除尘，1996 (1)：46-48.
[12] 符永正. 管路背压与泵/风机的变速工况确定和变速节能 [J]. 流体机械，1999，27 (10)：15-18.
[13] 上海建筑设计研究院. 给水排水设计手册：材料设备（续册 2、3）[M]. 北京：中国建筑工业出版社，1999.
[14] 刘文镔. 给水排水工程快速设计手册：3 建筑给水排水工程 [M]. 北京：中国建筑工业出版社，1998.
[15] 王学谦，岳庚吉. 建筑消防百问 [M]. 北京：中国建筑工业出版社，2000.
[16] 刘振印，傅文华，张国柱. 民用建筑给水排水设计技术措施 [M]. 北京：中国建筑工业出版社，1997.
[17] 李金川. 空调运行管理手册——原理、结构、安装、维修 [M]. 上海：上海交通大学出版社，2000.
[18] 周邦宁. 中央空调设备选型手册 [M]. 北京：中国建筑工业出版社，1999.
[19] 电子工业部第十设计研究院. 空气调节设计手册 [M]. 北京：中国建筑工业出版社，2000.
[20] 何耀东，何青. 中央空调 [M]. 北京：冶金工业出版社，2001.
[21] 蔡增基，龙天渝. 流体力学 泵与风机 [M]. 北京：中国建筑工业出版社，2000.
[22] 赵荣义，等. 空气调节 [M]. 北京：中国建筑工业出版社，1998.
[23] 啸华. 制冷与空调技术问答 [M]. 北京：冶金工业出版社，2000.
[24] 王志勇，刘振杰. 暖通空调设计资料便览 [M]. 北京：中国建筑工业出版社，1998.
[25] 樊鹏. 工业噪声与振动的防治 [M]. 沈阳：沈阳出版社，1997.
[26] 黄伯超，江安. 物业空调 [M]. 福州：福建科学技术出版社，2001.
[27] 徐斌，等. 关于变频调速器用于空调风柜的探讨 [J]. 制冷，1998 (2)：57-59.
[28] 邱归成. 空调系统冷水泵故障分析及解决办法 [J]. 运行管理，1998，28 (3)：79-80.
[29] 黄生琪，等. 浅谈风机设备运行故障诊断方法 [J]. 通风除尘，1996 (1)：46-48.
[30] 于文杰，等. 变频调速方式在大型中央空调系统中的应用 [J]. 安装，2000 (2)：27-28.
[31] 陈伟. 无密封离心泵选用时应注意的问题. http：//www. lanbeng-pump. net/viewthread. php? tid = 3930.

[32] 姜培正. 流体机械 [M]. 北京：化学工业出版社，1991.
[33] 王荣涛，等. 变频调速变压变量供水及数据采集系统的设计与研究 [J]. 山东建材学院学报，1995，9 (1)：9-12.
[34] 王寒栋. 中央空调冷冻水泵变频调速运行特性研究 (1) [J]. 制冷，2003 (2)：15-20.
[35] Michel A Bernier，Bernard Bourret. Pumping Energy and Variable Frequency Drives. ASHRAE Journal，1999，41 (12)：37-38.
[36] James B Rishel. Wire-to-Water Efficiency of Pumping Systems. ASHRAE Journal，April 2001 (4)：40-46.
[37] 王寒栋. 中央空调冷冻水泵变频调速运行特性研究 (2)：模拟计算与分析 [J]. 制冷，2003 (3)：4-10.
[38] Steven T Taylor. Primary-Only vs. Primary-Secondary Variable Flow Systems. ASHRAE Journal，Feb. 2002：25-29.
[39] William P Bahnfleth，Eric Peyer. Comparative Analysis of Variable and Constant Primary-Flow Chilled-Water-Plant Performance. HPAC Engineering，April 2001：41-50
[40] Donald M Eppelheimer. Variable Flow—The Quest for System Energy Efficiency. ASHRAE Transactions：Symposia，1996：673-678.
[41] 谢明华，曹琦，傅明星. 空调变水量系统变频控制的节能 [J]. 建筑电气杂志，2001，9：57-58.
[42] Len Petersen. Variable Frequency Drives for Pumping Applications. Plumping Engineer，November，2000：37-40.
[43] John Phelan，Michael J Brandemuehl，Moncef Krarti. In-situ performance testing of fans and pumps for energy analysis. ASHRAE Transactions：Research，1997，Part 1：318-332.
[44] 朱贞涛. 制冷空调系统中离心泵变频调速的性能分析与试验 [J]. 流体机械，2001 (11)：58-60.
[45] Vector 变频调速器在酒店中央空调中的应用——成功案例. http：//www. szvector. com/cgal12. asp.